大道を行く数学

統計数学編

安藤 洋美 著

JN056807

現代数学社

まえがき

「高い立場からみた高校数学」という題目は，知識欲にもえる高校生諸君にとって魅力的なものにちがいない．ところが高校生向きの参考書というものは，たいてい共通のパターン——つまり，例題とその解説類題の列挙——があって，大学受験のためにはよく出来ているが，将来の見通しはもうひとつ明らかでない．一方，ほとんどの専門書は現代数学の立場から，演繹推論にもとづいて厳密にかかれているので高校生にとってはなじみにくいといわれている．このような高校数学と大学数学との断絶・隔越は，きょうこの頃に生まれたものではなく，昔からずっと識者によって指摘されてきたことでもある．そんなわけで高校と大学の隙間を埋めるような書物は作れないものだろうかということが，久しく私の脳裏からはなれなかった．幸い今回，現代数学社の企画の中で，私の考えていたことが実現できる機会を得たことは喜びにたえない．したがって，先に述べた理由から，本書は現代数学入門の役目も果たすであろうし，また例題などはすべて入試問題を採用しているから大学受験準備にも役立つはずである．

さて，高校では，数学の教授内容は文部省学習指導要領によって，数学Ⅰ，数学Ⅱ，数学 A，B，C などに分けられているが，本書はそれらの内容と必ずしも一致するものではない．姉妹編である「大道を行く高校数学」（代数・幾何），「大道を行く高校数学」（解析），の各分野を解説しており，それらの内容に加えて，本書は主として‘有限数学’に関する内容（記号論理学初歩，集合論，記述統計，有限確率代数，推測統計）を取り上げる．有限数学といっても，厳密に有限の場合にとどめず，将来の見通しをつけ，他の分野との関連を明らかにするために，若干極限や連続など無限数学の内容も取り扱ってはいるが，上記の 3 部作は一体となって高校数学を構成するようになっている．高校の内容をこのように現行カリキュラムと内容構成において変えたのは，あえて奇をてらうためではなく，こう分けた方が現代の数学の構成とうまくつながると考えたからにほかならない．

最後に，この書物を出すにあたって，とくに記名はしないが多くの先生がたから援助をうけたし，さらに編集部の方々，とくに古宮修氏には何かとお世話になったことを厚く感謝する．

1973 年 1 月　　　　　　　　　　　　　　　　　著者

再刊によせて

本書はおよそ 30 年前に出版された受験参考書であり，その後久しく絶版になっていた．本書も含めて，『大道を行く高校数学』3 部作は，当時兵庫県立尼崎北高校はじめ，いくつかの近畿の高校で実践された内容をもとにして作られたもので，高校数学と大学数学の綱渡しの役割と受験準備の両方を兼ねたものだった．現在の高校数学は当時より，ゆとり教育の影響で下がっている．そのため何とか高校数学の程度を高めたいと思われる憂国の士が多いのか，本書の再刊を望む声が上がっているとのことで，著者としては大変ありがたいと感謝する．それで，今回は，とりあえず，最小限の誤植と明瞭な誤謬のみの修正にとどめ，本格的な改訂版は他日を期したいと思う．いろいろ本書についてのご意見をいただければ，幸甚である．

2001 年 4 月　　　　　　　　　　　　　　　　　安藤洋美

復刊によせて

このたびの復刊にあたり，安藤洋美先生のお心遣いに深甚の感謝を申し上げます．半世紀前の大学受験参考書を今一度読み返してみると，本書は合格テクニックを会得してもらうものではなく，数学の本質に深く踏み込み，味わい楽しみながら自分のものにすることを目的として書かれていることに気付きます．中身が古いと思うなかれ，ハッと思わせることが必ずあります．すべての数学を志す方々に向けて，この味わい深い書をお楽しみいただければ幸いです．

2023 年 7 月　　　　　　　　　　　　　　　　　現代数学社編集部

目　次

第 I 部

論理と集合

前提命題が一般に受けいれられるものであり，真なるものでありさえすれば，論証の出発点を正しく設定したと思っている人々が愚直な人々であることも明らかである．たとえば，ソフィストたちが「知識しているとは知識を所有していることである」を論証の出発点とするような場合がそうである．なぜなら，一般に受けいれられることがわれわれにとっての論証の出発点ではなく，論証がそれについてなされる類における第一のものが出発点なのである．

（アリストテレス「分析論後書」）

第1章　命　題　論　理

§1. 命題と真理関数

「みかけが弱々しいので，せいぜい17にしかみえないこの青年が……ヴェリエールの宏壮な御堂のなかへはいっていく．御堂はうすぐらく，人のけはいもなかった．なにか祭礼があったらしく，建物の窓はすべて暗赤色の布でおおわれていた．……ジュリアンは跪台の上に印刷した紙がおいてあるのに気がついた．“……の死刑ならびに……に関する顚末”御堂をでようとして，ジュリアンは聖水盤のそばに血が流れている，と思った.」このことがスタンダールの小説「赤と黒」ではもう一度おこる．小説のおわりの方で，この事件そのものが一層簡潔に記述される．「ジュリアンはヴェリエールの新築の御堂へはいっていった．建物の高い窓は真紅の窓掛でおおわれていた…」彼はピストルをうつ．逮捕され，裁判され，処刑される．こうしたことが，実にさっさと進行し，あらゆる犯罪とその結果がそうであるように，外的な宿命の刻印をおされている．このことから，「作家スタンダールは宿命論者である」と結論づけてよいだろうか．哲学者アランは「この小説の中に神はいない．至上の力など存在せず，ただ強い，はげしい，愛情にみちた夢みる魂があるだけである．そしてそういう魂――自由の魂――をもった人間の外部に，自然がゆりかごのように存在し，それ自身はなにも思考せず，ひたすらわれわれ人間のドラマの道程となり媒体となっている．そしてここで真実なのは，われわれの思考の時間であり，過去と未来はそこにおいて合体し，そしてわれわれに従属するが，これは決してわれわれがある種の運命から逃れられることを意味しない」といい，その意味においてスタンダールは宿命論者であるという．「作家スタンダールは宿命論者か」否かというような問題は，哲学者アランの心情によってのみはじめて理知的解釈がつきうるむつかしいもので，われわれ凡人は小説のなかから素直に受取ったものをもって解釈すればよい．したがってこのことについての判断は，yes, no から，あいまいなものまで，種々さまざまであろう．ところが，もしこのような文章を数学で扱うとすればどうか．あいまいさは許されないとするのが世間一般の常識である．**数学は割り切れる学問だ**（裏返すと社会のことは数学のように割り切れるものではないとなる）**という常識**にしたがうことにしよう．事実，スタンダールも13才のとき故郷グルノーブルの高等中学（リセ）で，啓蒙主義と科学思想の洗礼をうけ，とくに数学を愛し優秀な成績を収めたという．当時，散髪の時間さえ惜しんで，この学問にうちこんだのは，「数学のみが自分の２つの敵，偽善とアイマイの存在を許さぬ」ものと信じたからである．そこで，この章では，アイマイさを許さぬ数学――それはいままでの既成の数学と少し感じが違うかもしれぬ――を展開しよう．

「スタンダールは宿命論者である」

「レナール夫人はジュリアンをこよなく愛した」

「ジュリアンはマチルドの美貌は讃美したが，才知はおそれた」

「悪党をつくるのは世論と僧侶である」

という文章の真偽は，スタンダールの小説を読めばわかる．

「水の密度は氷の密度より大きい」

「窒素ガスは火勢を強める」

という文章の真偽は，ある種の実験をしてみればわかる．

「２は素数であって，偶数である」

「$\sqrt{2}$は互に素なる整数の比の形で表わせない」

という文章の真偽は，ある種の数学理論にしたがえばわかることである．

一般に，数学では

ひとつの主張を盛りこんだ文章で，真(true) か偽(false) かを判断できるものを，命題(proposition) という．

この場合，誰が真偽を判定するか，どのように真偽を判定するかは問題にしない．命題は今後 p, q, r, ……などというひとつの文字で表わす．たとえば

p: 雪が降っている.

q: 今日は暖かい.

r: ジュリアンは悪党である.

というが如きである. p, q, r, …… はいままで習ってきた数学における数に相当すると思えばよい. 数には, たす・ひく・かける…… という演算が規定されていたように, 命題 p, q, r, …… などの間にも, 何か演算を規定することによって, 働きが生れてくる. そのような演算とは

文章を接続詞で結びつけること, 副詞をつけて文章を変形すること

などである. そこで, 基本的な演算として, 2つの接続詞

and　,　**or**

と, ひとつの副詞

not

をとってくる. そして

p and q	を記号で	$p \wedge q$
p or q	を記号で	$p \vee q$
not p	を記号で	$\bar{p}$

と表わす. この新しい命題をそれぞれ上から

連言命題 (conjunction), **選言命題** (disjunction), **否定命題** (negation)

という. 単一の命題 p, q, r, ……などを, 3種の演算記号 $\wedge, \vee$, ―で結びつけた新しい命題 $p \wedge q$, $(p \vee q) \wedge r$, $\overline{p \vee q}$ などを**合成命題**(compound proposition)という.

不完全な文章, たとえば,「まあ, まあ」「おや, おや」「おほほ」のように感情は表わしているが, 判断が述べられていないものは, ひとつの主張とみなされないので, 命題の中に含めない. 一般に, 感嘆文や疑問文は命題ではない.

例 1.1　次の中より命題をえらべ.

(1)　富士山は日本で一番高い山である.

(2) ぼくは百合の花がすきだ.

(3) 4は奇数である.

(4) ひし形の対角線は直交する.

(5) 困ったなあ!

(6) 水は酸素と窒素の化合物である.

(7) 半径 r の円の周の長さは $2\pi r$ である.

(解) 命題は(1), (2), (3), (4), (6), (7). うち(2)は個人の好みによって真偽がきまる.

問 1.1 次にあげる文章のうち, 命題はどれか.

(1) なんてすばらしいんだろう.

(2) 1+2=3

(3) もしクレオパトラの鼻が低かったら, 世界史は変ったに違いない.

(4) あらゆるアイウエオはハヒフヘホである.

(5) π の小数展開には3が無限回あらわれる.

(6) そこに平和あらしめよ.

(7) この命題自身は偽である.

例 1.2 p: 貞子は英語が得意である.

q: 貞子は数学が不得手である.

とおくとき, $\overline{p}$, $p\wedge q$, $p\vee q$, $p\vee\overline{q}$ はどんな命題か. ことばで表わせ.

(解)

$\overline{p}$: 貞子は英語が得意でない.

$p\wedge q$: 貞子は英語が得意だが, 数学は不得手である.

$p\vee q$: 貞子は英語が得意か, 数学が不得手かどちらかである.

$p\vee\overline{q}$: 貞子は英語か, 数学かどちらかが得意である.

問 1.2 p: 物価があがる. q: 生活が苦しい.

とするとき, 次のおのおのをことばで表わせ.

(1) $\overline{p}$ (2) $\overline{q}$ (3) $p\wedge q$ (4) $p\wedge\overline{q}$ (5) $p\vee q$

(6) $\overline{p}\wedge\overline{q}$ (7) $\overline{p}\vee\overline{q}$

問 1.3　p：太郎は世界平和を希求している．
　　　　q：太郎は日米安保条約に反対である．

とするとき，次の命題を記号で表わせ．

(1)　太郎は世界平和を希求しているが，日米安保条約には反対である．

(2)　太郎は日米安保条約に賛成である．

(3)　太郎は世界平和を希求しているか，日米安保条約に賛成するかいずれかの立場をとる．

(4)　太郎は世界平和ものぞんでいないし，日米安保条約にも賛成である．

命題の真偽の判定は，個々の命題の内容にまで立入らねばできないので，数学では具体的な判定方法は問わない．しかし判定のプロセスを一般的に視覚的にとらえる（シェーマ化）ようにすれば，次のようになる．

それは命題を，真か偽かの信号にかえる装置

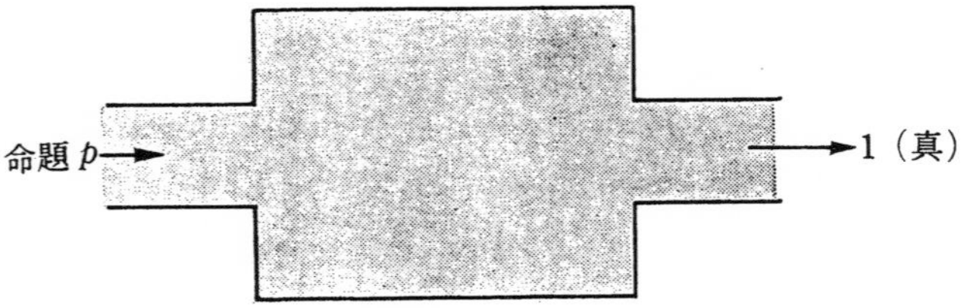

図 1.1

を考えればよい．このような装置は，切符の自動販売機やウソ発見器などにみられる．

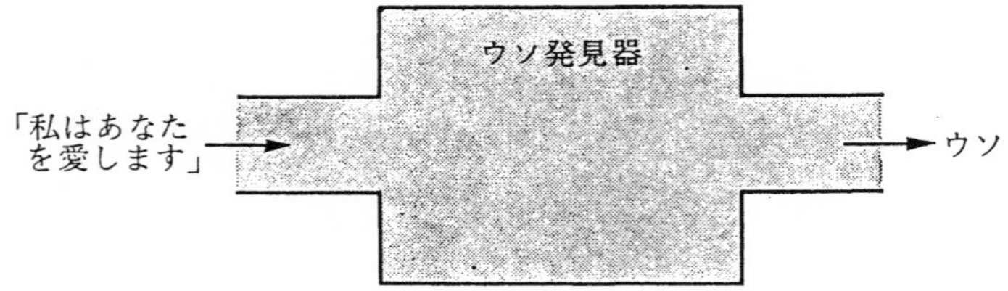

図 1.2

このような装置は，外側から内部構造は分らないし，またたとえ内部状態が分らなくても結果は明確に知ることができて便利である．このようなものを，

ブラック・ボックス(暗箱, black box) という. ブラック・ボックスに入れるものを**入力** (input), そこから出てくるものを**出力** (output) という. 命題の場合,

入力は命題, 出力は0と1の信号

をとる. また, ブラック・ボックスの中の働き(function, 機能の意)を φ で表わすと

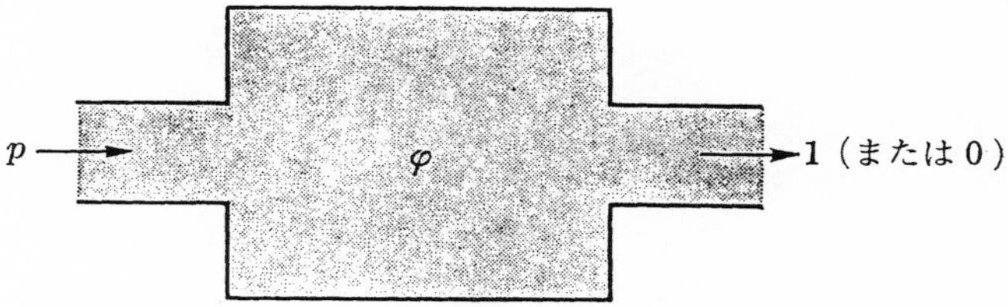

図 1.3

となる. このことを

$$p \overset{\varphi}{\longmapsto} 1$$

とか

$$p \overset{\varphi}{\longmapsto} 0$$

というように, ブラック・ボックスを略してかくか, それとも

$$\varphi(p)=\begin{cases} 1 & (p\ \text{が真のとき}) \\ 0 & (p\ \text{が偽のとき}) \end{cases}$$

というように関数記号でかく. 関数 $\varphi(p)$ を**真理関数** (truth function), 関数値1と0を**真理値** (truth value) という.

[補注]

(1) 連言命題を, 合接命題, 論理積 ともいう, また
選言命題を, 離接命題, 論理和 ともいう.

(2) 真理関数を2値関数とか, ブール関数とかいう.

§2. 論理的可能性

命題 p:「スタンダールは作家である」という場合，この命題は真か偽か2通りの可能性がある．また命題 q:「日本の人口は1億人以上である」ということも，真か偽か2通りの可能性がある．このような可能性を，**論理的可能性** (logical possibilities) という．

もし，2つの命題 p, q があるときの，あらゆる論理的可能性は

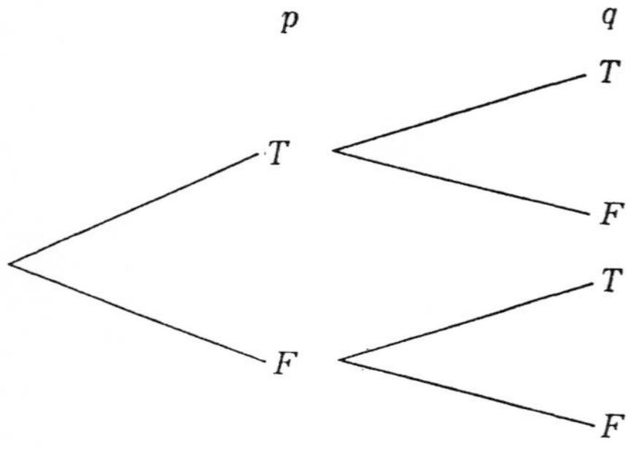

ただし
T は真 ｝の略号
F は偽 ｝の略号

という図で示される．3つの命題 p, q, r があるときの，あらゆる論理的可能性は

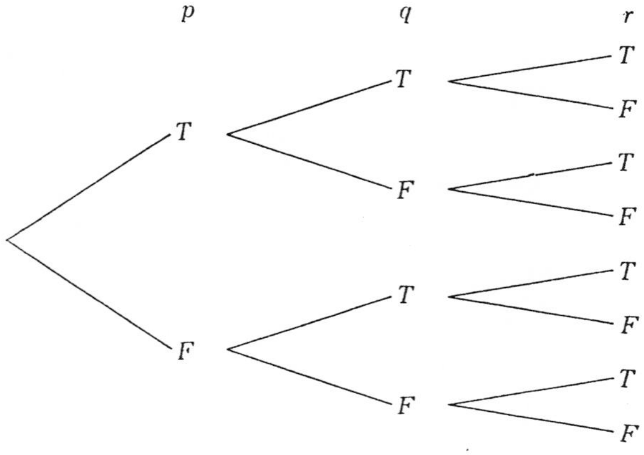

という図で示される．このような図を数学では樹 (tree) とよんでいる．

樹のひとつの結節点から，2本ずつ枝分れしているので，

2つの命題 p, q のあらゆる論理的可能性は　$2\times2=2^2$ 通り，

3つの命題 p, q, r のあらゆる論理的可能性は　$2\times2\times2=2^3$ 通り，

一般的にいって

> **定理 1.1**　n 個の命題 $p_1, p_2, \cdots, p_n$ のあらゆる論理的可能性は
>
> $$2\times2\times\cdots\cdots\times2=2^n$$
>
> 通りである．

例 1.3　ある試験問題は○×式の5つの質問(イ)〜(ホ)から成る．中西君は先生が

(1)　×になるものより○になるものの方が多い．

(2)　○だけ，または×だけが3つ以上つづくことはない．

(3)　(イ)と(ホ)とは○と×が反対になる．

という出題ぐせのあることを知っている．また，彼は(ロ)だけは答を知っていた．(1)〜(3)の条件を考えに入れて答えたところ全部正解となった．彼はどういうようにして答を出したか．

（解）　条件(3)を考慮して，樹をかくと，条件(1)(2)(3)に適するのは，次頁の樹より

$$TTFTF,\ TFTTF,\ FTTFT,\ FTFTT$$

の4通りである．そこでもし問(ロ)が○とすると正解が3通りでてくるから，(ロ)は×でなければならない．よって求める答は

○　×　○　○　×

である．

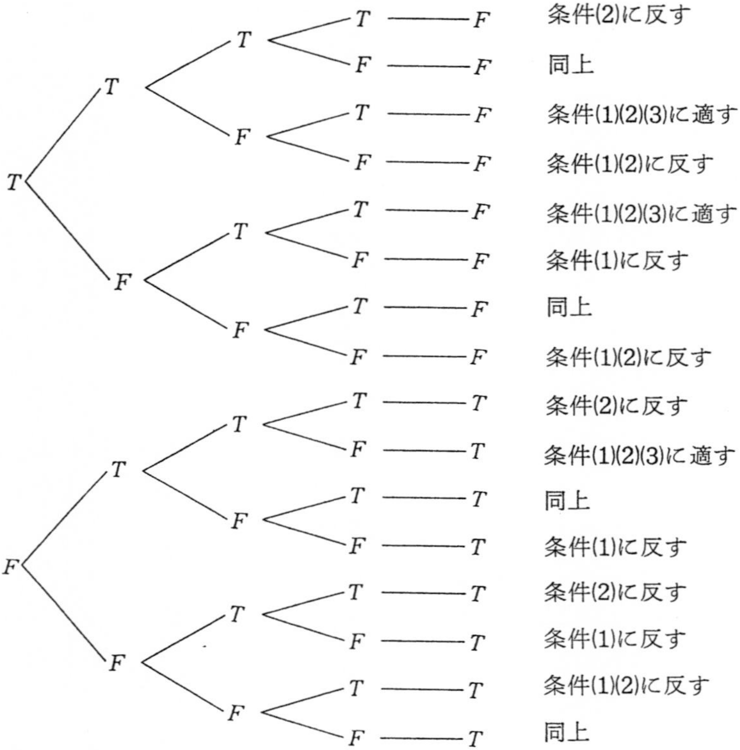

図 1.4　第1の壺には2個の黒玉と2個の白玉，第2の壺には4個の黒玉と1個の白玉が入っている．ひとつの壺をえらんで3個の玉を出すとき，可能性の樹をかけ．

§3. 否定・連言・選言

命題 p の論理的可能性に対して，否定命題 $\bar{p}$ のそれは

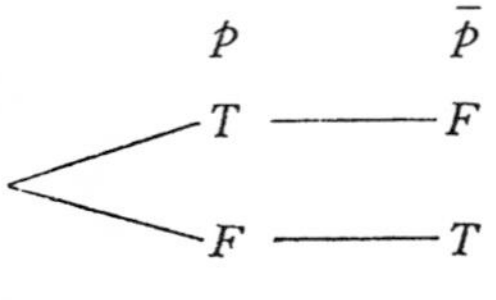

となるので，真理関数の値は

$\varphi(p)$	$\varphi(\bar{p})$
1	0
0	1

つまり，$\varphi(\bar{p})=1-\varphi(p)$

となる．この表を**真理表** (truth table) といい，ウィットゲンシュタイン (Ludwig Wittgenstein 1889—1951)の創意になる．

$p\wedge q$ の接続詞 and は

ならびに，　および，　かつ(また)，　とともに

という並列的意味と

すると，　しかも，　しかし

という事実の結果を表わす意味とがある．いずれの場合も，p と q の両方が真の場合のみ真で，他の場合は偽ときめるのが妥当である．だから

$\varphi(p)$	$\varphi(q)$	$\varphi(p\wedge q)$
1	1	1
1	0	0
0	1	0
0	0	0

つまり

$$\varphi(p\wedge q)=\varphi(p)\varphi(q)$$
$$=\min(\varphi(p),\ \varphi(q))$$

という真理表をうる．

$p\vee q$ の接続詞 or は

もしくは，　あるいは

という意味で，辞書をひくと「2つの文章を同等の資格で結びつける」と説明してある．したがって，もしも，p, q の真理値の小さい方に揃えて（同等にして）$p\vee q$ の真理値をあてがったとしたら，それは $p\wedge q$ のそれとなんら変わるところがない．そこで，$p\vee q$ の真理値は，p と q のそれの大きい方に揃えてみると，次のような真理表をうる．

$\varphi(p)$	$\varphi(q)$	$\varphi(p\vee q)$
1	1	1
1	0	1
0	1	1
0	0	0

つまり

$$\varphi(p\vee q)=\max(\varphi(p),\ \varphi(q))$$

例 1.4　p：平行4辺形の対辺の長さは相等しい．

q：平行4辺形の対角線は互いに他を2等分する．

r：平行4辺形の対角線の長さは相等しい．

とおくと，p, q は真なる命題，r は偽なる命題である．そのとき

$p\wedge q$：平行4辺形の対辺の長さは相等しく，対角線は互いに他を2等分する．という命題は真．

$q\wedge r$：平行4辺形の対角線は互いに他を2等分し，かつ長さは相等しい，

$p\wedge r$：平行4辺形の対角線の長さは相等しく，かつ対辺の長さも相等しいという命題は偽．

例 1.5　p：$2=2$，　q：$2<2$

とおくと

$p\vee q$：$2\leqq 2$　は真

また，

r：$2=3$，　s：$2<3$

とおくと

$r\vee s$：$2\leqq 3$　は真

$p\vee r$：$(2=2)\vee(2=3)$　は真

$p\vee s$：$(2=2)\vee(2<3)$　は真

問 1.5　次の各命題の真偽を判定せよ，

(1)　$(2\times 2=7)\wedge(5<3)$　　(2)　$(2\times 2=7)\wedge(5>3)$

(3)　$(2\times 2=4)\wedge(5>3)$　　(4)　$(2\times 2=4)\wedge(5<3)$

(5)　$(2\times 2=7)\vee(5<3)$　　(6)　$(2\times 2=7)\vee(5>3)$

(7) $(2\times2=4)\vee(5>3)$　　(8) $(2\times2=4)\vee(5<3)$

(9) (1は素数)∧(1は12の約数)　　(10) (2は素数)∧(2は12の約数)

(11) (8は素数)∨(8は12の約数)　　(12) (5は素数)∨(5は12の約数)

問 1.6 a, b を実数とするとき，次の命題の真偽を判定せよ．

(1) $(ab=0)\vee(a^2+b^2\neq0)$

(2) $(ab=0)\vee(a^2+b^2>0)$

ところが，一方，or には

そうでなければ

という意味がある．たとえば

p: ▱ABCD において $\angle A\neq\angle B$ ならば，$\angle A<\angle R$

q: ▱ABCD において $\angle A\neq\angle B$ ならば，$\angle B<\angle R$

のとき

$p\vee q$: ▱ABCD において $\angle A\neq\angle B$ ならば，$\angle A$ または $\angle B$ は鋭角

という命題は p, q がともに真のときは偽である．

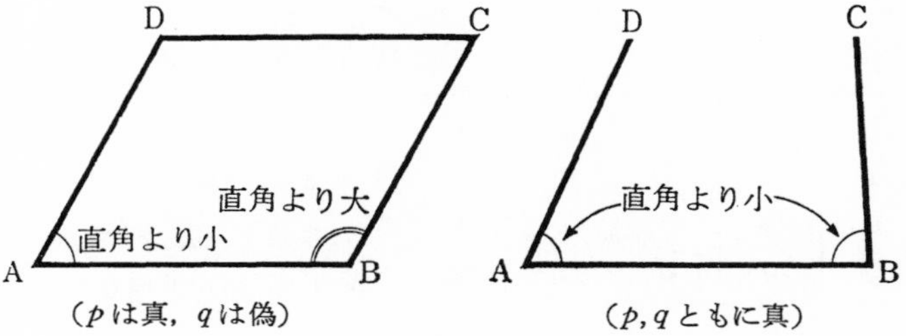

図 1.4

このような選言を**排反的選言** (exclusive disjunction) といい，記号で

$$p \veebar q$$

とかく．そして普通の選言，**包含的選言** (inclusive disjunction) と区別する．$p \veebar q$ の真理表は次の通りである．

$\varphi(p)$	$\varphi(q)$	$\varphi(p \veebar q)$
1	1	0
1	0	1
0	1	1
0	0	0

図 1.7

(1)　$\varphi(p\vee q)=\varphi(p)+\varphi(q)-\varphi(p\wedge q)=\varphi(p)+\varphi(q)-\varphi(p)\varphi(q)$

(2)　$\varphi(p\vee q)=1-\varphi(\bar{p})\varphi(\bar{q})$

(3)　$\{\varphi(p)\}^2=\varphi^2(p)$ とかくと $\varphi^2(p)=\varphi(p)$

(4)　n を整数とするとき，　$\varphi^n(p)=\varphi(p)$

(5)　$\varphi(p\veebar q)=\varphi(p)+\varphi(q)-2\varphi(p)\varphi(q)$

であることを証明せよ．

各命題に演算記号 —，∧，∨ などを用いて，さらに複雑な合成命題を作ることができる．各命題の真偽の組合せに対して，合成命題の真偽は有限回の操作で判定できる．それは真理表を用いることによって可能である．

例 1.6　合成命題 $p\vee\bar{q}$ の真理表を作れ．

(解)

p	q	p	$\vee$	$\bar{q}$
1	1	1	1	0
1	0	1	1	1
0	1	0	0	0
0	0	0	1	1
Step No.		1	3	2

Step No. の順に真理値を書き込んでゆき，求まった合成命題の真理値の両側に２重線をひいて示す．第１行は $\varphi(p)$，$\varphi(q)$ の代りに p，q などと簡略化する．

例 1.7　合成命題$(p\vee\bar{q})\wedge\bar{p}$ の真理表を作れ．

(解)

p	q	$(p\vee\bar{q})$	$\wedge$	$\bar{p}$
1	1	1 1 0	0	0
1	0	1 1 1	0	0
0	1	0 0 0	0	1
0	0	0 1 1	1	1
Step No.		1 3 2	4	2

慣れてくると，下段の Step No. はかかなくてもよい．

問 1.8 次の合成命題の真理表をかけ.

(1) $\overline{p \wedge q}$　　(2) $\bar{p} \vee \bar{q}$

(3) $\overline{p \vee q}$　　(4) $p \wedge \bar{p}$

(5) $(p \vee q) \vee \bar{q}$　　(6) $\overline{(p \vee q) \wedge (\bar{p} \vee \bar{q})}$

［補注］

数学的対象（整数・実数・連続関数 など）についての，いろいろな命題の真・偽を有限回の操作で判定しうるかどうかという問題を，**決定問題**(decision problem)という．そしてこの有限回の操作のことを**アルゴリズム**(algorithm) という．アルゴリズムがあれば，決定問題は**可解** (solvable)，アルゴリズムがなければ**非可解**(unsolvable)という．決定問題が可解な１つの体系は，ここで説明している命題計算である．

§4. 論理的恒等式

命題 $p_1, p_2, \cdots\cdots, p_n$ に対して，否定，連言，選言の３つの演算を何回か繰り返してできた命題（合成命題）を**論理式** (logical expression) といい，

$$f(p_1,\ p_2,\ \cdots\cdots,\ p_n)$$

と表わす．もし，$p_1, p_2, \cdots\cdots, p_n$ のあらゆる論理的可能性に対して，２つの論理式

$$f(p_1,\ p_2,\ \cdots\cdots,\ p_n)$$
$$g(p_1,\ p_2,\ \cdots\cdots,\ p_n)$$

の真理値が

$$\varphi(f) = \varphi(g)$$

ならば，f と g は**同値な論理式**といい，$f \equiv g$ とかく．記号 $\equiv$ で結ばれた論理式のことを，**論理的恒等式**という．論理的恒等式については次の定理が成立する．

定理 1.2

〈1 a〉　$p \vee q \equiv q \vee p$
〈1 b〉　$p \wedge q \equiv q \wedge p$　　（可換律）

〈2 a〉	$p\vee(q\vee r)=(p\vee q)\vee r$	（結合律）
〈2 b〉	$p\wedge(q\wedge r)=(p\wedge q)\wedge r$	

〈2a〉, 〈2b〉の結果をそれぞれ $p\vee q\vee r$, $p\wedge q\wedge r$ とかく.

〈3 a〉	$p\wedge(q\vee r)=(p\wedge q)\vee(p\wedge r)$	（第1分配律）
〈3 b〉	$p\vee(q\wedge r)=(p\vee q)\wedge(p\vee r)$	（第2分配律）
〈4 a〉	$p\vee p=p$	（ベキ等律）
〈4 b〉	$p\wedge p=p$	
〈5 a〉	$p\vee(p\wedge q)=p$	（吸収律）
〈5 b〉	$p\wedge(p\vee q)=p$	
〈6〉	$\overline{(\overline{p})}=p$	（回帰律）
〈7 a〉	$\overline{(p\vee q)}=\overline{p}\wedge\overline{q}$	（ドモルガンの公式）
〈7 b〉	$\overline{(p\wedge q)}=\overline{p}\vee\overline{q}$	

〈1a〉から〈7b〉まで〈a〉の方の演算記号∨を∧に，∧を∨にかえると〈b〉の方の結果がえられる．これを**双対の原理**(principle of duality)という．

（証明）〈3b〉のみ証明しておこう．他は演習問題とする．

p	q	r	p	$\vee$	(q	$\wedge$	r)	(p	$\vee$	q)	$\wedge$	(p	$\vee$	r)
1	1	1	1	1	1	1	1	1	1	1	1	1	1	1
1	1	0	1	1	1	0	0	1	1	1	1	1	1	0
1	0	1	1	1	0	0	1	1	1	0	1	1	1	1
1	0	0	1	1	0	0	0	1	1	0	1	1	1	0
0	1	1	0	1	1	1	1	0	1	1	1	0	1	1
0	1	0	0	0	1	0	0	0	1	1	0	0	0	0
0	0	1	0	0	0	0	1	0	0	0	0	0	1	1
0	0	0	0	0	0	0	0	0	0	0	0	0	0	0
Step No.			1	3	1	2	1	1	2	1	3	1	2	1

問 1.9　定理1.2の他の法則も証明せよ.

$f(p_1, p_2, \cdots\cdots, p_n)$ が，それをつくる単一命題 $p_1, p_2, p_3, \cdots\cdots$ の真偽に関す

るすべての組合せに対して，つねに真であるとき，fを**恒真命題**（トートロジー，tautology），またつねに偽であるとき，fを**恒偽命題**（contradictory）といい，それぞれ記号で I, O とかく．

定理 1.3

〈8 a〉　$p\vee\overline{p}=I$　（排中律）

〈8 b〉　$p\wedge\overline{p}=O$　（矛盾律）

〈9 a〉　$p\vee O=p$

〈9 b〉　$p\wedge I=p$

〈10a〉　$p\vee I=I$

〈10b〉　$p\wedge O=O$

〈8a〉から〈10b〉までの恒等式で，〈a〉の$\vee$を$\wedge$に，IをOに，OをIにかえたら，〈b〉が成り立つ．これも双対の原理である．

問 1.10　定理 1.3を証明せよ．

例 1.8　$\overline{p\vee q\vee r}=\overline{p}\wedge\overline{q}\wedge\overline{r}$

$\overline{p\wedge q\wedge r}=\overline{p}\vee\overline{q}\vee\overline{r}$

が成り立つ．なぜなら

$$\begin{aligned}\overline{p\vee q\vee r}&=\overline{(p\vee q)\vee r}\\&=\overline{(p\vee q)}\wedge\overline{r}\\&=(\overline{p}\wedge\overline{q})\wedge\overline{r}=\overline{p}\wedge\overline{q}\wedge\overline{r}\end{aligned}$$

たとえば

$(a=b=c=0)$ の否定は $(a\neq 0)\vee(b\neq 0)\vee(c\neq 0)$

$(abc=0)$ の否定は $(a\neq 0)\wedge(b\neq 0)\wedge(c\neq 0)$

問 1.11　ドモルガンの法則を用いて，次の各命題の否定命題をかけ．

(1)　彼は頭がよくて，しかもハンサムである．

(2)　私は昼食をうどんか，パンですます．

(3)　彼は彼女を映画と食事にさそう．

(4)　彼女は才色兼備である．

(5)　12は3の倍数であるが，5の倍数ではない．

問 1.12　つぎの文章の中の□内を適当な文字または記号でみたせ．

図において，橋Aがあがって船が通れる状態を a で表わし，橋Aが閉じて電車が通過できる状態を $\overline{a}$ で表わす．橋Bについてもそれぞれ b, $\overline{b}$ と定める．船が出てゆくことが可能な状態は，AかBのどちらかが上っていればよいから□で表わされる．また，電車が島を通って向う岸へ行ける可能性はAもBもともに閉じている場合だけであるから□である．ところが船が通れるときは電車は通れないし，電車が通れるときは船は通れない．両方は矛盾しあう．ゆえに一方の否定は他と同値となるから

□ ≡ □

という式が成り立つ．これを

□の法則という．

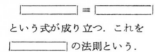

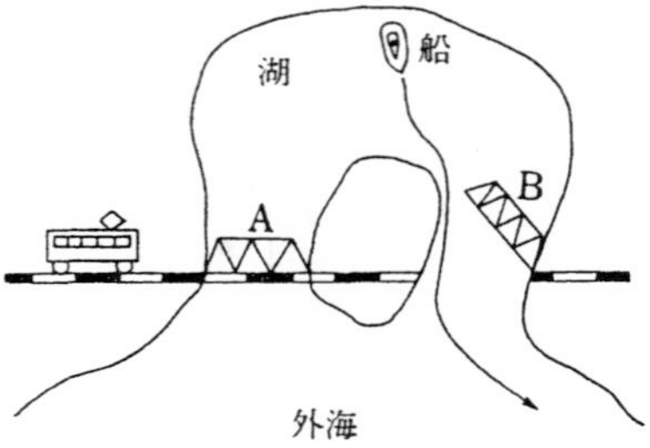

問 1.13　次の論理式を簡単にせよ．

(1)　$(p\wedge q)\vee(q\wedge r)$

(2)　$(p\wedge\overline{q})\vee(q\wedge r)\vee(\overline{r}\wedge p)$

(3)　$(\overline{p}\wedge q)\vee(p\wedge q)\vee(\overline{p}\wedge\overline{q})$

(4)　$(p\wedge q\wedge r)\vee(p\wedge q)\vee p$

［補注］　**束** (lattice)

あるものの集合の要素の間に演算 ∨，∧ が定義されて，〈1〉〈2〉〈5〉の性質をもつものを束，束に〈3〉の性質を附加したものを**分配束**という．

§5. 標準化の定理

いくつかの命題 $p_1, p_2, \cdots\cdots, p_n$ の論理式 $f(p_1, p_2, \cdots\cdots, p_n)$ を

$$f\equiv(\text{連言})\vee(\text{連言})\vee\cdots\cdots\vee(\text{連言})$$

と変形したものを，**選言標準形** (disjunction normal form)，各項を**選言項**という．選言項の中に．p_i か $\overline{p_i}(i=1, 2, \cdots\cdots, n)$ をひとつずつ含んでいるときの標準形を，**主選言標準形** (principal disjunction normal form) という．

定理 1.4　(**標準形の表現定理**)

n 個の命題 $p_1, p_2, \cdots\cdots, p_n$ の論理式 $f(p_1, p_2, \cdots\cdots, p_n)$ は主選言標準形で表現される.

(証明)　ε_i $(i=1, 2, \cdots\cdots, n)$ を0か1か, どちらかをとる数とする.

$$\varphi[f(p_1, p_2, \cdots\cdots, p_n)]=0 \text{ または } 1$$

だから, $\varphi[f]=1$ となるような $p_1, p_2, \cdots\cdots, p_n$ の真理値の系列

$$(\varepsilon_1, \varepsilon_2, \cdots\cdots, \varepsilon_n)$$

を全部とり出す.

このような系列に対して

$$r_i=\begin{cases} p_i & (\varepsilon_i=1 \text{ のとき}) \\ \overline{p_i} & (\varepsilon_i=0 \text{ のとき}) \end{cases}$$

とおき, $r_1\wedge r_2\wedge\cdots\cdots\wedge r_n$ をつくる. すると

$$\varphi(r_1\wedge r_2\wedge\cdots\cdots\wedge r_n)=\begin{cases} 1 & \left(\begin{array}{l}\varphi[f]=1 \text{ となる系列}(\varepsilon_1, \varepsilon_2, \cdots\cdots, \varepsilon_n)\\ \text{に対して}\end{array}\right) \\ 0 & (\text{上記以外}) \end{cases}$$

となる. すべての真となる $r_1\wedge r_2\wedge\cdots\cdots\wedge r_n$ を演算記号 $\vee$ で結べば, それは $\varphi[f]=1$ となるすべての系列 $(\varepsilon_1, \varepsilon_2, \cdots\cdots, \varepsilon_n)$ に対して真であり, 他の系列に対しては偽となる.　(Q. E. D)

論理式 $f(p_1, p_2, \cdots\cdots, p_n)$ を

$$f=(\text{選言})\wedge(\text{選言})\wedge\cdots\cdots\wedge(\text{選言})$$

と変形したものを, **連言標準形** (conjunction normal form), 各項を**連言項**という. 連言項の中に, p_i か $\overline{p_i}$ $(i=1, 2, \cdots\cdots, n)$ をひとつずつ含んでいるときの標準形を, **主連言標準形** (principal conjunction normal form) という. 主連言標準形についても表現定理が成立する.

系　n 個の命題 $p_1, p_2, \cdots\cdots, p_n$ の論理式 $f(p_1, p_2, \cdots\cdots, p_n)$ は主連言標準形で表現される.

問 1.14　$\varphi[f(p_1, p_2, \cdots, p_n)]=0$ となる $p_1, p_3, \cdots, p_n$ の系列 $(\varepsilon_1, \varepsilon_2, \cdots, \varepsilon_n)$ を全部とり出すことによって，この系を証明せよ．

例 1.9　次の真理表で示される論理式 $f(p, q)$，$g(p, q)$ を主標準形に直せ．

p	q	$f(p,q)$	$g(p,q)$
1	1	1	0
1	0	0	1
0	1	1	1
0	0	1	0

（解）　(1)　$\varphi[f]=1$ となるのは $(\varepsilon_1, \varepsilon_2)=(1, 1), (0, 1), (0, 0)$

$\therefore\ f\equiv(p\wedge q)\vee(\bar{p}\wedge q)\vee(\bar{p}\wedge\bar{q})$　　（主選言標準形）

$\varphi[f]=0$ となるのは $(\varepsilon_1, \varepsilon_2)=(1, 0)$

$\therefore\ f\equiv\bar{p}\vee q$　　（主連言標準形）

(2)　$\varphi[g]=1$ となるのは $(\varepsilon_1, \varepsilon_2)=(1, 0), (0, 1)$

$\therefore\ g\equiv(p\wedge\bar{q})\vee(\bar{p}\wedge q)$　　（主選言標準形）

この g は排反的選言 $p\veebar q$ である．

$\varphi[g]=0$ となるのは $(\varepsilon_1, \varepsilon_2)=(1, 1), (0, 0)$

$\therefore\ g\equiv(\bar{p}\vee\bar{q})\wedge(p\vee q)$　　（主連言標準形）

> $\bar{p}\vee q$ をとくに $p\rightarrow q$ とかき，**条件命題**(conditional) という．p を**前件**(antecedant)，q を**後件**(consequent) という．

条件命題については，p と q との間には何の因果関係も想定しない．したがって

くじらが魚であるならば，電柱に花が咲く
$p \longrightarrow q$

のような命題も論理学では取扱う．上の真理表にしたがえば，この命題は真である．条件命題では

$\varphi(p)\leqq\varphi(q)$ のとき，　$\varphi(p\rightarrow q)=1$

$$\varphi(p)>\varphi(q) \text{ のとき，} \quad \varphi(p\rightarrow q)=0$$

である．

条件命題 $p\rightarrow q$ の真理値の決め方について，「偽な命題を前件とするものは後件の真偽にかかわらず真である」ことに納得がゆかぬような気もする．（もっとも“ウソからでたマコト”という諺もあるくらいだから，昔から若干人間の常識的な判断のひとつになっていたのかもしれないが）しかし，このような決め方が合理的であることは

$p\rightarrow q$ が真ということは，p が真のとき必ず q が真

となることを主張するものと解釈すると

p が偽のときは，なにも主張していない．

したがって

q が真でも偽でもどちらでもかまわない．

ということになろう．

問 1.15 次の論理式を標準形に直せ．

(1) $p\vee(p\rightarrow q)$

(2) $(p\wedge q)\rightarrow r$

(3) $(p\rightarrow q)\wedge(q\rightarrow p)$

(4) $(p\rightarrow q)\rightarrow r$

(5) $(p\wedge q)\vee(p\rightarrow r)$

問 1.16 2つの命題 p, q の論理式 $f(p, q)$ は全部で16個あることを証明せよ．それらを列挙すると次の表の通りになる．空欄に適当な記号を入れよ．

p	q	f_1	f_2	f_3	f_4	f_5	f_6	f_7	f_8	
1	1	1	1	1	1	0	1	1	1	
1	0	1	1	1	0	1	1	0	0	
0	1	1	1	0	1	1	0	1	0	
0	0	1	0	1	1	1	0	0	1	
名称		トートロジー	OR	条件	条件	NAND	／	／	対等	
記号		I	$p\vee q$							

p	q	f_9	f_{10}	f_{11}	f_{12}	f_{13}	f_{14}	f_{15}	f_{16}
1	1	0	0	0	1	0	0	0	0
1	0	1	1	0	0	1	0	0	0
0	1	1	0	1	0	0	1	0	0
0	0	0	1	1	0	0	0	1	0
名	称	排反的OR	否定	否定	AND	抑制	抑制	NOR	恒偽
記	号								

［数学的補注］　**万能演算**

すべての論理式は，否定，選言，連言の3種類の演算で表現されることを知ったが，さらに適当なただ1つの演算を考えて，それだけで他のすべての論理式が表現できるものを，**万能演算**(universal operation) という．

（Ⅰ）　**NAND 演算**

$p|q \equiv \overline{p \wedge q}$ ときめる．

| はシェファー(Sheffer) の**ストローク演算子**(stroke operator) という．

$\bar{p} \equiv p|p$

$p \wedge q \equiv (p|q)|(p|q)$

$p \vee q \equiv (p|p)|(q|q)$

である．

問 1　次の命題を簡単にせよ．

(1)　$p|(p|p)$

(2)　$(p|(p|p))|(p|(p|p))$

問 2　次の恒等式は成り立つかどうか吟味せよ．

(1)　$p|q \equiv q|p$　　　　（可換律）

(2)　$(p|q)|r \equiv p|(q|r)$　　　　（結合律）

（Ⅱ）　**NOR 演算**

$p \| q \equiv \overline{p \vee q}$ ときめる．

‖ は**二重ストローク演算子**(double stroke operator) という．

$\bar{p} \equiv p \| p$

$p \wedge q \equiv (p \| p) \| (q \| q)$

$p \vee q \equiv (p \| q) \| (p \| q)$

問 3　次の命題を簡単にせよ．

(1) $p \| (p \| p)$

(2) $(p \| (p \| p)) \| (p \| (p \| p))$

問 4 次の恒等式は成り立つかどうか吟味せよ.

(1) $p \| q \equiv q \| p$ （可換律）

(2) $(p \| q) \| r \equiv p \| (q \| r)$ （結合律）

（Ⅲ） 抑制演算

$\varphi(q)=0$ ならば，論理式 $f(p,q)$ の真理値は p と一致し，

$\varphi(q)=1$ ならば，$f(p,q)$ の真理値は 0 となる.

このような命題 q を**抑制命題**(inhibit proposition) という. この真理表より,

p	q	$f(p,q)$
1	1	0
1	0	1
0	1	0
0	0	0

$f(p,q)$ を標準形に直すと

$$p\wedge\bar{q}$$

これを

$$\iota(p,q)=p\wedge\bar{q}$$

とおく.

$$\bar{p}=\iota(I,p)$$
$$p\wedge q=\iota(p,\iota(I,q))$$
$$p\vee q=\iota(I,\iota(\iota(I,p),q))$$

（Ⅳ） 多数決演算

ただ 1 つの操作というわけではないが，興味ある演算は多数決である. p, q, r の真理値のうち，0 の方が 1 より多ければ 0，1 の方が 0 より多ければ 1 となるのが多数決である. 多数決の表現を $\langle\!\langle p,q,r\rangle\!\rangle$ とかく.

3 つの命題に対する多数決の真理表は

p	q	r	$\langle\!\langle p,q,r\rangle\!\rangle$
1	1	1	1
1	1	0	1
1	0	1	1
1	0	0	0
0	1	1	1
0	1	0	0
0	0	1	0
0	0	0	0

標準形に直すと

$$\langle\!\langle p,q,r\rangle\!\rangle=(p\wedge q\wedge r)\vee(p\wedge q\wedge\bar{r})\vee(p\wedge\bar{q}\wedge r)\vee(\bar{p}\wedge q\wedge r)$$
$$=(p\wedge q)\vee(p\wedge r)\vee(q\wedge r)$$

$$=(p\lor q)\land(p\lor r)\land(q\lor r)$$

多数決演算を用いると

$$p\land q=\langle\!\langle p,\ q,\ O\rangle\!\rangle$$

$$p\lor q=\langle\!\langle p,\ q,\ I\rangle\!\rangle$$

となる.

§6. 条件命題と含意

いま，4つの条件命題 $p\to q$, $q\to p$, $\bar{p}\to\bar{q}$, $\bar{q}\to\bar{p}$ を考えてみよう.

$q\to p$　を　$p\to q$ の **逆**(converse)

$\bar{p}\to\bar{q}$　を　$p\to q$ の **裏**(converse of contraposition)

$\bar{q}\to\bar{p}$　を　$p\to q$ の **対偶**(contraposition)

とよぶ. これらの条件命題の真理値は，次の表で示される.

p	q	$p\to q$	$q\to p$	$\bar{p}\to\bar{q}$	$\bar{q}\to\bar{p}$
1	1	1	1	1	1
1	0	0	1	1	0
0	1	1	0	0	1
0	0	1	1	1	1

このことから

$$(p\to q)\equiv(\bar{q}\to\bar{p})$$

$$(q\to p)\equiv(\bar{p}\to\bar{q})$$

であることが分る. 図でかくと

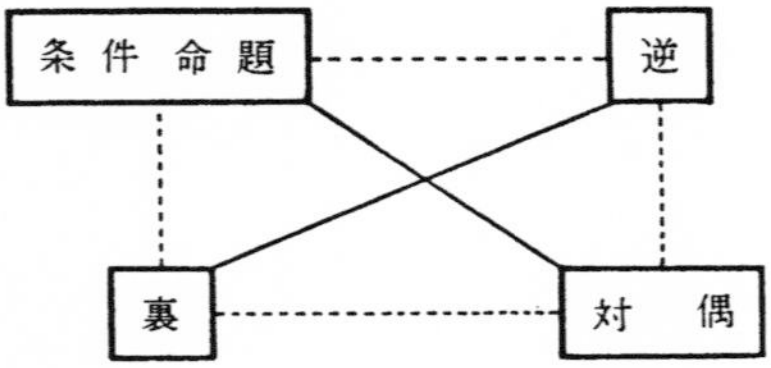

(実線は同値な関係
点線は同値でない関係)

図 1.5

となる.

例 1.10 命題 $(p\wedge q)\to r$ の逆，裏，対偶をかけ．

（解） 逆 $r\to(p\wedge q)\equiv\bar{r}\vee(p\wedge q)$

$$\equiv(\bar{r}\vee p)\wedge(\bar{r}\vee q)$$

$$\equiv(r\to p)\wedge(r\to q)$$

裏 $\overline{(p\wedge q)}\to\bar{r}\equiv(p\wedge q)\vee\bar{r}$

$$\equiv(p\vee\bar{r})\wedge(q\vee\bar{r})$$

$$\equiv(\bar{p}\to\bar{r})\wedge(\bar{q}\to\bar{r})$$

対偶 $\bar{r}\to\overline{(p\wedge q)}\equiv r\vee\overline{(p\wedge q)}$

$$\equiv r\vee(\bar{p}\vee\bar{q})$$

$$\equiv(r\vee\bar{p})\vee(r\vee\bar{q})$$

$$\equiv(\bar{r}\to\bar{p})\vee(\bar{r}\to\bar{q})$$

問 1.17 命題 $p\to(q\wedge r)$ の逆，裏，対偶をかけ．

問 1.18 次の論理恒等式を証明せよ．

(1) $p\to(q\to r)\equiv q\to(p\to r)\equiv(p\wedge q)\to r$

(2) $p\to(q\to r)\equiv(p\to q)\to(p\to r)$ （自動分配律）

(3) $p\equiv(p\to q)\to p$ ⎫
(4) $p\to q\equiv p\to(p\to q)$ ⎭（縮約律）

問 1.19 次の命題の逆，裏，対偶をかけ．

(1) 「私が数学の勉強を規則正しくやれば，私は数学の単位がとれる」

(2) 「雪が降ると，列車がおくれる」

問 1.20 次の命題の逆，裏，対偶をのべ，もとの命題とあわせて，4つ命題の真偽について調べよ．ただし，a, b, c, d は実数とする．

(1) $a+c=b+d$ ならば，$a=b$ かつ $c=d$.

(2) $ab\leqq 0$ ならば，$a\leqq 0$ または $b\leqq 0$.

問 1.21 次の文中の［　］に，適当な語句または文を入れよ．

1つの命題「A ならば B である」について，条件 A をみたすものが存在しないならば，この命題は［ア］．その理由は，次の通りである．1つの命題と，その［イ］とは互いに同値であるから，次の命題を考えればよい．

「B で［ウ］ならば，A で［エ］．」

この命題の結論「A で［オ］」は［カ］であるから，この命題は［キ］．ゆえに，もとの命題「A ならば B である」は［　グ　］.

上のようなことが実際にあてはまる例を考えよう.

次の命題を P とよぼう.

『x, y が実数であって，$x^2+y^2+1=0$ であるならば，$x=0$ または $y=0$ である.』

この P を「A ならば B である」の形にして考えると

A は「［　ケ　］」であり，B は「［　コ　］」である．A の否定は「［　サ　］」であり，B の否定は「［　シ　］」である．したがって，P の逆，対偶は，それぞれ，次の通りである.

逆：［　ス　］，　対偶：［　セ　］

P, P の逆, P の対偶のうち，(ア) 初めに述べた命題の例になっているものは［　ソ　］であり，(イ) 真であるものは［　タ　］である.

問 1.22　△ABC の辺 AB 上の点 M, AC 上の点を N とするとき

「AM＝BM かつ AN＝CN ならば MN∥BC」（中点連結定理）の逆，裏，対偶をのべ，かつ逆は真か偽か判定せよ.

2つの命題 p, q があるとき

$$(p\to q)\wedge(q\to p)$$

を**双条件命題** (biconditional proposition) といい，記号で

$$p\leftrightarrow q$$

とかく．双条件命題は “p, if and only if q” の意味で，日本語訳すると

p ならば q であると同時に q ならば p である.

p であるのは q であるとき，およびそのときに限る.

となる．真理表は次の通り,

p	q	$p\leftrightarrow q$
1	1	1
1	0	0
0	1	0
0	0	1

$\varphi(p)=\varphi(q)$ のとき $\varphi(p\leftrightarrow q)=1$

$\varphi(p)\neq\varphi(q)$ のとき $\varphi(p\leftrightarrow q)=0$

問 1.23　次の論理恒等式を証明せよ.

(1)　$p\leftrightarrow q\equiv q\leftrightarrow p$

(2) $p \leftrightarrow q \equiv \bar{q} \leftrightarrow \bar{p}$

(3) $p \leftrightarrow (q \leftrightarrow r) \equiv q \leftrightarrow (p \leftrightarrow r)$

(4) $p \rightarrow (q \leftrightarrow r) \equiv (p \rightarrow q) \leftrightarrow (p \rightarrow r)$

命題 p, q の真偽のいかんを問わず

$$\varphi(p) \leqq \varphi(q)$$

のとき，**p は q を導く**（p implies q）といい，記号で

$$p \Rightarrow q$$

とかく．これは真理表でいえば，条件命題 $p \rightarrow q$ が真であることのみを考えるということである．だから，p が真，q が偽のときは，$p \Rightarrow q$ は意味をなさない．また，命題 p, q の真偽のいかんを問わず

$$\varphi(p) = \varphi(q)$$

のとき，**p と q は等値**になるという．等値とは真理表でいうと双条件命題 $p \leftrightarrow q$ が真である場合だけを考えることである．ことばで表現すると，p が q を導き，q が p を導くこと，

つまり， $p \Rightarrow q$ かつ $q \Rightarrow p$ である．

例 1.11 $\{p \wedge (p \rightarrow q)\} \Rightarrow q$ であることを証明せよ．

(解) $\varphi\{p \wedge (p \rightarrow q)\} \leqq \varphi(q)$ となることを示せばよい．あるいは，p, q の真偽のいかんにかかわらず $\{p \wedge (p \rightarrow q)\} \rightarrow q$ が真であることをいえばよい．

p	q	$\{p$	$\wedge$	$(p$	$\rightarrow$	$q)\}$	$\rightarrow$	q
1	1	1	1	1	1	1	1	1
1	0	1	0	1	0	0	1	0
0	1	0	0	0	1	1	1	1
0	0	0	0	0	1	0	1	0
Step No.		1	3	1	2	1	4	1

圖 1.24 次の命題が他を導くように順に配列せよ．

(1) $\bar{p} \leftrightarrow q$ (2) $p \rightarrow (\bar{p} \rightarrow q)$

(3) $\overline{p\to(q\to p)}$ (4) $p\vee q$ (5) $\bar{p}\wedge q$

数学に出てくる定理は，すべて $p\Rightarrow q$ の形をしており，とくに p, q ともに真なる場合にのみ限定されている．演算記号 → は論理学の記号であるが，⇒ は「→ が真である」ということを示す**超論理** (metalogic) の記号である．

$p\Rightarrow q$ のとき

q を p であるための**必要条件** (necessary condition)

p を q であるための**十分条件** (sufficient condition)

という．また

$p\Leftrightarrow q$ のとき，すなわち $p\Rightarrow q$ かつ $q\Rightarrow p$ のとき

p は q であるための
q は p であるための **必要十分条件** (necessary and sufficient condition)

という．

問 1.25 p は q の十分条件，q は r の必要十分条件，r は s の必要条件，s は q の必要条件のとき

(1) r は p の何条件か．

(2) q は s の何条件か．

問 1.26

(1) $a=b$, $c=d$ は $a+c=b+d$ であるための何条件か．

(2) $a>0$, $b>0$ は $ab>0$, $a+b>0$ であるための何条件か．

(3) $b^2-4ac<0$ は，ax^2+bx+c がつねに正であるための何条件か．

例 1.12 「行列が逆行列をもつためには，その行列式が 0 でないことが必要条件である」という命題から，次の各命題は正しいかどうか判断せよ．

① 「行列が逆行列をもつためには，その行列式が 0 であることが十分条件である」

② 「行列式が 0 でないために，行列が逆行列をもつことが十分条件である」

③ 「行列式が 0 であるためには，行列が逆行列をもたないことが必要条件である」

④　「行列はその行列式が0でないとき，およびそのときに限り逆行列をもっている」

⑤　「行列はそれが逆行列をもたないときにのみ，行列式が0になる」

（解）行列や行列式についての知識がなくてもこれは解ける．（もちろん，それらの知識があるにこしたことはない．「現代の綜合数学 I」参照）

p：「行列が逆行列をもつ」

q：「その行列の行列式が0でない」

とおくと，はじめの命題は $q \Rightarrow p$ とかける．そこで①から⑤までの5つの命題をそれぞれ記号で表わすと，

① $p \Rightarrow \bar{q}$　　② $q \Rightarrow p$　　③ $\bar{p} \Rightarrow \bar{q}$

④ $p \Leftrightarrow q$　　⑤ $q \Rightarrow p$

となる．

②はもとの命題そのもの．

③は$(\bar{p} \Rightarrow \bar{q}) \equiv (q \Rightarrow p)$

⑤は($\bar{p}$ のときのみ $\bar{q}$)$\equiv (\bar{\bar{q}} \rightarrow \bar{\bar{p}}) \equiv (q \rightarrow p) \equiv I$

問 1.27　「いたるところ微分可能な関数は，いたるところで連続である」という命題は真であるとする．しかし逆は必らずしも真でない．つぎの命題のうち，どれが正しいか．

①　関数はそれが連続である場合のみ微分可能である．

②　関数はそれが微分可能である場合のみ連続である．

③　微分可能であることは，関数が連続であるための必要十分条件である．

④　微分可能であることは，関数が連続であるための十分条件である．

⑤　微分可能であることは，関数が微分可能であるための必要十分条件である．

§7. 推　論　形　式

ある命題から，他の命題が導かれることを**推論**(argument)という．そして，$p \Rightarrow q$ ならば，この推論は**有効**であるという．また，もし $p \not\Rightarrow q$ ならば，この推論は**誤り**であるという．

いま，推論の前件，後件となる命題は，p，q のように単一命題であってもよいし，また合成命題 $f_1, f_2, \cdots\cdots, f_n$，$g$ であってもよい．そして

$$f_1 \wedge f_2 \wedge \cdots\cdots \wedge f_n \Rightarrow g$$

であるならば，推論は有効であるという．このことを図式で

$$\frac{f_1,\ f_2,\ \cdots\cdots,\ f_n}{g} \qquad \text{または} \qquad \begin{array}{c} f_1 \\ f_2 \\ \vdots \\ f_n \\ \hline g \end{array}$$

とかく．そして，この図式を**推論図**という．

以下，代表的な推論形式を説明する．

(方式 I)　正格法(modus ponens)

$$(p \rightarrow q) \wedge p \Rightarrow q$$

$$\begin{array}{l} p \rightarrow q \\ p \\ \hline \qquad q \end{array}$$

(証明)

p	q	$(p \rightarrow q) \wedge p$	$\rightarrow$	q
1	1	1 1 1　1 1	1	1
1	0	1 0 0　0 1	1	0
0	1	0 1 1　0 0	1	1
0	0	0 1 0　0 0	1	0

例 1.13

(1)　生物は死ぬ　　（これは生物であるならば，これは死ぬ）
　　これは生物である
　　―――――――――
　　ゆえにこれは死ぬ

(2)　犬は 4 つ足である
　　これは犬である
　　―――――――――
　　ゆえにこれは 4 つ足である

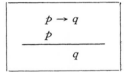

（方式Ⅱ） **負格法**(modus tollens)

$$(p \to q) \land \overline{q} \Rightarrow \overline{p}$$

$$\begin{array}{l} p \to q \\ \quad\ \ \overline{q} \\ \hline \overline{p} \end{array}$$

問 1.28 負格法が有効な推論であることを証せ.

例 1.14

(1)　生物は死ぬ
　　これは死なない

　　ゆえにこれは生物でない

(2)　犯人であればそのとき現場にいた
　　彼はそのとき現場にいなかった

　　ゆえに彼は犯人ではない　　(現場不在証明` alibi)

（方式Ⅲ） **仮言3段論法** (hypothetical syllogism)

$$(p \to q) \land (q \to r) \Rightarrow (p \to r)$$

$$\begin{array}{l} p \to q \\ \quad\ q \to r \\ \hline p \quad \to \quad r \end{array}$$

問 1.29 仮言3段論法が有効な推論であることを証せ.

例 1.15

(1)　雨が降れば，道路がすべる
　　道路がすべると，交通事故がふえる

　　ゆえに雨が降ると，交通事故がふえる

(2)

大風が吹くと，砂ぼこりが立つ	$(p \to q)$
砂ぼこりが立つと，盲がふえる	$(q \to r)$
盲がふえると，三味線がうれる	$(r \to s)$
三味線がうれると，猫が殺される	$(s \to t)$
猫が殺されると，ねずみがふえる	$(t \to u)$
ねずみがふえると，桶をかじられる	$(u \to v)$
桶をかじられると，桶屋がもうかる	$(v \to w)$
ゆえに大風が吹くと，桶屋がもうかる	$(p \to w)$

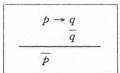

内容の真偽，正当性が問題ではなく，形式の有効性のみに注目したい．

つぎに誤った推論の方式を紹介しよう．

（方式Ⅳ）　**後件肯定の誤り**(fallacy of affirming the consequent)

$(p \to q) \wedge q \not\Rightarrow p$　，　たとえば

$$\begin{array}{l} \text{美人ならば薄命である} \\ \text{この娘は薄命であった} \qquad \text{は謬論} \\ \hline \text{この娘は美人であった} \end{array}$$

（方式Ⅴ）　**前件否定の誤り**(fallacy of denying the antecedent)

$(p \to q) \wedge \bar{p} \not\Rightarrow \bar{q}$

$$\begin{array}{l} \text{美人ならば薄命である} \\ \text{この娘は美人でない} \qquad \text{は謬論} \\ \hline \text{この娘は長命である} \end{array}$$

問 1.30　方式Ⅳ,方式Ⅴが誤りであることを証明せよ．

問 1.31　次の推論図で示されるもののうち，有効な推論はどれか

(1) $\begin{array}{c} p \wedge q \\ \hline p \end{array}$　(2) $\begin{array}{c} p \\ \hline p \vee q \end{array}$

(3) $\begin{array}{c} p \leftrightarrow q \\ p \\ \hline q \end{array}$　(4) $\begin{array}{c} p \vee q \\ \bar{p} \\ \hline q \end{array}$　(5) $\begin{array}{c} p \wedge q \\ \bar{p} \to q \\ \hline \bar{q} \end{array}$

(6) $\begin{array}{c} p \to q \\ \bar{q} \to \bar{r} \\ \hline r \to p \end{array}$　(7) $\begin{array}{c} p \to q \\ \bar{r} \to \bar{q} \\ \hline \bar{r} \to \bar{p} \end{array}$　(8) $\begin{array}{c} p \leftrightarrow q \\ q \vee r \\ \bar{r} \\ \hline \bar{p} \end{array}$

(9) $\dfrac{p}{I}$　(10) $\dfrac{O}{p}$

問 1.32　次の各推論の有効性を判定せよ．

(1)　無神論者は神を信じないが，神を信ずるものは幸福である．ゆえに無神論者は幸福でない．

(2)　すべての教条主義者は事実を全面的に把握できない．彼は事実を全面的に把握できる．ゆえに彼は教条主義者でない．

(3)　マッカーシーが当選するには，ニューヨーク州で勝てばよい．彼は黒人問題に対し

て強い態度をとるときにのみ，ニューヨーク州で勝てる．しかし彼は黒人問題については，強い態度をとらない．だから彼は当選しないだろう．

(4) 広告が有効であるならば，新製品の需要は増加する．それで新製品の生産費が引下げ可能ならば，その販売価格もまた引下げ可能である．また新製品は作れば作るほど，生産費は引下げができる．また，実際新製品に対する需要が増加すればする程，新製品は作り出されてゆく．したがって広告は新製品の価格が引下げられるならば，そのときは有効である．

［歴史的補注］

日常言語の働きの1部には，「鹿がいる」「鹿がいない」というように，論理的な思考の1部と共通しているものがある．これを**前論理的考え方**(mentalité prelogique) という．前論理的な考え方の段階から，論理学をはっきりと演繹科学として位置づけたのは Aristoteles (B.C. 384—322)で，彼の著 **“オルガノン”**(思考の道具）は古典論理学の教典として，中世を通して権威あるものであった．彼の論理学は

“A（対象,主語）は B（述語）である”

という文章に対して，主語の示すクラス（外延）と述語の示すクラスの包摂関係から推論の妥当性を判定する．たとえば

すべての人間は死すべきものである
すべてのギリシヤ人は人間である
ゆえに，すべてのギリシヤ人は死すべきものである

という3段論法は図のような包摂関係で表わされる．しかし $A=B$ のような概念は包摂で説明できないなど，彼の方法にも限界があった．

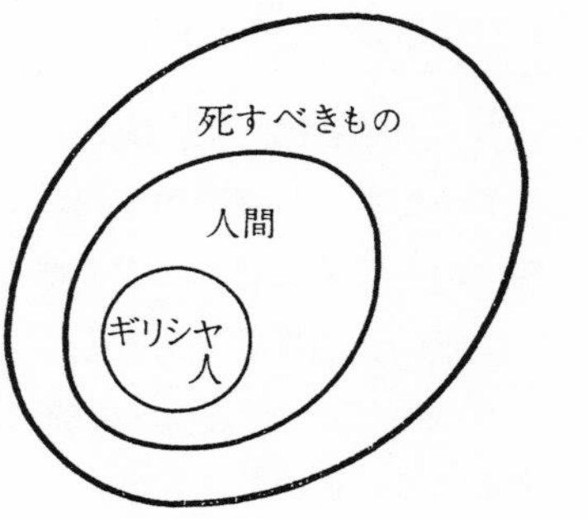

図 1.6

古典論理学を数学独自の問題意識から検討した人は，Leibniz である．彼は記号結合をもって論理学の課題と考え，事物の有無の表現にそれぞれ1と0とを対応させると周易の卦と同様，あらゆる事象の有無の状態を表現しうると考えた．Leibniz 以後，Lambert, Hamilton, De Morgan らの研究をへて，G. Boole (1815—1864) の論理代数学に結実する．彼は “The Laws of Thought”(思考の法則）において，論理計算の体系をほぼ完成した形でまとめている．

第2章 集　　　合

§1. 集合の定義

われわれの直観または思考の，明確なそして互いによく区別された対象 m をひとつの全体にまとめたものを**集合**(set)といい，記号で $\boldsymbol{M}$ とかく．また，m を $\boldsymbol{M}$ の**要素**(element)という．そして記号で

$$m \in \boldsymbol{M}$$

とかく．対象 m が $\boldsymbol{M}$ に属さないときは

$$m \notin \boldsymbol{M}$$

とかく．

以上の定義は，集合論の創始者，ゲオルグ·カントル (Georg Cantor) の与えたものである．直観的に明確なものとは，眼前のりんごの集まりとか，ある空間内の人間の集まりなどを指す．思考の明確なものとは，直線上の点であるとか，平面上の直線であるとか，数などである．互いによく区別されたというのは2つの対象 m_1 と m_2 の間に，$m_1=m_2$ とか，$m_1 \neq m_2$ とかがはっきりと認識できることをいう．

したがって，自然数全体，整数全体，有理数全体，実数全体，複素数全体は集合を構成し，それらをそれぞれ $\boldsymbol{N}$, $\boldsymbol{Z}$, $\boldsymbol{Q}$, $\boldsymbol{R}$, $\boldsymbol{C}$ とかく．

集合が有限個の要素から成り立っているとき，その集合を**有限集合** (finite set)，そうでない集合を**無限集合**(infinite set)という．$\boldsymbol{M}$ が有限集合で，その要素が m_1, m_2, ……, m_n ならば，集合は

$$\boldsymbol{M}=\{m_1,\ m_2,\ \cdots\cdots,\ m_n\}$$

のように，要素を全部列挙する表現——**外延的表現**——ができる．だから，

$$\boldsymbol{N}=\ 0,\ 1,\ 2,\ 3,\ \cdots\cdots$$

$$\boldsymbol{Z}=\ 0,\ \pm 1,\ \pm 2,\ \pm 3,\ \cdots\cdots$$

などとかける．一方，要素 m のみたすべき条件 $C(m)$ を明示して

$$M=\{m \mid C(m)\}$$

というように表現――**内包的表現**――することもできる．たとえば

$$M=\{x \mid x \text{ は実数で，} 0\leqq x\leqq 1\}$$

とかくと，閉区間 $[0,\ 1]$ 内のすべての実数の集合を表現したことになる．数学では，内包的表現で集合を表わすことが多い．

例 1.16 M を，次の条件を満足する数（実数とは限らない）の集合とする．

条件：

（a） $1\notin M$ ，　(b) $a\in M$ ならば $\dfrac{1}{1-a}\in M$

(1) 集合 M が2を含むとき，このような M は必ず，他に2つの数を含むことを示せ．

(2) $a\in M$ ならば，$1-\dfrac{1}{a}\in M$ であることを証せ．

(3) 集合 M のうち，要素の数が1個のものがあるか．あれば，それをすべて求めよ．

（解） (1) $2\in M$ より $\dfrac{1}{1-2}\in M$,　つまり　$-1\in M$

$-1\in M$ より $\dfrac{1}{1-(-1)}\in M$,　つまり　$\dfrac{1}{2}\in M$

(2) $a\in M$ ならば $\dfrac{1}{1-a}\in M$　よって

$$\frac{1}{1-\dfrac{1}{1-a}}=\frac{1-a}{-a}=1-\frac{1}{a}\in M$$

(3) $a=\dfrac{1}{1-a}$ とおくと，$a^2-a+1=0$

$$a=\frac{1\pm\sqrt{3}\,i}{2}$$

$$\therefore\quad M=\left\{\frac{1+\sqrt{3}\,i}{2}\right\} \quad \text{または} \quad M=\left\{\frac{1-\sqrt{3}\,i}{2}\right\}$$

問 1.33 2つの整数の平方の和として表わされる数の集合を M とする．

(1) M に属する任意の2数の積は，やはり M に属することを証明せよ．

(2) (1)を利用して，$(1^2+4^2)(2^2+3^2)$ と $(4^2+5^2)(3^2+7^2)$ を2つの整数の平方の和として表わせ．

問 1.34　$a+b\sqrt{2}$ $(a, b\in \boldsymbol{Q})$ で表わされる数の集合を $\boldsymbol{M}$ とする．このとき

(1)　$x\in \boldsymbol{M}$, $y\in \boldsymbol{M}$ ならば $x\pm y\in \boldsymbol{M}$, $xy\in \boldsymbol{M}$

(2)　$x\in \boldsymbol{M}$, $y\in \boldsymbol{M}$, $y\neq 0$ ならば $x/y\in \boldsymbol{M}$

であることを証明せよ．

問 1.35　前問で，整数 b を与えたとき，$0\leqq a+b\sqrt{2}<1$ を満たす整数 a の値はただ1つ存在することを示せ．

問 1.36　$\boldsymbol{M}=\{x\,|\,x=a+b\sqrt{2},\ a\neq 0\vee b\neq 0\}$ とする．$a+b\sqrt{2}$ の逆数が $\boldsymbol{M}$ の要素であるとき，a と b の間にどんな関係が成り立つか．

例 1.17　集合 $\boldsymbol{M}$ は3個の数の要素からできており，$\boldsymbol{M}$ の任意の2数（等しくなくてもよい）の積が，また $\boldsymbol{M}$ の要素であるものとする．集合 $\boldsymbol{M}$ を決定せよ．

（解）　$\boldsymbol{M}=\{\alpha,\ \beta,\ \gamma\}$ としよう．

	α	β	γ
α	α^2	$\alpha\beta$	$\alpha\gamma$
β	$\beta\alpha$	β^2	$\beta\gamma$
γ	$\gamma\alpha$	$\gamma\beta$	γ^2

右の掛算の表において，第1行の α^2, $\alpha\beta$, $\alpha\gamma$ は α, β, γ のいずれかと一致する．

したがって

$$\alpha^2\cdot\alpha\beta\cdot\alpha\gamma=\alpha\cdot\beta\cdot\gamma$$

(i)　$\alpha\beta\gamma\neq 0$ ならば

$$\alpha^3=1$$

$$\therefore\quad \alpha=1,\ \omega,\ \omega^2$$

ただし　$\omega=\dfrac{-1+\sqrt{3}\,i}{2}$

第2行，第3行についても同様の考察をすると

$$\beta=1,\ \omega,\ \omega^2$$

$$\gamma=1,\ \omega,\ \omega^2$$

よって，　$\boldsymbol{M}=\{1,\ \omega,\ \omega^2\}$

(ii)　$\alpha\beta\gamma=0$ ならば，$\alpha=0$, $\beta\gamma\neq 0$ としても一般性を失わない．表の第1

行第1列は全部0になるから，それらをのぞいて，β, γ についての掛算表を作り，先と同じ考察をする．

	β	γ
β	β^2	$\beta\gamma$
γ	$\gamma\beta$	γ^2

$$\beta^2\cdot\beta\gamma=\beta\gamma$$

$$\beta^2=1,\qquad \beta=1,\ -1$$

$$\therefore\quad \boldsymbol{M}=\{0,\ 1,\ -1\}$$

問 1.37 k をある定数とする．このとき，x, y がすべての整数値をとるとき，$x+ky$ の集合を $\boldsymbol{M}$ とする．すなわち

$$\boldsymbol{M}=\{x+ky \mid x, y\text{ は整数},\ k\text{ は定数}\}$$

である．次の問に答えよ．

(1) $\boldsymbol{M}$ の任意の2つの数 s_1, s_2 に対して，s_1+s_2 がつねに $\boldsymbol{M}$ に属するための k の条件を求めよ．

(2) $\boldsymbol{M}$ の任意の2つの数 s_1, s_2 に対して，$s_1\times s_2$ がつねに $\boldsymbol{M}$ に属するための k の条件を求めよ．

[歴史的補注]　カントル(Georg Ferdinand Ludwig Phillip Cantor 1845—1918)

Cantor

帝政ロシアの都ペテルスブルグの富裕な商人の子として生れる．父の職業柄，幼時より欧州を転々と移住し，国籍不明．文字どおりのさまよえるユダヤ人であったが宗教はプロテスタントに傾いていて，早くから中世神学に関心をもっていた．とくに聖アウグスティヌスの無限論などには興味をひかれたらしく，このことは後のかれの研究と無縁ではない．1862年チューリッヒ大学入学，翌年ベルリン大学に移り，そこでクンマー(Kummer)，ワイヤストラス(Weierstrass)，そして将来の論敵となったクロネッカー(Kronecker)に師事した．彼はガウス(Gauss)の整数論を講究し，67年の博士論文は2次不定方程式 $ax^2+by^2+cz^2=0$, $a, b, c\in\boldsymbol{Z}$ の整数解に関するものであった．69年当時三流のハレ大学の私講師となり，3角級数の研究者ハイネ(Heine)の指導をうける．代数から解析への転向は，エレア学派以来の懸案だった無限小，無限大，極限，連続という問題への関心をよびおこし，72年の3角級数の一意性に関する論文のなかで2つの3角級数の一致条件の表現に，正確な実数概念が必

要なことに気づき，彼の名を冠する実数論を与えた．74年には，すべての代数的数の集合は可算であることを発表，この集合は部分として有理数全体を含むから，無限集合と有限集合の本質的な差異を認識するにいたる．78年には集合の濃度，対応，超限数などの概念を定立し，以後5年間集合論を体系的に完成する．この中には任意の集合の集積点の概念を導入して将来位相空間論に発展していく点集合論，カントールの集合として知られる3進集合の例示から測度論への足掛りを作ったり，また連続体仮説を発表したりした．しかし師クロネッカーに受け入れられず，論争に疲れ，84年以後，再々憂うつ症の発作で倒れ，ハレの精神病院でさびしく死去する．だが今日では数学はすべていちど集合論にたちかえって，そこからの再出発を余儀なくされる．それは科学的研究のいちばん重要な方法である分析綜合の方法を基本原理としているからであり，原子論的な方法を極点にまで推しすすめたものであるからである．

§2. 集 合 の 濃 度

2つの集合 $\boldsymbol{A}$, $\boldsymbol{B}$ について，$\boldsymbol{A}$ の要素と $\boldsymbol{B}$ の要素との間に，何らかの仕方で，1対1対応がつけられるとき，$\boldsymbol{A}$ と $\boldsymbol{B}$ とは**対等**であるといい，記号で $\boldsymbol{A}\sim\boldsymbol{B}$ とかく．

有限集合 $\boldsymbol{M}=\{m_1, m_2, \cdots\cdots, m_n\}$ は，$\boldsymbol{A}=\{1, 2, \cdots\cdots, n\}$ という自然数の集合と対等である．なぜなら

$$\begin{array}{cccc} m_1 & m_2 & \cdots\cdots\cdots & m_n \\ \updownarrow & \updownarrow & \cdots\cdots\cdots & \updownarrow \\ 1 & 2 & \cdots\cdots\cdots & n \end{array}$$

という1対1対応がつくからである．そして，このとき，集合 $\boldsymbol{M}$ の濃度は n であるという．有限集合の場合，**濃度**(cardinal number) とは集合を構成する要素の数である．

濃度の概念を，有限集合から無限集合へと拡張していこう．無限集合のうち，自然数全体の集合 $\boldsymbol{N}=\{0, 1, 2, \cdots\cdots\}$ と対等なものを，**可算集合** (countable set)という．ある集合 $\boldsymbol{A}$ が $\boldsymbol{N}$ と対等かどうかは，

$\boldsymbol{N}$ を定義域，$\boldsymbol{A}$ を値域とする関数 $f(n)$ で

$$n \neq n' \longrightarrow f(n) \neq f(n')$$

をみたすような1価関数 f がみつかるかどうかにかかっている．$\boldsymbol{N}$ およびそれと対等な集合を，他の集合と区別する概念が，濃度という概念のおこった由来であり，集合 $\boldsymbol{A}$ の濃度 $\overline{\overline{\boldsymbol{A}}}$ は

$$\boldsymbol{A} \sim \boldsymbol{B} \quad \text{ならば} \quad \overline{\overline{\boldsymbol{A}}} = \overline{\overline{\boldsymbol{B}}}$$

によって規定される概念である．

定理 1.5 集合 $\boldsymbol{A}$, $\boldsymbol{B}$, $\boldsymbol{C}$ に対して

(1) $\boldsymbol{A} \sim \boldsymbol{A}$

(2) $\boldsymbol{A} \sim \boldsymbol{B}$ ならば $\boldsymbol{B} \sim \boldsymbol{A}$

(3) $\boldsymbol{A} \sim \boldsymbol{B}$, $\boldsymbol{B} \sim \boldsymbol{C}$ ならば $\boldsymbol{A} \sim \boldsymbol{C}$

（証明） (1) $a \in \boldsymbol{A}$ に対して，$f(a)=a$ とおくと，$\boldsymbol{A} \sim \boldsymbol{A}$.

(2) $a \in \boldsymbol{A}$ に対して $f(a)=b \in \boldsymbol{B}$ とする．$\boldsymbol{A} \sim \boldsymbol{B}$ より，

$$f(a)=b,\ f(a')=b' \text{ で } b=b'$$

となる場合，$a=a'$ となるから，$a=f^{-1}(b)$ となる逆関数が考えられる．よって $\boldsymbol{B} \sim \boldsymbol{A}$.

(3) 略

例 1.16 可算集合の例

(1) 正の自然数の集合を $\boldsymbol{N}^+$ とすると，$\boldsymbol{N}^+ \sim \boldsymbol{N}$.

(2) すべての正の偶数の集合を $\boldsymbol{E}$ とすると，$\boldsymbol{E} \sim \boldsymbol{N}$.

(3) すべての2の累乗の集合を $\boldsymbol{M}$ とすると，$\boldsymbol{M} \sim \boldsymbol{N}$.

(4) すべての整数の集合を $\boldsymbol{Z}$ とすると，$\boldsymbol{Z} \sim \boldsymbol{N}$.

（解） (1)
$$\begin{array}{rcccccl} \boldsymbol{N}^+ = \{1, & 2, & 3, & 4, & 5, & \cdots\cdots\} \\ & \updownarrow & \updownarrow & \updownarrow & \updownarrow & \updownarrow & \\ \boldsymbol{N} = \{0, & 1, & 2, & 3, & 4, & \cdots\cdots\} \end{array}$$

$n \in \boldsymbol{N}$ に対して，$f(n)=n+1 \in \boldsymbol{N}^+$ をとればよい．

$$\therefore \quad \boldsymbol{N}^+ \sim \boldsymbol{N}.$$

(2)　$\boldsymbol{E}=\{2,\ 4,\ 6,\ 8,\ \cdots\cdots\}$

$$\begin{array}{cccc} \updownarrow & \updownarrow & \updownarrow & \updownarrow \end{array}$$

$\boldsymbol{N}=\{0,\ 1,\ 2,\ 3,\ \cdots\cdots\}$

$n \in \boldsymbol{N}$ に対して，$f(n)=2(n+1) \in \boldsymbol{E}$ をとればよい．

$$\therefore \quad \boldsymbol{E} \sim \boldsymbol{N}$$

(3)　$\boldsymbol{M}=\{2^0,\ 2^1,\ 2^2,\ 2^3,\ \cdots\cdots\}$

$$\begin{array}{cccc} \updownarrow & \updownarrow & \updownarrow & \updownarrow \end{array}$$

$\boldsymbol{N}=\{0,\ 1,\ 2,\ 3,\ \cdots\cdots\}$

$n \in \boldsymbol{N}$ に対して，$f(n)=2^n \in \boldsymbol{M}$ をとればよい．

(4)　$\boldsymbol{Z}=\{0,\ -1,\ +1,\ -2,\ +2,\ -3,\ +3,\ \cdots\cdots\}$

$$\begin{array}{ccccccc} \updownarrow & \updownarrow & \updownarrow & \updownarrow & \updownarrow & \updownarrow & \updownarrow \end{array}$$

$\boldsymbol{N}=\{0,\ 1,\ 2,\ 3,\ 4,\ 5,\ 6,\ \cdots\cdots\}$

$n \in \boldsymbol{N}$ に対して，

$$f(n)=\begin{cases} \dfrac{n}{2} & (n\text{ が偶数のとき}) \\ -\dfrac{n+1}{2} & (n\text{ が奇数のとき}) \end{cases}$$

とおけばよい．

$$\therefore \quad \boldsymbol{N} \sim \boldsymbol{Z}$$

問 1.38　次の無限集合は可算集合であることを示せ．

(1)　すべての正または負の奇数の集合．

(2)　すべての平方数の集合．

(3)　自然数の立方の集合．

(4)　単位分数（分子が 1 の正の分数）すべての集合．

集合 $\boldsymbol{A}$ のどの要素 x も，集合 $\boldsymbol{B}$ に属するとき，$\boldsymbol{A}$ を $\boldsymbol{B}$ の**部分集合**(subset) といい，記号で $\boldsymbol{A} \subset \boldsymbol{B}$ とかく．

集合の要素が全然存在しないものは，本来集合ではないが，これも集合の仲間に入れておいて，**空集合**(empty)といい $\varPhi$ とかく．外延的には { } とかく．

問 1.39 次の集合の関係を $\subset$ を用いて表わせ．

(1) $\boldsymbol{A}=\{x|x$ は日本人$\}$，$\boldsymbol{B}=\{x|x$ は尼崎市民$\}$

(2) $\boldsymbol{A}=\{x|x$ は 4 の倍数$\}$，$\boldsymbol{B}=\{x|x$ は20の倍数$\}$，$\boldsymbol{C}=\{x|x$ は偶数$\}$

(3) $\boldsymbol{N}$，$\boldsymbol{Z}$，$\boldsymbol{Q}$，$\boldsymbol{R}$

> **定理 1.6** 濃度 n の有限集合 $\boldsymbol{A}$ の部分集合の数は 2^n 個ある．（この中には，$\boldsymbol{A}$ 自身および空集合も含む．）

（証明） i） $n=1$ のとき，$\boldsymbol{A}=\{a_1\}$

$$\varPhi\subset\boldsymbol{A},\quad \boldsymbol{A}\subset\boldsymbol{A}$$

となって，本命題は成立する．

ii） $n=k-1$ のとき，本命題は成立するとする．さて，$\boldsymbol{A}=\{a_1,\ a_2,\ \cdots\cdots,\ a_k\}$ のとき，特定の $a_i\in\boldsymbol{A}$ をとると，

$$\boldsymbol{A}\text{ の部分集合の中には}\begin{cases} a_i\text{ を含むもの} \\ a_i\text{ を含まないもの}\end{cases}$$

とがある．前者の数は 2^{k-1} 個，後者の数も 2^{k-1} 個．よって，あわせて部分集合の数は

$$2\times2^{k-1}=2^k$$

個ある．よって，$n=k$ のとき，本命題は成立する．

問 1.40 次の集合の部分集合をすべてあげよ．

(1) $\boldsymbol{A}=\{a,\ b\}$

(2) $\boldsymbol{A}=\{a,\ b,\ c\}$

問 1.41 $\boldsymbol{A}\subset\boldsymbol{B}$ となるような唯 1 つの集合 $\boldsymbol{A}$ が存在するという．$\boldsymbol{B}$ はどんな集合か．

問 1.42 $\boldsymbol{A}\subset\boldsymbol{B}$ かつ $\boldsymbol{B}\subset\boldsymbol{A}$ のとき，$\boldsymbol{A}=\boldsymbol{B}$（相等）という．

(1) $\boldsymbol{A}=\boldsymbol{A}$ （反射律）

(2) $\boldsymbol{A}=\boldsymbol{B}$ ならば $\boldsymbol{B}=\boldsymbol{A}$ （対称律）

(3)　$\boldsymbol{A}=\boldsymbol{B}$, $\boldsymbol{B}=\boldsymbol{C}$　ならば　$\boldsymbol{A}=\boldsymbol{C}$　　（推移律）
が成立することを証明せよ．

§3. 集合の演算

2つの集合 $\boldsymbol{A}$, $\boldsymbol{B}$ に同時に含まれているすべての要素の集合を

$\boldsymbol{A}$ と $\boldsymbol{B}$ の**共通集合**といい，　$\boldsymbol{A}\cap\boldsymbol{B}$

とかく．共通集合は，内包的に表現すると

$$\boldsymbol{A}\cap\boldsymbol{B}=\{x\,|\,x\in\boldsymbol{A}\ \text{かつ}\ x\in\boldsymbol{B}\}$$

となる．

2つの集合の共通部分 $\boldsymbol{A}\cap\boldsymbol{B}$ が要素をもたないことがある．このときは

$$\boldsymbol{A}\cap\boldsymbol{B}=\boldsymbol{\Phi}$$

とかく．

一方，2つの集合 $\boldsymbol{A}$, $\boldsymbol{B}$ の少なくともどちらか一方に含まれている要素すべての集合を，

$\boldsymbol{A}$ と $\boldsymbol{B}$ の**合併集合**といい，　$\boldsymbol{A}\cup\boldsymbol{B}$

とかく．合併集合は，内包的に表現すると

$$\boldsymbol{A}\cup\boldsymbol{B}=\{x\,|\,x\in\boldsymbol{A}\ \text{または}\ x\in\boldsymbol{B}\}$$

となる．

$\boldsymbol{A}\cap\boldsymbol{B}=\boldsymbol{\Phi}$ のときの合併集合を $\boldsymbol{A}+\boldsymbol{B}$ とかき，$\boldsymbol{A}$ と $\boldsymbol{B}$ の**直和**という．

例 1.19　$\boldsymbol{A}$ を30以下の4の倍数，$\boldsymbol{B}$ を30以下の7の倍数とする．$\boldsymbol{A}\cap\boldsymbol{B}$, $\boldsymbol{A}\cup\boldsymbol{B}$ はどんな数の集合か．

（解）　$\boldsymbol{A}=\{0,\ 4,\ 8,\ 12,\ 16,\ 20,\ 24,\ 28\}$

$\boldsymbol{B}=\{0,\ 7,\ 14,\ 21,\ 28\}$

$A \cap B = \{0,\ 28\}$

$A \cup B = \{0,\ 4,\ 7,\ 8,\ 12,\ 14,\ 16,\ 20,\ 21,\ 24,\ 28\}$

> 1つの集合 $\boldsymbol{\Omega}$ を固定し，その部分集合 A を考えるとき，A に属さない要素の集合を，（$\boldsymbol{\Omega}$ に関する）A の**補集合**といい，A^c で表わす．補集合は，内包的にかくと
>
> $$A \ = \{x \mid x \in \boldsymbol{\Omega} \text{ かつ } x \notin A\}$$
>
> となる．$\boldsymbol{\Omega}$ を母集合という．

また，補集合 A^c は，$\boldsymbol{\Omega} - A$ ともかく．なぜなら

$$A + A^c = \boldsymbol{\Omega}$$

となるからである．

問 1.43　$A,\ B,\ C$ は次のような整数の集合とする．

$A = \{1,\ 2,\ 3,\ 4,\ 5,\ 6,\ 7,\ 8,\ 9,\ 10\}$

$B = \{1,\ 4,\ 7,\ 10,\ 13,\ 16,\ 19\}$

$C = \{5,\ 6,\ 7,\ 8,\ 13,\ 14,\ 15,\ 16\}$

このとき，次の集合の要素をかけ．ただし，B^c は B に属さない整数の集合とする．

(1)　$A \cap B \cap C$　　　(2)　$A \cap B^c$

問 1.44　$\boldsymbol{\Omega} = \{a,\ b,\ c\}$，$A = \{a\}$，$B = \{b\}$

とするとき

A^c，B^c，$A \cap B$，$A \cup B$，$A \cup B^c$，$A^c \cup (A \cap B)$

を外延的に表現せよ．

> 2つの集合 $A,\ B$ のおのおのから勝手に $x,\ y$ なる要素をとって作った順序対 $(x,\ y)$ の集合
>
> $$\{(x,\ y) \mid x \in A \text{ かつ } y \in B\}$$
>
> を，A と B の**直積**といい，記号で $A \times B$ とかく．

例 1.20　$A = \{1,\ 2\}$，$B = \{2,\ 3\}$ のとき，$A \times B$ を外延的に表現すると

$$\boldsymbol{A}\times\boldsymbol{B}=\left\{\begin{matrix}(1,\ 2), & (1,\ 3)\\ (2,\ 2), & (2,\ 3)\end{matrix}\right\}$$

である．

問 1.45 $\boldsymbol{\Omega}=\{1,\ 2,\ 3\}$，$\boldsymbol{A}=\{1,\ 2\}$，$\boldsymbol{B}=\{2,\ 3\}$ において

(1) $\boldsymbol{A}\times\boldsymbol{A}$　(2) $\boldsymbol{A}\times\boldsymbol{B}$

(3) $\boldsymbol{B}\times\boldsymbol{A}$　(4) $(\boldsymbol{A}\times\boldsymbol{\Omega})\cap(\boldsymbol{\Omega}\times\boldsymbol{B})$

(5) $(\boldsymbol{A}\times\boldsymbol{B})\cup(\boldsymbol{B}\times\boldsymbol{A})$

を外延的に表現せよ．

［注］ $\boldsymbol{A}\cap\boldsymbol{B}$ を $\boldsymbol{A}$ と $\boldsymbol{B}$ の**交わり**(meet)，$\boldsymbol{A}\cup\boldsymbol{B}$ を $\boldsymbol{A}$ と $\boldsymbol{B}$ の**結び**(join)，$\boldsymbol{A}\times\boldsymbol{B}$ を**カルテシアン積**(cartesian product) ともいう．記号∩は cap，∪は cup とも読む．

§4. 可算集合と非可算集合

集合一般の理論を考えるときは，集合の要素を1つの点とみて，それらの点の集合に枠をつける．枠のなかの要素をいちいちかくのは面倒（事実，無限集合の場合はかききれない）だから，抽象的にはそれらの点を取り除いて，右図のように丸い図形だけで集合を表わす．このような図を **Venn 図**という．

以下，部分集合，共通集合，合併集合，補集合を Venn 図で表現する．

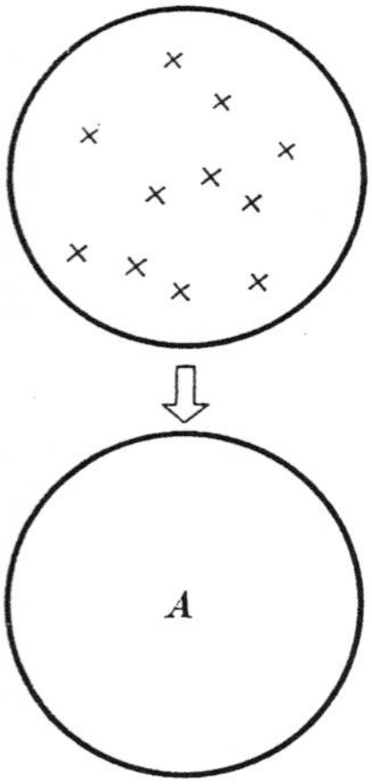

図 1.7

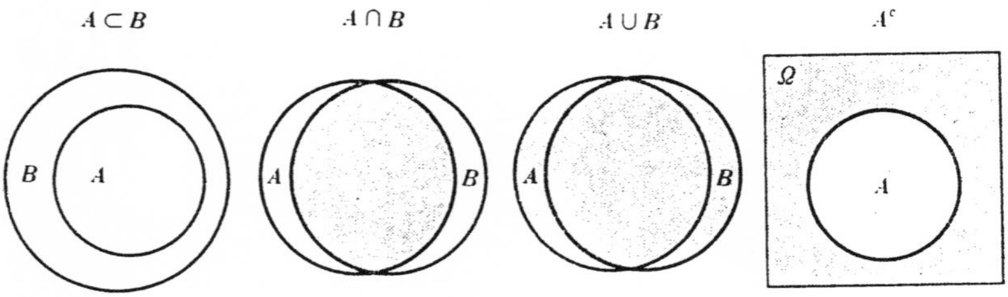

図 1.8

定理 1.7 有限集合 $\boldsymbol{A}$, $\boldsymbol{B}$ の濃度を $n(\boldsymbol{A})$, $n(\boldsymbol{B})$ とおくと

$$n(\boldsymbol{A}+\boldsymbol{B})=n(\boldsymbol{A})+n(\boldsymbol{B})$$

$$n(\boldsymbol{A}\times\boldsymbol{B})=n(\boldsymbol{A})\cdot n(\boldsymbol{B})$$

(証明) $\boldsymbol{A}+\boldsymbol{B}$, $\boldsymbol{A}\times\boldsymbol{B}$ の定義より明らか.

問 1.46 $\boldsymbol{A}, \boldsymbol{B}$ を有限集合とするとき

$$n(\boldsymbol{A}\cup\boldsymbol{B})=n(\boldsymbol{A})+n(\boldsymbol{A})-n(\boldsymbol{A}\cap\boldsymbol{B})$$

であることを証明せよ.

問 1.47 $\boldsymbol{B}\subset\boldsymbol{A}$ のとき

$$n(\boldsymbol{A}-\boldsymbol{B})=n(\boldsymbol{A}\cap\boldsymbol{B}^c)=n(\boldsymbol{A})-n(\boldsymbol{B})$$

であることを証明せよ．この問題で，もしも $\boldsymbol{B}\subset\boldsymbol{A}$ という条件がなければどうか.

定理 1.7 を無限集合の場合にも拡張するために,

濃度の和は $\overline{\overline{\boldsymbol{A}}}+\overline{\overline{\boldsymbol{B}}}=\overline{\overline{\boldsymbol{A}+\boldsymbol{B}}}$

濃度の積は $\overline{\overline{\boldsymbol{A}}}\times\overline{\overline{\boldsymbol{B}}}=\overline{\overline{\boldsymbol{A}\times\boldsymbol{B}}}$

と定義することは，ごく自然である.

定理 1.8 $\overline{\overline{\boldsymbol{N}}}=\aleph_0$ とおくと

$$\aleph_0+n=\aleph_0, \qquad \aleph_0+\aleph_0=\aleph_0$$

ただし，n は整数とする.

(証明) $n>0$ とし,

$$\boldsymbol{N}=\{0,\ 1,\ 2,\ \cdots\cdots,\ n,\ n+1, \cdots\cdots\}$$

$$\boldsymbol{A}=\{0,\ 1,\ 2,\ \cdots\cdots,\ n-1\}$$

とおくと，$\boldsymbol{A}\subset\boldsymbol{N}$ において

$$\boldsymbol{A}+\boldsymbol{A}^c=\boldsymbol{N} \qquad ①$$

$$\boldsymbol{A}^c\sim\boldsymbol{N} \qquad ②$$

①より $\overline{\overline{\boldsymbol{A}}}+\overline{\overline{\boldsymbol{A}}}^c=\aleph_0$

②より $\overline{\overline{\boldsymbol{A}}}^c=\aleph_0$

よって

$$n+\aleph_0=\aleph_0$$

$n<0$ の場合も同様である．

一方，整数の集合 $\boldsymbol{Z}$ は

$$\boldsymbol{Z}=\boldsymbol{N}^{+}+\{0\}+\boldsymbol{N}^{-}$$

とかける．$\boldsymbol{N}^{+}$, $\boldsymbol{N}^{-}$ は正または負の自然数である．$\boldsymbol{N}^{+}\sim\boldsymbol{N}^{-}$, $\boldsymbol{N}\sim\boldsymbol{Z}$ より

$$\overline{\overline{\boldsymbol{Z}}}=\overline{\overline{\boldsymbol{N}^{+}}}+1+\overline{\overline{\boldsymbol{N}^{-}}}$$
$$=\aleph_0+1+\aleph_0$$
$$=\aleph_0+\aleph_0$$
$$\therefore\quad \aleph_0=\aleph_0+\aleph_0$$

［注］ $\aleph$ は**アレフ**(aleph)とよむ，ヘブライ語の第１表音文字である．

（補題） $\boldsymbol{A}\sim\boldsymbol{B}$ とする．対等関係をきめる関数 f があって，それによって，$\boldsymbol{A}_1\subset\boldsymbol{A}$ と，$\boldsymbol{B}_1\subset\boldsymbol{B}$ の間に対応づけがなされるとき

$$\boldsymbol{A}-\boldsymbol{A}_1\sim\boldsymbol{B}-\boldsymbol{B}_1$$

（証明） $\boldsymbol{A}\sim\boldsymbol{B}$ をきめる関数を f とすると

$a\in\boldsymbol{A}$ に対して

$f(a)=b\in\boldsymbol{B}$

$a'\in\boldsymbol{A}_1$ に対して，

$\boldsymbol{B}_1=\{f(a')\mid a'\in\boldsymbol{A}_1\}$

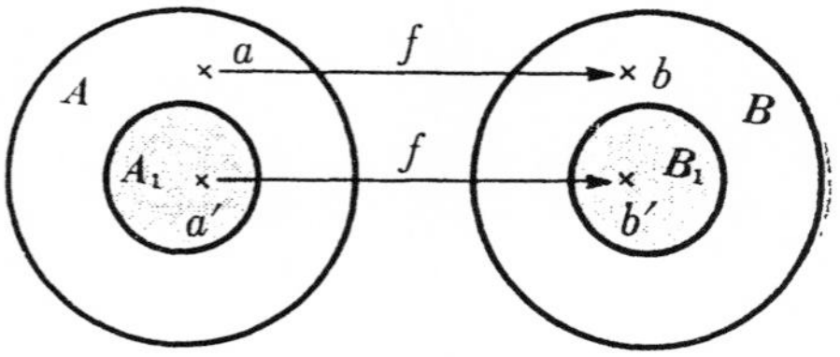

図 1.9

一方

$a\in\boldsymbol{A}-\boldsymbol{A}_1=\boldsymbol{A}_1{}^c$ に対して，$\boldsymbol{B}'=\{f(a)\mid a\in\boldsymbol{A}_1{}^c\}$ をとる．

もしも $\boldsymbol{B}_1\cap\boldsymbol{B}'\neq\boldsymbol{\Phi}$ とすると $f(a'')\in\boldsymbol{B}_1\cap\boldsymbol{B}'$ が存在し

$$a''\in\boldsymbol{A}_1 \text{ かつ } a''\in\boldsymbol{A}_1{}^c$$

となって矛盾． よって $\boldsymbol{B}\cap\boldsymbol{B}'=\boldsymbol{\Phi}$ (Q.E.D)

濃度の大小関係は次のようにきめる．

$B \subset C$, $B \sim A$ となる B が存在すれば $\overline{\overline{A}} \leqq \overline{\overline{C}}$

定理 1.9 (**Bernstein** の定理)

$$\left.\begin{array}{l} A_1 \subset A,\ \ A_1 \sim B \\ B_1 \subset B,\ \ B_1 \sim A \end{array}\right\} \text{ならば } A \sim B$$

いいかえると

$$\overline{\overline{B}} \leqq \overline{\overline{A}},\ \ \overline{\overline{A}} \leqq \overline{\overline{B}} \quad \text{ならば} \quad \overline{\overline{A}} = \overline{\overline{B}}$$

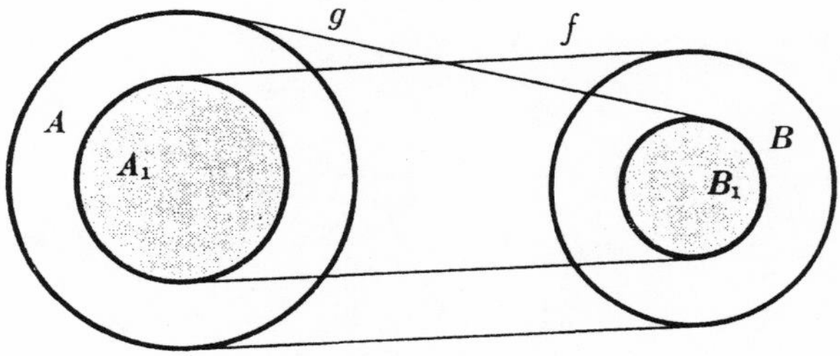

図 1.10

$A_1 \sim B$ 間の1対1対応をきめる関数を f, $B_1 \sim A$ のそれを g とし

$$A_1 \overset{f}{\longleftrightarrow} B \quad , \quad B_1 \overset{g}{\longleftrightarrow} A$$

とかく．いま，A および B の部分集合列で，次のような対応づけを考える．

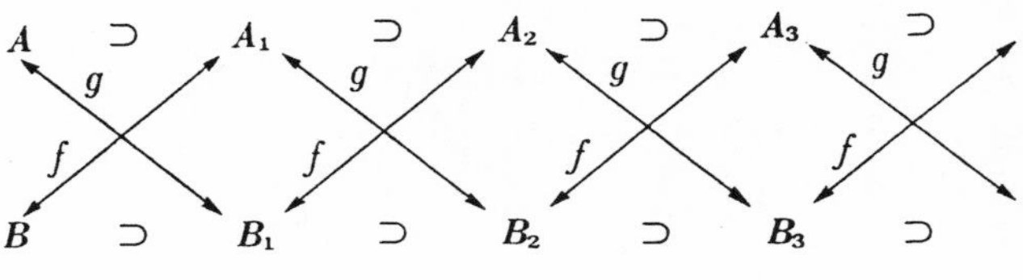

さて，上の対応づけから

$$A \sim A_2 \sim A_4 \sim \cdots, \qquad A_1 \sim A_3 \sim A_5 \sim \cdots$$

よって，$(A - A_1) \sim (A_2 - A_3) \sim (A_4 - A_5) \sim \cdots$

$$\boldsymbol{A}=(\boldsymbol{A}-\boldsymbol{A}_1)+(\boldsymbol{A}_1-\boldsymbol{A}_2)+(\boldsymbol{A}_2-\boldsymbol{A}_3)+(\boldsymbol{A}_3-\boldsymbol{A}_4)+\cdots\cdots$$

$$\boldsymbol{A}_1=(\boldsymbol{A}_1-\boldsymbol{A}_2)+(\boldsymbol{A}_2-\boldsymbol{A}_3)+(\boldsymbol{A}_3-\boldsymbol{A}_4)+(\boldsymbol{A}_4-\boldsymbol{A}_5)+\cdots\cdots$$

から，$\boldsymbol{A}\sim\boldsymbol{A}_1$ であることが分る．

$$\boldsymbol{A}\sim\boldsymbol{A}_1,\ \boldsymbol{A}_1\sim\boldsymbol{B}\quad \text{より}\quad \boldsymbol{A}\sim\boldsymbol{B}.$$

例 1.21 $\boldsymbol{M}=\{(m,\ n)\mid m\in\boldsymbol{N}^+,\ n\in\boldsymbol{N}^+\}$

なる正の自然数 m, n の対の集合を考えるとき

$$\boldsymbol{M}\sim\boldsymbol{N}^+$$

（証明） $f(m,\ n)=2^{m-1}(2n-1),\ m\in\boldsymbol{N}^+,\ n\in\boldsymbol{N}^+$

という2変数の関数を考える．この関数値は

m \ n	1	2	3	4	5	…
1	1	3	5	7	9	…
2	2	6	10	14	18	…
3	4	12	20	28	36	…
4	8	24	40	56	72	…
⋮	⋮	⋮	⋮	⋮	⋮	

という表で示されるように，すべての正の自然数値をとり，かつ $f(m,\ n)$ は m と n の1価関数である．一方

m \ n	1	2	3	4	…
1	(1, 1)	(1, 2)	(1, 3)	(1, 4)	…
2	(2, 1)	(2, 2)	(2, 3)	(2, 4)	…
3	(3, 1)	(3, 2)	(3, 3)	(3, 4)	…
4	(4, 1)	(4, 2)	(4, 3)	(4, 4)	…
⋮	⋮	⋮	⋮	⋮	

とすると，対 $(m,\ n)$ と $f(m,\ n)=2^{m-1}(2n-1)$ の間に1対1対応がつく．よって

$$\boldsymbol{M}\sim\boldsymbol{N}^+$$

定理 1.10 $n>0$ なる整数とするとき

$$n\aleph_0=\aleph_0,\quad \aleph_0\cdot\aleph_0=\aleph_0$$

ただし $n\aleph_0=\underbrace{\aleph_0+\aleph_0+\cdots\cdots+\aleph_0}_{n\text{ 個}}$

（証明）

$$n\aleph_0=(\aleph_0+\aleph_0)+(\underbrace{\aleph_0+\cdots+\aleph_0}_{n-2\text{ 個}})$$

$$=\aleph_0+(\underbrace{\aleph_0+\cdots\cdots+\aleph_0}_{n-2\text{ 個}})=\cdots\cdots$$

と順次 $\aleph_0$ の数を少なくしてゆけばよい．一方，例 1.19 で

$$\boldsymbol{M}=\boldsymbol{N}^+\times\boldsymbol{N}^+$$

$$\overline{\overline{\boldsymbol{M}}}=\overline{\overline{\boldsymbol{N}^+\times\boldsymbol{N}^+}}=\overline{\overline{\boldsymbol{N}^+}}\times\overline{\overline{\boldsymbol{N}^+}}=\aleph_0\cdot\aleph_0$$

$$\therefore\quad \aleph_0=\aleph_0\cdot\aleph_0$$

例 1.22 正の有理数全体の集合 $\boldsymbol{Q}^+$ は可算集合である．

（解） 例1.21 の集合 $\boldsymbol{M}$ のなかには

$$(2,\ 2)\ とか\ (4,\ 2),\cdots\cdots$$

のような，互いに素でない２数からなる順序対 $(m,\ n)$ が含まれている．互いに素な順序対 $(m,\ n)$ に，正の有理数 $\dfrac{m}{n}$ を１対１対応させると

$$\boldsymbol{M}_1=\{(m,\ n)\mid m\in\boldsymbol{N}^+,\ n\in\boldsymbol{N}^+,\ m\text{ と }n\text{ は互いに素}\}$$

なる集合に対して

$$\boldsymbol{M}_1\subset\boldsymbol{M},\qquad \boldsymbol{M}_1\sim\boldsymbol{Q}^+ \qquad ①$$

一方，

$$\boldsymbol{N}^+\subset\boldsymbol{Q}^+,\qquad \boldsymbol{N}^+\sim\boldsymbol{M} \qquad ②$$

①②に Bernstein の定理を適用すると

$$\boldsymbol{M}\sim\boldsymbol{Q}^+$$

$$\therefore\quad \overline{\overline{\boldsymbol{Q}^+}}=\aleph^0$$

例 1.23　有理数全体の集合 $\boldsymbol{Q}$ は可算集合である．

（解）　$\boldsymbol{Q}^{+}=\{x \mid x>0$ かつ $x \in \boldsymbol{Q}\}$

$\boldsymbol{Q}^{-}=\{x \mid x<0$ かつ $x \in \boldsymbol{Q}\}$

かつ，正なる x と $-x$ とは1対1対応するから

$$\boldsymbol{Q}^{+} \sim \boldsymbol{Q}^{-}$$

$$\boldsymbol{Q}=\boldsymbol{Q}^{+}+\{0\}+\boldsymbol{Q}^{-}$$

$$\overline{\overline{\boldsymbol{Q}}}=\overline{\overline{\boldsymbol{Q}^{+}}}+1+\overline{\overline{\boldsymbol{Q}^{-}}}$$

$$=(\aleph_0+1)+\aleph_0=\aleph_0+\aleph_0=\aleph_0$$

例 1.24　開区間 (0, 1) 内の実数の集合は可算集合でない．

（解）　(0, 1) 内の実数をすべて無限小数展開して

$$1 \leftrightarrow 0.\ a_1\ a_2\ a_3\ a_4\ \cdots\cdots$$

$$2 \leftrightarrow 0.\ b_1\ b_2\ b_3\ b_4\ \cdots\cdots$$

$$3 \leftrightarrow 0.\ c_1\ c_2\ c_3\ c_4\ \cdots\cdots$$

$$4 \leftrightarrow 0.\ d_1\ d_2\ d_3\ d_4\ \cdots\cdots$$

$$\cdots\cdots\cdots\cdots\cdots$$

と可算集合の要素と1対1対応がついたとする．ここで $a, b, c, \cdots\cdots$ などは0から9までの任意の数である．

いま，

$$a_1 \neq \alpha_1,\quad b_2 \neq \beta_2,\quad c_3 \neq \gamma_3,\quad \cdots\cdots$$

となる数 $\alpha_1, \beta_2, \gamma_3, \cdots\cdots$ をとり，無限小数

$$0.\ \alpha_1\ \beta_2\ \gamma_3\ \cdots\cdots$$

をつくると，これは上にあげたすべての無限小数とは異なるものである．つまり，0と1の間の実数は自然数とは対応づけられない．

例 1.25　(0, 1) 内のすべての実数集合と，$(-\infty, +\infty)$ 内のすべての実数集合は対等である．

（解）　$$y=\frac{e^x}{1+e^x} \qquad (-\infty<x<+\infty)$$

という関数を考える.

$$y'=\frac{e^x}{(1+e^x)^2}>0$$

となって，y は単調増加関数である.

$$\lim_{x\to-\infty}\frac{e^x}{1+e^x}=0,\qquad \lim_{x\to\infty}\frac{e^x}{1+e^x}=1$$

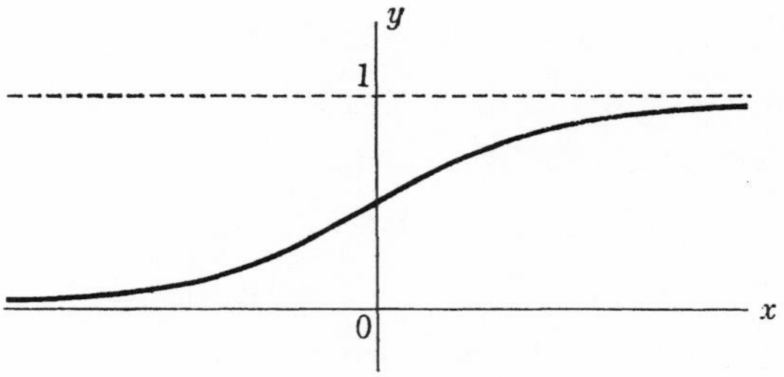

図 1.11

$$\therefore\quad \{x\,|\,0<x<1\}\sim\{x\,|-\infty<x<+\infty\}$$

問 1.48　$M_1=\{x|0<x<1\}$，$M_2=\{x|0\leqq x<1\}$，
$M_3=\{x|0<x\leqq 1\}$，$M_4=\{x|0\leqq x\leqq 1\}$ とおくと

$$M_1\sim M_2\sim M_3\sim M_4$$

であることを証せ.

問 1.49　$0<x<1$ の実数集合と，正の実数集合とが対等であることを示す関数を求めよ.

問 1.50　実数集合を $\boldsymbol{R}$ とするとき，$\overline{\overline{\boldsymbol{R}}}=\mathfrak{c}$ とおく.

$$\mathfrak{c}=\mathfrak{c}\cdot\mathfrak{c}$$

を示す例をあげよ.

§5. 量　化　記　号

「太郎は男の子である」とか「4|32」などは，特定の事柄についての命題

である．それに対して「男はわがままである」「おしゃべりの女がいる」ということは，前者は男全体に対して適用される命題であり，後者は特定の女の存在を前提とする命題である．つまり，これらの命題は

「男 x はわがままである」

「おしゃべりな女 x がいる」

という形の変項 x をもった文章で，x にあるもの（**名前**）を代入するたびに真偽が判断できるものである．このように，変項をもった命題を

$$p(x): x \text{ は } p \text{ なる性質をもつ}$$

と表わし，**命題関数**(propositional function)という．名前 x の集合 $\boldsymbol{D}$ を $p(x)$ の**定義域**という．つまり $x \in \boldsymbol{D}$ に対して $p(x)$ の真偽がきまるような $\boldsymbol{D}$ を定義域という．

「すべての x は p という性質をもつ」ことを　　$\forall x p(x)$

「ある x は p という性質をもつ」ことを　　$\exists x p(x)$

とかく．記号

$\forall$　を**全称記号** (universal quantifier)

$\exists$　を**特称記号** (existential quantifier)

とよぶ．

もし，x の定義域 $\boldsymbol{D}$ が可算集合で，$\boldsymbol{D}=\{x_1, x_2, \cdots\cdots\}$ ならば

$$\forall x p(x) \equiv p(x_1) \wedge p(x_2) \wedge \cdots\cdots$$

$$\exists x p(x) \equiv p(x_1) \vee p(x_2) \vee \cdots\cdots$$

の意味にとる．

定理 1.11　$\boldsymbol{D}=\{x_1, x_2, \cdots\cdots, x_n, \cdots\cdots\}$ のとき，

(1)　$\overline{\forall x p(x)} \equiv \exists x \overline{p(x)}$

(2)　$\overline{\exists x p(x)} \equiv \forall x \overline{p(x)}$

（証明）　数学的帰納法による．(1)のみ証明する．

(i)　$n=2$ のとき，$\overline{p(x_1) \wedge p(x_2)} \equiv \overline{p(x_1)} \vee \overline{p(x_2)}$ は明らか．

(ii) $\overline{p(x_1)\wedge\cdots\cdots\wedge p(x_k)}=\overline{p(x_1)}\vee\cdots\cdots\vee\overline{p(x_k)}$ と仮定すると

$$\overline{p(x_1)\wedge\cdots\wedge p(x_k)\wedge p(x_{k+1})}=\overline{p(x_1)\wedge\cdots\wedge p(x_k)}\vee\overline{p(x_{k+1})}$$
$$=\overline{p(x_1)}\vee\cdots\vee\overline{p(x_k)}\vee\overline{p(x_{k+1})}$$

(i)(ii) より，すべての n に対して，(1)式は成立する．

例 1.26 「すべての男はわがままである」「おしゃべりの女がいる」の否定命題をかけ．

(解) $p(x)$：x はわがままである．とおくと

$$\overline{\forall x\, p(x)}=\exists x\,\overline{p(x)}$$

より，「わがままでない男がいる」が，前者の否定命題である．

$q(x)$：x はおしゃべりである．とおくと

$$\overline{\exists x\, q(x)}=\forall x\,\overline{p(x)}$$

より，「すべての女はおしゃべりでない」が，後者の否定命題である．

> x の値がある区間内の実数値を全部にわたってとるときには，定理1.11 の結果をそのまま借用して
>
> $$\overline{\forall x\, p(x)}=\exists x\,\overline{p(x)}$$
> $$\overline{\exists x\, p(x)}=\forall x\,\overline{p(x)}$$
>
> ときめる．

例 1.27 「すべての x に対して，$x<2$ ならば $10<x^2+2x$ である」の否定命題は真か偽か．

(解) もとの命題は $\forall x[x<2\rightarrow 10<x^2+2x]$

$$=\forall x[(x\geqq 2)\vee(x^2+2x-10>0)]$$

これを否定すると

$$\exists x[(x<2)\wedge(x^2+2x-10\leqq 0)]$$
$$=\exists x[(x<2)\wedge(\alpha\leqq x\leqq\beta)]$$

ただし $\alpha=-1-\sqrt{11}$，　$\beta=-1+\sqrt{11}$

$=\exists x[2>x\geqq -\sqrt{11}-1]$　　　　………真

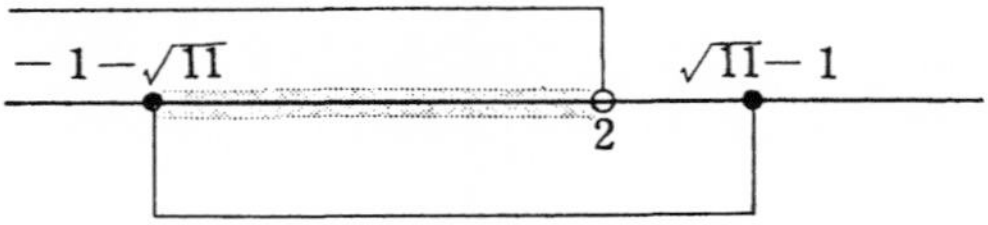

図 1.12

問 1.51　「少なくとも1つの実数値でどの関数も0の値をとる」の否定命題をかけ．

問 1.52　x が実数値をとるとき，次の命題の真偽を判定せよ．

(1)　$\forall x[(x<1)\rightarrow(x^2>1)]$　　　(2)　$\forall x[(x^2>1)\vee(x<2)]$

(3)　$\forall x[(x=1)\rightarrow(x^2=1)]$　　　(4)　$\exists x[(x^2>1)\wedge(x\leqq 0)]$

(5)　$\exists x[(x^2>1)\wedge(x\leqq 1)]$　　　(6)　$\exists x[(x-1)(x+2)+3\leqq 0]$

定理 1.12　x が可算個の値をとるとき

(1)　$\forall x[p(x)\wedge q(x)]=\forall x\,p(x)\wedge\forall x\,q(x)$

(2)　$\exists x[p(x)\vee q(x)]=\exists x\,p(x)\vee\exists x\,q(x)$

(証明)　(1)　$\forall x[p(x)\wedge q(x)]$

$=[p(x_1)\wedge q(x_1)]\wedge[p(x_2)\wedge q(x_2)]\wedge\cdots\cdots$

$=[p(x_1)\wedge p(x_2)\wedge\cdots\cdots]\wedge[q(x_1)\wedge(x_2)\wedge\cdots\cdots]$

$=\forall x\,p(x)\wedge\forall x\,q(x)$

(2)も同様にして証明できる．

問 1.53　次の論理恒等式を証明せよ．x は可算個の値をとり，q は x に無関係な命題とする．

(1)　$q\wedge\forall x\,p(x)=\forall x[q\wedge p(x)]$

(2)　$q\vee\forall x\,p(x)=\forall x[q\vee p(x)]$

(3)　$q\wedge\exists x\,p(x)=\exists x[q\wedge p(x)]$

(4)　$q\vee\exists x\,p(x)=\exists x[q\vee p(x)]$

定理 1.13 x が可算個の値をとるとき，

$$\forall x\, p(x) \Rightarrow \exists x\, p(x)$$

(証明) $\forall x\, p(x) = p(x_1) \wedge p(x_2) \wedge \cdots\cdots$

$$\Rightarrow p(x_1) \vee p(x_2) \vee \cdots\cdots$$

$$= \exists x\, p(x)$$ (Q. E. D.)

定理1.12と定理1.13の結論は x の値がある区間内の実数値(可算個でない)をとるときにも成立する．たとえば

$$\forall x\, p(x) \to \exists x\, p(x)$$
$$= \overline{\forall x\, p(x)} \vee \exists x\, p(x)$$
$$= \exists x\, \overline{p(x)} \vee \exists x\, p(x)$$
$$= \exists x[\overline{p(x)} \vee p(x)] = I$$
$$\therefore\ \forall x\, p(x) \Rightarrow \exists x\, p(x)$$

問 1.54 次の式を証明せよ．

(1) $\forall x\, p(x) \wedge \forall x\, q(x) \Rightarrow \forall x[p(x) \vee q(x)]$

(2) $\exists x[p(x) \wedge q(x)] \Rightarrow \exists x\, p(x) \wedge \exists x\, q(x)$

(3) $\forall x[p(x) \wedge q(x)] \Rightarrow \forall x\, p(x)$

(4) $\exists x\, p(x) \Rightarrow \exists x[p(x) \vee q(x)]$

例 1.28 $\forall x[p(x) \to q(x)] \Rightarrow [\forall x\, p(x) \to \forall x\, q(x)]$

であることを証明せよ．

(解) $\forall x[p(x) \to q(x)] = \forall x[\overline{p(x)} \vee q(x)]$

$\forall x\, p(x) \to \forall x\, q(x) = \exists x\, \overline{p(x)} \vee \forall x\, q(x)$

よって

$$\forall x[p(x) \to q(x)] \to [\forall x\, p(x) \to \forall x\, q(x)]$$
$$= \overline{\forall x[\overline{p(x)} \vee q(x)]} \vee [\exists x\, \overline{p(x)} \vee \forall x\, q(x)]$$
$$= \exists x[p(x) \wedge \overline{q(x)}] \vee \exists x\, \overline{p(x)} \vee \forall x\, q(x)$$
$$= \exists x[\overline{q(x)} \vee \overline{p(x)}] \vee \forall x\, q(x)$$

$$\Rightarrow \exists x[\overline{q(x)} \vee \overline{p(x)}] \vee \exists x\, q(x)$$

$$= \exists x[\overline{q(x)} \vee q(x) \vee \overline{p(x)}] = I$$

問 1.55 $[\exists x\, p(x) \to \exists x\, q(x)] \Rightarrow \exists x[p(x) \to q(x)]$
であることを証明せよ.

例 1.29 正格法

人は死ぬ.	(**大前提** major premiss)
ソクラテスは人である.	(**小前提** minor premiss)
ゆえにソクラテスは死ぬ.	(**結論** conclusion)

という形式は，古代ギリシヤから現在にいたるまで，演繹推論でよく用いられる形式である．大前提とは，全称命題であり，小前提は特称命題になっていることは次の説明から明らかである.

$p(x)$: x は人である.

$q(x)$: x は死ぬ.

$x=a$: ソクラテス

としたとき，正格法は下の形式をとる.

$$\begin{array}{l} \forall x[p(x) \to q(x)] \\ \quad p(a) \\ \hline \therefore \qquad q(a) \end{array}$$

この形式が有効なことは

$$\begin{aligned} \forall x[p(x) \to q(x)] \wedge p(a) &\Rightarrow \exists x[p(x) \to q(x)] \wedge p(a) \\ &= [p(a) \to q(a)] \wedge p(a) \\ &= [\overline{p(a)} \vee q(a)] \wedge p(a) = q(a) \wedge p(a) \Rightarrow q(a) \end{aligned}$$

§6. 集合に関する恒等式

定義域 $\boldsymbol{\Omega}$ で定義されている命題関数 $p(x)$ において

$$M = \{x \mid \varphi[p(x)] = 1,\ x \in \boldsymbol{\Omega}\}$$

なる集合を，$p(x)$ の**真理集合**(truth set) という．

したがって，真理集合という術語を用いると，集合 $\boldsymbol{M}$ とは

命題関数：$x \in \boldsymbol{M}$

の真理集合ということになる．かくして，$x \in \boldsymbol{M}$ とか，$x \notin \boldsymbol{M}$ のようなものも1つの命題（関数）と考えてよい．このことを用いると，$p(x)$，$q(x)$の真理集合を $\boldsymbol{A}$, $\boldsymbol{B}$ としたとき，

$$\boldsymbol{A}^c = \{x \mid \varphi[p(x)] = 0\}$$

$$\boldsymbol{A} \cup \boldsymbol{B} = \{x \mid \varphi[p(x) \vee q(x)] = 1\}$$

$$\boldsymbol{A} \cap \boldsymbol{B} = \{x \mid \varphi[p(x) \wedge q(x)] = 1\}$$

となる．

定理 1.14

〈1 a〉 $\boldsymbol{A} \cup \boldsymbol{B} = \boldsymbol{B} \cup \boldsymbol{A}$
〈1 b〉 $\boldsymbol{A} \cap \boldsymbol{B} = \boldsymbol{B} \cap \boldsymbol{A}$ （可換律）

〈2 a〉 $\boldsymbol{A} \cup (\boldsymbol{B} \cup \boldsymbol{C}) = (\boldsymbol{A} \cup \boldsymbol{B}) \cup \boldsymbol{C}$
〈2 b〉 $\boldsymbol{A} \cap (\boldsymbol{B} \cap \boldsymbol{C}) = (\boldsymbol{A} \cap \boldsymbol{B}) \cap \boldsymbol{C}$ （結合律）

〈3 a〉 $\boldsymbol{A} \cap (\boldsymbol{B} \cup \boldsymbol{C}) = (\boldsymbol{A} \cap \boldsymbol{B}) \cup (\boldsymbol{A} \cap \boldsymbol{C})$ （第1分配律）

〈3 b〉 $\boldsymbol{A} \cup (\boldsymbol{B} \cap \boldsymbol{C}) = (\boldsymbol{A} \cup \boldsymbol{B}) \cap (\boldsymbol{A} \cup \boldsymbol{C})$ （第2分配律）

〈4 a〉 $\boldsymbol{A} \cup \boldsymbol{A} = \boldsymbol{A}$
〈4 b〉 $\boldsymbol{A} \cap \boldsymbol{A} = \boldsymbol{A}$ （ベキ等律）

〈5 a〉 $\boldsymbol{A} \cup (\boldsymbol{A} \cap \boldsymbol{B}) = \boldsymbol{A}$
〈5 b〉 $\boldsymbol{A} \cap (\boldsymbol{A} \cup \boldsymbol{B}) = \boldsymbol{A}$ （吸収律）

〈6〉 $(\boldsymbol{A}^c)^c = \boldsymbol{A}$ （回帰律）

〈7 a〉 $(\boldsymbol{A} \cup \boldsymbol{B})^c = \boldsymbol{A}^c \cap \boldsymbol{B}^c$
〈7 b〉 $(\boldsymbol{A} \cap \boldsymbol{B})^c = \boldsymbol{A}^c \cup \boldsymbol{B}^c$ （ドモルガンの公式）

〈8 a〉 $\boldsymbol{A} \cup \boldsymbol{A}^c = \boldsymbol{\Omega}$ （排中律）

〈8 b〉 $\boldsymbol{A} \cap \boldsymbol{A}^c = \boldsymbol{\Phi}$ （矛盾律）

〈9 a〉 $\boldsymbol{A} \cup \boldsymbol{\Phi} = \boldsymbol{A}$

〈9 b〉 $\boldsymbol{A} \cap \boldsymbol{\Omega} = \boldsymbol{A}$

〈10a〉 $\boldsymbol{A} \cup \boldsymbol{\Omega} = \boldsymbol{\Omega}$

〈10b〉 $\boldsymbol{A} \cap \boldsymbol{\Phi} = \boldsymbol{\Phi}$

(証明) 〈1 a〉

$$\begin{aligned} \boldsymbol{A} \cup \boldsymbol{B} &= \{x \mid (x \in \boldsymbol{A}) \vee (x \in \boldsymbol{B})\} \\ &= \{x \mid (x \in \boldsymbol{B}) \vee (x \in \boldsymbol{A})\} \\ &= \boldsymbol{B} \cup \boldsymbol{A} \end{aligned}$$

問 1.56 〈1 b〉～〈10b〉までを証明せよ．また〈a〉の式において∪を∩に，∩を∪，$\boldsymbol{\Omega}$ を $\boldsymbol{\Phi}$ に，$\boldsymbol{\Omega}$ を $\boldsymbol{\Phi}$ にかえると〈b〉の式がえられることを示せ．(双対の原理)

問 1.57 次の式を簡単にせよ．

(1) $(\boldsymbol{A} \cap \boldsymbol{B}) \cap (\boldsymbol{A} \cap \boldsymbol{B}^c)$

(2) $(\boldsymbol{A} \cup \boldsymbol{B}) \cap (\boldsymbol{A} \cup \boldsymbol{B}^c)$

(3) $[\boldsymbol{A}^c \cap (\boldsymbol{A} \cup \boldsymbol{B})]^c$

(4) $[(\boldsymbol{A} \cup \boldsymbol{B}^c) \cap \boldsymbol{A}^c] \cup \boldsymbol{B}^c$

(5) $(\boldsymbol{A} \cap \boldsymbol{B} \cap \boldsymbol{C}) \cup \boldsymbol{A}^c \cup \boldsymbol{B}^c \cup \boldsymbol{C}^c$

問 1.58 集合 $\boldsymbol{A}$ と $\boldsymbol{B}$ の対称差を

$$\boldsymbol{A} \triangle \boldsymbol{B} = (\boldsymbol{A} \cap \boldsymbol{B}^c) \cup (\boldsymbol{B} \cap \boldsymbol{A}^c)$$

と定義する．

(1) $\boldsymbol{A} \triangle \boldsymbol{B} = \boldsymbol{B} \triangle \boldsymbol{A}$　(2) $(\boldsymbol{A} \triangle \boldsymbol{B}) \triangle \boldsymbol{C} = \boldsymbol{A} \triangle (\boldsymbol{B} \triangle \boldsymbol{C})$

(3) $\boldsymbol{A} \cap (\boldsymbol{B} \triangle \boldsymbol{C}) = (\boldsymbol{A} \cap \boldsymbol{B}) \triangle (\boldsymbol{A} \cap \boldsymbol{C})$

(4) $\boldsymbol{A} \triangle \boldsymbol{\Phi} = \boldsymbol{A}$　(5) $\boldsymbol{A} \triangle \boldsymbol{\Omega} = \boldsymbol{A}^c$

(6) $\boldsymbol{A} \triangle \boldsymbol{A} = \boldsymbol{\Phi}$　(7) $\boldsymbol{A} \triangle \boldsymbol{A}^c = \boldsymbol{\Omega}$

であることを証明せよ．

問 1.59 次のことを証明せよ．

(1) $\boldsymbol{A} \subset \boldsymbol{B}$ ならば $\boldsymbol{A}^c \supset \boldsymbol{B}^c$

(2) $\boldsymbol{A} \subset \boldsymbol{B}$ ならば $\boldsymbol{A} \cup \boldsymbol{C} \subset \boldsymbol{B} \cup \boldsymbol{C}$

(3) $\boldsymbol{A} \subset \boldsymbol{B}$ ならば $\boldsymbol{A} \cap \boldsymbol{C} \subset \boldsymbol{B} \cap \boldsymbol{C}$

問 1.60 集合 $\boldsymbol{A}$, $\boldsymbol{B}$ について，次の3つの事柄の関係をのべよ．

(1) $\boldsymbol{A} \subset \boldsymbol{B}$　(2) $\boldsymbol{A} \cap \boldsymbol{B} = \boldsymbol{A}$　(3) $\boldsymbol{A} \cup \boldsymbol{B} = \boldsymbol{B}$

［数学的補注］ 2変項の命題関数

x は y と p なる関係にあることを，$p(x, y)$ とかく．

例 1. $p(x, y)$: x は y を愛す．(男は女を愛す)

$p(x, y)$: x は y をしごく．(先生は学生をしごく)

この例からも分るように，順序対 (x, y) が (y, x) と同じでないから，当然 $p(x, y)$ と $p(y, x)$ は異なる命題を示す．

集合 $\boldsymbol{A}, \boldsymbol{B}$ に対して，$x \in \boldsymbol{A}$，$y \in \boldsymbol{B}$ のとき

$$\forall x\{\forall y\, p(x, y)\} \text{ を } \forall x\, \forall y\, p(x, y)$$

とかく．これは

すべての x に対して［x はすべての y と p なる関係にある］

ことを意味する．

同様にして

$$\forall x\{\exists y\, p(x, y)\} \text{ を } \forall x\, \exists y\, p(x, y)$$

$$\exists x\{\forall y\, p(x, y)\} \text{ を } \exists x\, \forall y\, p(x, y)$$

$$\exists x\{\exists y\, p(x, y)\} \text{ を } \exists x\, \exists y\, p(x, y)$$

とかく．

定理 1. $\overline{\overline{A}} = \overline{\overline{B}} = \aleph_0$ のとき，$\boldsymbol{A} \times \boldsymbol{B}$ を定義域とする，2変項の命題関数に対して

(1) $\forall x\, \forall y\, p(x, y) \equiv \forall y\, \forall x\, p(x, y)$

(2) $\exists x\, \exists y\, p(x, y) \equiv \exists y\, \exists x\, p(x, y)$

(証明) (1)のみ証明する．　$\forall x\, \forall y\, p(x, y)$

$$\equiv \forall x[p(x, y_1) \wedge p(x, y_2) \wedge \cdots\cdots\cdots]$$

$$\equiv \forall x\, p(x, y_1) \wedge \forall x\, p(x, y_2) \wedge \cdots\cdots\cdots$$

$$\equiv [p(x_1, y_1) \wedge p(x_2, y_1) \wedge \cdots\cdots\cdots]$$
$$\wedge [p(x_1, y_2) \wedge p(x_2, y_2) \wedge \cdots\cdots\cdots]$$
$$\wedge \cdots\cdots\cdots$$

$$\equiv [p(x_1, y_1) \wedge p(x_1, y_2) \wedge \cdots\cdots\cdots]$$
$$\wedge [p(x_2, y_1) \wedge p(x_2, y_2) \wedge \cdots\cdots\cdots]$$

$$\equiv \forall y\ p(x_1,\ y) \wedge \forall y\ p(x_2,\ y) \wedge \cdots\cdots\cdots$$

$$\equiv \forall y\ \forall x\ p(x,\ y)$$　　(Q. E. D)

定理 2.　$(x,\ y) \in \boldsymbol{A} \times \boldsymbol{B}$ のとき

$$\forall x\ \forall y\ p(x,\ y) \begin{array}{c} \nearrow \\ \searrow \end{array} \begin{array}{c} \exists x\ \forall y\ p(x,\ y) \\ \forall x\ \exists y\ p(x,\ y) \end{array} \begin{array}{c} \searrow \\ \nearrow \end{array} \exists x\ \exists y\ p(x,\ y)$$

（証明）　各自証明を試みよ．

定理 3.　De Morgan の公式

(1)　$\overline{\forall x\ \forall y\ p(x,\ y)} \equiv \exists x\ \exists y\ \overline{p(x,\ y)}$

(2)　$\overline{\exists x\ \exists y\ p(x,\ y)} \equiv \forall x\ \forall y\ \overline{p(x,\ y)}$

(3)　$\overline{\exists x\ \forall y\ p(x,\ y)} \equiv \forall x\ \exists y\ \overline{p(x,\ y)}$

(4)　$\overline{\forall x\ \exists y\ p(x,\ y)} \equiv \exists x\ \forall y\ \overline{p(x,\ y)}$

（証明）　(1)のみ証明する．

$$\begin{aligned} \overline{\forall x\ \forall y\ p(x,\ y)} &\equiv \overline{\forall x \{\forall y\ p(x,\ y)\}} \\ &\equiv \exists x\ \overline{\forall y\ p(x,\ y)} \\ &\equiv \exists x\ \exists y\ \overline{p(x,\ y)} \end{aligned}$$　　(Q. E. D)

例 2.　2つの実数 $a,\ b$ についての命題「どんな実数 x に対しても，それぞれ適当な実数 y をとれば，$ax \neq by$ となる」が成立しないためには

①　「どんな実数 x をとっても，任意の実数 y に対して，$ax=by$ となる」ことは何条件か．

②　「どんな実数 x に対しても，それぞれ適当な実数 y をとれば，$ax=by$ となる」ことは何条件か．

③　「適当な実数 x をとれば，どんな実数 y に対しても，$ax=by$ となる」ことは何条件か．

④　「適当な実数 x をとれば，適当な実数 y に対しても，$ax=by$ となる」ことは何条件か．

（解）　はじめの命題は $\overline{\forall x\ \exists y(ax \neq by)} \equiv \exists x\ \forall y(ax=by)$．つぎに，各番号の命題を記号でかくと

①　$\forall x\ \forall y(ax=by)$　　　　②　$\forall x\ \exists y(ax=by)$

③　$\exists x\ \forall y(ax=by)$　　④　$\exists x\ \exists y(ax=by)$

①　⇒　③　⇒　④

となるから ①は十分，③は必要十分，④は必要条件，②は何条件でもない．

§7. 凸　集　合

定理 1.15　$f(x, y)$ を x, y についての多項式とする．そのとき，$\boldsymbol{M}=\{(x, y)\mid f(x, y)=0\}$ によって，母集合 $\boldsymbol{\Omega}=\{(x, y)\mid f(x, y)\in \boldsymbol{R}\}$ が，いくつかの部分集合に分けられているとき，おのおのの部分集合内では，$f(x, y)$ の符号は一定である．

（証明）　もし，1つの部分集合内の2点 $\mathrm{P}_1(x_1, y_1)$，$\mathrm{P}_2(x_2, y_2)$ で $f(x, y)$ の符号が異なるものとし，$f(x_1, y_1)>0$, $f(x_2, y_2)<0$ とする．P_1, P_2 をこの部分集合内の連続な曲線で結ぶと，$f(x, y)$ は x, y について連続だから（多項式だから当然），この曲線上のどこか途中の点で，$f(x, y)$ の符号が正から負に変わるはずである．すると，$f(x, y)=0$ となる点 $\mathrm{P}(x, y)$ が $\boldsymbol{M}$ 以外に，この曲線上にもあることになり，$\boldsymbol{M}$ の規定に反することになる．よって，この部分集合内の点においては，$f(x, y)$ の符号は一定である．　　(Q. E. D)

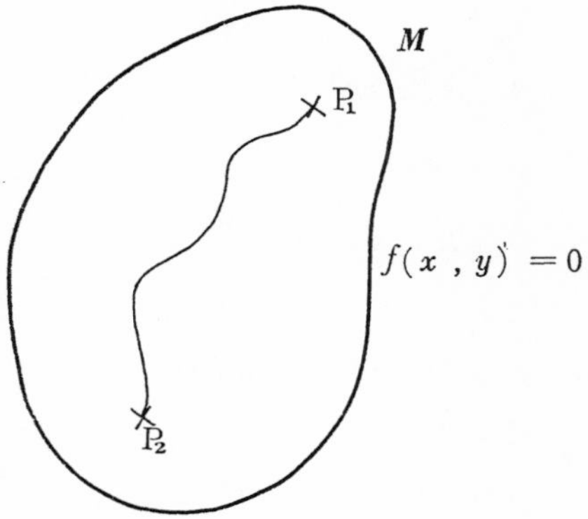

図 1.13

この定理の $\boldsymbol{M}$ によって，$\boldsymbol{\Omega}$ を分けた部分集合の，おのおのを**領域**という．

例 1.30　① $A=\{(x, y)\mid y<\sqrt{x}\}$
② $B=\left\{(x, y)\mid y>\dfrac{1}{x}\right\}$
を図示せよ．

（解）　①

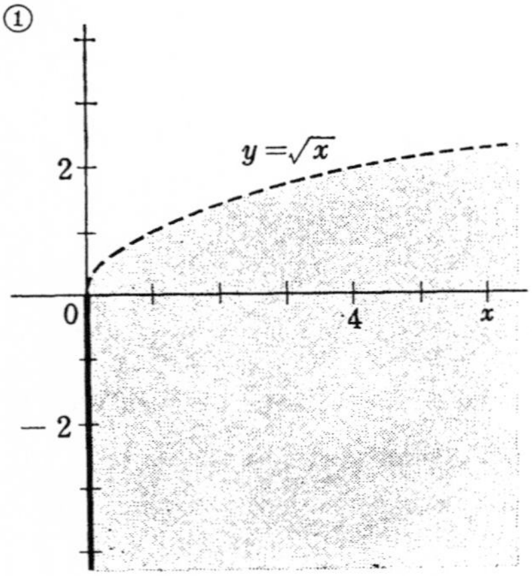

図 1.14

$A=\{(x, y)\mid y-\sqrt{x}<0\}$
$\Omega=\{(x, y)\mid y-\sqrt{x}\in R\}$
$=\{(x, y)\mid x\geqq 0\}$
で，$A\subset\Omega$ である．
$f(x, y)=y-\sqrt{x}$ とおくと，$f(x, y)=0$ によって，Ω は (1, 0) を含む側とそうでない側に分れる．
$f(1, 0)<0$．よって A は点(1, 0)を含む側である．

②　母集合 Ω は

$\Omega=\{(x, y)\mid y-\dfrac{1}{x}\in R\}$
$=\{(x, y)\mid x\neq 0\}$

であるから，y 軸をのぞく全平面である．$x>0$ なる領域では

$f(1, 0)=0-1<0$

より，点 (1, 0) を含まぬ側．$x<0$ なる領域では

$f(-1, 0)=0+1>0$

より，点 (−1, 0) を含む側である．

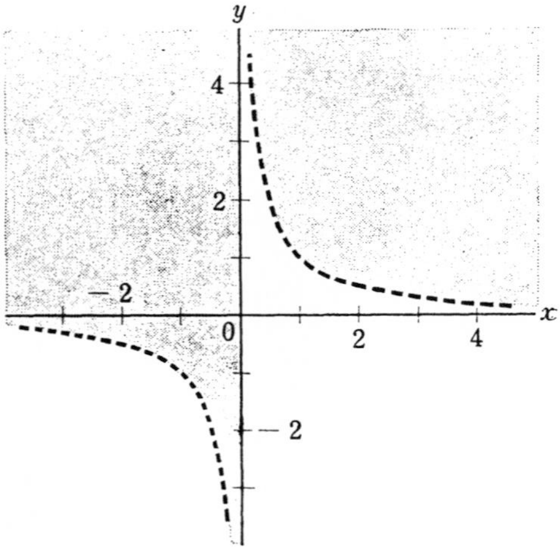

図 1.15

問 1.61 次の領域を図示せよ．

① $\boldsymbol{A}=\{(x,\ y)\mid |x|+|y|\leqq 1\}$

② $\boldsymbol{B}=\{(x,\ y)\mid x^2+y^2-2|x|+2y\leqq 0\}$

③ $\boldsymbol{C}=\{(x,\ y)\mid y<\sqrt{x^2-2}\}$

④ $\boldsymbol{D}=\{(x,\ y)\mid \sqrt{y-1}<\sqrt{x^2-1}\}$

例 1.31 $\boldsymbol{A}=\{(x,\ y)\mid y^2<4x\}$

$\boldsymbol{B}=\{(x,\ y)\mid x^2<4y\}$

のとき，$\boldsymbol{A}\cap\boldsymbol{B}$ を図示し，かつその面積を求めよ．

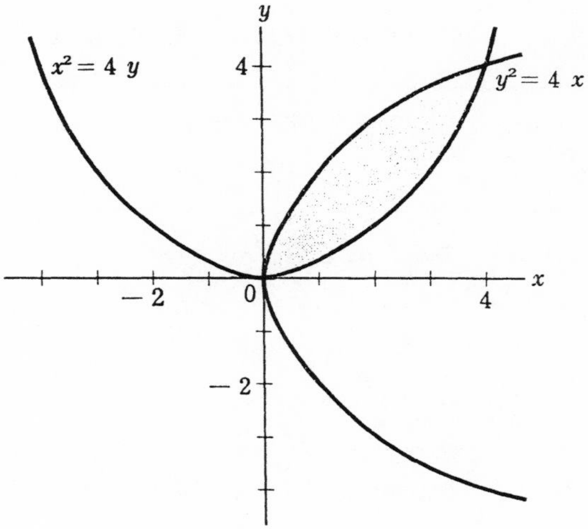

図 1.16

$y^2=4x$，$4y=x^2$ の交点は $(0,\ 0)$，$(4,\ 4)$．

$$S=\int_0^4\left\{\sqrt{4x}-\frac{x^2}{4}\right\}dx=\left[\frac{4}{3}\sqrt{x^3}-\frac{1}{12}x^3\right]_0^4=\frac{16}{3}$$

問 1.62 $\boldsymbol{A}=\{(x,\ y)\mid x^2+y^2\leqq 1\}$

$\boldsymbol{B}=\{(x,\ y)\mid (x+y)^2\leqq 1\}$

のとき，$\boldsymbol{A}\cap\boldsymbol{B}$ を図示し，かつその面積を求めよ．

空間内の部分集合 $\boldsymbol{A}$ 内に，2点 P, Q をとる．線分 PQ がまた $\boldsymbol{A}$ に属するとき，$\boldsymbol{A}$ を**凸集合**(convex set)という．

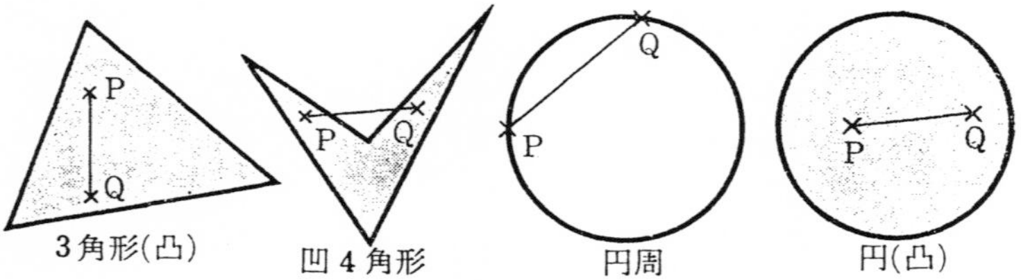

図 1.17

上の図は，凸集合か，そうでない集合を示したものである．

> **定理 1.16**　$\boldsymbol{A}_1, \boldsymbol{A}_2$ を凸集合とする．共通部分 $\boldsymbol{A}_1\cap\boldsymbol{A}_2$ も凸集合である．

(証明)　$\mathrm{P}\in\boldsymbol{A}_1\cap\boldsymbol{A}_2$, $\mathrm{Q}\in\boldsymbol{A}_1\cap\boldsymbol{A}_2$ とすると

$$\mathrm{P}\in\boldsymbol{A}_1,\ \mathrm{P}\in\boldsymbol{A}_2\ ;\ \mathrm{Q}\in\boldsymbol{A}_1,\ \mathrm{Q}\in\boldsymbol{A}_2$$

$\boldsymbol{A}_1$ は凸集合だから $\mathrm{PQ}\in\boldsymbol{A}_1$; $\boldsymbol{A}_2$ も凸集合だから $\mathrm{PQ}\in\boldsymbol{A}_2$

$$\therefore\quad \mathrm{PQ}\in\boldsymbol{A}_1\cap\boldsymbol{A}_2$$

> **系**　$\boldsymbol{A}_1, \boldsymbol{A}_2, \cdots\cdots,$ を凸集合とするとき，$\boldsymbol{A}_1\cap\boldsymbol{A}_2\cap\cdots\cdots\cap\boldsymbol{A}_n$ も凸集合である．

例 1.32　3次元空間の半空間

$$\boldsymbol{A}=\{(x,\ y,\ z)\,|\,Ax+By+Cz+D>0\}$$

は凸集合であることを証明せよ．

(解)　$\mathrm{P}(\boldsymbol{x}_1), \mathrm{Q}(\boldsymbol{x}_2)\in\boldsymbol{A}$ とする．線分 PQ 上の任意の点 $\mathrm{R}(\boldsymbol{x})$ は

$$\boldsymbol{x}=\boldsymbol{x}_1(1-t)+\boldsymbol{x}_2t \qquad (0\leqq t\leqq 1)$$

なる位置ベクトルをもつ．平面上においては

$$Ax_1+By_1+Cz_1+D>0 \qquad ①$$

$$Ax_2+By_2+Cz_2+D>0 \qquad ②$$

だから，①×$(1-t)$＋②×t とおくと

$$Ax+By+Cz+D>0$$

つまり　　　$\mathrm{R}(\boldsymbol{x})\in \boldsymbol{A}$

問 1.63 $\boldsymbol{A}=\{(x,\ y,\ z)\,|\,Ax+By+Cz+D\geqq 0\}$

$\boldsymbol{B}=\{(x,\ y,\ z)\,|\,Ax+By+Cz+D<0\}$

$\boldsymbol{C}=\{(x,\ y,\ z)\,|\,Ax+By+Cz+D\leqq 0\}$

は凸集合であることを証明せよ．

例 1.33 $\boldsymbol{A}=\{(x,\ y)\,|\,x^2+y^2<r^2\}$ は凸集合であることを証明せよ．

（解） $\boldsymbol{A}$ 内の２点 P, Q の位置ベクトルをそれぞれ $\boldsymbol{x}_1$, $\boldsymbol{x}_2$ とする．PQ 上の任意の点 $\mathrm{R}(\boldsymbol{x})$は

$$\boldsymbol{x}=\boldsymbol{x}_1(1-t)+\boldsymbol{x}_2 t \qquad (0\leqq t\leqq 1)$$

$$\begin{aligned}x^2+y^2&=\|\boldsymbol{x}\|^2\\&=\|\boldsymbol{x}_1\|^2(1-t)^2+2(\boldsymbol{x}_1\cdot\boldsymbol{x}_2)t(1-t)+\|\boldsymbol{x}_2\|^2t^2\\&<(1-t)^2r^2+2(\boldsymbol{x}_1\cdot\boldsymbol{x}_2)t(1-t)+t^2r^2\end{aligned}$$

Schwarz の不等式より

$$|(\boldsymbol{x}_1\cdot\boldsymbol{x}_2)|\leqq\|\boldsymbol{x}_1\|\,\|\boldsymbol{x}_2\|<r^2$$

$$\therefore\quad x^2+y^2<(1-t)^2r^2+2t(1-t)r^2+t^2r^2=r^2$$

$$\therefore\quad \mathrm{R}(\boldsymbol{x})\in\boldsymbol{A}$$

問 1.64 次の領域は凸集合であることを示せ．

(1) $\boldsymbol{A}=\left\{(x,\ y)\,\middle|\,\dfrac{x^2}{a^2}+\dfrac{y^2}{b^2}\leqq 1\right\}$

(2) $\boldsymbol{B}=\{(x,\ y)\,|\,y^2<4x\}$

問 1.65 集合 $\boldsymbol{C}$, $\boldsymbol{C}_0$ を

$\boldsymbol{C}=\{(x,\ y)\,|\,x^2+y^2\leqq r^2\}$

$\boldsymbol{C}_0=\{(x,\ y)\,|\,x^2+y^2<r^2\}$　　　（ただし $r>0$）

とし $(x_1,\ y_1)$，$(x_2,\ y_2)$ をそれぞれ $\boldsymbol{C}$ に属する相異なる２点とする．実数 λ に対して

$$x(\lambda)=\lambda x_1+(1-\lambda)x_2$$

$$y(\lambda)=\lambda y_1+(1-\lambda)y_2$$

と定義するとき，次の問に答えよ．

(1)　命題「λが$0<\lambda<1$であれば，点$(x(\lambda),\ y(\lambda))$はつねに$\boldsymbol{C}_0$に属する」ことが正しいことを示せ．

(2)　(1)の命題でλを$0\leqq\lambda\leqq1$に変えたものは正しいとは限らないことを例をあげて説明せよ．

§8. 線 型 計 画 法

2つのベクトル$\boldsymbol{a}$, $\boldsymbol{b}$の相等は，各成分の間に

$$a_i=b_i \qquad (i=1,\ 2,\ \cdots\cdots,\ n)$$

が成立することであったが，このことを拡張して，不等関係を定義することができる．つまり

すべてのiについて，　$a_i>b_i$ならば$\boldsymbol{a}>\boldsymbol{b}$

少なくとも1つのiについて，$a_i>b_i$，すべてのiについて$a_i>b_i$でないとき，　$\boldsymbol{a}\geqslant\boldsymbol{b}$

すべてのiについて，$a_i\geqq b_i$　ならば　$\boldsymbol{a}\geqq\boldsymbol{b}$

と定義する．すると，連立不等式

$$a_1x+b_1y>c_1$$
$$a_2x+b_2y>c_2$$
$$a_3x+b_3y>c_3$$

は，

$$\boldsymbol{A}=\begin{bmatrix} a_1 & b_1 \\ a_2 & b_2 \\ a_3 & b_3 \end{bmatrix}, \qquad \boldsymbol{x}=\begin{bmatrix} x \\ y \end{bmatrix}, \qquad \boldsymbol{c}=\begin{bmatrix} c_1 \\ c_2 \\ c_3 \end{bmatrix}$$

とおいて，

$$\boldsymbol{Ax}>\boldsymbol{c}$$

と略記することができる．

定理 1.17　$\boldsymbol{A}$ を $n\times 2$ 行列，$\boldsymbol{x}$ を 2 次元ベクトル，$\boldsymbol{c}$ を n 次元ベクトルとするとき，次の各領域は凸集合である．

$$\{\boldsymbol{x}\mid \boldsymbol{Ax}\geqq \boldsymbol{c}\},\quad \{\boldsymbol{x}\mid \boldsymbol{Ax}\geqslant \boldsymbol{c}\},\quad \{\boldsymbol{x}\mid \boldsymbol{Ax}> \boldsymbol{c}\}$$

$$\{\boldsymbol{x}\mid \boldsymbol{Ax}\leqq \boldsymbol{c}\},\quad \{\boldsymbol{x}\mid \boldsymbol{Ax}\leqslant \boldsymbol{c}\},\quad \{\boldsymbol{x}\mid \boldsymbol{Ax}< \boldsymbol{c}\}$$

（証明）　例 1.32，定理 1.16 の系より明らか．　(Q. E. D)

例 1.34　次の不等式を同時にみたす集合を図示し，x, y のとりうる最大値を求めよ．

$x-y\leqq 0$，$2x-y\geqq 0$，$x+y\leqq 2$

（解）　求める領域は

$$\left\{\boldsymbol{x}\;\middle|\;\begin{bmatrix}1 & -1\\ -2 & 1\\ 1 & 1\end{bmatrix}\begin{bmatrix}x\\ y\end{bmatrix}\leqq\begin{bmatrix}0\\ 0\\ 2\end{bmatrix}\right\}$$

であり，グラフをかくと右図の砂地部となる．

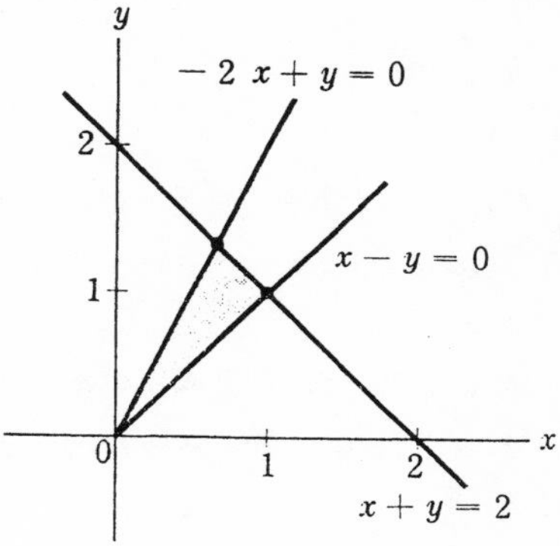

図 1.18

$0\leqq x\leqq 1$，$0\leqq y\leqq \dfrac{4}{3}$．$x$ の最大値 1，y の最大値は $\dfrac{4}{3}$．

定理 1.18　線型なベクトル関数 $f(\boldsymbol{x})$ が，点 $\mathrm{P}(\boldsymbol{a})$，$\mathrm{Q}(\boldsymbol{b})$ を結ぶ線分上で定義されているとき，$f(\boldsymbol{x})$ は線分の端の点で最大値，最小値をとる．ここで線型なベクトル関数とは

$$f(\boldsymbol{x}k+\boldsymbol{x}'k')=f(\boldsymbol{x})k+f(\boldsymbol{x}')k'$$

（ただし k, $k'\in\boldsymbol{R}$）なる関数式をみたす関数である．

（証明）　線分 PQ 上の任意の点 R の位置ベクトル $\boldsymbol{x}$ は

$$\boldsymbol{x}=\boldsymbol{a}(1-t)+\boldsymbol{b}t \qquad (0\leqq t\leqq 1)$$

で示される．関数の線型性より

$$f(\boldsymbol{x})=f\{\boldsymbol{a}(1-t)+\boldsymbol{b}t\}$$
$$=f(\boldsymbol{a})(1-t)+f(\boldsymbol{b})t$$
$$=f(\boldsymbol{a})+\{f(\boldsymbol{b})-f(\boldsymbol{a})\}t$$

$f(\boldsymbol{a})-f(\boldsymbol{a})\geqq 0$ のとき，$t=0$ で $f(\boldsymbol{x})$ は最小値

$t=1$ で $f(\boldsymbol{x})$ は最大値

$f(\boldsymbol{b})-f(\boldsymbol{a})<0$ のとき，$t=0$ で $f(\boldsymbol{x})$ は最大値

$t=1$ で $f(\boldsymbol{x})$ は最小値

をとる．$t=0$, $t=1$ においては R は線分 PQ の端の点 P, Q に一致する．

(Q. E. D.)

定理1.17 の凸集合の境界 $\{\boldsymbol{x}|\boldsymbol{A}\boldsymbol{x}=\boldsymbol{c}\}$ の頂点（境界をきめる直線の交点）を**端点**(extreme point) という．

定理 1.19 （線型計画法の基本定理） $\boldsymbol{A}$ を $n\times 2$ 行列，$\boldsymbol{x}$ を 2 次元ベクトル，$\boldsymbol{c}$ を n 次元ベクトルとするとき，閉じた凸領域 $\{\boldsymbol{x}|\boldsymbol{A}\boldsymbol{x}\geqq\boldsymbol{c}\}$ の少なくとも 1 つの端点において，線型ベクトル関数 $f(\boldsymbol{x})$ は最大値または最小値をとる．ただし，$f(\boldsymbol{x})$ はこの領域上で定義された関数である．

（証明）　境界上の任意の 2 点 P, Q を結ぶ線分 PQ 上では，P または Q において $f(\boldsymbol{x})$ は最大値または最小値をとる．しかるに境界上においても，$f(\boldsymbol{x})$ は定義されているから，端点以外の点は最大値または最小値をとらない．　　　(Q. E. D)

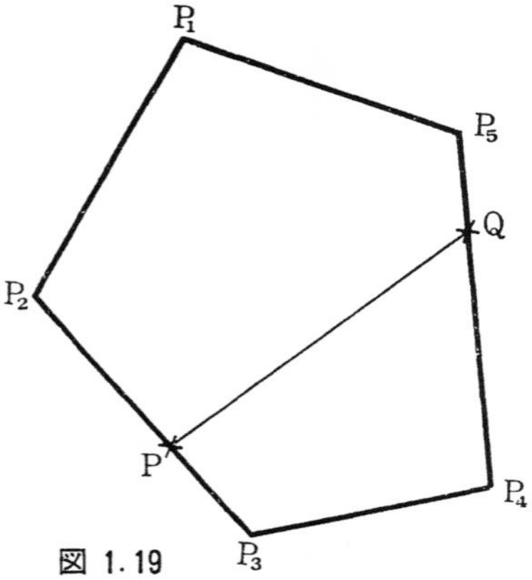

図 1.19

いくつかの1次不等式（または1次方程式）の制限のもとに，同次1次式の最大値，最小値を求める方法を **線型計画法** (linear programming) という．定理1.19の凸領域は1次不等式による制限条件を示し，$f(\boldsymbol{x})$ は同次1次式である．

例 1.35 例1.34の領域上で，$f(\boldsymbol{x})=6x+5y$ を最大にするベクトル $\boldsymbol{x}$ を求めよ．

（解） 例1.34の領域の端点は(0, 0)，(1, 1)，$\left(\dfrac{2}{3},\ \dfrac{4}{3}\right)$ である．$f(\boldsymbol{x})=f(x,\ y)$ とおくと

$$f(0,\ 0)=0, \qquad f(1,\ 1)=11, \qquad f\left(\frac{2}{3},\ \frac{4}{3}\right)=\frac{32}{3}$$

よって求めるベクトルは $\boldsymbol{x}=\begin{bmatrix}1\\1\end{bmatrix}$ である．

問 1.66 ある動物を飼育するのに，化学合成物 A, B, C を毎日それぞれ最低10単位，12単位，12単位ずつ与える必要がある．いま，それを薬品 P, Q によって与えることとする．右の表は，P, Q の1gr あたりの A, B, C の単位数を示し，P, Q の価格はそれぞれ2.1円/gr，3.5円/gr である．最小費用でこの動物を飼育するためには，毎日 P, Q をそれぞれ何 gr ずつ与えればよいか．また，その1日あたりの最小費用はいくらか．

	P	Q
A	2	5
B	3	4
C	4	3

問 1.67 ある工場で A, B 2種類の製品をつくる．A, B 各1個をつくるのに，電力, 鉄, 労力が次の表だけ必要であり，また，この工場の一定期間に対する能力の制限は，表の右端の列の通りである．さらに A, B 各1個による利益は表の下端の行の通りである．

	A	B	能力の制限
電　力	6 kw/個	3 kw/個	300 kw
鉄	50 kg/個	40 kg/個	2800 kg
労　力	3人日/個	9人日/個	450 人 日
利　益	30万円 / 個	20万円 / 個	

このとき利益を最大にするには，その期間中に A, B 各何個をつくればよいか．また，そのときの最大利益を求めよ．

問 1.68

① 不等式 $x+3y\geqq 3$, $2x+y\geqq 4$, $x\geqq 0$, $y\geqq 0$ をみたす x, y に対して, $ax+3y$ ($a>0$) の最小値を求めよ.

② 不等式 $x+2y\leqq 2$, $3x+y\leqq 3$ をみたす x, y に対して, $3x+4y$ の最大値を求めよ.

③ ①で求めた最小値が, この最大値と一致するように, a の値をきめよ.

問 1.69 定数 x, y に対して x, y の最小値を $\min(x,\ y)$, 最大値を $\max(x,\ y)$ で表わす. すなわち

$$\min(x,\ y)=\begin{cases} y & (x\geqq y \text{ のとき}) \\ x & (x\leqq y \text{ のとき}) \end{cases} \qquad \max(x,\ y)=\begin{cases} x & (x\geqq y \text{ のとき}) \\ y & (x\leqq y \text{ のとき}) \end{cases}$$

とする. このとき, 次の問に答えよ.

(1) $x\geqq 0$, $y\geqq 0$で $\max\{\min(2x,\ y),\ \min(x,\ 2y)\}\geqq 1$ となるような点 $(x,\ y)$ の存在範囲を図示せよ.

(2) $x\geqq 0$, $y\geqq 0$, $2x+3y\leqq 6$ のとき,

$$\max\{\min(2x,\ y),\ \min(x,\ 2y)\}$$

が最大となるような x, y の値を求めよ.

以下の問題は, **非線型計画法** (non-linear programming)—— 凸領域の上で定義された非線型関数の極値を求める問題——に関するものである. これについては定理1.18 のような一般的な解法を与える定理は発見されていない.

問 1.70 実数 x, y が $|x+1|+|y|\leqq 1$ をみたすとき, $y-x^2$ の最大値を求めよ.

問 1.71 実数 x, y が $|x|+|y|\leqq 2$ をみたして変化するとき, x^2+y^2 の最大値を求めよ.

[歴史的補注]　線型計画法について

経済理論は Adam Smith, Cournot の時代以来, 最大・最小問題を取扱ってきた. 近代の新古典派限界原理はこの関心の頂点をあらわすものである. この最大・最小問題のうち, いくつかの変数が線型不等式の形態で制約をうけるとき, これらの変数の線型関数を最大(または最小)にする問題は, 1941年ドイツ軍の封鎖作戦で食糧供給難におち入ったイギリスが, 量の不足を質のバランスのよさで解決しようとした食餌問題に起源を発する. J. Cornfield はこの問題をほぼ線型計画に近い形で提起したが, 1947年 Dantzig によって完全に解決された.

第 II 部

写像と分配

（順列と組合せ論）

証明できることは，科学においては証明なしに信頼すべきではない．

（デデキント「数とは何か，何であるべきか」）

第1章　写　　像

§1. 写　　像

読書会で，4人の学生（中西，渡辺，宮沢，千葉）が手分けして，英文学，仏文学，ノンフィクションの本1冊ずつ読んで報告することにした．分担について協議したところ，図2.1のような2案がでた．

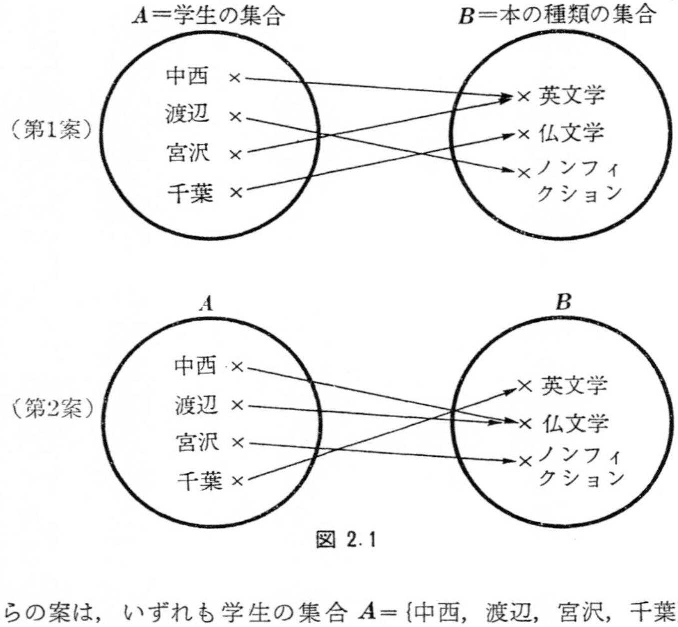

図 2.1

これらの案は，いずれも学生の集合 A＝{中西，渡辺，宮沢，千葉} の各要素に，本の種類の集合 B＝{英文学，仏文学，ノンフィクション} の1つの要素が対応している．上のような図を**対応図**という．

このようなことを一般的に述べると

2つの集合 $\boldsymbol{A}$, $\boldsymbol{B}$ があって，$\boldsymbol{A}$ の各要素に $\boldsymbol{B}$ の1個の要素が対応しているとき，この対応関係を，**$\boldsymbol{A}$ から $\boldsymbol{B}$ への写像** (mapping from $\boldsymbol{A}$ to $\boldsymbol{B}$) という．そして対応づける何らかの規則を f で表わし，

$$f: \boldsymbol{A} \to \boldsymbol{B} \quad \text{または} \quad \boldsymbol{A} \xrightarrow{f} \boldsymbol{B}$$

とかく．

となる．写像の記号は f のほかにも，g, h, …… などを用いてもよい．

写像 f によって，集合 $\boldsymbol{A}$ の要素 x が，集合 $\boldsymbol{B}$ の1つの要素 y に対応することを

$$x \overset{f}{\longmapsto} y \quad \text{または} \quad y=f(x)$$

とかく．そして y を f による x の**像**(image)，x を y の**原像**(inverse image) という．

図 2.1 の第1案によれば

英文学$=f$(中西)

ノンフィクション$=f$(渡辺)

英文学$=f$(宮沢)

仏文学$=f$(千葉)

ということになる．対応づける規則は，具体的に形が定まっていてもいなくてもよい．とにかく，対応づけができればよいのである．そんな意味で f は

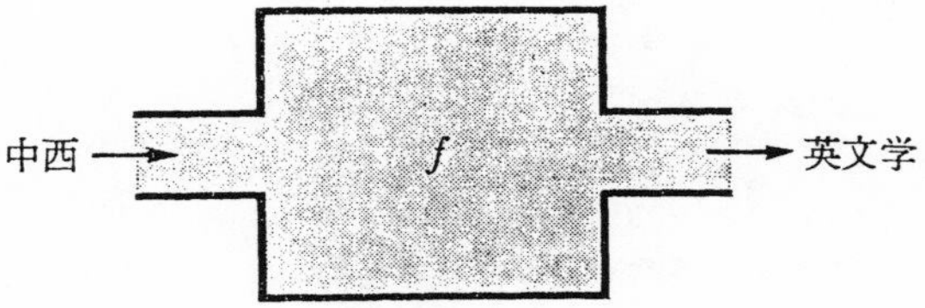

図 2.2

図2.2のような**暗箱** (black box) と同じ機能をもっているといってよい.

問 2.1 漱石の“坊ちゃん”を想い出して，次の対応を完成せよ.

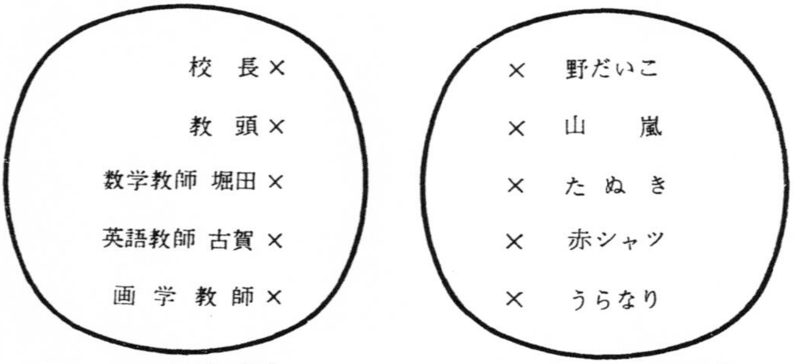

A＝教師の集合 B＝アダナの集合

図 2.3

問 2.2 $a_1, a_2, \cdots\cdots, a_6$ の6枚のポスターがある. これらのポスターを玄関(b_1), 廊下 (b_2), 学生ホール (b_3) にはることにした. そのはり方を写像にしたら右の図のようになった.

次の□に適する記号をいえ.

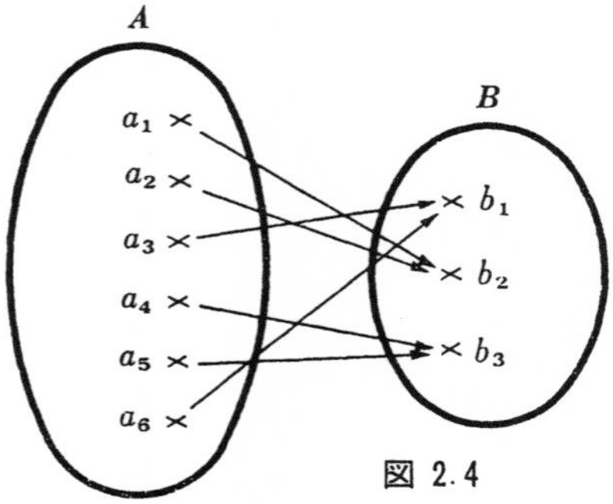

図 2.4

① $a_3 \overset{f}{\longmapsto}$ □

② $a_5 \overset{f}{\longmapsto}$ □

③ □ $\overset{f}{\longmapsto} b_1$ ④ $f(a_1)=$□

問 2.3 数字の集合 $A=\{1, 2, 3\}$ の要素を入れかえて，1, 2, 3 の順序を 3, 1, 2 にかえると，A から A 自身への写像

$$f: A \longrightarrow A$$

ができる. このとき，次の□に適する記号を入れよ.

① $2 \overset{f}{\longmapsto}$ □ ② □ $\overset{f}{\longmapsto} 2$ ③ $f(1)=$□

問 2.4 自然数 n の約数の個数 $\tau(n)$――タウ n とよむ――とするとき，対応

$$n \overset{\tau}{\longmapsto} \tau(n)$$

によって，自然数の集合 $\boldsymbol{N}$ から自然数の集合 $\boldsymbol{N}$ への写像がえられる．このとき

① $\tau(24)=?$

② $\tau(n)=2$ となる n を求めよ．

n	$\tau(n)$
1	1
2	2
3	2
4	3
5	2
6	4
7	2
8	4

§2．定 義 域 と 値 域

集合 $\boldsymbol{A}$ から集合 $\boldsymbol{B}$ への写像 f があるとき，$\boldsymbol{A}$ を f の**定義域**(domain)，f による $\boldsymbol{A}$ の要素の像の集合，つまり

$$\{f(x)\,|\,x\in \boldsymbol{A}\}$$

を f による**値域**(range) という．値域は $f(\boldsymbol{A})$ とかく．

§1の例では

f の定義域 $\boldsymbol{A}=$ {中西，渡辺，宮沢，千葉}

f による値域 $=f(\boldsymbol{A})=$ {英文学，仏文学，ノンフィクション}

である．

定義域と値域の関係については

定理 2.1　　$f(\boldsymbol{A})\subset \boldsymbol{B}$

(証明)　$\boldsymbol{A}\subset\boldsymbol{B}$ は $\forall x(x\in\boldsymbol{A}\to x\in\boldsymbol{B})$ であることを思い出そう．

$\forall x\in\boldsymbol{A}$ について，$f(\boldsymbol{A})$ の定義より $f(x)\in f(\boldsymbol{A})$，しかるに，$f(x)=y\in\boldsymbol{B}$

$$\therefore\ f(x)\in f(\boldsymbol{A})\to f(x)\in\boldsymbol{B}$$

$$\therefore\ f(\boldsymbol{A})\subset\boldsymbol{B}$$

(Q. E. D)

問 2.5　$A=\{0, 1, 2, 3, 4\}$ で，$f(0)=2$，$f(1)=2$，$f(2)=17$，$f(3)=0$，$f(4)=17$と

する．　$f(\boldsymbol{A})$ を求めよ．

例 2.1　$\boldsymbol{A}, \boldsymbol{B}$ を任意の集合とする．$\boldsymbol{B}$ の１つの要素 b をきめて，$\boldsymbol{A}$ の任意の要素 x に対して $f(x)=b$ ときめると，f は $\boldsymbol{A}$ から $\boldsymbol{B}$ への写像となる．この写像を（像 b の）**定値写像**(constant-mapping) という．対応図では次のようになる．

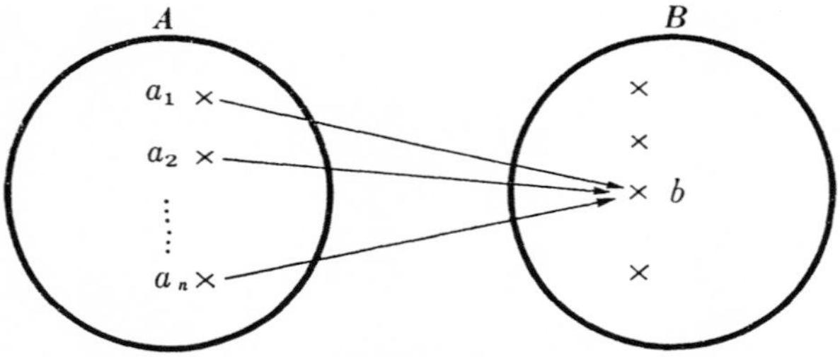

図 2.5　定値写像

例 2.2　$\boldsymbol{A}$ を任意の集合とする．$\boldsymbol{A}$ の各要素 x に x それ自身を対応させれば，$\boldsymbol{A}$ から $\boldsymbol{A}$ への１つの写像がえられる．この写像を，$\boldsymbol{A}$ 上の（または $\boldsymbol{A}$ における）**恒等写像**(identity-mapping)という．つまり

$$\forall x \in \boldsymbol{A}, \quad f(x)=x$$

となる写像である．この f をとくに I, または $I_{\boldsymbol{A}}$ とかく．

$$I(x)=x, \quad \text{または} \quad I_{\boldsymbol{A}}(x)=x$$

対応図でかくと次のようになる．

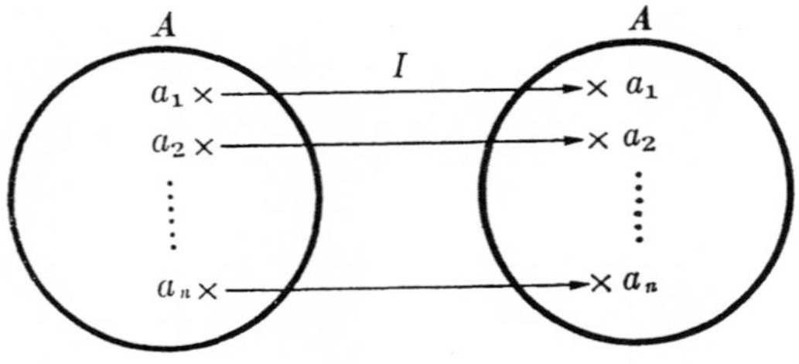

図 2.6

例 2.3　実数 x に x^2+1 を対応させれば，実数集合 $\boldsymbol{R}$ から $\boldsymbol{R}$ への1つの写像がえられる．この写像を f とかくことにすれば

$$\forall x \in \boldsymbol{R}, \qquad f(x)=x^2+1$$

である．このとき

$$f(\boldsymbol{R})=\{y \mid y=x^2+1 \geqq 1\} \subset \boldsymbol{R}$$

また，実数 x に $2x+3$ を対応させると，やはり実数集合 $\boldsymbol{R}$ から $\boldsymbol{R}$ への1つの写像がえられる．この写像を g とかくことにすれば

$$\forall x \in \boldsymbol{R}, \qquad g(x)=2x+3$$

である．このとき

$$g(\boldsymbol{R})=\{y \mid -\infty < y=2x+3 < +\infty\} \subset \boldsymbol{R}$$

この例でも分るように，写像 $f: \boldsymbol{A} \to \boldsymbol{B}$ に対して，一般に $f(\boldsymbol{A})=\boldsymbol{B}$ とならない．

もしも，$f(\boldsymbol{A})=\boldsymbol{B}$ となるような $\boldsymbol{A}$ から $\boldsymbol{B}$ への写像 f が存在すると，f を $\boldsymbol{A}$ から $\boldsymbol{B}$ の上への写像，または全射（from $\boldsymbol{A}$ onto $\boldsymbol{B}$，または surjection）という．

全射は，対応図で

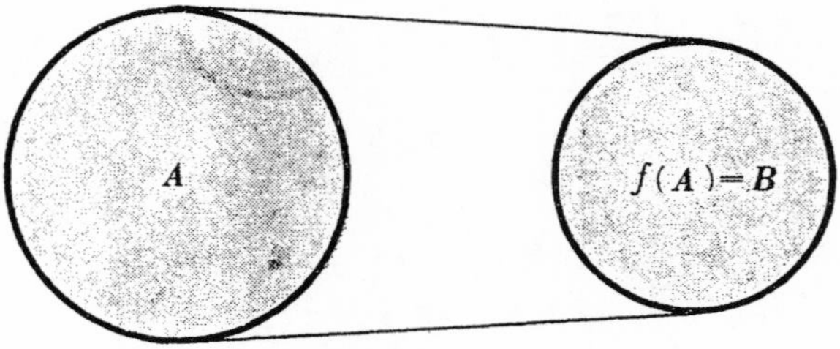

図 2.7　全 射

と表わす．また

$f(A) \subsetneqq B$ となるような A から B への写像 f が存在すれば，f を **A から B の中への写像** (from A into B) という．

中への写像は，対応図で

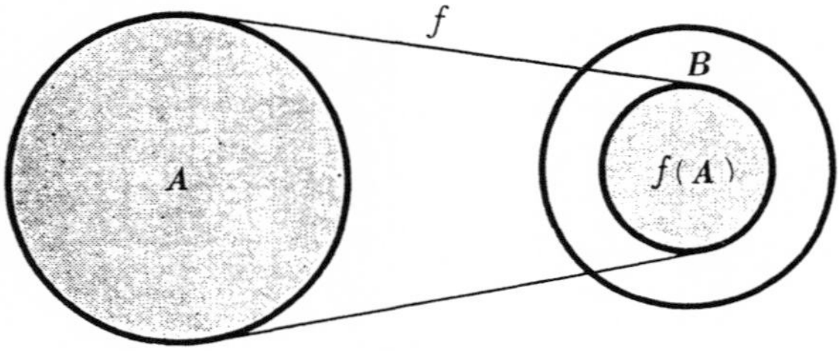

図 2.8　中への写像

と表わす．

問 2.6　A から B への写像のうち，B の上への写像はどれか．また B の中への写像はどれか．

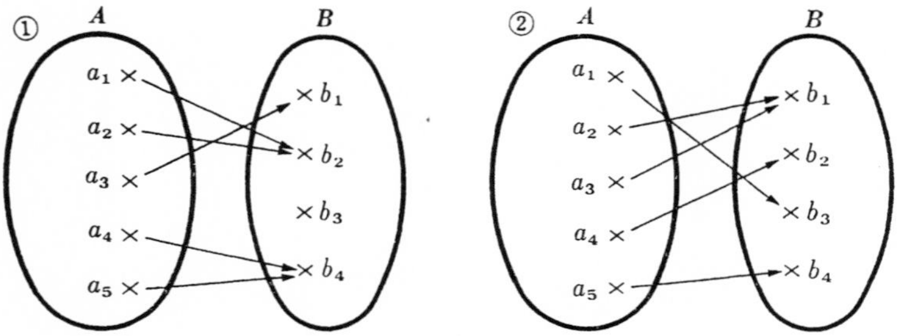

図 2.9

A から B への写像 f があって，$\forall x,\ x' \in A$ に対して

$$x \neq x' \quad ならば \quad f(x) \neq f(x')$$

のとき，f を **A から B の中への 1 対 1 写像**，または**単射**(one to one mapping，または injection)という．

単射の定義は，対偶をとって

$$f(x)=f(x') \quad ならば \quad x=x'$$

としてもよいし，あるいは，すべての $y \in \boldsymbol{B}$ に対して，$y=f(x)$ となる $x \in \boldsymbol{A}$ が高々１つしかない写像といってもよい．単射は対応図で

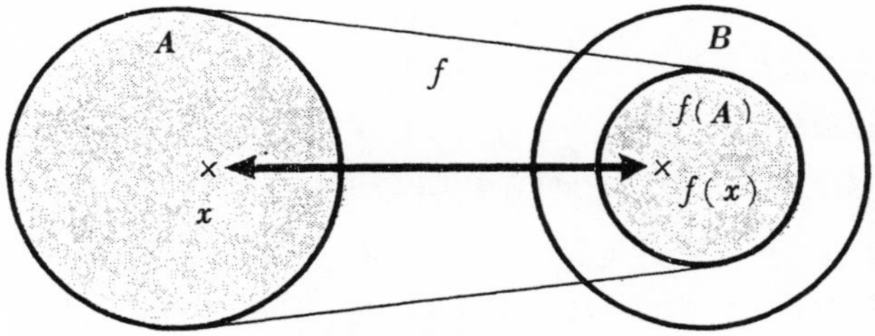

図 2.10 単 射

と表わされる．

> $\boldsymbol{A}$ から $\boldsymbol{B}$ への写像 f が単射で，かつ同時に全射であるとき，f は**全単射**または**双射** (bijection) という．

これは，$\boldsymbol{A}$ から $\boldsymbol{B}$ の上への１対１写像である．恒等写像は双射の例である．双射は，対応図で

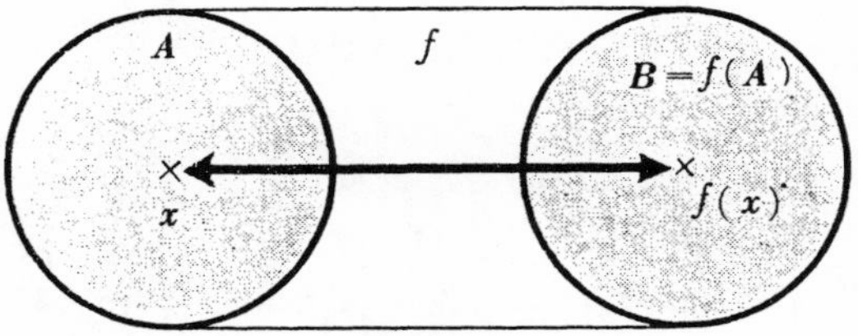

図 2.11 双 射

と表わされる．一般の写像，単射，全射，双射の関係は

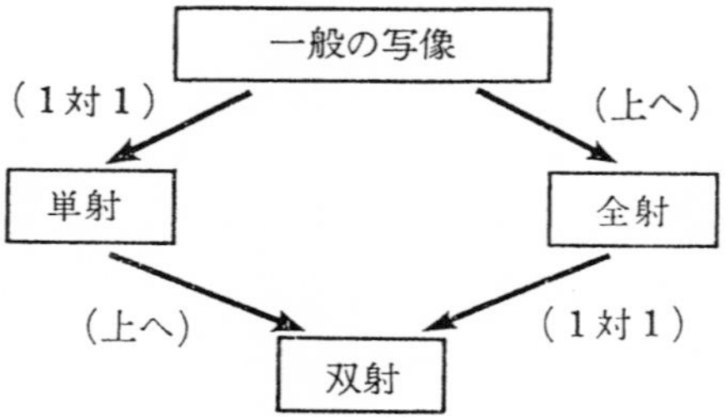

という図式で表わされる．

普通，微積分などで**関数**(function)とよばれているものは，実数集合 $\boldsymbol{R}$（またはその部分集合）から $\boldsymbol{R}$ への写像にほかならない．

問 2.7 関数が次の式で与えられているとき，その値域を求めよ．また，その関数は単射，全射，双射のうちいずれであるか．ただし，$\boldsymbol{R}$ は実数全体の集合，$\boldsymbol{R}_+$ は正の実数の集合，$\boldsymbol{R}^*=\boldsymbol{R}_+\cup\{0\}$（非負の実数の集合）とする．

① $f(x)=x,\quad x\in\boldsymbol{R}$　　② $f(x)=x^2,\quad x\in\boldsymbol{R}$

③ $f(x)=x^3,\quad x\in\boldsymbol{R}$　　④ $f(x)=\sin x,\quad x\in\boldsymbol{R}$

⑤ $f(x)=\log x,\quad x\in\boldsymbol{R}_+$　　⑥ $f(x)=x^3-x,\quad x\in\boldsymbol{R}$

⑦ $f(x)=x^4-2x^2+1,\quad x\in\boldsymbol{R}$　　⑧ $f(x)=\dfrac{1}{1+x^2},\quad x\in\boldsymbol{R}$

⑨ $f(x)=\dfrac{x}{1+|x|},\quad x\in\boldsymbol{R}$　　⑩ $f(x)=\sqrt{x},\quad x\in\boldsymbol{R}^*$

［歴史的補注］ 写像

Dedekind

写像という概念を史上はじめて用いた人は，リハルト・デデキント（J. W. Richard Dedekind, 1831—1916）である．デデキントは，カントルの集合についての研究を当初から一貫して興味をもって見守っていた．カントルが１対１対応という武器をもって無限集合とその分類に関心を集中していたのに対し，デデキントは数の概念について独特の考察を行なっていた．1887年彼は“**数とは何か，何であるべきか**（Was sind und was sollen die Zahlen ?)”（数について，河野伊三郎訳，岩波文庫）という小冊子を出版したが，その中に写像ということばが出てくる. §2, 21, 説明 では, 彼は次のように述べている.

「1つの集合 S の**写像** φ とは, 1つの法則のことであって, この法則にしたがって S の1つ1つの確定した要素 s に確定した事物が**属し**, これを s の**像**といい, $\varphi(s)$で表わす. また $\varphi(s)$ は要素 s に**対応する**とも, $\varphi(s)$ は写像 φ により s から**生じた**, または**生成された**とも, s は写像 φ によって $\varphi(s)$ に**移行した**ともいう.」

この書物の中で, デデキントは, 恒等写像を合同写像, 単射を相似写像, それ自身の中への写像を連鎖とよんでいる. 写像の概念がきわめて重要であることを, 彼は初版の序文の中で述べている.

「証明できることは, 科学においては証明なしに信ずべきではない. この要請がこんなにも明白であるように思われるのに, もっとも単純な科学, すなわち数論を取り扱う論理学の部分, の基礎を研究するに当ってさえも, 最近の叙述によってさえも決して満たされているとは考えられないのである. 私が算術 (代数学, 解析学) を論理学の一部分にすぎないといったことを見ても, 私が数概念を空間および時間の表象もしくは直観とは全く独立なもの, この概念をむしろ純粋な思考法則から直接流れ出たものと考えていることを表明している. この論文の表題にかかげた疑問に対する主要な解答は, 次の通りである. すなわち数とは人間精神の自由な創造物であって, 事物の相異を, より容易に, より鋭敏に捕えるための手段として役立つものだろうということである. 純粋に論理的な数の科学の構築によって, またこの科学のうちに得られた連続的な数の領域によって, 時間と空間とのわれわれの表象を, われわれの精神のうちに作り出された数の領域と関係づけることによって, はじめて精密に研究できる立場に立つのである. われわれが**集合を数えるとか, 事物の総数を求めるというとき, われわれがどういうことをするかを精密に追求すれば, 事物を事物に関連させ, 1つの事物に1つの事物を対応させ, また1つの事物を1つの事物によって写像するというような精神の能力の考察に導かれてくる**. この能力がないとどんな思考もできない. 私の意見では, ただこれだけの, しかもどんな場合にも欠くことのできない基礎の上に, 数の科学全体が構築されねばならない.」

このようにデデキントは, 数の系統的研究のために, 写像の概念を導入したが, それが完全に数からの離脱 (Befreing von den Zahlen), つまり集合 $\boldsymbol{A}$ から集合 $\boldsymbol{B}$ への対応へと一般化されるのは, 1914年に出たハウスドルフ (F. Hausdorff, 1886~1942) の "集合論の基礎 (Grundzüge der Mengenlehre)" においてである. この書物では, 集合の対応, すなわち関数というように取り扱われている. 1930年に出た有名なファン・デル・ヴェルデ

ン(Van der Waerden) の "現代代数学 (Moderne Algebra)" には

「なんらかの規則によって，集合 $\mathfrak{M}$ の各要素 a に，１つの新しいもの $\varphi(a)$ が対応させられているとき，この対応のことを**関数**(Funktion)といい，集合 $\mathfrak{M}$ のことを，この関数の**定義域**(Definitionsbereich)とよぶ．関数の値 $\varphi(a)$ の全体の集合 $\mathfrak{N}$ を，この関数の**値域**(Wertevorrat)という．こうして $\mathfrak{M}$ の各要素に $\mathfrak{N}$ のただ１つの要素が対応し，しかもそれによって，$\mathfrak{N}$ のすべての要素がひとつ残らず，つくされるとき，この対応を**集合 $\mathfrak{M}$ から集合 $\mathfrak{N}$ の上への写像** (Abbildung von $\mathfrak{M}$ auf $\mathfrak{N}$) という．また，要素 $\varphi(a)$ を a の**像**(Bild)，a を $\varphi(a)$ の**原像**(Urbild)という．」(銀林浩訳，「現代代数学」東京図書，P 6～7)

とある．

単射，全射，双射のことばを用いたのはブルバキ (Bourbaki) である．"数学原論 (Eléments de Mathématique)" の "集合論(Théorie des Ensembles)" の第２章(邦訳，前原昭二訳，東京図書)に，injection，surjection，bijection の定義が出てくる．これらに単射,全射,全単射(双射)という訳語をつけたのは，1960年頃からである．ホモロジー代数の方で，まず訳出されたことば(1960年版，岩波，数学辞典；増訂版)であるが，1961年の弥永昌吉，小平邦彦 "現代数学概説 I" (岩波) の中で使用されてから，ポピュラーになった．

§3. 写像のグラフ

いわゆる普通にいうグラフの考え方は，一般的な写像にも利用できる．集合 $\boldsymbol{A}$ が写像 f によって集合 $\boldsymbol{B}$ に写されるとき，直交する横軸と縦軸をとり，横軸上の点で集合 $\boldsymbol{A}$ の要素を，縦軸上の点で集合 $\boldsymbol{B}$ の要素を表わす．

集合 $\boldsymbol{A}$ の要素 x の集合 $\boldsymbol{B}$ の要素 $f(x)$ が対応すれば，

$$x \xmapsto{\ f\ } f(x) \quad を \quad 点(x,\ f(x))$$

で表わす．集合

$$\{(x,\ f(x))\,|\,x\in\boldsymbol{A}\}=\boldsymbol{G}(f)$$

を写像　$f\colon \boldsymbol{A}\to\boldsymbol{B}$ の**グラフ** (graph) という．

明らかに，$x \in \boldsymbol{A}$, $f(x) \in \boldsymbol{B}$ だから

$$(x,\ f(x)) \in \boldsymbol{A} \times \boldsymbol{B}$$

である．よって

$$\boldsymbol{G}(f) \subset \boldsymbol{A} \times \boldsymbol{B}$$

であることは明らかである．

例 2.4　次の対応図で示される写像のグラフをかくと

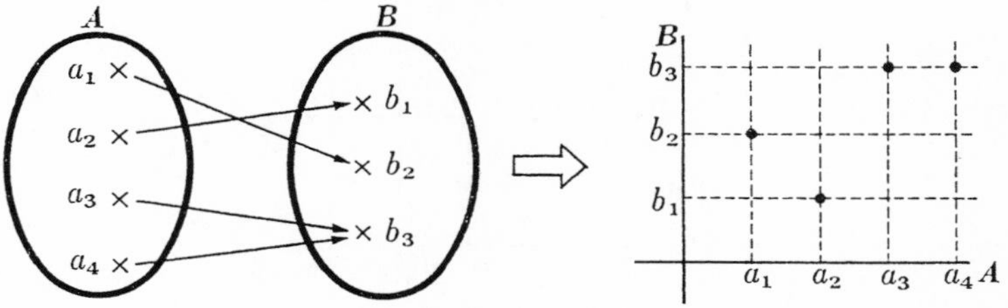

図 2.12

のようになる．

問 2.8　次の写像のグラフをかけ．

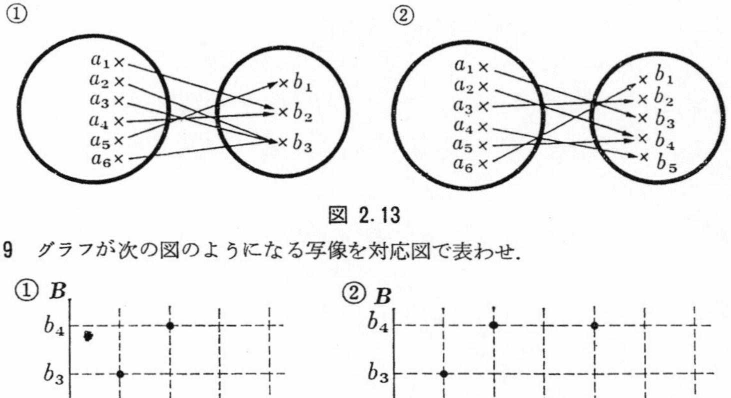

図 2.13

問 2.9　グラフが次の図のようになる写像を対応図で表わせ．

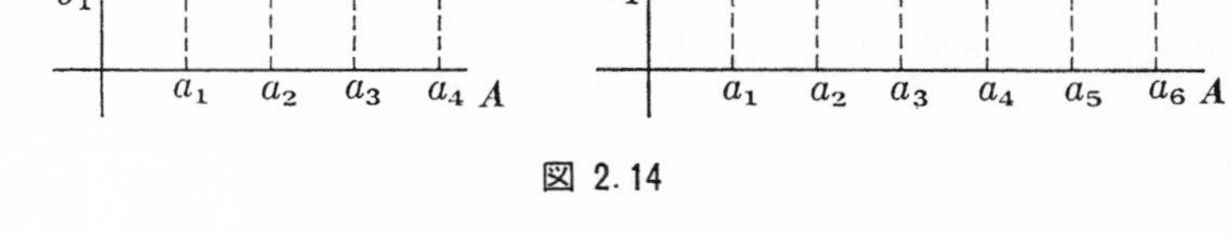

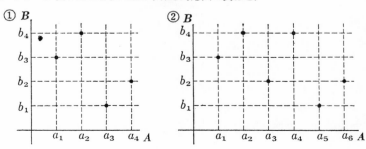

図 2.14

例 2.5　A の上の恒等写像 I_A のグラフをかけ.

このグラフは

$$G(I)=\{(x,\ x)\,|\,x\in A\}$$

である．このグラフを $A\times A$ の**対角線集合** (diagonal set) という．これを $\triangle_A$ とかく．

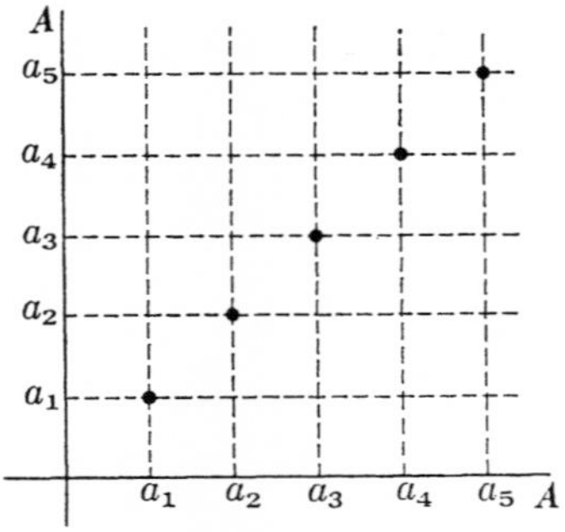

図 2.15　対角線集合 $\triangle_A$

問 2.10　A から B 内の要素 b への定値写像のグラフはどうなるか.

定理 2.2　写像 $f: A\to B$ のグラフ $G(f)$ は次の性質をもつ.

(1)　A のすべての要素 x に対して，$(x,\ y)\in G(f)$ となる $A\times B$ の要素 $(x,\ y)$ が存在する.

(2)　$(x,\ y)\in G(f)$，$(x,\ y')\in G(f)$ ならば $y=y'$ である.

(証明)　(1)はグラフの定義から明らかである.

(2)は写像の定義から

$$y=f(x),\quad y'=f(x)$$

$f(x)$ の値は 1 つだから，$y=y'$ となる.

定理 2.3　(定理 2.2) の(1)(2)が成り立つような $A\times B$ の部分集合 G に対して

$$(x,\ y)\in \boldsymbol{G} \Longleftrightarrow y=f(x)$$

と定義すれば，写像 $f: \boldsymbol{A}\to \boldsymbol{B}$ が定まる．

（証明） $(x,\ y)\in \boldsymbol{G}\subset \boldsymbol{A}\times \boldsymbol{B}$ より， $y\in \boldsymbol{B}$

さらに，$(x,\ y)\in \boldsymbol{G}$ かつ $(x,\ y')\in \boldsymbol{G}$ ならば，$y=y'$ だから，$\boldsymbol{G}$ 上の点 $(x,\ y)$ は，x の1つの値に対して唯1つ定まる．したがって，x と y との間には対応がつき，1つの x の値に対して y は唯1つである．よって，その y を $f(x)$ とかけばよい． (Q. E. D.)

$\boldsymbol{A}$ から $\boldsymbol{B}$ への写像のグラフをかくにあたって，たとえば

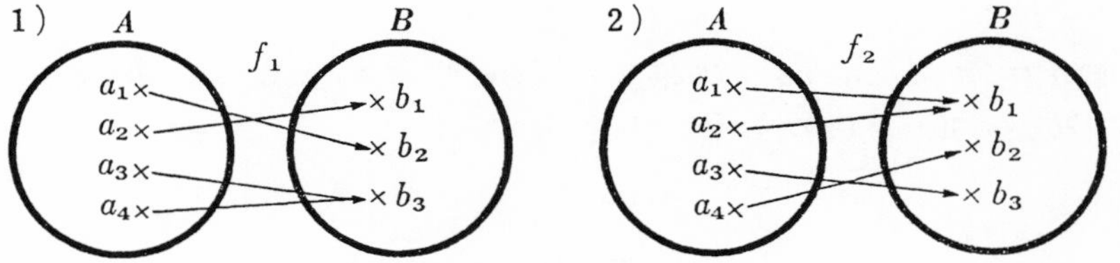

図 2.16

のような対応図で示される2つの写像 f_1, f_2 を，下の図の左側のように，1枚のグラフ用紙の上にプロットするとまぎらわしいときがある．そこでプロットした点を折れ線で結んでみると，グラフの違いがはっきりする．すなわち

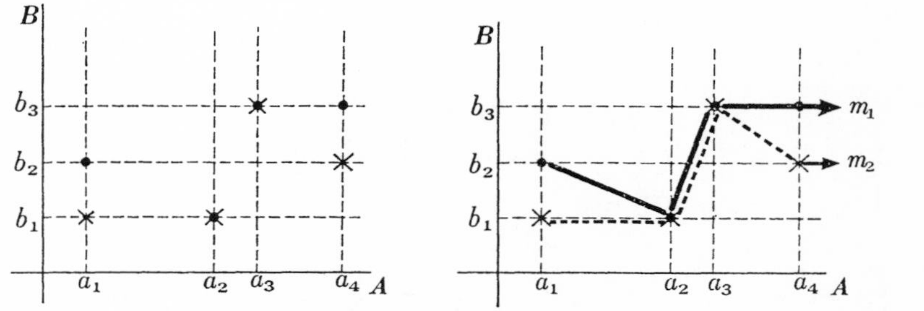

図 2.17 グラフと折れ線

$$f_1(a_1)=b_2,\quad f_1(a_2)=b_1,\quad f_1(a_3)=b_3,\quad f_1(a_4)=b_3$$

という写像 f_1 には折れ線 m_1 が,

$$f_2(a_1)=f_2(a_2)=b_1, \quad f_2(a_3)=b_3, \quad f_2(a_4)=b_2$$

という写像 f_2 には折れ線 m_2 が，それぞれ1対1対応する．だから

定理 2.4 $\boldsymbol{A}$ から $\boldsymbol{B}$ への写像 f のグラフ $\boldsymbol{G}(f)$ 上の点を結ぶ折れ線は，その写像と1対1の対応をする．

もし，$\boldsymbol{A}, \boldsymbol{B}$ が有限集合でなく，実数集合 $\boldsymbol{R}$ ならば，写像 f: $\boldsymbol{A}\to\boldsymbol{B}$ のグラフ上の点の集合は，そのまま1つの曲線をなし，それは普通のグラフそのものである．ここで導入したグラフ上の点を結ぶ折れ線は，常識的なグラフのイメージを強調するために作られたものである．

問 2.11 $\boldsymbol{A}=\{a_1, a_2, a_3\}$，$\boldsymbol{B}=\{b_1, b_2\}$ があって，$\boldsymbol{A}$ を定義域，$\boldsymbol{B}$ を値域とする写像全部を列挙し，かつそのグラフを折れ線で示せ．

§4. 写 像 の 相 等

$\boldsymbol{A}$ から $\boldsymbol{B}$ への写像 f, g があって，f と g が**相等**，つまり

$$f = g$$

というのは

(1) f の定義域と g の定義域とが一致し

(2) 定義域内のすべての要素 x に対して，$f(x)=g(x)$

が成り立つことである．

例 2.6 $\boldsymbol{A}$ から $\boldsymbol{B}$ への写像 f, g があって，それぞれ

$$f(x)=2x^2-1$$

$$g(x)=1-3x$$

という規則で対応づけられている．$f=g$ となるような定義域を求めよう．

$$2x^2-1=1-3x$$

を解いて

$$x=\frac{1}{2} \qquad \text{または} \qquad x=-2$$

したがって，求める定義域は $\left\{\frac{1}{2},\ -2\right\}$ である．

問 2.12 $A=\{0, 1\}$ とする．そのとき A を定義域とする，次のような写像 f, g は相等であるか．

① $f(x)=x$,　$g(x)=x^2$

② $f(x)=2x+1$,　$g(x)=2x^3+1$

③ $f(x)=x$,　$g(x)=-x$

④ $f(x)=1$,　$g(x)=2x^2-x+1$

問 2.13 f と g を A の上の恒等写像とする．そのとき $f=g$ であることを証明せよ．もしも，$A=\Phi$（空集合）ならば，$f=g$ といえるか．

問 2.14 A を任意の集合，f を A の上の恒等写像とする．また g は A の1要素 a を像にもつような定値写像とする．$f=g$ となるには A はどんな集合でなければならないか．

問 2.15 $R_+\to R_+$ への写像 f, g があって，それぞれ

$$f(x)=x^x,\quad g(x)=x^3$$

という規則で対応づけられている．$f=g$ となるような写像の定義域を求めよ．

§5. 合成写像

竹材で製品を作る工場がある．この工場では原料となる竹材を6地域から仕入れる．各地域ごとに材質は一定していて，4種類に分けられる．これら4種類の材質のおのおのから，3種類の製品のうち，いずれか1種類が作られる．

このとき，地域の集合 A, 材質の集合 B, 製品の集合 C を次のように表わしてみる．

$$A=\{a_1,\ a_2,\ a_3,\ a_4,\ a_5,\ a_6\}$$

$\boldsymbol{B}=\{b_1,\ b_2,\ b_3,\ b_4\}$

$\boldsymbol{C}=\{c_1,\ c_2,\ c_3\}$

下の左図は，実際に仕入れた竹材について，地域の集合 $\boldsymbol{A}$ と材質の集合 $\boldsymbol{B}$ との関係を調べて，写像 f で表わしたものである．また，右図は材質の集合 $\boldsymbol{B}$ と製品の集合 $\boldsymbol{C}$ との関係を調べて，写像 g で表わしたものである．

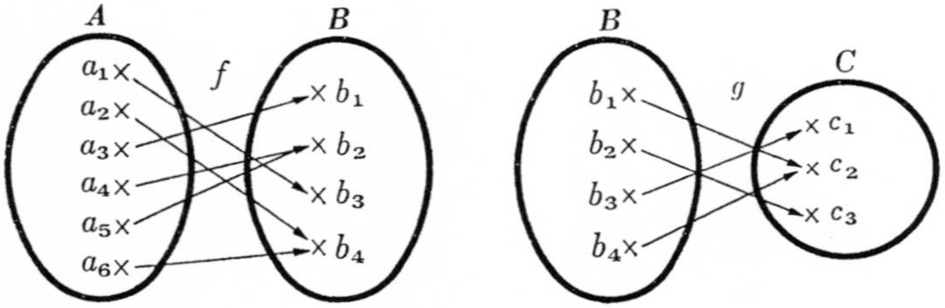

図 2.18

ここで，写像 f と g をまとめてかくと，図2.19のようになる．

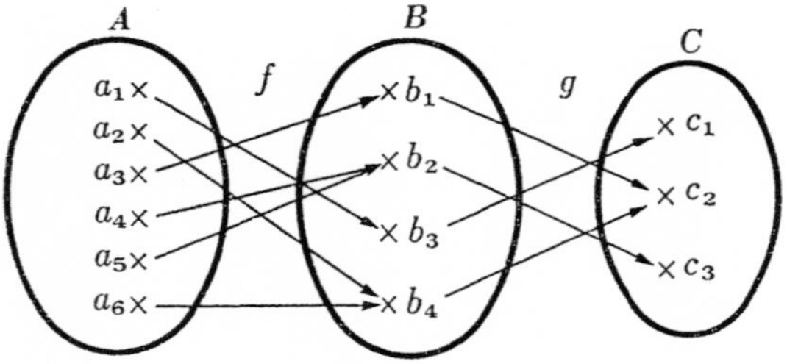

図 2.19

$\boldsymbol{A}$ は写像 f によって $\boldsymbol{B}$ に写され，その $\boldsymbol{B}$ がさらに写像 g によって $\boldsymbol{C}$ に写される．そこで写像 $f,\ g$ をつづけて行なって，$\boldsymbol{A}$ が $\boldsymbol{C}$ に写されると考えると，そこに写像 h ができる．

このように2つの写像 f, g をつづけて行なってできる写像 h のことを，f と g との合成写像といい，$g \circ f$ で表わし，

$$g \circ f = h$$

とかく．このことは，たとえば

a_1 が写像 $g \circ f$ で c_1 に対応する

こと，つまり

$$a_1 \overset{g \circ f}{\longmapsto} c_1$$

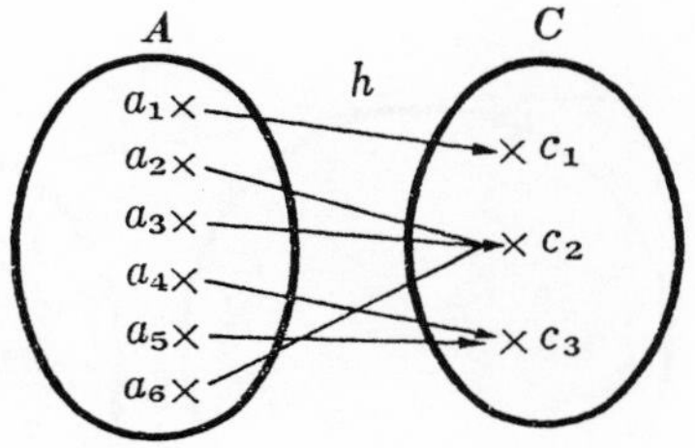

図 2.20

を意味する．あるいは，写像の記号を用いて

$$c_1 = (g \circ f)(a_1)$$

とかいてもよい．これは

$$a_1 \overset{f}{\longmapsto} b_3 \quad \overset{g}{\longmapsto} c_1$$

だから，

$$c_1 = g(b_3) = g(f(a_1)) = (g \circ f)(a_1)$$

である．

一般に

写像 f: $\boldsymbol{A} \to \boldsymbol{B}$

写像 g: $\boldsymbol{B} \to \boldsymbol{C}$

のとき，写像 h : $\boldsymbol{A} \to \boldsymbol{C}$ が

$$h(x) = g(f(x)), \quad x \in \boldsymbol{A}$$

によって定められるとき，h を**合成写像**(composed mapping)といい，

$$h = g \circ f: \boldsymbol{A} \to \boldsymbol{C}$$

で表わす．

合成写像の対応図は図 2.21 に示される.

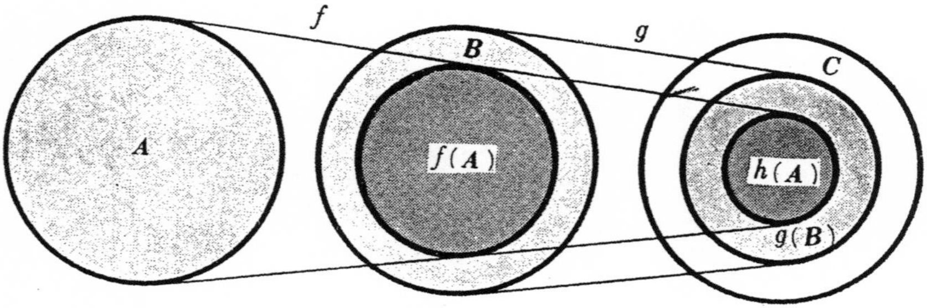

図 2.21　$h=g\circ f$

問 2.16　下の図の写像 f, g について，合成写像 $g\circ f$ を対応図にかけ.

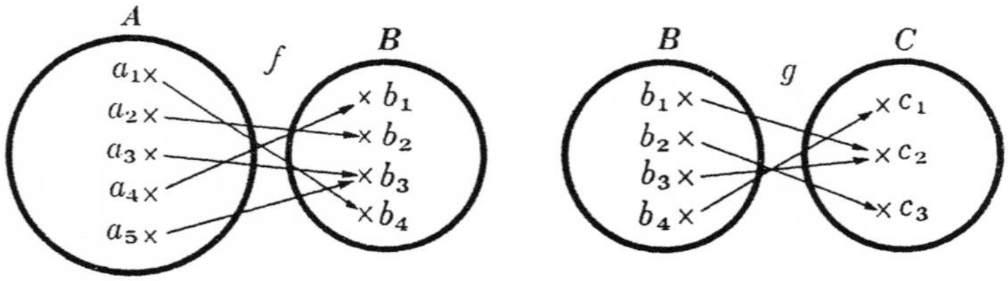

図 2.22

この写像において，次の□の中を埋めよ.

① $a_3 \overset{g\circ f}{\longmapsto} \square$　　② $\square \overset{g\circ f}{\longmapsto} c_2$

③ $(g\circ f)(a_4)=\square$　　④ $(g\circ f)(\square)=c_3$

例 2.7　f: $\boldsymbol{A}\to\boldsymbol{A}$ を値 a への定値写像，g: $\boldsymbol{A}\to\boldsymbol{A}$ を値 b への定値写像とし，$a\neq b$ とする．$g\circ f$, $f\circ g$ を求めると

$$\boldsymbol{A}\overset{f}{\longrightarrow}\{a\}\overset{g}{\longrightarrow}\{b\}$$

だから，$\forall x\in\boldsymbol{A}$ に対しても

$$(g\circ f)(x)=g(f(x))=g(a)=b$$

一方,

$$A \xrightarrow{g} \{b\} \xrightarrow{f} \{a\}$$

だから，$\forall x \in \boldsymbol{A}$ に対して

$$(f \circ g)(x) = f\{g(x)\} = f(b) = a$$

$a \neq b$ だから，$g \circ f \neq f \circ g$ である．

例 2.8　写像 f や g が具体的に式表現される法則化された写像の場合，その合成写像も，また式表現できる．

$$f(x) = \frac{1}{1-x} \quad , \qquad x \in \boldsymbol{R}$$

$$g(x) = 1-x \quad , \qquad x \in \boldsymbol{R}$$

のとき，合成写像 $g \circ f$ の式表現は

$$(g \circ f)(x) = g(f(x))$$

$$= g\left(\frac{1}{1-x}\right) = 1 - \frac{1}{1-x} = \frac{-x}{1-x}$$

となる．

問 2.17　次の式で与えられる２つの写像の合成写像 $g \circ f$ を求めよ．ただし，$x \in \boldsymbol{R}$ とする．

① $f(x) = ax+b, \quad g(x) = cx+d$

② $f(x) = x-1, \quad g(x) = x^2$

③ $f(x) = \dfrac{ax+b}{cx+d}, \quad g(x) = \dfrac{a'x+b'}{c'x+d'}$

問 2.18　次の式で与えられる６つの写像のうち，２つとった合成写像 $f_i \circ f_j$ はどんな写像になるか．右の表を完成せよ．

$f_1(x) = x, \quad f_2(x) = 1-x$

$f_3(x) = \dfrac{1}{1-x}, \quad f_4(x) = \dfrac{1}{x}$

$f_5(x) = \dfrac{x-1}{x}, \quad f_6(x) = \dfrac{x}{x-1}$

ただし，$x \in \boldsymbol{R}$ とする．

$f_i \backslash f_j$	f_1	f_2	f_3	f_4	f_5	f_6
f_1						
f_2			f_6			
f_3						
f_4						
f_5						
f_6						

定理 2.5 (1) 写像の合成については，結合律が成立する．すなわち，

$f: \boldsymbol{A} \to \boldsymbol{B}, \quad g: \boldsymbol{B} \to \boldsymbol{C}, \quad h: \boldsymbol{C} \to \boldsymbol{D}$

とするとき

$$(h \circ g) \circ f = h \circ (g \circ f)$$

である．この結果を単に $h \circ g \circ f$ とかく．4つ以上の写像の合成についても，同様である．

(2) 写像の合成については一般に可換律は成立しない．すなわち

$$g \circ f \neq f \circ g$$

である．

(証明) (1) 定義によって，$(h \circ g) \circ f$, $h \circ (g \circ f)$ とも定義域は $\boldsymbol{A}$, 値域は $\boldsymbol{D}$ の部分集合，とする．$\forall x \in \boldsymbol{A}$ に対して

$$f(x) = y \in \boldsymbol{B}, \quad g(y) = z \in \boldsymbol{C}$$

とおくと

$$\{(h \circ g) \circ f\}(x) = (h \circ g)(f(x))$$
$$= (h \circ g)(y) = h(g(y)) = h(z)$$

一方，

$$\{h \circ (g \circ f)\}(x) = h\{(g \circ f)(x)\}$$
$$= h\{g(f(x))\} = h(g(y)) = h(z)$$

(2) 成立しないことは，例2.7で明らか． (Q. E. D.)

写像の合成の結合律の成立することを，直観的に知るには，次の図式 (diagram) を用いるのが便利である．

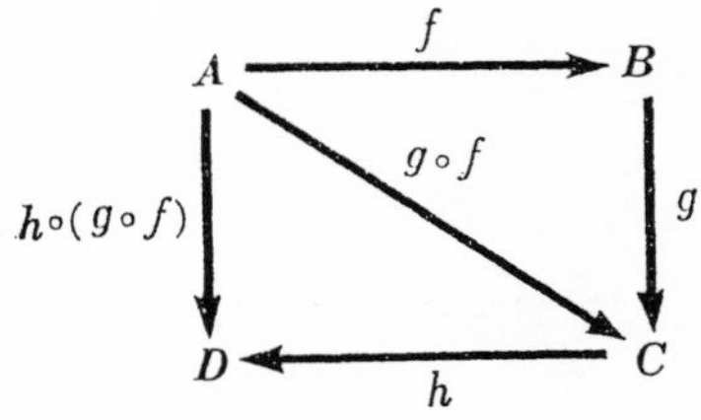

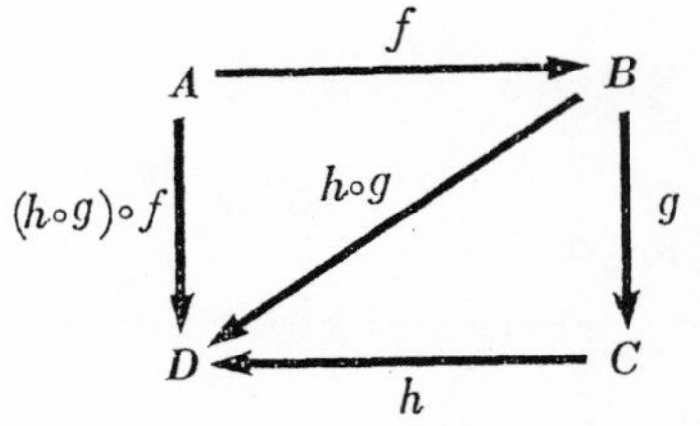

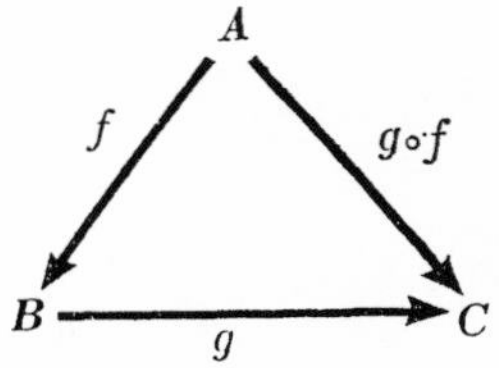

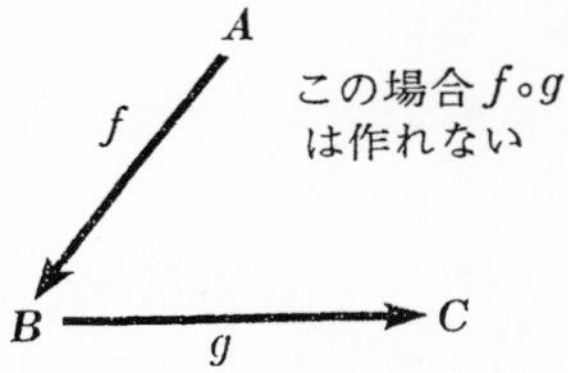

定理 2.6 f: $\boldsymbol{A}\to\boldsymbol{B}$, g: $\boldsymbol{B}\to\boldsymbol{C}$ において，f, g がともに全射ならば，$g\circ f$: $\boldsymbol{A}\to\boldsymbol{C}$ も全射である.

（証明） f: $\boldsymbol{A}\to\boldsymbol{B}$ が全射だから，$\boldsymbol{B}=f(\boldsymbol{A})$

g: $\boldsymbol{B}\to\boldsymbol{C}$ が全射だから，$\boldsymbol{C}=g(\boldsymbol{B})$

よって，

$$
\begin{aligned}
(g\circ f)(\boldsymbol{A}) &= g(f(\boldsymbol{A})) \\
&= g(\boldsymbol{B}) = \boldsymbol{C}
\end{aligned}
$$

つまり，$g\circ f$: $\boldsymbol{A}\to\boldsymbol{C}$ は全射である.

定理 2.7 f: $\boldsymbol{A}\to\boldsymbol{B}$, g: $\boldsymbol{B}\to\boldsymbol{C}$ において，f, g がともに単射ならば，$g\circ f$: $\boldsymbol{A}\to\boldsymbol{C}$ も単射である.

問 2.19 定理 2.7 を証明せよ.

問 2.20 $f:\boldsymbol{A}\to\boldsymbol{B}$, $g:\boldsymbol{B}\to\boldsymbol{C}$ において，f, g がともに双射ならば，$g\circ f:\boldsymbol{A}\to\boldsymbol{C}$ も双射であることを証明せよ.

定理 2.8 写像 $f\colon \boldsymbol{A}\to\boldsymbol{B}$ において

$$f\circ I_{\boldsymbol{A}}=f,\qquad I_{\boldsymbol{B}}\circ f=f$$

である．

（証明） $I_{\boldsymbol{A}}\colon \boldsymbol{A}\to\boldsymbol{A}$

$f\ \colon \boldsymbol{A}\to\boldsymbol{B}$

において，

$$\forall x\in\boldsymbol{A},\ (f\circ I_{\boldsymbol{A}})(x)=f(I_{\boldsymbol{A}}(x))=f(x)$$

よって，

$$f\circ I_{\boldsymbol{A}}=f$$

後半も同様にして証明できる．

問 2.21 $h\colon \boldsymbol{B}\to\boldsymbol{C}$ が単射のとき，$f\colon \boldsymbol{A}\to\boldsymbol{B}$，$g\colon \boldsymbol{A}\to\boldsymbol{B}$ に対して，$h\circ f=h\circ g$ ならば $g=f$ であることを証明せよ．

§6. 逆 写 像

§1の例（第1案）において，$x\in\boldsymbol{A}$ に対して

$$f(x)=\text{英文学}$$

という方程式をみたす x の集合は

{中西，宮沢}

である．また，

$$f(x)=\text{仏文学}$$

という方程式をみたす x の集合は

{千葉}

という単一要素の集合となる．

一般に，写像 f: $\boldsymbol{A}\to\boldsymbol{B}$ において，$x\in\boldsymbol{A}$，$b\in\boldsymbol{B}$ とするとき，方程式 $b=f(x)$ をみたす x の集合を，b の f による**原像** (inverse image) といい，$f^{-1}(b)$ とかく．すなわち

$$f^{-1}(b)=\{x\mid f(x)=b\}$$

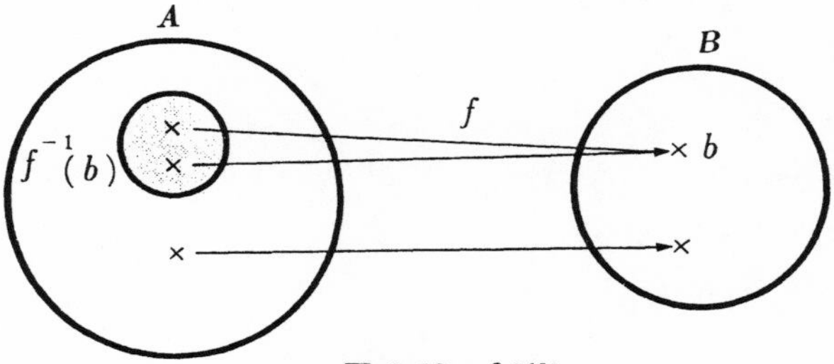

図 2.23　$f^{-1}(b)$

また，

写像 f: $\boldsymbol{A}\to\boldsymbol{B}$ において，$\boldsymbol{B}$ の部分集合 $\boldsymbol{Y}$ の原像を

$$f^{-1}(\boldsymbol{Y})=\{x\mid f(x)\in\boldsymbol{Y}\}$$
$$=\cup_{b\in\boldsymbol{Y}}f^{-1}(b)$$

と定義する．

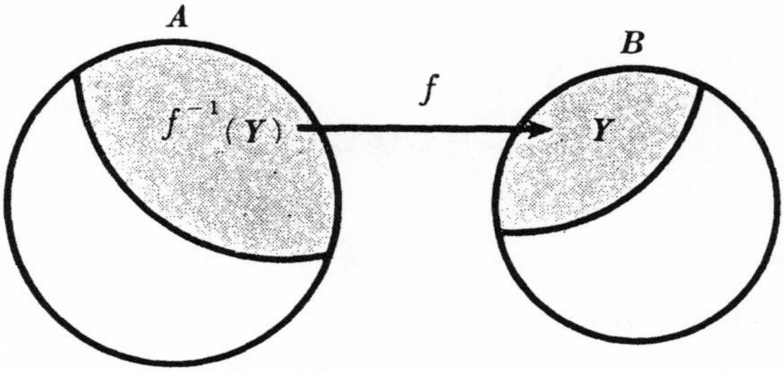

図 2.24　$f^{-1}(\boldsymbol{Y})$

ここで注意すべきことは，写像 f: $\boldsymbol{A}\to\boldsymbol{B}$ において，

$x \in \boldsymbol{A}$ の像 $y=f(x)$ は $\boldsymbol{B}$ の要素

$y \in \boldsymbol{B}$ の原像 $f^{-1}(y)$ は $\boldsymbol{A}$ の部分集合

であること.

例 2.9 $f(x)=x^2: \boldsymbol{A} \to \boldsymbol{B}, \boldsymbol{A}=\{-2, -1, 0, 1, 2\}$ において

(1) $f(-2) f=f(2)=4, \quad f(-1)=f(1)=1, \quad f(0)=0$

だから,

$f(\boldsymbol{A})=\{0, 1, 4\}$

(2) $f^{-1}(0)=\{0\}, \quad f^{-1}(1)=\{-1, 1\},$

$f^{-1}(4)=\{-2, 2\}$

(3) $\boldsymbol{Y}=\{1, 4\} \subset f(\boldsymbol{A})$ とするとき,

$$\begin{aligned} f^{-1}(\boldsymbol{Y}) &= f^{-1}(1) \cup f^{-1}(4) \\ &= \{-1, 1\} \cup \{-2, 2\} \\ &= \{-2, -1, 1, 2\} \end{aligned}$$

問 2.22 $f(x)=x^2: \boldsymbol{R} \to \boldsymbol{R}$ において

$$\boldsymbol{Y}=\{y \mid y=f(x), \ -6 \leqq y \leqq 4\}$$

とするとき, $f^{-1}(\boldsymbol{Y})$ を求めよ.

問 2.23 $f(x)=(x-1)^2: \boldsymbol{R} \to \boldsymbol{R}$ において

$$\boldsymbol{Y}=\{y \mid y=f(x), \ -6 \leqq y \leqq 4\}$$

とするとき, $f^{-1}(\boldsymbol{Y})$ を求めよ.

例 2.10 $y=f(x)=x^2: \boldsymbol{R} \to \boldsymbol{R}$ において

$$\boldsymbol{Y}=\{y \mid 1 \leqq y \leqq 9\}, \ \boldsymbol{Z}=\{y \mid 4 \leqq y \leqq 16\}$$

のとき

$$\boldsymbol{Y} \cup \boldsymbol{Z}=\{y \mid 1 \leqq y \leqq 16\}$$

$$f^{-1}(\boldsymbol{Y} \cup \boldsymbol{Z})=\{x \mid 1 \leqq |x| \leqq 4\}$$

$$f^{-1}(\boldsymbol{Y})=\{x \mid 1 \leqq |x| \leqq 3\}, \ f^{-1}(\boldsymbol{Z})=\{x \mid 2 \leqq |x| \leqq 4\}$$

ゆえに

$$f^{-1}(\boldsymbol{Y} \cup \boldsymbol{Z})=f^{-1}(\boldsymbol{Y}) \cup f^{-1}(\boldsymbol{Z})$$

また，

$$\boldsymbol{Y}\cap\boldsymbol{Z}=\{y\mid 4\leqq y\leqq 9\}$$

$$f^{-1}(\boldsymbol{Y}\cap\boldsymbol{Z})=\{x\mid 2\leqq|x|\leqq 3\}$$

ゆえに

$$f^{-1}(\boldsymbol{Y}\cap\boldsymbol{Z})=f^{-1}(\boldsymbol{Y})\cap f^{-1}(\boldsymbol{Z})$$

定理 2.9 写像 f: $\boldsymbol{A}\to\boldsymbol{B}$ において，$\boldsymbol{Y}, \boldsymbol{Z}\subset\boldsymbol{B}$ とするとき

(1) $f^{-1}(\boldsymbol{Y}\cup\boldsymbol{Z})=f^{-1}(\boldsymbol{Y})\cup f^{-1}(\boldsymbol{Z})$

(2) $f^{-1}(\boldsymbol{Y}\cap\boldsymbol{Z})=f^{-1}(\boldsymbol{Y})\cap f^{-1}(\boldsymbol{Z})$

が成り立つ．

（証明） (1)のみ証明する． (2)は各自証明せよ．

i) $x\in f^{-1}(\boldsymbol{Y}\cup\boldsymbol{Z})$ とすると，$f(x)\in\boldsymbol{Y}\cup\boldsymbol{Z}$

すなわち， $f(x)\in\boldsymbol{Y}$ または $f(x)\in\boldsymbol{Z}$

よって， $x\in f^{-1}(\boldsymbol{Y})$ または $x\in f^{-1}(\boldsymbol{Z})$

$\therefore$ $x\in f^{-1}(\boldsymbol{Y})\cup f^{-1}(\boldsymbol{Z})$

$\therefore$ $f^{-1}(\boldsymbol{Y}\cup\boldsymbol{Z})\subset f^{-1}(\boldsymbol{Y})\cup f^{-1}(\boldsymbol{Z})$

ii) $x\in f^{-1}(\boldsymbol{Y})\cup f^{-1}(\boldsymbol{Z})$ とすると

$x\in f^{-1}(\boldsymbol{Y})$ または $x\in f^{-1}(\boldsymbol{Z})$

よって， $f(x)\in\boldsymbol{Y}$ または $f(x)\in\boldsymbol{Z}$

$\therefore$ $f(x)\in\boldsymbol{Y}\cup\boldsymbol{Z}$

$x\in f^{-1}(\boldsymbol{Y}\cup\boldsymbol{Z})$

$\therefore$ $f^{-1}(\boldsymbol{Y})\cup f^{-1}(\boldsymbol{Z})\subset f^{-1}(\boldsymbol{Y}\cup\boldsymbol{Z})$

i) と ii) の結果より

$$f^{-1}(\boldsymbol{Y}\cup\boldsymbol{Z})=f^{-1}(\boldsymbol{Y})\cup f^{-1}(\boldsymbol{Z})$$ (Q. E. D.)

問 2.24 $y=f(x)=x^2+2x$: $\boldsymbol{R}\to\boldsymbol{R}$ において

$$\boldsymbol{Y}=\{y\mid -1\leqq y\leqq 8\},\quad \boldsymbol{Z}=\{y\mid 3\leqq y\leqq 24\}$$

のとき

$$f^{-1}(\boldsymbol{Y}\cup\boldsymbol{Z})=f^{-1}(\boldsymbol{Y})\cup f^{-1}(\boldsymbol{Z})$$
$$f^{-1}(\boldsymbol{Y}\cap\boldsymbol{Z})=f^{-1}(\boldsymbol{Y})\cap f^{-1}(\boldsymbol{Z})$$

であることを確かめよ.

問 2.25　$y=f(x)=\sin x$: $\boldsymbol{R}\to\boldsymbol{R}$ において

$$\boldsymbol{Y}=\left\{y\,\middle|\,\frac{1}{2}\leqq y\leqq\frac{\sqrt{3}}{2}\right\},\qquad \boldsymbol{Z}=\left\{y\,\middle|\,0\leqq y\leqq\frac{1}{\sqrt{2}}\right\}$$

のとき

$$f^{-1}(\boldsymbol{Y}\cup\boldsymbol{Z})=f^{-1}(\boldsymbol{Y})\cup f^{-1}(\boldsymbol{Z})$$
$$f^{-1}(\boldsymbol{Y}\cap\boldsymbol{Z})=f^{-1}(\boldsymbol{Y})\cap f^{-1}(\boldsymbol{Z})$$

であることを確かめよ.

定理 2.10　写像 f: $\boldsymbol{A}\to\boldsymbol{B}$ において, $\boldsymbol{X}\subset\boldsymbol{A}$ とするとき

$$\boldsymbol{X}\subset(f^{-1}\circ f)(\boldsymbol{X})$$

である.

(証明)　$\boldsymbol{A}\xrightarrow{f}\boldsymbol{B}\xrightarrow{f^{-1}}\boldsymbol{A}$ だから,

$\forall x\in\boldsymbol{X}$ に対して,　$f(x)\in f(\boldsymbol{X})$

$\therefore\quad x\in f^{-1}\{f(\boldsymbol{X})\}$

$\therefore\quad \boldsymbol{X}\subset(f^{-1}\circ f)(\boldsymbol{X})$

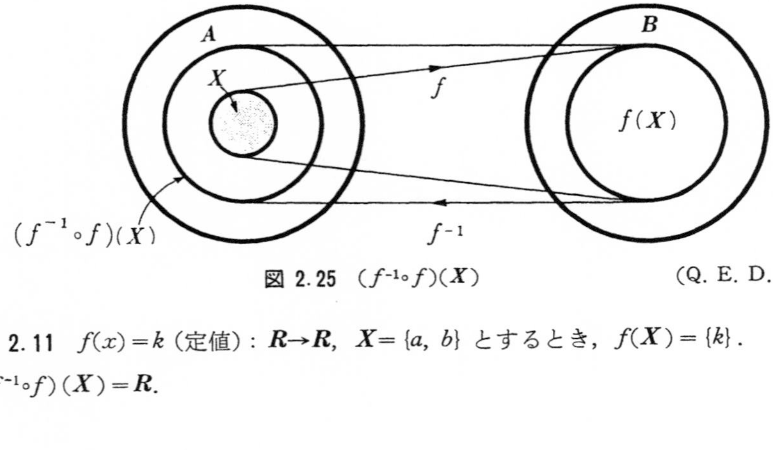

図 2.25　$(f^{-1}\circ f)(\boldsymbol{X})$　　(Q. E. D.)

例 2.11　$f(x)=k$ (定値): $\boldsymbol{R}\to\boldsymbol{R}$, $\boldsymbol{X}=\{a, b\}$ とするとき, $f(\boldsymbol{X})=\{k\}$. $(f^{-1}\circ f)(\boldsymbol{X})=\boldsymbol{R}$.

$$\therefore \quad \boldsymbol{X} \subset \boldsymbol{R} = (f^{-1} \circ f)(\boldsymbol{X})$$

問 2.26 $f(x)=x^2$: $\boldsymbol{R} \to \boldsymbol{R}$, $\mathbf{X}=\{x \mid 0 \leqq x \leqq 1\}$ のとき，$(f^{-1} \circ f)(\mathbf{X})$ を求めよ．

問 2.27 $f(x)=\sin x$: $\boldsymbol{R} \to \boldsymbol{R}$, $\mathbf{X}=\left\{x \,\middle|\, 0 \leqq x \leqq \dfrac{\pi}{2}\right\}$ のとき，$(f^{-1} \circ f)(\mathbf{X})$ を求めよ．

問 2.28 $f(x)=\log x$: $\boldsymbol{R}_+ \to \boldsymbol{R}$, $\mathbf{X}=\{x \mid 0 < x \leqq e^2\}$ のとき，$(f^{-1} \circ f)(\mathbf{X})$ を求めよ．

定理 2.11 f: $\boldsymbol{A} \to \boldsymbol{B}$ が双射ならば，$\boldsymbol{X} \subset \boldsymbol{A}$ に対して

$$\boldsymbol{X} = (f^{-1} \circ f)(\boldsymbol{X})$$

である．

(証明) f: $\boldsymbol{A} \to \boldsymbol{B}$ は双射だから，$f(\boldsymbol{X})$ の要素と $\boldsymbol{X}$ の要素とは，1対1に対応する． $\forall x \in \boldsymbol{X}$ に対して

$$(f^{-1} \circ f)(x) = f^{-1}\{f(x)\} = \{x\}$$

よって，$x \in (f^{-1} \circ f)(\boldsymbol{X})$ ならば， $x \in \boldsymbol{X}$

$$\therefore \quad (f^{-1} \circ f)(\boldsymbol{X}) \subset \boldsymbol{X}$$

一方，定理 2.10 により

$$\boldsymbol{X} \subset (f^{-1} \circ f)(\boldsymbol{X})$$

$$\therefore \quad \boldsymbol{X} = (f^{-1} \circ f)(\boldsymbol{X})$$

(Q. E. D.)

写像 f: $\boldsymbol{A} \to \boldsymbol{B}$ が双射のとき，

$$f^{-1}: \boldsymbol{B} \to \boldsymbol{A}$$

を，f の**逆写像** (inverse mapping) という．

例 2.12 $x \overset{f}{\longmapsto} y=2x+3$ なる写像 f: $\boldsymbol{R} \to \boldsymbol{R}$ は双射．

よって，

$$y \overset{f^{-1}}{\longmapsto} x = \frac{1}{2}(y-3)$$

なる写像 f^{-1}: $\boldsymbol{R} \to \boldsymbol{R}$ も双射である．ゆえに f^{-1} は f の逆写像．

一方，　$x \overset{f}{\longmapsto} y=x^2$ なる写像 f: $\boldsymbol{R}\to\boldsymbol{R}$ は双射でないから，f の逆写像はない．しかし，

$$x \overset{f}{\longmapsto} y=x^2 \text{ なる写像 } f\text{: } \boldsymbol{R}^*\to\boldsymbol{R}$$

は双射だから，逆写像は存在し，

$$y \overset{f^{-1}}{\longmapsto} x=\sqrt{y}$$

となる．

f: $\boldsymbol{A}\to\boldsymbol{B}$ が逆写像をもつとき，$(f^{-1}\circ f)(x)$ は単一要素の集合になるから，この場合のみ，集合の記号を省略して

$$(f^{-1}\circ f)(x)=f^{-1}(y)=x$$

とかく．

したがって，例 2.12 では

$$f^{-1}(y)=\frac{1}{2}(y-3)$$

$$f^{-1}(y)=\sqrt{y}$$

とかいてよい．右辺を逆写像の式という．

問 2.29　次の式で与えられる写像の逆写像を式でかけ．

① $y=2x+1$，$x\in\boldsymbol{R}$　　② $y=x^3$，$x\in\boldsymbol{R}$

③ $y=2-\dfrac{1}{x}$，$x\in\boldsymbol{R}$　　④ $y=2^x$，$x\in\boldsymbol{R}$

⑤ $y=\sqrt{x}$，$x\in\boldsymbol{R}^*$　　⑥ $y=\dfrac{ax+b}{cx+d}$，$(ad-bc\neq 0)$ $x\in\boldsymbol{R}$

＜練　習　問　題＞

（答は p. 395）

1.　写像 f: $\boldsymbol{A}\to\boldsymbol{B}$ において，$\boldsymbol{A}_1, \boldsymbol{A}_2\subset\boldsymbol{A}$ とする．

$\boldsymbol{A}_1\subset\boldsymbol{A}_2$　ならば　$f(\boldsymbol{A}_1)\subset f(\boldsymbol{A}_2)$ である．

ことを証明せよ．（写像の**単調性**）

2. 写像 $f: \boldsymbol{A} \to \boldsymbol{B}$ において，$\boldsymbol{A}_1, \boldsymbol{A}_2 \subset \boldsymbol{A}$ ならば

① $f(\boldsymbol{A}_1 \cup \boldsymbol{A}_2) = f(\boldsymbol{A}_1) \cup f(\boldsymbol{A}_2)$

② $f(\boldsymbol{A}_1 \cap \boldsymbol{A}_2) \subset f(\boldsymbol{A}_1) \cap f(\boldsymbol{A}_2)$

であることを証明せよ．

3. 写像 $f: \boldsymbol{A} \to \boldsymbol{B}$ において，$\boldsymbol{B}_1, \boldsymbol{B}_2 \subset \boldsymbol{B}$ とする．

$\boldsymbol{B}_1 \subset \boldsymbol{B}_2$ ならば $f^{-1}(\boldsymbol{B}_1) \subset f^{-1}(\boldsymbol{B}_2)$ である．

ことを証明せよ．(原像の単調性)

4. $f: \boldsymbol{A} \to \boldsymbol{B}$, $g: \boldsymbol{B} \to \boldsymbol{C}$, なる写像とし，$h = g \circ f: \boldsymbol{A} \to \boldsymbol{C}$ とする．このとき，次の事を証明せよ．

① f および g が単射であるならば，h は単射である．

② f および g が全射であるならば，h は全射である．

③ h が単射であれば，f は単射である．

④ h が全射であれば，g は全射である．

⑤ h が全射で，g が単射であるならば，f は全射である．

⑥ h が単射で，f が全射であるならば，g は単射である．

5. $f: \boldsymbol{A} \to \boldsymbol{B}$, $g: \boldsymbol{B} \to \boldsymbol{C}$, $h: \boldsymbol{C} \to \boldsymbol{D}$ なる写像がある．$g \circ f$, $h \circ g$ が双射であるならば，f, g, h は3つとも双射であることを証明せよ．

6. $f: \boldsymbol{A} \to \boldsymbol{B}$, $g: \boldsymbol{B} \to \boldsymbol{C}$, $h: \boldsymbol{C} \to \boldsymbol{A}$ なる写像がある．次の事を証明せよ．

① $h \circ g \circ f$, $g \circ f \circ h$ が全射，$f \circ h \circ g$ が単射ならば，f, g, h は双射．

② $h \circ g \circ f$, $f \circ h \circ g$ が全射，$g \circ f \circ h$ が単射ならば，f, g, h は双射．

③ $g \circ f \circ h$, $f \circ h \circ g$ が全射，$h \circ g \circ f$ が単射ならば，f, g, h は双射．

④ $h \circ g \circ f$, $g \circ f \circ h$ が単射，$f \circ h \circ g$ が全射ならば，f, g, h は双射．

⑤ $h \circ g \circ f$, $f \circ h \circ g$ が単射，$g \circ f \circ h$ が全射ならば，f, g, h は双射．

⑥ $f \circ h \circ g$, $g \circ f \circ h$ が単射，$h \circ g \circ f$ が全射ならば，f, g, h は双射．

7. 集合 $\boldsymbol{M}$ の部分集合 $\boldsymbol{A}$ に対して

$$\varphi_{\boldsymbol{A}}(x) = \begin{cases} 1 & (x \in \boldsymbol{A} \text{ のとき}) \\ 0 & (x \notin \boldsymbol{A} \text{ のとき}) \end{cases}$$

となるような写像を，A の**特性写像** (characteristic mapping) という．特性写像について，次の事を証明せよ．ただし，A, $B\subset M$ とする．

① $\varphi_{A\cap B}(x)=\varphi_A(x)\varphi_B(x)$

② $\varphi_{A^c}(x)=1-\varphi_A(x)$

③ $\varphi_{A\cup B}(x)=\varphi_A(x)+\varphi_B(x)-\varphi_A(x)\varphi_B(x)$

第2章　順列・組合せ

この章では，有限集合 A から有限集合 B への写像の個数を，いろいろな条件のもとで求めようと思う．記号を簡単にするために，今後

$$A=\{1,\ 2,\ \cdots\cdots,\ m\}$$

$$B=\{b_1,\ b_2,\ \cdots\cdots,\ b_n\}$$

とかくことにする．

§1. 重複順列

（Ⅰ）

本節で取扱う問題は，

A から B へのあらゆる写像の個数

を求めることである．A から B への写像の1つを f_i とする．そのとき，A の要素 j に対応する B の要素を b_{i_j} とかく．つまり

$$j \overset{f_i}{\longmapsto} b_{i_j}$$

である．さて

$$1 \overset{f_i}{\longmapsto} b_{i_1}$$

$$2 \longmapsto b_{i_2}$$

$\cdots\cdots\cdots\cdots$

$m \longmapsto b_{i_m}$

という対応に対して，写像 f_i による像のペア

$$(b_{i_1},\ b_{i_2},\ \cdots\cdots b_{i_m})$$

は直積 $\underbrace{\boldsymbol{B}\times\boldsymbol{B}\times\cdots\cdots\times\boldsymbol{B}}_{m\text{個}}$ の１要素になっている.

> $\underbrace{\boldsymbol{B}\times\boldsymbol{B}\times\cdots\times\boldsymbol{B}}_{m\text{個}}$ を $\boldsymbol{B}^{\boldsymbol{A}}$ とかき，$\boldsymbol{A}$ の上の $\boldsymbol{B}$ の**配置集合** (exponentation)
>
> という.

配置集合の大きさは

$$n(\boldsymbol{B}^{\boldsymbol{A}}) = n(\boldsymbol{B}\times\boldsymbol{B}\times\cdots\cdots\times\boldsymbol{B})$$
$$= n(\boldsymbol{B})\cdot n(\boldsymbol{B})\cdot\cdots\cdots\cdot n(\boldsymbol{B}) = n^m$$

である.

$f: \boldsymbol{A}\to\boldsymbol{B}$ の１つには，必ず１つの折れ線グラフが１対１対応しているか

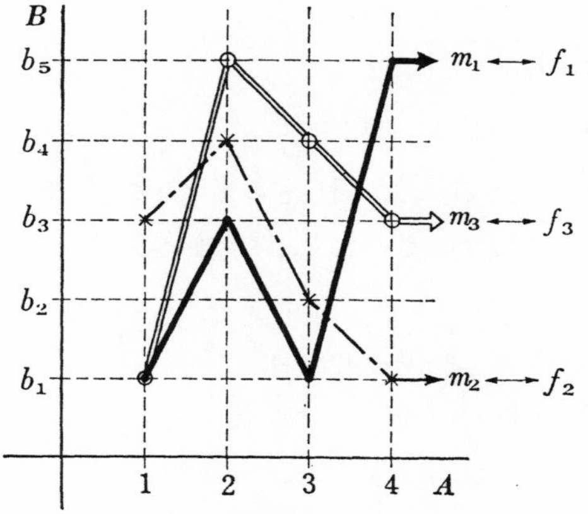

図 2.26

ら，$\boldsymbol{A}$ から $\boldsymbol{B}$ へのあらゆる写像を考えるということは，折れ線を全部考える

ことと同じである．しかも，折れ線は，写像 f_i による写像のペア $(b_{i_1}, b_{i_2}, \cdots\cdots, b_{i_m})$ が与えられれば，一意に定まるから，求める折れ線の数は全部で n^m 個ある．

たとえば，図 2.26 においては，$\boldsymbol{A}=\{1, 2, 3, 4\}$，$\boldsymbol{B}=\{b_1, b_2, b_3, b_4, b_5\}$ であり，$\boldsymbol{A}$ から $\boldsymbol{B}$ への写像の総数は，$5^4=625$ 個存在する．図では，そのような写像のうちの 3 つを，折れ線で視覚化したものである．

（Ⅱ）

$\boldsymbol{A}$ から $\boldsymbol{B}$ への写像を別の観点からみよう．たとえば

$$
\begin{array}{cccccc}
 & \{1, & 2, & \cdots\cdots, & m\} \\
f_i & \downarrow & \downarrow & & \downarrow \\
 & \{b_{i_1}, & b_{i_2}, & \cdots\cdots & b_{i_m}\}
\end{array}
$$

なる 1 つの写像 f_i による像のペアを考察してみよう．上の系列の 1, 2, ……, m は $\boldsymbol{B}$ の要素の並ぶ順序を示すものと考えると，f_i による像のペアは，**$\boldsymbol{n}$ 個の相異なるものの中から，同じものを取ることを許して，全部で $\boldsymbol{m}$ 個とって 1 列に並べること**に相当する．この並べ方を**重複順列** (permutation with replacement) という．そして，重複順列の数を

$$ {}_n\Pi_m = n^m $$

とかく．よみ方は「パイの n, m」である．

例 2.13　●と —— のものから，同じものを取ることを許して，全部で 1 個，2 個，3 個，4 個とって 1 列に並べると，その並べ方は何通りあるか．

（Ⅱ）の説明から，

$$
\begin{aligned}
\text{並べ方の総数} &= {}_2\Pi_1 + {}_2\Pi_2 + {}_2\Pi_3 + {}_2\Pi_4 \\
&= 2+4+8+16=30 \text{（通り）}
\end{aligned}
$$

事実，

●	e	● ● ● ——	v
——	t	● ● —— ●	f
● ●	i	● ● —— ——	

● —	*a*	● — ● ●	*l*
— ●	*n*	● — ● —	
— —	*m*	● — — ●	*p*
● ● ●	*s*	● — — —	*j*
● ● —	*u*	— ● ● ●	*b*
● — ●	*r*	— ● ● —	*x*
● — —	*w*	— ● — ●	*c*
— ● ●	*d*	— ● — —	*y*
— ● —	*k*	— — ● ●	*z*
— — ●	*g*	— — ● —	*q*
— — —	*o*	— — — ●	
● ● ● ●	*h*	— — — —	

という記号の配列とアルファベットを対応づけると，モールス信号になる．

問 2.30　つぎの値を求めよ．

$_5\Pi_2$，　$_3\Pi_3$，　$_2\Pi_6$

問 2.31　$_{10}\Pi_{10}$，$_{50}\Pi_{25}$ はそれぞれ何桁の数か．

問 2.32　黒と白の碁石がある．この中から 4 個を取出して 1 列に並べるとき，いく通りの並べ方があるか．

問 2.33　赤，黄，緑の 3 つのランプがある．これらのランプを 1 個ずつ 5 回つけて信号を送る場合の数はいくつか．

問 2.34　長短 —・の 2 つの符号によって，モールス信号は文字を表わす．50通りの信号をつくるには，符号を何個まで用いることにしたらよいか．

（Ⅲ）

重複順列はまた次のような見方もできる．これまでは集合 $\boldsymbol{A}$ から集合 $\boldsymbol{B}$ の方を見ていたのに対して，今度は $\boldsymbol{B}$ から $\boldsymbol{A}$ の方を見てみる．図 2.26 の 3 つの折れ線に対応する写像は，$\boldsymbol{A}$ の要素 1, 2, 3, 4 を，b_1, b_2, b_3, b_4, b_5 というラベルのついた容器に次のように分配することと同じであると考えられる．すなわち，

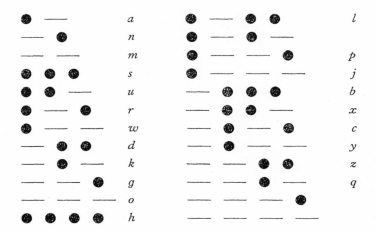

B（容器）	折れ線 m_1（写像 f_1）	折れ線 m_2（写像 f_2）	折れ線 m_3（写像 f_3）
b_1	1，3	4	1
b_2	——	3	——
b_3	2	1	4
b_4	——	2	3
b_5	4	——	2

この場合，1つの容器には要素を何個分配してもよいし，また1個も分配しなくてもよい．

例 2.14　m 個の要素をもつ集合 $\boldsymbol{A}$ の部分集合の総数は，空集合と $\boldsymbol{A}$ 自身も含めて，2^m 個ある．

なぜなら，2つの箱を用意し，それらの箱に m 個の要素を分配する．そして1つの箱に入った要素はすて，他の1つの箱に入った要素はのこすことにすると，のこされた箱の中の要素の集合が $\boldsymbol{A}$ の部分集合をつくる．したがって，部分集合の総数は，写像

$$f: \boldsymbol{A}=\{1, 2, \cdots\cdots, m\} \to \boldsymbol{B}=\{b_1, b_2\}$$

の数に等しい．つまり ${}_2\Pi_m=2^m$ 個ある．

問 2.35　5個の異なる品物を，形の違った3個の箱にしまう方法はいく通りあるか．ただし，どの箱も5個まで入れるものとする．

問 2.36　100人の人が5人の候補者に投票するとき，記名投票ならば，票の分かれ方はいく通りあるか．

問 2.37　異なる n 個のものを2人の人に分ける方法はいく通りあるか．

問 2.38

① 0 1 2 3 4 5 6 7 8 9 という10個の文字からなる文字列を，順序をくずさずに，たとえば 01, 234, 5, 678, 9 のようにいくつかの部分に分割する方法（全然分割しない場合も含める）は何通りあるか．

② n 個の相異なる文字からなる文字列のときはどうか．

まとめておくと，

定理 2.12　次の3つは同じ事柄の側面である．

(1)　$\boldsymbol{A}$ から $\boldsymbol{B}$ への任意の写像．

(2)　$\boldsymbol{B}=\{b_1, \cdots\cdots, b_n\}$ から重複を許して，任意に m 個の要素をとって1列に並べること．

(3)　$\boldsymbol{A}=\{1, 2, \cdots\cdots, m\}$ の要素を（区別のつく m 個の玉）を b_1, b_2, ……, b_n というラベルのついた容器に任意に分配すること．

そして

これらの総数は，それぞれ n^m 個である．

§2. 順　　列

（I）

本節で取扱う問題は

$\boldsymbol{A}$ から $\boldsymbol{B}$ への単射の総数を求めることである．

単射の1つに対応して，（図 2.27）のような写像を 表わす折れ線が1つ存在

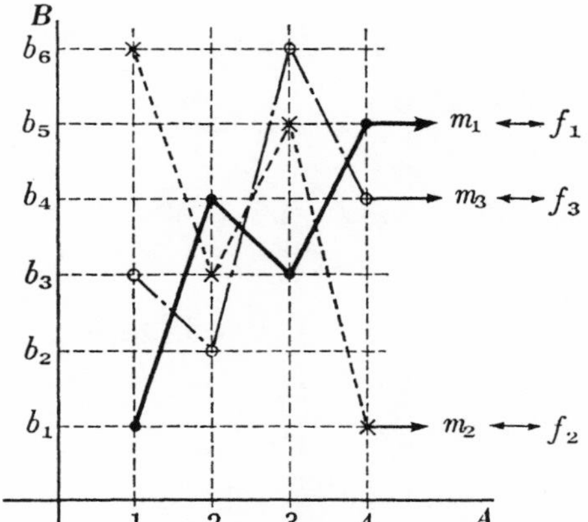

図 2.27　$\boldsymbol{A}=\{1, 2, 3, 4\}$ から $\boldsymbol{B}=\{b_1, b_2, \cdots\cdots, b_6\}$ への単射グラフ

する．この折れ線は同じ $\boldsymbol{B}$ の要素を2回とることはないので，同じ縦座標を2回とらないという特色をもっている．だから単射の場合には

$$m \leqq n \quad , \text{ただし} \quad m=n(\boldsymbol{A}),\ n=n(\boldsymbol{B})$$

という条件がいる．

単射の1つ f_i に対して

$$1 \overset{f_i}{\longmapsto} b_{i_1}$$

$$2 \overset{f_i}{\longmapsto} b_{i_2}$$

…………

$$m \overset{f_i}{\longmapsto} b_{i_m} \qquad (\text{ただし } j \neq k \text{ ならば } b_{i_j} \neq b_{i_k})$$

を考えると

$$b_{i_1} \in \boldsymbol{B}$$

$$b_{i_2} \in \boldsymbol{B} - \{b_{i_1}\} = \boldsymbol{B}_1$$

$$b_{i_3} \in \boldsymbol{B} - \{b_{i_1},\ b_{i_2}\} = \boldsymbol{B}_2$$

………………

$$b_{i_m} \in \boldsymbol{B} - \{b_{i_1},\ b_{i_2},\ \cdots\cdots,\ b_{i_{m-1}}\} = \boldsymbol{B}_{m-1}$$

だから，f_i による像のペアは

$$(b_{i_1},\ b_{i_2},\ \cdots\cdots,\ b_{i_m}) \in \boldsymbol{B} \times \boldsymbol{B}_1 \times \boldsymbol{B}_2 \times \cdots\cdots \times \boldsymbol{B}_{m-1}$$

である．よって，単射の総数は

$$n(\boldsymbol{B} \times \boldsymbol{B}_1 \times \boldsymbol{B}_2 \times \cdots\cdots \times \boldsymbol{B}_{m-1})$$

$$= n(\boldsymbol{B})\,n(\boldsymbol{B}_1)\,n(\boldsymbol{B}_2)\cdots\cdots n(\boldsymbol{B}_{m-1})$$

$$= n(n-1)(n-2)\cdots\cdots(n-m+1)$$

である．この値を $n^{(m)}$ とかく．$n^{(m)}$ は Aitken の記号とよばれ，よみ方は，「n カッコ m」または「n シンボリック・パワー m」である．

$$n\,! = n(n-1)(n-2)\cdots\cdots 2\cdot 1$$

という記号（n の階乗——factorial n）を用いると

$$n^{(m)} = \frac{n(n-1)\cdots\cdots(n-m+1)(n-m)(n-m-1)\cdots\cdots 2\cdot 1}{(n-m)(n-m-1)\cdots\cdots 2\cdot 1}$$

$$=\frac{n!}{(n-m)!}$$

となる．

$$n^{(n)}=n! \quad \text{または} \quad n^{(n)}=\frac{n!}{0!}$$

であるから

$$n!=\frac{n!}{0!}$$

となり，$0!=1$ ときめるのが，計算上合理的である．

問 2.39 $m>n$ のとき，単射の総数はいくらか．

問 2.40 次の値を求めよ．

$5^{(4)}$,　$8^{(3)}$,　$10^{(2)}$,　$11^{(11)}$

問 2.41 次の等式より，正整数値 n の値を決定せよ．

① $n^{(4)}=3n^{(3)}$　　② $n^{(6)}=20n^{(4)}$

問 2.42 $3!\times 11!$，$6!\times 9!$，$4!\times 10!$ を大小の順に並べよ．

（Ⅱ）

単射を別の観点からみると，単射 f_i によって

$$f_i \quad \begin{array}{cccc} \{1, & 2, & \cdots\cdots, & m\} \\ \downarrow & \downarrow & & \downarrow \\ \{b_{i_1}, & b_{i_2}, & \cdots\cdots, & b_{i_m}\} \end{array} \qquad \text{（ただし，} j\neq k \text{ ならば } b_{i_j}\neq b_{i_k}\text{）}$$

となる像のペアは，$\boldsymbol{B}$ の要素を重複を許さないで m 個とって並べることである．したがって，**n 個の相異なるものの中から m 個重複を許さないで1列に並べること**に相当する．この並べ方を**順列**(permutation)といい，この順列の総数を ${}_n\mathrm{P}_m$ とかく．読み方は「ピーの n, m」．明らかに

$${}_n\mathrm{P}_m=n^{(m)}=\frac{n!}{(n-m)!}$$

例 2.15 私鉄の駅の数が10ある電車路線において，発駅と着駅を明記した片道乗車券は何種類あるか．また往復乗車券は何種類あるか．ただし指定席券など，特別な切符はないものとする．

（解）片道乗車券では，たとえば

塚口駅 → 梅田駅	と	梅田駅 → 塚口駅

とは区別される．つまり，10個のものから異なる2個をとって1列に並べるとき，最初の駅が発駅，あとの駅が着駅にあたる．よって，片道乗車券の数は

$$ {}_{10}P_2 = 10^{(2)} = 90 $$

一方，往復乗車券は，

塚口駅 ←→ 梅田駅

で，2枚の片道乗車券をくっつけて，1つの往復乗車券が作れると考えればよい．よって，往復乗車券の総数は

$$ {}_{10}P_2 \div 2 = 45 $$

問 2.43　異なる5枚の旗から3枚をえらんで，1列に並べて信号を送りたい．いく通りの信号ができるか．

問 2.44　1から9までの数字をつけたカードが9枚ある．これらのカードを並べて4桁の数をつくると，いくつできるか．

問 2.45　0，1，2，3，4を1回ずつ使って表わされる整数のうち，5桁の整数はいくつあるか．また偶数はいくつあるか．奇数はいくつあるか．

例 2.16　1，2，3，4，5，6の6つの数字のうち，4つの数字を使って作った各位の数字が異なる4桁の整数のうち，4300より大きいものはいくつあるか．

（解）(1)　千の位に6がくるのは　$5^{(3)}$個

(2)　千の位に5がくるのは　$5^{(3)}$個

(3)　千の位に4，百の位に6がくるのは　$4^{(2)}$個

(4)　千の位に4，百の位に5がくるのは　$4^{(2)}$個

(5)　千の位に4，百の位に3がくるのは　$4^{(2)}$個

あって，(1)～(5)までの数はいずれも4300より大きい．ゆえに，求める個数は

$$ 5^{(3)} \times 2 + 4^{(2)} \times 3 = 156 $$

問 2.46　a, b, c, d, e を1列に並べるのに，辞書式に $abcde$ から始めて，$edcba$ に終わるとすると

①　全部で何個の単語ができるか．

② $cebad$ は，はじめから何番目か．

③ 50番目にある単語はなにか．

問 2.47　4桁の正の整数について

① 各位の数字がすべて異なる数は何個か．

② ①の数のうち，5の倍数となるものは何個か．

③ 各位の数字のうち，少くとも2個が異なるものは何個か．またそれらの数の和を求めよ．

問 2.48　6軒の家 A, B, C, D, E, F があり，どの家からも他のどの家にも直線の道が通っているが，B と C との間だけは通れない．いま A から出発して他の5軒をただ一度ずつ訪問して帰る道筋はいく通りあるか．ただし，どの3軒も同一直線上になく，家から家へはまっすぐに行くものとし，逆の道順（たとえば $ABDCEFA$ と $AFECDBA$）は同一の道筋として数えよ．

例 2.17　男4人，女3人が1列に並ぶ順列のうち，女3人が隣り合う並び方はいく通りあるか．

（解）　$\mathbf{A}=\{1, 2, 3, 4, 5\}$ から，$\mathbf{A}$ 自身への単射の総数は

$$5^{(5)}=5!$$

である．1つの単射は，男4人と女の集団の並び方を1つ規定する．このおのおのの並び方に対して，女の並び方を変えるのは

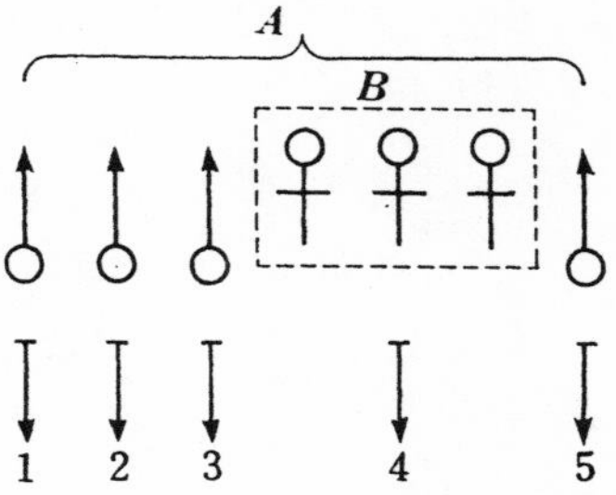

図 2.28

$$\boldsymbol{B}=\{1', 2', 3'\}$$

から，$\boldsymbol{B}$ 自身への単射にあたり，その総数は $3^{(3)}=3!$ である．

$\boldsymbol{B}$ を $\mathbf{A}$ の1要素と考え，$\mathbf{A}$ の要素4にあてる（上図）．

さて，$\mathbf{A}\to\mathbf{A}$ への単射の集合 $\boldsymbol{M}$，$\boldsymbol{B}\to\boldsymbol{B}$ への単射の集合 $\boldsymbol{N}$ とするとき，集合 $\boldsymbol{M}\times\boldsymbol{N}$ の要素，たとえば

$$((1, 3, 4, 5, 2), (1', 3', 2'))$$

は

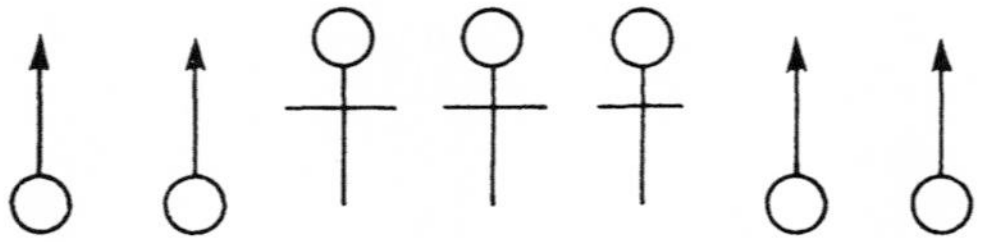

という並び方と1対1対応する．よって求める並び方は

$$n(\boldsymbol{M}\times\boldsymbol{N})=n(\boldsymbol{M})\,n(\boldsymbol{N})$$

$$=5!\times3!=720\ （通り）$$

である．

問 2.49　男2人，女7人が1列に並ぶとき，男子が1人ずつ両端にくる並び方はいく通りか．

（Ⅲ）

$\boldsymbol{A}$ から $\boldsymbol{B}$ への単射の，いま1つの解釈は次のようである．

たとえば，（図2.27）のグラフにおいて，折れ線 m_1, m_2, m_3 にそれぞれ対応する単射は b_1, b_2, ……, b_6 というラベルのついた容器に，$\boldsymbol{A}$ の4つの要素を高々1つずつ分配することである．すなわち

$\boldsymbol{B}$(容器)	折れ線 m_1（写像 f_1）	折れ線 m_2（写像 f_2）	折れ線 m_3（写像 f_3）
b_1	1	4	——
b_2	——	——	2
b_3	3	2	1
b_4	2	——	4
b_5	4	3	——
b_6	——	1	3

と分配することである．このとき $\boldsymbol{A}$ の要素は区別のつく玉と考えてよい．

例 2.18　男5人，女3人を1列に並べるとき，女子はどの2人も隣り合わないように並べるとき，いく通りの並べ方があるか．

（解）　男の並べ方は，5!通りある．女が男の間に入る位置は両端も含めて6個所ある（これを容器と考える）．6つの場所に高々1人ずつ女子3人を分配

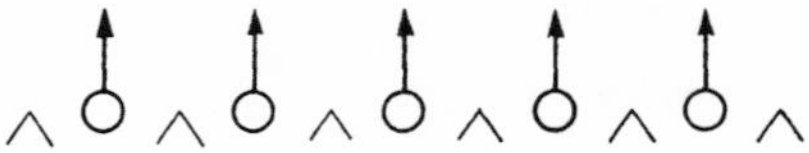

する方法は $6^{(3)}$ 通りであるから，求める並べ方の総数は

$$5!\times 6^{(3)}=120\times 120=14400\ (\text{通り})$$

問 2.50　5種の色で4つの国を色分けする方法はいく通りあるか.

問 2.51　ある部屋に7つの戸口がある. 1つの戸口から入り，他の戸口から出る仕方はいく通りあるか.

問 2.52　右の図のような2つの同心円と2つの直径とで分けられた8つの部分を7種の色 A, B, C, D, E, F, G のすべてを用いて塗り分けるには，いく通りの方法があるか. ただし A 色は2回用い，(イ)の部分には A を塗るものとする.

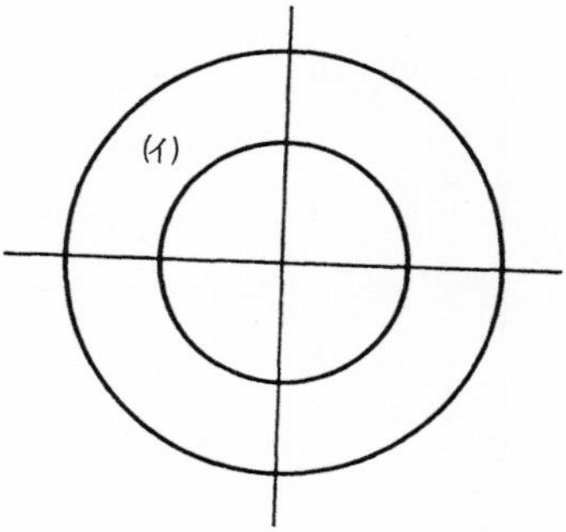

図 2.29

問 2.53　男 n 人，女 n 人を男女が交互になるように1列に並べたい. いく通りの並べ方があるか.

例 2.19　次の等式を証明し，かつその意味を説明せよ.

$$n^{(m)}=(n-1)^{(m)}+m(n-1)^{(m-1)}$$

（解）　直接, 右辺を計算しても証明できるが, ここでは別の方法で証明する.

n 個のラベルのはった箱に m 個の区別のつく玉を，高高1個分配する方法の数 $n^{(m)}$ 通り

- ①　特定の箱に玉が分配されない方法の数 $(n-1)^{(m)}$ 通り
- ②　特定の箱に玉が分配される場合
  - その箱の指定の仕方は m 通り
  - その箱以外の箱への玉の分配の仕方は $(n-1)^{(m-1)}$ 通り

したがって，①②は同時に起りえないから

$$n^{(m)}=(n-1)^{(m)}+m(n-1)^{(m-1)}$$

問 2.54　次の等式を証明せよ．

① $n^{(m)}=n(n-1)^{(m-1)}$

② $n^{(m)}=(n-m+1)n^{(m-1)}$

まとめ

定理 2.13　次の3つは同じ事柄の側面である．

(1)　$\boldsymbol{A}$ から $\boldsymbol{B}$ への任意の単射．

(2)　$\boldsymbol{B}=\{b_1,\ b_2,\ \cdots\cdots,\ b_n\}$ から，任意に m 個($m\leqq n$)の要素をとって1列に並べること．

(3)　$\boldsymbol{A}=\{1,\ 2,\ \cdots\cdots,\ m\}$ の要素（m 個の区別のある玉）を，b_1, b_2, ……, b_n というラベルのついた容器に，高々1個ずつ分配すること．

これらの総数は $n^{(m)}$ である．ただし $m\leqq n$ とする．

［数学的補注］　**n！の計算**

n が大きくなると，n！の値を手計算することは面倒である．そこで，n！の値を与える，スターリング (Stirling, 1696～1770) の近似公式がある．

$$n!\fallingdotseq n^n e^{-n}\sqrt{2\pi n}$$

がそれである．

いま

$$\Gamma(n+1)=\int_0^\infty x^n e^{-x}dx$$

とおくと，部分積分法によって

$$\Gamma(n+1)=[-x^n e^{-x}]_0^\infty+n\int_0^\infty x^{n-1}e^{-x}dx$$

$$=n\Gamma(n)$$

となって，この漸化式を逐次用いて，n を降下してゆくと，

$$\Gamma(n+1)=n!$$

被積分関数 $f(x)=x^n e^{-x}$ に対して

$$f'(x)=x^{n-1}e^{-x}(n-x)$$

$x\geqq 0$ なる値に対して，$x=n$ において，$f'(x)=0$，$f(x)$ は極大値をとる．$x=n$ の近傍 $[n-\varepsilon,\ n+\varepsilon]$ において

$$\begin{aligned}\log f(x)&=n\log x-x\\&=n\log n+n\log\frac{x}{n}-x\\&=n\log n+n\log\left(1+\frac{x-n}{n}\right)-x\\&=n\log n+n\left\{\frac{x-n}{n}-\frac{(x-n)^2}{2n^2}+\cdots\cdots\right\}-x\\&=n\log n-n-\frac{(x-n)^2}{2n}+\delta\end{aligned}$$

ここで

$$\begin{aligned}|\delta|&=n\left|\frac{(x-n)^3}{3n^3}-\frac{(x-n)^4}{4n^4}+\cdots\cdots\right|\\&\leqq\frac{1}{3}\left|\frac{(x-n)^3}{n^2}+\frac{(x-n)^4}{n^3}+\cdots\cdots\right|\\&=\frac{1}{3}\left|\frac{(x-n)^3}{n^2}\Big/\left(1-\left|\frac{x-n}{n}\right|\right)\right|\\&\leqq\frac{|x-n|^3}{3n^2}<\frac{\varepsilon^3}{3n^2}\end{aligned}$$

上の展開式より

$$f(x)=n^ne^{-n}e^{-\frac{(x-n)^2}{2n}+\delta}$$

$$\Gamma(n+1)=n^ne^{-n}\int_0^\infty e^{-\frac{(x-n)^2}{2n}+\delta}\,dx$$

$$\underset{\left(\frac{x-n}{\sqrt{n}}=t\right)}{\fallingdotseq}\quad n^{n+\frac{1}{2}}e^{-n}e^{\frac{\varepsilon^3}{3n^2}}\int_{-\sqrt{n}}^{\infty}e^{-\frac{t^2}{2}}dt$$

$$\underset{(n\to\infty)}{\longrightarrow}n^{n+\frac{1}{2}}e^{-n}\int_{-\infty}^{+\infty}e^{-\frac{t^2}{2}}dt=\sqrt{2\pi}\,n^{n+\frac{1}{2}}e^{-n}$$

スターリングの近似式は，大きな n の値に対してはもちろんのこと，小さな n の値に対しても，きわめて精度が高い．

n	$n!$	$\sqrt{2\pi}\, n^{n+\frac{1}{2}} e^{-n}$	相対誤差
1	1	0.9221	8 %
2	2	1.919	4 %
5	120	118.019	2 %
10	362,8800	359,8600.000	0.8 %

§3. 組 合 せ

(I)

本節では取扱う問題は

A から **B** への単調増加写像の個数

を求めることである．**A** から **B** への写像の1つ f_i が，単調増加であるというのは

$$f_i(1) < f_i(2) < \cdots\cdots < f_i(m)$$

という条件を満足することである．ここで

$$f_i(j) < f_i(k)$$

とは，$f_i(j) = b_{i_j}$ が，$f_i(k) = b_{i_k}$ より前にあることを意味する記号である．したがって，単調増加写像では，グラフに対応する折れ線はすべて右上りになるという特徴をもつ．

たとえば，図2.30において，

$$\boldsymbol{A} = \{1,\ 2,\ 3,\ 4\} \qquad \boldsymbol{B} = \{b_1,\ b_2,\ \cdots\cdots,\ b_8\}$$

について，単調増加写像 f の1つに対応する折れ線は平行四辺形 ABCD 内の右上り折れ線である．

$$f_1(1) = b_1, \qquad f_1(2) = b_2, \qquad f_1(3) = b_3, \qquad f_1(4) = b_4$$

に対応する折れ線 AB が最下端にあり，

$$f_4(1) = b_5, \qquad f_4(2) = b_6, \qquad f_4(3) = b_7, \qquad f_4(4) = b_8$$

に対応する折れ線 CD が最上端にある．

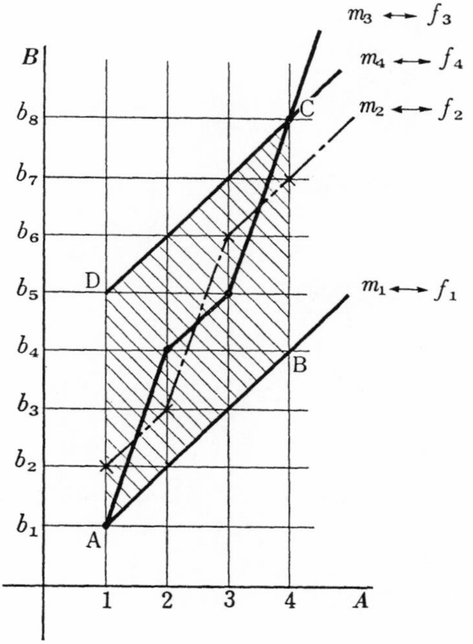

図 2.30　$\boldsymbol{A}=\{1,\ 2,\ 3,\ 4\}$から　$\boldsymbol{B}=\{b_1\ b_2,\ \cdots\cdots,\ b_8\}$への単調増加写像

1つの単調増加写像 f の像のペア

$$\boldsymbol{M}=\{f(1),\ f(2),\ \cdots\cdots,\ f(m)\}$$

に対して，$f(1)$，$f(2)$，……，$f(m)$ の配列をかえると，$\boldsymbol{M}\to\boldsymbol{M}$ への単射の総数は $m!$ である．したがって，$\boldsymbol{A}\to\boldsymbol{B}$ への単調増加写像の総数を x とすると，

$$x\times m!=n^{(m)}$$

$$\therefore\quad x=\frac{n^{(m)}}{m!}=\frac{n!}{m!(n-m)!}$$

この値を $\begin{pmatrix} n \\ m \end{pmatrix}$ とかく．単調増加写像は，もちろん単射の特殊なものだから，$m\leqq n$ でなければ，$\begin{pmatrix} n \\ m \end{pmatrix}$ の値は求められない．

例 2.20　$\binom{n}{3}:\binom{n}{2}=44:3$ をみたす正整数値 n を求めよ．

（解）
$$\frac{\binom{n}{3}}{44}=\frac{\binom{n}{2}}{3} \qquad （明らかに\ n\geqq 3）$$
$$3\times\frac{n\,!}{3\,!(n-3)\,!}=44\times\frac{n\,!}{2\,!(n-2)\,!}$$
$$1=\frac{44}{n-2}$$
$$\therefore\quad n=46$$

問 2.55　次の値を求めよ．

① $\binom{12}{9}$　　② $\binom{8}{5}$　　③ $\binom{7}{5}\times\binom{5}{4}$

④ $\binom{n}{0}$　　⑤ $\binom{n}{n}$　　⑥ $\binom{5}{4}\times\binom{4}{4}$

問 2.56　次の等式より n, m の値を求めよ．ただし n, m は正整数値とする．

① $\binom{n+2}{4}=11\binom{n}{2}$　　② $3\binom{n}{6}=5\binom{n-1}{5}$

③ $\binom{n-1}{2}+\binom{n}{2}=\binom{n+2}{2}$

④ $\binom{n}{m-1}:\binom{n}{m}:\binom{n}{m+1}=3:4:5$

問 2.57　各桁の数字の表わす数が左から右へ次第に小さくなっている4桁の正整数の数を求めよ．

（Ⅱ）

1つの単調増加写像 f に対して，その像のペア
$$\{f(1),\ f(2),\ \cdots\cdots,\ f(m)\}$$
を考えると，これは B の部分集合になっている．したがって，**大きさ n の集合 B の部分集合で，大きさ m のものの個数**は $\binom{n}{m}$ 個ある．また，これは **n 個の相異なるものの中から m 個のものをとって作った組合せ** (combination) の数でもある．それで $\binom{n}{m}$ を ${}_nC_m$（シーの n, m とよむ）ともかく．

例 2.21　週刊誌10種の中から4種，月刊雑誌18種の中から5種をえらぶとき，

いく通りのえらび方があるか.

(解)　週刊誌の集合からとった大きさ4の部分集合は $\binom{10}{4}$ 個

月刊雑誌の集合からとった大きさ5の部分集合は $\binom{18}{5}$ 個

したがって, 求めるえらび方は

$$\binom{10}{4}\times\binom{18}{5}=1,799,280 \quad (\text{通り})$$

ある.

問 2.58　異なる10枚のカードから2枚のカードをえらび出す仕方はいく通りか.

問 2.59　7人の男と10人の女のグループがダンスをする. 男女各1人ずつがパートナーとなるとき, ダンスのできる女の子の組合せ方はいく通りあるか. もし女の子のうち3人が美人で, 必ずダンスをしようと申込まれるものとすれば, ダンスのできない女の子の組合せはいく通りあるか.

問 2.60　ある学生は6科目の中から2科目を選択履習しなければならない.

① いく通りの選択方法があるか.

② もし, 6科目中の2科目は同一時間内の講義でぶつかっているとすれば, いく通りの仕方で選択できるか.

例 2.22　等式

① $\binom{n}{m}=\binom{n}{n-m}$　　② $\binom{n}{m}=\binom{n-1}{m}+\binom{n-1}{m-1}$

を証明せよ.

(解)　① $\boldsymbol{C}\subset\boldsymbol{B}$, $n(\boldsymbol{C})=m$ とする. $\boldsymbol{C}$ と $\boldsymbol{B}$ に関する $\boldsymbol{C}$ の補集合 $\boldsymbol{C}^c$ とは, 一方が確定すれば, 他方も確定するから,

$$\boldsymbol{C}\sim\boldsymbol{C}^c$$

と1対1対応する. よって, 大きさ m の部分集合の総数 $\binom{n}{m}$ は, 大きさ $n-m$ の部分集合の総数 $\binom{n}{n-m}$ に等しい.

② $\boldsymbol{B}$ の部分集合で大きさ m のものを $\boldsymbol{C}$ とする.

$\boldsymbol{C}$の中に
- 特定の要素 a が含まれている部分集合の総数は $\binom{n-1}{m-1}$
- 特定の要素 a が含まれていない部分集合の総数は $\binom{n-1}{m}$

この2つの場合は同時に起りえないから②の等式が成立する.

例 2.22　③　$\binom{n}{0}+\binom{n}{1}+\cdots\cdots+\binom{n}{n}=2^n$ であることを証明せよ.

（解）　大きさ n の集合 $\boldsymbol{B}$ の部分集合で

0個の要素からなるもの（空集合）の数は　$\binom{n}{0}$

1個の要素からなるものの数は　$\binom{n}{1}$

2個の要素からなるものの数は　$\binom{2}{n}$

……………　　…………

n 個の要素からなるもの（$\boldsymbol{B}$ 自身）の数は　$\binom{n}{n}$

これらの数を全部加えると，$\boldsymbol{B}$ のすべての部分集合（空集合と全体集合も含む）の総数は 2^n になる.

問 2.61　m 枚の赤いチップと n 枚の白いチップがある．これら $(m+n)$ 枚のチップから r 枚を取り出すとき

①　赤いチップを k 枚含む場合はいく通りあるか.

②　このことを利用して

$$\binom{m+n}{r}=\binom{m}{0}\binom{n}{r}+\binom{m}{1}\binom{n}{r-1}+\binom{m}{2}\binom{n}{r-2}+\cdots\cdots\cdots+\binom{m}{r}\binom{n}{0}$$

であることを証明せよ.

ただし $r>m$ のとき $\binom{m}{r}=0$ とする.

問 2.62　前問において，$m=r=n$ とおくとき

$$\binom{2n}{n}=\binom{n}{0}^2+\binom{n}{1}^2+\cdots\cdots+\binom{n}{n}^2$$

であることを証明せよ.

問 2.63

① 右の図のように，横に２本，縦に７本の道路がある．A点よりB点にゆくのに，途中で通った場所は再び通らないようにするとき，道順はいく通りあるか．

② 前問で，縦に n 本の道路があるときは，道順はいく通りあるか．

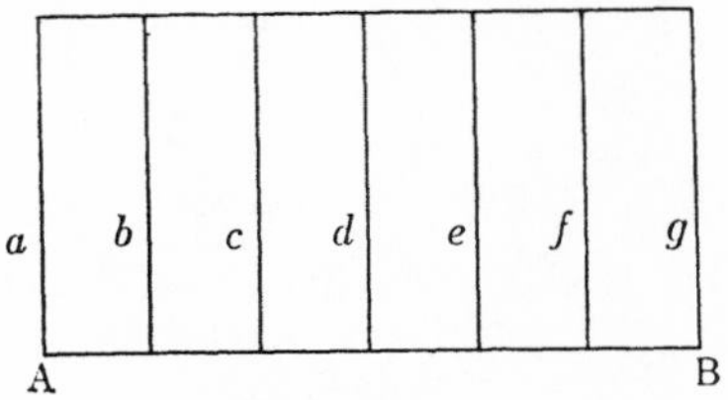

図 2.31

（Ⅲ）

単調増加写像を分配という考え方から見なおすと次のようになる．$\boldsymbol{A}$ の要素 1, 2, ……, m を，$b_1, b_2, \cdots\cdots, b_n$ というラベルのついた容器に高々１個ずつ分配する．このとき，容器の番号の若い方から，$\boldsymbol{A}$ の要素の番号の若いのを分配してゆくので $\boldsymbol{A}$ の要素の番号は無視しても混乱は起らない．つまり，容器 $b_1, b_2, \cdots\cdots, b_n$ のうち，どの m 個の容器に $\boldsymbol{A}$ の要素が１個ずつ分配されるかが問題で，分配される $\boldsymbol{A}$ の要素の番号は問題ではない．図 2.30 でいえば

$\boldsymbol{B}$（容器）	折れ線 m_1（写像 f_1）	折れ線 m_2（写像 f_2）	折れ線 m_3（写像 f_3）	折れ線 m_4（写像 f_4）
b_1	○	—	○	—
b_2	○	○	—	—
b_3	○	○	—	—
b_4	○	—	○	—
b_5	—	—	○	○
b_6	—	○	—	○
b_7	—	○	—	○
b_8	—	—	○	○

のように分配することである．

例 2.24 アメリカ48州にはそれぞれ上院議員が２人ずついる．48人の議員で構成される委員会に

① 与えられたある１州の議員が入っているとき，委員会の構成の仕方は何通りあるか．

② すべての州の議員が入っているとき，委員会の構成の仕方は何通りあるか．

（解） ① 96人の上院議員中，2人をのぞく94人（これを容器と考える）に委員委嘱状（同一様式，区別なし）46通を高々1通ずつ入れるとすれば，入れ方は$\binom{94}{46}$通りある．

② 各州の議員のうち，委員の選出の仕方は2通り，48州だから2^{48}通りある．

例 2.25 平面上に n 個 ($n \geqq 4$) の点がある．いずれの3点も同一直線上にないとき

① これらの2点を結ぶ直線の数はいくらか．

② これらの点を頂点とする3角形の数はいくらか．

（解） n 個の点を $P_1, P_2, \cdots\cdots, P_n$ とし，

① このうち，2つを指定すると直線が確定する．（つまり，$P_1, \cdots\cdots, P_n$ を容器とし，2つの玉をどれかに1つずつ入れると考える．）よって，直線の数は$\binom{n}{2}$．

② 同様に，3つを指定すると3角形が確定し，その数は$\binom{n}{3}$

問 2.64 例2.24で n 個の点のうち，m 個の点は同一直線上にあるとき，これらの点を頂点とする3角形の数はいくらか．ただし $n>m$ とする．

問 2.65 凸 n 角形の対角線の数はいくあるか．

問 2.66 凸 n 角形のどの3つの対角線も内部の同じ点を通らないとき，この n 角形の内部にある対角線の交点の数を求めよ．

問 2.67 5本の平行線とそれらに交わる4本の平行線によってできる平行4辺形の数はいくらか．m 本の平行線と n 本の平行線が交わるときはどうか．

問 2.68 正方形の各辺を n 等分し，分点を結ぶ辺に平行なすべての線分をひくとき，

① 長方形（正方形も含む）の総数を求めよ．

② 正方形の総数を求めよ．

まとめ

定理 2.14 次の3つは同じ事柄の側面である．

(1) $\boldsymbol{A}$ から $\boldsymbol{B}$ への任意の単調増加写像．

(2) $\boldsymbol{B}=\{b_1, b_2, \cdots\cdots, b_n\}$ から大きさ $m(m\leqq n)$ の部分集合をとり出すこと，

(3) $b_1, b_2, \cdots\cdots, b_n$ というラベルをはった容器に，m 個の区別のつかない玉を，高々1個ずつ分配すること．

これらの総数は$\dbinom{n}{m}$である．

§4. 重 複 組 合 せ

（I）

本節で取扱う問題は

$\boldsymbol{A}$ から $\boldsymbol{B}$ への広義単調増加写像の個数

を求めることである．$\boldsymbol{A}$ から $\boldsymbol{B}$ への写像の1つ f_i が，**広義単調増加写像** (monotone increasing mapping in wider sense) であるというのは

$$f_i(1)\leqq f_i(2)\leqq\cdots\cdots\leqq f_i(m)$$

となることをいう．

広義単調増加写像のグラフの例は，図 2.32 に示されている．

一方，$\boldsymbol{A}=\{1, 2, \cdots\cdots, m\}$ の要素の間隔の数 $(m-1)$ 個だけ $\boldsymbol{B}=\{b_1, b_2, \cdots\cdots, b_n\}$ の要素をふやした新しい集合

$$\boldsymbol{B}'=\{b_1', b_2', \cdots\cdots, b_n', b'_{n+1}, \cdots\cdots, b'_{n+m-1}\}$$

を考え，$\boldsymbol{A}$ から $\boldsymbol{B}'$ への単調増加写像を考える．

$\boldsymbol{A}\times\boldsymbol{B}$ 内の，$\boldsymbol{A}\to\boldsymbol{B}$ への広義単調増加写像は，$\boldsymbol{A}\times\boldsymbol{B}$ 内で右下りでない折れ線で表現される．そして，$\boldsymbol{A}\times\boldsymbol{B}$ 内の折れ線と，$\boldsymbol{A}\times\boldsymbol{B}'$ 内の折れ線とを比較し

てみると，顕著な関係がみられる．すなわち，$\boldsymbol{A}\times\boldsymbol{B}$ 内の平行関係は，$\boldsymbol{A}\times\boldsymbol{B}'$

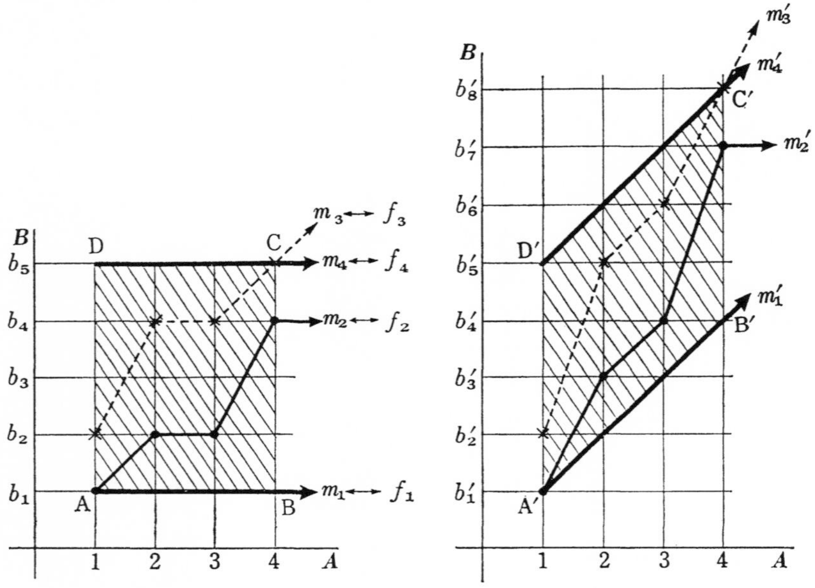

図 2.32 $\boldsymbol{A}=\{1, 2, 3, 4\}$，$\boldsymbol{B}=\{b_1, b_2, \cdots\cdots, b_5\}$ の場合，
$\boldsymbol{A}\to\boldsymbol{B}$ への広義単調増加写像と，そのアフィン変形

内でも保持されている．それに反して，$\boldsymbol{A}\times\boldsymbol{B}$ 内の長さや角は，$\boldsymbol{A}\times\boldsymbol{B}'$ 内では保持されない．このような変形を**アフィン変形** (affine transformation) という．図 2.32 において，左図では右へ 1 区画すすむのに対応して，右図では斜右上 1 区画上るというようにし，

点 A → A′，　点 B → B′，　点 C → C′，　点 D → D′

という対応をつけると，$\boldsymbol{A}\times\boldsymbol{B}$ 内の長方形 ABCD 内の右下りでない折れ線は，$\boldsymbol{A}\times\boldsymbol{B}'$ 内の平行四辺形 A′B′C′D′ 内の右上り折れ線で示される．つまり

f:　$\boldsymbol{A}\to\boldsymbol{B}$　の広義単調増加写像には

f:　$\boldsymbol{A}\to\boldsymbol{B}'$ の単調増加写像

が 1 対 1 に対応する．このような単調増加写像の数は

$$\binom{n+(m-1)}{m}$$

個ある．

図2.32では，$\boldsymbol{A}$から$\boldsymbol{B}$への広義単調増加写像の数は

$$\binom{5+(4-1)}{4}=\binom{8}{4}=70$$

個ある．

（Ⅱ）

$\boldsymbol{A}$から$\boldsymbol{B}$への広義単調増加写像を別の観点からみると，次のようになる．図2.32において

折れ線 m_1 (写像 f_1)	折れ線 m_2 (写像 f_2)	折れ線 m_3 (写像 f_3)
$\{1, 2, 3, 4\}$	$\{1, 2, 3, 4\}$	$\{1, 2, 3, 4\}$
$\downarrow f_1$	$\downarrow f_2$	$\downarrow f_3$
$\{b_1, b_1, b_1, b_1\}$	$\{b_1, b_2, b_2, b_4\}$	$\{b_2, b_4, b_4, b_5\}$

というように，5個のもの$\{b_1, b_2, b_3, b_4, b_5\}$の中から，4個重複を許してとる組合せの数に等しい．一般に，f: $\boldsymbol{A}\to\boldsymbol{B}$（広義単調増加写像）は，**$\boldsymbol{n}$個の相異なるものから，$\boldsymbol{m}$個重複を許してとる組合せ（重複組合せ** combination with replacement）を確定し，その総数は$\binom{n+m-1}{m}$である．

また，fによる像のペアは

$$\{b_1, b_1, b_1, b_1\} \longleftrightarrow b_1{}^4$$

$$\{b_1, b_2, b_2, b_4\} \longleftrightarrow b_1\, b_2{}^2\, b_4$$

$$\{b_2, b_4, b_4, b_5\} \longleftrightarrow b_2\, b_4{}^2\, b_5$$

というように，単項式の形にかくと，4次の**同次式**(homogeneous expression)となる．一般に**$\boldsymbol{n}$個の相異なるものから作った$\boldsymbol{m}$次の同次式の総数は，重複組合せの数に等しい**．同次式の原名の頭文字をとって，重複組合せの数を

$${}_n\mathrm{H}_m$$

とかく．計算は

$$_n\mathrm{H}_m=\binom{n+m-1}{m}$$

による．

例 2.26　$(x+y)^m$ の展開式において，項は何項あるか．

（解）　$(x+y)^m$ の展開式の各項は係数を別とすると

$$x^a y^b\ ,\quad a+b=m$$

の形をしている．つまり，x と y から作った m 次の同次式の総数が展開式の項数であるから

$$_2\mathrm{H}_m=\binom{2+(m-1)}{m}=\binom{m+1}{m}$$
$$=m+1$$

問 2.69　$x,\ y,\ z,\ w$ の4文字から作られる3次の単項式（たとえば，$x^3,\ x^2y$ など）はいくつあるか．

問 2.70　$(x+y+z)^m$ の展開式における項の数はいくらあるか．

（Ⅲ）

分配という考え方を重複組合せに適用すると，$b_1,\ b_2,\ \cdots\cdots,\ b_n$ というラベルのついた容器に，$\boldsymbol{A}$ の要素を番号の若い順に分配する．このとき同じ容器に2個以上の要素が入ってもよいが，どの容器に何個入ったかが問題であって，入る要素の番号は問題でない．

たとえば，（図 2.32）においては

$\boldsymbol{B}$（容器）	折れ線 m_1（写像 f_1）	折れ線 m_2（写像 f_2）	折れ線 m_3（写像 f_3）	折れ線 m_4（写像 f_4）
b_1	○○○○	○	——	——
b_2	——	○○	○	——
b_3	——	——	——	——
b_4	——	○	○○	——
b_5	——	——	——	○○○○

と分配することである．

例 2.27　m 人の投票人が n 人の候補者に無記名投票するとき，票の分れ方は

いく通りあるか.

（解）　候補者を $b_1, b_2, \cdots\cdots, b_n$ とする．これらを容器とみ，これらに何票が分配されるか，しかも票は区別なく白票と考えればよい．票の分れ方は

$$\binom{n+m-1}{m}\text{通り}$$

である.

問 2.71　ある郵便配達夫が，3つの郵便箱に入れるべき7枚の手紙をもっている．もしこれらの手紙が見分けがつかないとすれば，いく通りの投函の仕方があるか.

問 2.72　りんご14個を3個の異なる果物かごに盛り分ける方法はいく通りあるか．ただし，どのかごにも少くとも3個は盛るものとする.

問 2.73　a, b, c, d；1, 2, 3, 4 とそれぞれ記入したカード8枚を横に並べた場合，文字も数字もこの順に並べるものとするとき，最初に a，最後に d がくる場合はいくつあるか.

例 2.28　$x+y+z+u=10$ の正整数解の組はいくつあるか.

（解）　$x, y, z, u \geqq 1$　　だから

$$a=x-1,\ \ b=y-1,\ \ c=z-1,\ \ d=u-1$$

とおくと

$$a, b, c, d \geqq 0 \quad \text{かつ} \quad a+b+c+d=6$$

区別のない6個のものを4つの容器 (a, b, c, d) に任意に分配する方法の数は，この不定方程式の正整数解の組の数に等しい．その数は

$${}_4\mathrm{H}_6=\binom{9}{6}=\binom{9}{3}=84$$

問 2.74　n 元1次方程式

$$x_1+x_2+\cdots\cdots+x_n=m$$

の正整数解はいく通りあるかただし，m は n より大きい正整数とする.

例 2.29　図のような碁板目の道路がある．AからBへ迂回しないでゆく順路はいく通りあるか.

（解）　横の区画番号1, 2, 3, 4, 5を b_1, b_2, b_3, b_4, b_5 条道路に順番に分配すると，AからBへゆく道路がきまる.

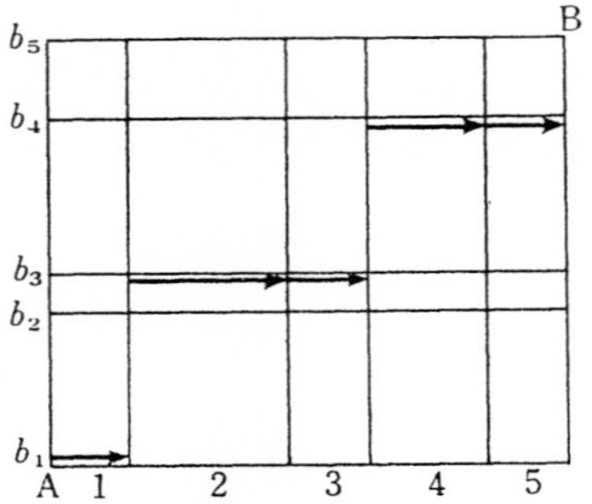

図 2.33

(図では右へ1，上へ2，右へ2，上へ1，右へ2，上へ1歩いて，点Aから点Bに至る．この道筋と

b_1	○	
b_2	×	
b_3	○○	という分配の仕方とが，1対1対応する．
b_4	○○	
b_5	×	

よって道筋は $_5H_5=\binom{9}{5}=126$ 通りある．

問 2.75　m 坊大路，n 条大路の交わる都市において，西南端の角から東北端の角へ迂回しないでゆく順路はいく通りあるか．

問 2.76　図のように東西の方向に8本，南北の方向に7本道路がある．次の問に答えよ．

① 道路にそって，AからBへ行く最短距離の順路はいく通りあるか．

② 道路工事のため，CD間が通れないとき，AからBへ至る最短距離の順路はいく通りあるか．

③ C，Eを結ぶ直線道路が作られたとき，AからBへ至る最短距離の順路はいく通りあるか．

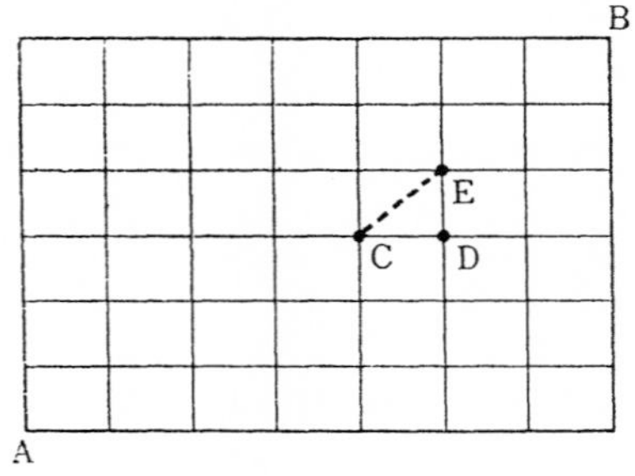

例 2.30　${}_nH_m={}_nH_{m-1}+{}_{n-1}H_m$ を証明せよ.

(解)

n 個の箱に m 個の区別のない玉を任意に分配すること
- 特定の箱に1つの玉も入っていない場合の分配の仕方の数　${}_{n-1}H_m$
- 特定の箱に少くとも1つの玉が入っている場合の分配の仕方の数　${}_nH_{m-1}$

以上2つの場合は同時に起こりえないから

$${}_nH_m={}_{n-1}H_m+{}_nH_{m-1}$$

問 2.77　次の等式を証明せよ.

① $m\,{}_nH_m=(n+m-1){}_nH_{m-1}$

② ${}_nH_m={}_{n-1}H_0+{}_{n-1}H_1+{}_{n-1}H_2+\cdots\cdots+{}_{n-1}H_m$

まとめ

定理 2.15　次の3つは同じ事柄の側面である.

(1) $\boldsymbol{A}$ から $\boldsymbol{B}$ への任意の広義単調増加写像.

(2) $\boldsymbol{B}=\{b_1, \cdots\cdots, b_n\}$ から重複を許して，任意に m 個を取り出して組を作ること.

(3) $b_1, b_2, \cdots\cdots, b_n$ というラベルをはった容器に，m 個の区別のつかない玉を任意に分配すること.

これらの総数は ${}_nH_m=\begin{pmatrix} n+m-1 \\ m \end{pmatrix}$ 個である.

§5. 逆像と組分け

(I)

f: $\boldsymbol{A}\to\boldsymbol{B}$ なる写像において，$\boldsymbol{B}$ の要素のすべて $b_1, b_2, \cdots\cdots, b_n$ の逆像

$$f^{-1}(b_1),\ f^{-1}(b_2), \cdots\cdots,\ f^{-1}(b_n)$$

はそれぞれが集合になっていて，しかもそれらはいずれも $\boldsymbol{A}$ の部分集合であ

る．さらに

$$f^{-1}(b_i)\cap f^{-1}(b_j)=\Phi \quad (i\neq j)$$

である．なぜなら

$$a\in f^{-1}(b_i)\cap f^{-1}(b_j)$$

なる a をとると

$$a\in f^{-1}(b_i) \quad \text{かつ} \quad a\in f^{-1}(b_j)$$

$$f(a)=b_i \quad \text{かつ} \quad f(a)=b_j$$

$b_i\neq b_j$　だから，このことは起りえない．

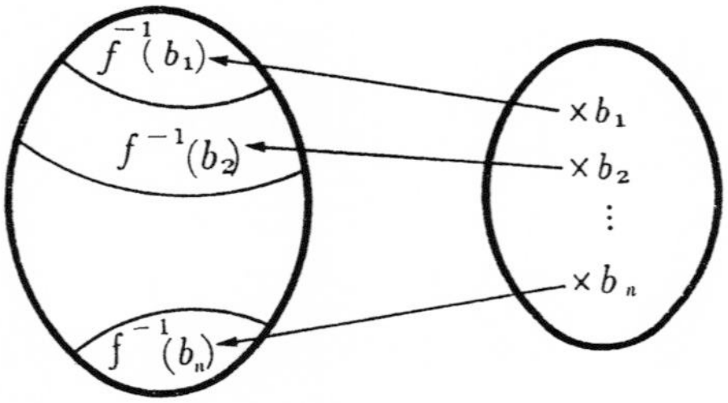

図 2.34　逆像による組分け

逆像によって，集合 $\boldsymbol{A}$ は

$$\boldsymbol{A}=f^{-1}(b_1)+f^{-1}(b_2)+\cdots\cdots+f^{-1}(b_n)$$

というように**類別**（**組分け**, classification）される．

本節の目的とするところは

逆像の個数が指定された数であるような写像の総数

を求めることである．つまり

$$n(f^{-1}(b_1))=p_1$$
$$n(f^{-1}(b_2))=p_2$$
$$\vdots$$
$$n(f^{-1}(b_n))=p_n$$

ただし，

$$p_1+p_2+\cdots\cdots+p_n=m=n(\boldsymbol{A})$$

とするとき，この条件をみたす写像の総数は，$\boldsymbol{A}$ を

$$\boldsymbol{A}=f^{-1}(b_1)+f^{-1}(b_2)+\cdots\cdots+f^{-1}(b_n)$$

というように類別する方法の数と同じである．

$f^{-1}(b_1)\subset\boldsymbol{A}$ の取り出し方は $\binom{m}{p_1}$

$f^{-1}(b_2)\subset\boldsymbol{A}-f^{-1}(b_1)$ の取り出し方は $\binom{m-p_1}{p_2}$

$f^{-1}(b_3)\subset\boldsymbol{A}-f^{-1}(b_1)-f^{-1}(b_2)$ の取り出し方は $\binom{m-p_1-p_2}{p_3}$

……

となる．

求める類別の方法の数を $\binom{m}{p_1,\ p_2,\ \cdots\cdots,\ p_n}$ とすると

$$\binom{m}{p_1,\ p_2,\ \cdots\cdots,\ p_n}=\binom{m}{p_1}\binom{m-p_1}{p_2}\binom{m-p_1-p_2}{p_3}\cdots\cdots$$

$$=\frac{m!}{p_1!(m-p_1)!}\cdot\frac{(m-p_1)!}{p_2!(m-p_1-p_2)!}\cdot\frac{(m-p_1-p_2)!}{p_3!(m-p_1-p_2-p_3)!}\cdots\cdots$$

$$=\frac{m!}{p_1!\,p_2!\cdots\cdots p_n!}$$

となる．

［注］ 組合せの数 $\binom{n}{m}$ は $\binom{n}{m,\ n-m}$ の省略と思えばよい．

例 2.31 $i+j+k=m+1$ のとき，等式

$$\binom{m+1}{i,\ j,\ k}=\binom{m}{i-1,\ j,\ k}+\binom{m}{i,\ j-1,\ k}+\binom{m}{i,\ j,\ k-1}$$

を証明せよ．

（解） $m+1$ 個の異なるものからなる集合 $\boldsymbol{M}$ を

$$n(\boldsymbol{A})=i,\quad n(\boldsymbol{B})=j,\quad n(\boldsymbol{C})=k;\quad i+j+k=m+1$$

である 3 つの互いに素な部分集合 $\boldsymbol{A},\ \boldsymbol{B},\ \boldsymbol{C}$ に類別するのに

(1) 特定の要素 a が $\boldsymbol{A}$ にあるような類別の仕方は $\binom{m}{i-1,\ j,\ k}$ 通り

(2)　特定の要素 a が $\boldsymbol{B}$ にあるような類別の仕方は $\binom{m}{i,\ j-1,\ k}$ 通り

(3)　特定の要素 a が $\boldsymbol{C}$ にあるような類別の仕方は $\binom{m}{i,\ j,\ k-1}$ 通り

(1), (2), (3)は同時に起りえないから，求める式をうる．

問 2.78　次の値を求めよ．

①　$\binom{5}{1,\ 2,\ 2}$,　②　$\binom{6}{4,\ 0,\ 2}$,　③　$\binom{3}{1,\ 1,\ 1}$

問 2.79　9人を3つの3人部屋に割りあてる仕方はいく通りあるか　ある特別な2人が同室を拒んだら，この仕方はいく通りあるか

問 2.80　9人を2人，3人，4人の3グループに分ける仕方はいく通りあるか．

(II)

(I) で考えたことを別の観点から眺めてみよう．

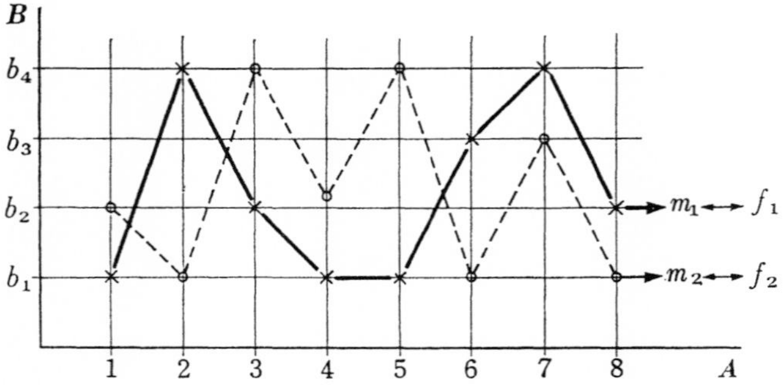

図 2.35

たとえば

$$\boldsymbol{A}=\{1,\ 2,\ 3,\ \cdots\cdots,\ 8\},\qquad \boldsymbol{B}=\{b_1,\ b_2,\ b_3,\ b_4\}$$

とし，

$$n(f^{-1}(b_1))=3 \qquad n(f^{-1}(b_2))=2$$

$$n(f^{-1}(b_3))=1 \qquad n(f^{-1}(b_4))=2$$

としよう．$\boldsymbol{A}$ から $\boldsymbol{B}$ への写像のうち，図2.35 の折れ線 m_1, m_2, などで示され

る写像 $f_1, f_2 \cdots\cdots$, をみよう．写像 f_2 によってえられる

$$\{1,\ 2,\ 3,\ 4,\ 5,\ 6,\ 7,\ 8\}$$
$$\downarrow f_2$$
$$\{b_2,\ b_1,\ b_4,\ b_2,\ b_4,\ b_1,\ b_3,\ b_1\}$$

のような対応に対して，像のペアを考えると b_1 を3個，b_2 を2個，b_3 を1個，b_4 を2個とってきて作った並べ方（順列）とみてよい．そのような順列の数は

$$\binom{8}{3,\ 2,\ 1,\ 2} = \frac{8!}{3!\ 2!\ 1!\ 2!} = 1680$$

である．

一般に，m 個のもののうち，$p_1, p_2, \cdots\cdots, p_n$ 個はそれぞれ同じものであるとき，それらを1列に並べる順列の数は

$$\binom{m}{p_1,\ p_2,\ \cdots\cdots,\ p_n}$$

個である．

例 2.32 mathematics の11文字を1列に並べる方法の数はいく通りか．

（解） m, a, t がそれぞれ2個，他の文字が1個ずつあるので，順列は

$$\binom{11}{2,\ 2,\ 2,\ 1,\ 1,\ 1,\ 1,\ 1} = \frac{11!}{(2!)^3(1!)^5} = \frac{11!}{8}$$

通りある．

問 2.81 1, 1, 2, 2, 2, 3, 3 の7個の数字を使ってできる，7桁の正の整数はいくつあるか．

問 2.82 0, 0, 0, 1, 1, 2, 3 の7数字からつくられる7桁の数はいくつあるか．またそのうち偶数はいくつあるか．

問 2.83 9個の数字 1, 1, 2, 3, 3, 4, 5, 6, 6を1列に並べるのに，奇数は奇数番目にあるようにしたい．並べ方はいくつあるか．

（Ⅲ）

分配という考え方からすると，m 個のものを区別することなく，$b_1, b_2, \cdots\cdots, b_n$ というラベルをはった容器に，それぞれ $p_1, p_2, \cdots\cdots, p_n$ 個ずつ分配する方法の数が $\binom{m}{p_1,\ p_2,\ \cdots\cdots,\ p_n}$ ということになる．

まとめ

定理 2.16 つぎの3つは同じ事柄の側面である.

(1) $n(f^{-1}(b_i))=p_i \quad (i=1, 2, \cdots\cdots, n)$

$p_1+p_2+\cdots\cdots+p_n=m$

のように指定された $\boldsymbol{A}$ から $\boldsymbol{B}$ への任意の写像

(2) m 個の要素のうち，p_1 個，p_2個，……，p_n 個ずつがそれぞれ同じものである任意の順列.

(3) m 個の要素を区別せずに，$b_1, b_2, \cdots\cdots, b_n$ という容器にそれぞれ $p_1, p_2, \cdots\cdots, p_n$ 個ずつ分配すること（これは大きさ m の集合をそれぞれ大きさ $p_1, p_2, \cdots\cdots, p_n$ の部分集合に類別することと同じである）.

これらの総数は $\binom{m}{p_1, p_2, \cdots\cdots, p_n}$ である.

［数学的補注］ 円順列 (circular permutation)

$\boldsymbol{A}=\{1, 2, 3, 4, 5\}$ において，$f: \boldsymbol{A}\to\boldsymbol{A}$ なる単射のうち

$$\{1, 2, 3, 4, 5\}$$
$$\downarrow$$
$$\{2, 3, 4, 5, 1\}$$
$$\downarrow$$
$$\{3, 4, 5, 1, 2\}$$
$$\downarrow$$
$$\{4, 5, 1, 2, 3\}$$
$$\downarrow$$
$$\{5, 1, 2, 3, 4\}$$

は，はじめの $\{1, 2, 3, 4, 5\}$ における数の配列と要素が循環的に動いたとみて同値とする．これらの数の配列を円形につないでしまうと，輪の内側からみて，つねに1の右隣りは5であり，5の右隣りは4，以下同様にどの場合も右隣りは同じ数である.

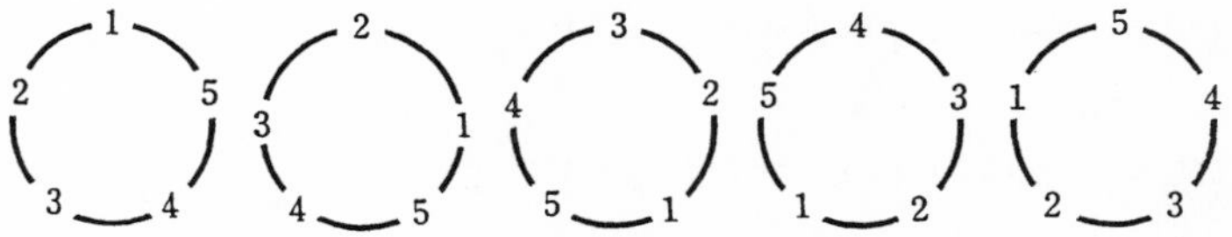

図 2.36

一般に，n 個のものの順列で，それらの要素が循環的に動いたものは，おわりの要素をはじめの要素に続けるように円形に並べると，要素の配列が同じ順序になる．このような順列を**円順列**という．１つの円順列を任意の２つの要素の間できって順列に直すと，それらの順列は同値となる．このような同値類の数を円順列の数という．

円順列の数を求めるには，上記の同値類からその類を代表する写像を１つずつとってくる．そうするためには

$$1 \in \boldsymbol{A} \text{ の像が } \quad f(1)=b_1 \in \boldsymbol{A}$$

となるように固定し，残りの $n-1$ 個の A の要素を１列に並べる順列を考える．そのような順列の数は $(n-1)!$ である．

したがって

> n 個の相異なるものから作った円順列の数は，$f: \boldsymbol{A} \to \boldsymbol{A}$ なる単射のうち，$f(1)=b_1$ となるものの数　$(n-1)!$　だけある．

例 1　男女５人ずつを交互に円卓に座らせる方法の数はいくらか．

（解）　男５人をまず円卓に坐らせる方法の数は $(5-1)!$ であり，男と男の間５席に女５人が１人ずつ坐る方法は $5!$ であるから，求める方法の数は

$$4! \times 5!$$

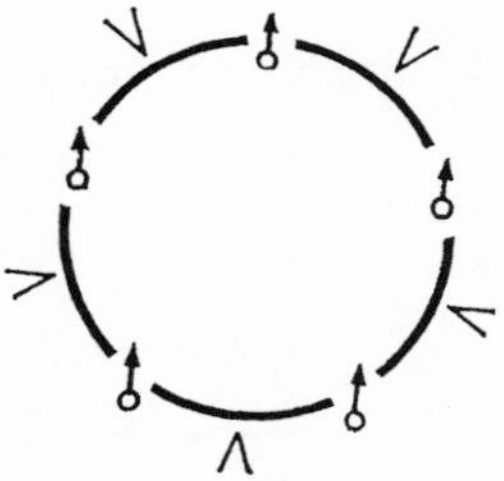

図 2.37

問 1　①　円卓に６人を並べる方法はいくらか．

②　その中の特定の１人は座席がきまっているとするとどうか．

③　特定の２人が向かい合って坐る方法はいくらか．

問 2　真四角のテーブルに8人が図のように着席する方法はいく通りのかき方があるか.

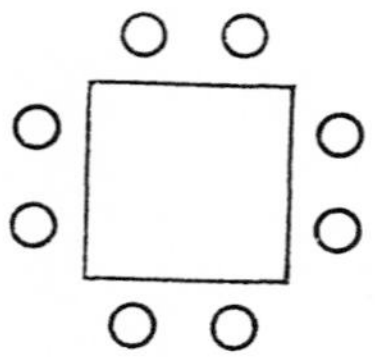

図 2.38

問 3　立方体の各面に1から6までの数字をかいてサイコロをつくる. いく通りのかき方があるか.

問 4　n 個の異なる玉で珠数を作るとき, 作り方の総数は $(n-1)!\div 2$ 通りであることを証せ.

問 5　$2n$ 人を n 人ずつ2つの丸いテーブルのまわりに坐らせる方法は, 全部でいく通りあるか.

第3章　二　項　定　理

§1. 二　項　定　理

代数積

$$(1+x_1 t)(1+x_2 t)(1+x_3 t)$$

を考察しよう. 展開して, t のベキについて整理すると

$$1+(x_1+x_2+x_3)t+(x_1 x_2+x_2 x_3+x_3 x_1)t^2+x_1 x_2 x_3 t^3$$

となる. これを

$$a_0 t^0+a_1 t+a_2 t^2+a_3 t^3$$

とかく. ただし, a_0, a_1, a_2, a_3 は3変数 x_1, x_2, x_3 の対称式で

$$a_0=a(x_1,\ x_2,\ x_3)=1$$

$$a_1=a_1(x_1,\ x_2,\ x_3)=x_1+x_2+x_3$$

$$a_2=a_2(x_1,\ x_2,\ x_3)=x_1 x_2+x_2 x_3+x_3 x_1$$

$$a_3=a_3(x_1,\ x_2,\ x_3)=x_1 x_2 x_3$$

となる. a_k における単項式の数は, 集合 $\{x_1,\ x_2,\ x_3\}$ の部分集合で, 大きさ k のものの数だけあるから, $\binom{3}{k}$ である.

ここで, $x_1=x_2=x_3=1$ とおくと

$$(1+t)^3=\sum_{k=0}^{3}a_k(1,\ 1,\ 1)t^k=\sum_{k=0}^{3}\binom{3}{k}t^k$$

一般的に

$$(1+x_1t)(1+x_2t)\cdots\cdots(1+x_nt)$$
$$=1+a_1(x_1,\ x_2,\ \cdots\cdots,\ x_n)t+a_2(x_1,\ x_2,\ \cdots\cdots,\ x_n)t^2$$
$$+\cdots\cdots+a_n(x_1,\ x_2,\ \cdots\cdots,\ x_n)t^n$$
$$=\sum_{k=0}^{n}a_k(x_1,\ x_2,\ \cdots\cdots,\ x_n)t^k$$

ただし，$a_k(x_1,\ x_2,\ \cdots\cdots,\ x_n)$ は n 変数 k 次の基本対称式である．そして，そこに含まれる単項式の数は $\binom{n}{k}$ である．

$x_1=x_2=\cdots\cdots=x_n=1$ とおくと

$$(1+t)^n=\sum_{k=0}^{n}a_k(1,\ 1,\ \cdots\cdots,\ 1)t^k=\sum_{k=0}^{n}\binom{n}{k}t^k$$

関数 $f(t)=(1+t)^n$ を，組合せの数 $\binom{n}{k}$ の**生成関数** (enumerating, generating function) という．

定理 2.17　二項定理 (binomial theorem)

$$(x+y)^n=\sum_{k=0}^{n}\binom{n}{k}x^{n-k}y^k$$

(証明)

$$(x+y)^n=x^n\left(1+\frac{y}{x}\right)^n$$
$$=x^n\sum_{k=0}^{n}\binom{n}{k}\left(\frac{y}{x}\right)^k$$
$$=\sum_{k=0}^{n}\binom{n}{k}x^{n-k}y^k$$

例 2.33　$$(x+y)^5=\sum_{k=0}^{5}\binom{5}{k}x^{5-k}y^k$$

$$=\binom{5}{0}x^5y^0+\binom{5}{1}x^4y^1+\binom{5}{2}x^3y^2+\binom{5}{3}x^2y^3+\binom{5}{4}xy^4+\binom{5}{5}x^0y^5$$

$$=x^5+5x^4y+10x^3y^2+10x^2y^3+5xy^4+y^5$$

問 2.84　次の式を展開せよ．

①　$(x+y)^7$　　②　$(a+b)^6$　　③　$(3a+4b)^5$

例 2.34　二項定理の右辺を，**二項展開式**，$\binom{n}{k}x^{n-k}y^k$ を展開式の**一般項，** $\binom{n}{k}$ を**二項係数**という．$\left(x^2-\dfrac{1}{x}\right)^8$ の展開式で，x^4 の係数を求めよ．

（解）　一般項は

$$\binom{8}{k}(x^2)^{8-k}\left(-\frac{1}{x}\right)^k=(-1)^k\binom{8}{k}x^{16-3k}$$

であるから，

$$16-3k=4$$

とおいて，$k=4$．よって，係数は　$(-1)^4\binom{8}{4}=70$

問 2.85　次の各式を展開したとき，指定された x の累乗の係数を求めよ．

①　$(x+2)^{10}$ の x^8 の係数　　②　$\left(2x-\dfrac{1}{3}\right)^{10}$ の x^4 の係数

③　$\left(x+\dfrac{1}{x}\right)^9$ の x^3 の係数　　④　$\left(3x^2+\dfrac{2}{x}\right)^6$ の定数項

⑤　$(2x+1)^5(3x+2)^6$ の x^3 の係数

例 2.35　$(x+y)^n$ で，$n=0, 1, 2, \cdots\cdots$ の場合の二項展開式の係数は，次の図式によって順に求めることができる．この図式を Pascal の3角形という．

$(x+y)^0$	1
$(x+y)^1$	1　1
$(x+y)^2$	1　2　1
$(x+y)^3$	1　3　3　1
$(x+y)^4$	1　4　6　4　1
$(x+y)^5$	1　5　10　10　5　1

これは $\binom{n}{m}=\binom{n-1}{m}+\binom{n-1}{m-1}$ という等式によって成り立つことが分る．

例 2.36　次の等式

① $\binom{n}{0}+\binom{n}{1}+\binom{n}{2}+\cdots\cdots+\binom{n}{n}=2^n$

② $\binom{n}{1}+2\binom{n}{2}+3\binom{n}{3}+\cdots\cdots+n\binom{n}{n}=n2^{n-1}$

③ $\binom{n}{0}+\frac{1}{2}\binom{n}{1}+\frac{1}{3}\binom{n}{2}+\cdots\cdots+\frac{1}{n+1}\binom{n}{n}=\frac{2^{n+1}-1}{n+1}$

を証明せよ．

（解）　① $f(t)=(1+t)^n=\sum_{k=0}^{n}\binom{n}{k}t^k$ において，

$$f(1)=2^n=\sum_{k=0}^{n}\binom{n}{k}$$

② $f'(t)=n(1+t)^{n-1}=\sum_{k=1}^{n}k\binom{n}{k}t^{k-1}$ において

$$f'(1)=n2^{n-1}=\sum_{k=1}^{n}k\binom{n}{k}$$

③ $\int_0^1 f(t)dt=\left[\frac{(1+t)^{n+1}}{n+1}\right]_0^1=\sum_{k=0}^{n}\binom{n}{k}\int_0^1 t^k\,dt$

$$\therefore\quad \frac{2^{n+1}-1}{n+1}=\sum_{k=0}^{n}\frac{1}{k+1}\binom{n}{k}$$

問 2.86　次の等式を証明せよ．

① $\binom{n}{0}-\binom{n}{1}+\binom{n}{2}-\cdots\cdots+(-1)^n\binom{n}{n}=0$

② $\binom{n}{1}-2\binom{n}{2}+3\binom{n}{3}-\cdots\cdots+(-1)^{n-1}n\binom{n}{n}=0$

③ $2\cdot1\binom{n}{2}+3\cdot2\binom{n}{3}+\cdots\cdots+n(n-1)\binom{n}{n}=n(n-1)\,2^{n-2}$

④ $\binom{n}{0}+2\binom{n}{1}+3\binom{n}{2}+\cdots\cdots+(n+1)\binom{n}{n}=2^{n-1}(n+2)$

⑤ $\sum_{k=1}^{n}\frac{(-1)^{k-1}}{k+1}\binom{n}{k}=\frac{n}{n+1}$

問 2.87 $(1+t)^a(1+t)^b=(1+t)^{a+b}$ の両辺の t^m の係数を比較することによって

$$\binom{a}{0}\binom{b}{m}+\binom{a}{1}\binom{b}{m-1}+\cdots\cdots+\binom{a}{m}\binom{b}{0}=\binom{a+b}{m}$$

であることを証明せよ.

問 2.88 前問を用いて

$$\binom{n}{0}^2+\binom{n}{1}^2+\cdots\cdots+\binom{n}{n}^2=\binom{2n}{n}$$

であることを証明せよ.

問 2.89

$$f(x)=1-\binom{n}{1}(1+x)^2+\binom{n}{2}(1+2x)^2+\cdots\cdots+(-1)^r\binom{n}{r}(1+rx)^2$$
$$+\cdots\cdots+(-1)^n\binom{n}{n}(1+nx)^2$$

において, $f(0)=f'(0)=0$ であることを証明せよ.

§2. 多 項 定 理

$(x+y+z)^n$ の展開を考えよう.

$$(x+y+z)^n=\{x+(y+z)\}^n$$
$$=\sum_{k=0}^{n}\binom{n}{k}x^{n-k}(y+z)^k$$
$$=\sum_{h=0}^{n}\binom{n}{k}x^{n-k}\{\sum_{j=0}^{k}\binom{k}{j}y^{k-j}z^j\}$$
$$=\sum_{k=0}^{n}\sum_{j=0}^{k}\binom{n}{k}\binom{k}{j}x^{n-k}y^{k-j}z^j$$

しかるに

$$\binom{n}{k}\binom{k}{j}=\binom{n}{n-k,\ k-j,\ j}$$

となるから,

$$n-k=p_1,\qquad k-j=p_2,\qquad j=p_3$$

とおくと

$$p_1+p_2+p_3=n$$

となる．それで

$$(x+y+z)^n=\sum_{\substack{p_1+p_2+p_3=n\ \text{となる} \\ \text{すべての}\ p_1,p_2,p_3\ \text{にわたり}}}\binom{n}{p_1,\ p_2,\ p_3}x^{p_1}y^{p_2}z^{p_3}$$

となる．

例 2.37 $(x+y+z)^3$ を展開せよ．

（解） 3次の同次式は，全部で

${}_3\mathrm{H}_3=\binom{5}{3}=10$ 項ある．各項 $x^{p_1}y^{p_2}z^{p_3}$ の係数を求めるには，$0\leqq p_1,\ p_2,\ p_3\leqq 3$，$p_1+p_2+p_3=3$ となる $p_1,\ p_2,\ p_3$ のすべての解を求めねばならない．その解は右の表の通りである．

$(p_1,\ p_2,\ p_3)$	$\binom{3}{p_1,\ p_2,\ p_3}$
(3, 0, 0)	1
(0, 3, 0)	1
(0, 0, 3)	1
(2, 1, 0)	3
(2, 0, 1)	3
(1, 2, 0)	3
(0, 2, 1)	3
(1, 0, 2)	3
(0, 1, 2)	3
(1, 1, 1)	6

$$(x+y+z)^3=x^3+y^3+z^3$$
$$+3(x^2y+x^2z+xy^2+y^2z+xz^2+yz^2)+6xyz$$

問 2.90 次の式を展開せよ．

① $(x+y+z)^4$　　② $(2x+y-z)^3$

問 2.91 $(x^2-x+2)^4$ の展開式における x^5 の係数を求めよ．

問 2.92 $(x+3y-z)^8$ の展開式における $x^2y^3z^3$ の係数を求めよ．

問 2.93 $(1+x+x^2)^n$ の展開式における x^k の係数を a_k とするとき．

① $a_0+a_1+a_2+\cdots\cdots+a_{2n}=3^n$

② $a_0-a_1+a_2-a_3+\cdots\cdots+a_{2n}=1$

であることを証明せよ．

定理 2.18　多項定理 (polynomial theorem)

$$(x_1+x_2+\cdots\cdots+x_m)^n=\sum\binom{n}{p_1,\ p_2,\ \cdots\cdots,\ p_m}x_1{}^{p_1}x_2{}^{p_2}\cdots\cdots x_m{}^{p_m}$$

ただし，加算は $p_1+\cdots\cdots+p_m=n$ となるすべての $p_1\geqq 0$, $p_2\geqq 0$, ……, $p_m\geqq 0$ にわたる．

（証明）　$(x_1+x_2+\cdots\cdots+x_m)^n$ $(n\in \boldsymbol{N})$ の展開式における任意の単項式は，係数を無視すれば

$$x_1{}^{p_1}x_2{}^{p_2}\cdots\cdots x_m{}^{p_m}$$

の形をしている．ここに

$$p_1+p_2+\cdots\cdots+p_m=n$$

である．このような単項式の項数は，m 個の入れもの x_1, x_2, ……, x_m に n 個のものを任意に分配する数に等しく，${}_m\mathrm{H}_n$ である．

つぎに，$x_1{}^{p_1}x_2{}^{p_2}\cdots\cdots x_m{}^{p_m}$ の係数は p_1 個の x_1, p_2 個の x_2, ……, p_m 個の x_m を1列に配列する数，すなわち

$$\binom{n}{p_1,\ p_2,\ \cdots\cdots,\ p_m}=\frac{n\,!}{p_1\,!\,p_2\,!\cdots\cdots p_m\,!}$$

に等しい．　(Q. E. D)

問 2.94　$(x+y+z+u)^7$ を展開したとき，x^3yzu^2, xy^5z の係数を求めよ．

問 2.95

$$\sum_{p_1+p_2+\cdots\cdots+p_m=n}\frac{n\,!}{p_1\,!\,p_2\,!\cdots\cdots p_m\,!}=m^n$$

であることを証明せよ．

［数学的補注］　二項定理の拡張

われわれは，順列の数や組合せの数に対して，教科書にある ${}_n\mathrm{P}_m$ や ${}_n\mathrm{C}_m$ をあまり用いず，もっぱら $n^{(m)}$ や $\binom{n}{m}$ を用いた．それは新奇をてらってのことではない．なぜなら，n が負の整数のときにも，形式的に拡張して使えるからである．つまり，$n=-a$ $(a>0)$ とおくと

$$\binom{-a}{m}=\frac{(-a)^{(m)}}{m\,!}=\frac{(-a)(-a-1)(-a-2)\cdots(-a-m+1)}{m\,!}$$

$$=(-1)^m\frac{(a+m-1)^{(m)}}{m\,!}$$

$$=(-1)^m\binom{a+m-1}{m}=(-1)^m\ {}_a\mathrm{H}_m$$

よって

$$ {}_a\mathrm{H}_m=(-1)^m\binom{-a}{m}$$

したがって，重複組合せの数 ${}_a\mathrm{H}_m$ は，本質的に負の二項係数という性格をもっている．

問 1 次の値を求めよ．

① $\binom{-3}{3}$　　② $\binom{-4}{2}$　　③ $\binom{-2}{0}$

組合せの数$\binom{n}{m}$は，値の存在するための条件が $n\geqq m\geqq 0$ であったが，$\binom{-a}{m}$ $(a>0)$ では，$m\geqq 0$ 以外に a と m の間には何の制約条件もない．そこで，二項定理を $(1-t)^{-n}$ に形式的に適用してみると

$$(1-t)^{-n}=\sum_{k=0}^{\infty}\binom{-n}{k}(-t)^k$$

$$=\sum_{k=0}^{\infty}(-1)^k\binom{-n}{k}t^k=\sum_{k=0}^{\infty}{}_n\mathrm{H}_k\,t^k$$

となる．

例 1 $(1-t)^{-1}=\sum_{k=0}^{\infty}{}_1\mathrm{H}_k\,t^k$

$$=\sum_{k=0}^{\infty}\binom{k}{k}t^k=\sum_{k=0}^{\infty}t^k$$

$$=1+t+t^2+\cdots\cdots$$

$$(1-t)^{-2}=\sum_{k=0}^{\infty}{}_2\mathrm{H}_k\,t^k$$

$$=\sum_{k=0}^{\infty}\binom{k+1}{k}t^k=\sum_{k=0}^{\infty}(k+1)t^k$$

$$=1+2t+3t^2+\cdots\cdots$$

事実，

$$(1-t)^{-1}=1+t+t^2+t^3+\cdots\cdots$$

の両辺を t について微分すると

$$(1-t)^{-2}=1+t+2t+3t^2+\cdots\cdots$$

となる.

問 2　次の式を展開せよ.

①　$(1+t)^{-1}$　　②　$(1+t)^{-2}$　　③　$(1-t)^{-3}$　　④　$(1-t)^{-4}$

問 3

$$(-1)^m\begin{pmatrix}-\frac{1}{2}\\ m\end{pmatrix}=\begin{pmatrix}2m\\ m\end{pmatrix}2^{-2m}$$

なる等式を証明せよ.

［歴史的補注］　順列・組合せの歴史

場合の数を数え上げる一般的問題で，組合せ論(combinatorial theory)の名のもとにまとめあげられるのは比較的最近のことである. $\begin{pmatrix}n\\ 2\end{pmatrix}=\frac{n(n-1)}{2}$ は3世紀ごろに確かめられている. また，インド数学者 Bhāskara (12世紀)は $\begin{pmatrix}n\\ p\end{pmatrix}$ に関する一般公式を知っていた. 13世紀になると Levi ben Gerson が手記の中で，$n^{(p)}$ や $\begin{pmatrix}n\\ p\end{pmatrix}$, $\begin{pmatrix}n\\ p\end{pmatrix}=\begin{pmatrix}n\\ n-p\end{pmatrix}$ などの法則を述べているが，当時の人々には見むきもされなかったらしい. そしてこれらの公式はその後，幾人かの数学者によって少しずつ再発見される. Cardan (1501～1576) は n 個の要素からなる集合の空でない部分の個数は 2^n-1 であることを証明している.

Pascal と Fermat は確率論を基礎づけるのに $\begin{pmatrix}n\\ p\end{pmatrix}$ の式の形を再発見している. Pascal は $\begin{pmatrix}n\\ p\end{pmatrix}$ と二項定理との関係にはじめて目を向けた. しかし二項定理そのものは Newton よりずっと古く，13世紀以後のアラビア人に知られ，14世紀には中国人，朱世傑に知られていた. 多項定理は1676年頃 Leibniz によって発見されている.

第Ⅲ部

統計数学

恐るべき規則正しさをもって支出されるひとつの予算がある．それは人間が犯罪に支払わねばならぬところのもの，これである！何という悲惨な人類の状態であろう！我々は生ずべき出生および死亡の数をあらかじめ計算しうるとほとんど同じように，同胞の血をもってその手を汚す人，偽造者，毒殺者の数を前もって計算しうるのである．

（ケトレー「人間について」）

第1章　集団性の量的記述
(記　述　統　計　学)

§1. 要素の母集団

自然現象や社会現象のなかには，1つ1つは不規則にみえても，資料をたくさん集めて全体として眺めると，一定の性質や規則が浮かび上ってくるものが多い．この第Ⅲ部の学習目標は，このような

集団現象の法則性の解析

という点にある．

そこで，**集団**とは何か，数学的にいえば集合である．が，もう少し詳しくのべると，多数のもの(同時に1か所に集まっていなくてもよい)を，同じ目印のもとにひとまとめにして考えたとき，これを集団という．このときの目印を**標識**(mark)，集団を構成している個々のものを**要素**という．

たとえば

(1)　1973年4月1日，A 高校に入学した生徒全体は集団を作り，個々の生徒はその集団の要素である．標識はこの集団を規定する条件である．

(2)　1972年に日立製作所でつくったカラー·テレビ全体は集団をなし，個々のカラー·テレビは製品の集団の要素である．

もの a が集団 $\boldsymbol{A}$ の要素であることを

$$a \in \boldsymbol{A} \quad \text{または} \quad \boldsymbol{A} \ni a$$

で表わし，もの a が $\boldsymbol{A}$ の要素でないことを

$$a \notin \boldsymbol{A} \quad \text{または} \quad \boldsymbol{A} \not\ni a$$

で表わす．

1つの集団 $\boldsymbol{A}$ の1部分もまたある標識のもとに集団をつくるならば，これをもとの集団の部分集団といい

$$\boldsymbol{B} \subset \boldsymbol{A} \quad \text{または} \quad \boldsymbol{A} \supset \boldsymbol{B}$$

とかく．

(1′) 1973年4月1日，A 高校に入学した女生徒全体の集団は，(1)の集団の部分集団である．

(2′) 1972年，日立製作所，川崎工場で作られたカラー•テレビの製品の集団は(2)の集団の部分集団である．

多数の集団 $\boldsymbol{A}_1$, $\boldsymbol{A}_2$, ……, $\boldsymbol{A}_n$ がある．そのどれか少なくとも1つの集団の要素となっているもののうち，ある標識のもとにひとまとめにしたものを，$\boldsymbol{A}_1$, $\boldsymbol{A}_2$, ……, $\boldsymbol{A}_n$ の**合併集団**といい

$$\boldsymbol{A}_1 \cup \boldsymbol{A}_2 \cup \cdots\cdots \cup \boldsymbol{A}_n$$

とかく．

また，それらの共通要素全体を，ある標識のもとで集団と考えたとき，$\mathbf{A}_1$, $\mathbf{A}_2$, ……, $\mathbf{A}_n$ の**共通集団**といい，

$$\mathbf{A}_1 \cap \mathbf{A}_2 \cap \cdots\cdots \cap \mathbf{A}_n$$

とかく．

(3) $\boldsymbol{A}$ を1973年在籍中の県立 A 高校の生徒の集団，$\boldsymbol{B}$ を同年在籍中の市立 A 高校の生徒の集団とし，A 市内にこの2校以外に高校がないとすれば，$\boldsymbol{A} \cup \boldsymbol{B}$ は1973年 A 市内公立高校に在籍中の生徒集団となる．

(4) (3)の $\boldsymbol{A}, \boldsymbol{B}$ 2集団では，共通要素はない．

$\boldsymbol{A}$, $\boldsymbol{B}$ 2集団に共通要素がないとき，$\boldsymbol{A}$ と $\boldsymbol{B}$ は**排反な集団**といい，

その合併集団を $\boldsymbol{A}+\boldsymbol{B}$，共通集団を $\boldsymbol{A}\cap\boldsymbol{B}=\boldsymbol{\Phi}$（**空集団**……要素のない集団）とかく．

$\boldsymbol{A}_1$, $\boldsymbol{A}_2$, ……, $\boldsymbol{A}_n$ のどの2つも排反な集団のとき，それらは互いに排反であるといい，その合併集団を

$$\boldsymbol{A}_1+\boldsymbol{A}_2+\cdots\cdots+\boldsymbol{A}_n$$

とかき，$\boldsymbol{A}_1$, $\boldsymbol{A}_2$, ……, $\boldsymbol{A}_n$ の**直和**という．

例 3.1　$\boldsymbol{\Omega}$ を1973年Ａ高校に在籍の生徒の集団とし，

$\boldsymbol{A}_i(i=1, 2, 3)$を $\boldsymbol{\Omega}$ の部分集団で第 i 学年の生徒の集団

$\boldsymbol{B}$ を $\boldsymbol{\Omega}$ の部分集団で男子生徒の集団，$\boldsymbol{G}$ を $\boldsymbol{\Omega}$ の部分集団で女子生徒の集団とすると

$$\boldsymbol{\Omega}=\boldsymbol{A}_1+\boldsymbol{A}_2+\boldsymbol{A}_3=\boldsymbol{B}+\boldsymbol{G}$$

$\boldsymbol{A}_1\cap\boldsymbol{B}$ は　第1学年男子生徒の集団

$\boldsymbol{A}_3\cap\boldsymbol{G}$ は　第3学年女子生徒の集団

ある集団 $\boldsymbol{\Omega}$ を定めておき，その要素や部分集団のみを考察するとき，$\boldsymbol{\Omega}$ を**要素の母集団**(universe)という．母集団 $\boldsymbol{\Omega}$ において要素の数が有限なものを**有限母集団**(finite universe)，無限個あるものを**無限母集団**(infinite universe)という．$\boldsymbol{\Omega}$ の部分集団 $\boldsymbol{A}$ の要素でないものの集団を，$\boldsymbol{A}$ の($\boldsymbol{\Omega}$ に関する)**余集団**(complementary)といい，$\boldsymbol{A}^c$ とかく．

有限な集団 $\boldsymbol{A}$ において，要素の個数を $n(\boldsymbol{A})$ とかく．

集合に関するいろいろな演算法則は，集団に対しても成り立つ．

問 3.1　52枚のトランプ・カードがある．そのカードの集団を母集団 $\boldsymbol{\Omega}$ とする．S をスペードの札の集団，D をダイヤの札の集団，H を役札の集団(10, Jack, Queen, King, Ace)とする．

$\mathbf{S}\cap\mathbf{H}$,　$\mathbf{S}^c$,　$\mathbf{D}\cap\mathbf{S}$,　$\mathbf{D}\cap\mathbf{S}^c$,　$\mathbf{D}\cup\mathbf{S}$,　$(\mathbf{S}\cup\mathbf{D})\cap\mathbf{H}$

はどんな札の集団か.

問 3.2 先生方321人に文部省学習指導要領は学問的に作られたものかどうか問うたところ，次のような資料がえられた.

勤務年数 / 回答	1年以下	1～3年	4～10年	10年以上	計
肯定	27	54	137	28	246
否定	14	18	34	3	69
不明	3	2	1	0	6
計	44	74	172	31	321

Y：肯定と答えた先生方の集団
N：否定と答えた先生方の集団
A：勤続1年以下の先生方の集団
B：勤続1～3年の先生方の集団
C：勤続4～10年の先生方の集団
とする.

① 集団の記号 A, B, C, Y, N と，演算記号 ^{c}, $\cap$, $\cup$ を用いて

i) 勤続4～10年の先生方で文部省の立場を肯定する人の集団

ii) 態度不明の先生方の集団

iii) 文部省に肯定的な立場の人で，少なくとも4年勤続している先生方の集団

を表わせ.

② 集団 $Y\cap B$, $Y\cup B$, $(Y\cup N)^c\cap A$, $(N\cap C)^c$ の中の先生方の数を数えよ.

[歴史的補注]

教育基本法10条

1. 教育は，不当な支配に服することなく，国民全体に対して直接に責任を負って行われるべきものである.
2. 教育行政は，この自覚のもとに，教育の目的を遂行するに必要な諸条件の整備確立を目標として行われなければならない.

昭和42年(行ウ)第85号検定処分取消訴訟事件(家永裁判)判決

“1項にいう「教育は」というのは「およそ教育は」という意味であって，家庭教育，社会教育，学校教育のすべてを含むことはいうまでもなく，したがって教育は「不当な支配」

に服してはならないということは，とりもなおさず，いやしくも教育に関係するものはすべて「不当な支配」に服すべきでないことを意味するといってよい．ここに不当な支配というとき，その主体は主としては政党その他の政治団体，労働組合その他の団体等国民全体でない一部の党派的勢力を指すものと解されるが，しかし同時に本条1項前段は，教育の自主性，自律性を強くうたったものというべきであるから，議院内閣制をとる国の行政当局もまた「不当な支配」の主体たりうることはいうまでもない．さらに本条1項後段で，「教育は……，国民全体に対して直接に責任を負って行われるべきものである.」というのは，同項前段の「不当な支配に服することなく」といわば表裏一体となって，教育における民主主義の原理をうたったものというべきである.”

“叙上のとおり，教育基本法10条の趣旨は，その1，2項を通じて，教育行政ことに国の教育行政は教育の外的事項について条件整備の責務を負うけれども，教育の内的事項については，指導，助言等は別として，教育課程の大綱を定めるなど一定の限度を超えてこれに権力的に介入することは許されず，このような介入は不当な支配に当ると解すべきである……”

(1970. 7. 17，東京地方裁判所)

§2. 構 造 比 率

> 母集団 $\boldsymbol{\Omega}$ の部分集団 $\boldsymbol{A}$ に対して，$\boldsymbol{A}$ の大きさの $\boldsymbol{\Omega}$ の大きさに対する割合
>
> $$\frac{n(\boldsymbol{A})}{n(\boldsymbol{\Omega})}$$
>
> を，$\boldsymbol{A}$ の($\boldsymbol{\Omega}$ に対する)**構造比率**(constructive proportion)といい，記号で $p(\boldsymbol{A})$ とかく．

構造比率(略して比率という)を表わすには，$\frac{1}{10}$，$\frac{1}{100}$，$\frac{1}{1000}$を単位とする呼び方，割，%(パーセント)，‰(パーミル)があるが，本書では単位はつけず，絶対数のままで論をすすめる．

定理 3.1 (1) $p(A)=\dfrac{n(A)}{n(\Omega)}$ （定義，比率の第1用法）

(2) $p(A)\,n(\Omega)=n(A)$ （比率の第2用法）

(3) $n(\Omega)=\dfrac{n(A)}{p(A)}$ （比率の第3用法）

（証明） 定義を変形すれば，すぐさまえられる．

問 3.3 ① コレラにかかって死ぬ人は患者数の0.14の割合だという．335人発病すると，何人死ぬか．

② 30人死んだとすると，発病患者は何人か．

問 3.4

$$p(\Phi)=0,$$
$$p(\Omega)=1,$$
$$0\leqq p(A)\leqq 1$$

であることを証明せよ．

定理 3.2 （比率の加法性）

$$A=A_1+A_2+\cdots\cdots+A_n$$

ならば

$$p(A)=p(A_1)+p(A_2)+\cdots\cdots+p(A_n)$$

（証明） 仮定より

$$n(A)=n(A_1)+n(A_2)+\cdots\cdots+n(A_n)$$

両辺を $n(\Omega)$ で割ればよい．

系 1 $\Omega=A_1+A_2+\cdots\cdots+A_n$ であれば

$$1=p(A_1)+p(A_2)+\cdots\cdots+p(A_n)$$

系 2 $p(A)+p(A^c)=1$

問 3.5 $p(A\cap B^c)+p(A\cap B)=p(A)$

であることを証明せよ．

問 3.6　$A \subset B$ のとき $p(A) \leqq p(B)$

であることを証明せよ．

問 3.7　A高校の昨年度の生徒数で，男子と女子の人数の割合は 3:1 であったが，今年は男子が12%減少し，女子が20%増加した．本年度の男子生徒数は全体の何%にあたるか．

系 3　（比率の加法定理）

$$p(A \cup B) = p(A) + p(B) - p(A \cap B)$$

（証明）

$$n(A \cup B) = n(A) + n(B) - n(A \cap B)$$

両辺を $n(\Omega)$ で割ればよい．

問 3.8　次の式を証明せよ．

$$p(A \cup B \cup C) = p(A) + p(B) + p(C) - p(A \cap B) - p(B \cap C) - p(C \cap A) + p(A \cap B \cap C)$$

問 3.9　ある市で3種の新聞 A, B, C が出版されている，市の全世帯中

20%は A を，16%は B を，14%は C を

8%は A と B を，5%は B と C を，4%は A と C を

2%は A, B, C 3つとも

購読している．

① 少なくとも1種類の新聞をとっている世帯は何%か．

② ちょうど2種類の新聞をとっている世帯は何%か．

問 3.10　ある製薬会社では3つの性質 N_1, N_2, N_3 のうち，少なくとも1つの性質をもっているものを作っている．そしてこれら各種の薬品の良，不良をしらべるために抜取検査をしてみたところ，サンプルになった薬品の a %は必ず性質 N_1 を，b %は必ず性質 N_2 を，c %は必ず性質 N_3 をもつものであり，またサンプル全体の p %は必ず性質 N_2, N_3 を，q %は必ず性質 N_3, N_1 を，r %は必ず性質 N_1, N_2 をもつものであった．

① N_1, N_2, N_3 の3性質全部をもつものは，サンプル全体の何%か．

② 性質 N_2 または N_3 をもつものは全体の何%か．

③ 性質 N_1 のみをもつものは全体の何%か．

$\boldsymbol{A}$, $\boldsymbol{B}$ を2つの集団とするとき

$$p_{\boldsymbol{A}}(\boldsymbol{B})=\frac{n(\boldsymbol{A}\cap\boldsymbol{B})}{n(\boldsymbol{A})}$$

を $\boldsymbol{A}$ **のもとにおける** $\boldsymbol{B}$ **の部分比率** (partially proportion) という.

定理 3.3 (比率の乗法性)

$$p(\boldsymbol{A}\cap\boldsymbol{B})=p(\boldsymbol{A})\,p_{\boldsymbol{A}}(\boldsymbol{B})$$
$$=p(\boldsymbol{B})\,p_{\boldsymbol{B}}(\boldsymbol{A})$$

(証明)
$$p(\boldsymbol{A})p_{\boldsymbol{A}}(\boldsymbol{B})=\frac{n(\boldsymbol{A})}{n(\boldsymbol{\Omega})}\ \frac{n(\boldsymbol{A}\cap\boldsymbol{B})}{n(\boldsymbol{A})}$$
$$=\frac{n(\boldsymbol{A}\cap\boldsymbol{B})}{n(\boldsymbol{\Omega})}=p(\boldsymbol{A}\cap\boldsymbol{B})$$

第2の式についても同様.

例 3.2 日本のある年の出生児 ($\boldsymbol{\Omega}$) 中, 東京都生れの者 ($\boldsymbol{A}$) の比率は 0.1, また男子出生児 ($\boldsymbol{B}$) の東京都における部分比率は 0.51 であった. 東京の男子出生児の全国出生児に対する比率を求めよ.

(解) 東京都男子出生児の集団は $\boldsymbol{A}\cap\boldsymbol{B}$ である.

$$p(\boldsymbol{A}\cap\boldsymbol{B})=p(\boldsymbol{A})\,p_{\boldsymbol{A}}(\boldsymbol{B})=0.1\times0.51$$
$$=0.051$$

問 3.11 問3.9において,

① 少なくとも1種類の新聞をもっている世帯のうち, AとBの両方をとっている世帯の比率を求めよ,

② 少なくとも2種類の新聞をとっている世帯のうち, 3種類とっている世帯の比率はいくらか.

問 3.12 ある駅で乗降客の調査をした. 男の乗客と女の乗客との数は7と3の割合であった. 男の乗客のうち, 定期券の人と切符の人との割合は9と1であった. 切符の乗降客のうち, 男の客の数は, 乗降客全部の何%にあたるか.

例 3.3 A高校の演劇部員のうち, 1年生は50%, 2年生は30%, 3年生は20%

を占める．この学校では1年生の10%，2年生の15%，3年生の20%は数学不認定者であるという．しからば，演劇部員のうち，何%が数学の不認定点をもらっているか．

（解）　$\boldsymbol{B}$を演劇部員中不認定点をもらった者の集団，

$\boldsymbol{A}_i$を第i学年（$i=1, 2, 3$）の演劇部員の集団，

$\boldsymbol{\Omega}$を演劇部員の集団とする．

$$\boldsymbol{\Omega}=\boldsymbol{A}_1+\boldsymbol{A}_2+\boldsymbol{A}_3$$

$$\begin{aligned}\boldsymbol{B}&=\boldsymbol{B}\cap(\boldsymbol{A}_1+\boldsymbol{A}_2+\boldsymbol{A}_3)\\&=\boldsymbol{B}\cap\boldsymbol{A}_1+\boldsymbol{B}\cap\boldsymbol{A}_2+\boldsymbol{B}\cap\boldsymbol{A}_3\qquad\text{（分配律）}\end{aligned}$$

$$\begin{aligned}p(\boldsymbol{B})&=\sum_{i=1}^{3}p(\boldsymbol{B}\cap\boldsymbol{A}_i)\\&=\sum_{i=1}^{3}p(\boldsymbol{A}_i)\,p_{\boldsymbol{A}_i}(\boldsymbol{B})\\&=0.5\times0.1+0.3\times0.15+0.2\times0.2\\&=0.135(=13.5\%)\end{aligned}$$

問 3.13　ある会社の製品は A, B, C の3つの工場で，それぞれ25%, 35%, 40%の割合で生産されている．そしてこれらの工場の製品のうち，5%，4.%，2%は不良品であった．全製品のうち，不良品のしめる比率はいくらか．

問 3.14　$\boldsymbol{\Omega}=\boldsymbol{A}_1+\boldsymbol{A}_2+\cdots\cdots+\boldsymbol{A}_n$，$\boldsymbol{B}\subset\boldsymbol{\Omega}$ とするとき

$$p(\boldsymbol{B})=\sum_{i=1}^{n}p(\boldsymbol{A}_i)\,p_{\boldsymbol{A}_i}(\boldsymbol{B})$$

であることを証明せよ．（全比率の定理）

例 3.4　$\boldsymbol{\Omega}=\boldsymbol{A}_1+\boldsymbol{A}_2+\cdots\cdots+\boldsymbol{A}_n$，$\boldsymbol{B}\subset\boldsymbol{\Omega}$ とするとき

$$p_{\boldsymbol{B}}(\boldsymbol{A}_k)=\frac{p(\boldsymbol{A}_k)\,p_{\boldsymbol{A}_k}(\boldsymbol{B})}{\sum_{i=1}^{n}p(\boldsymbol{A}_i)\,p_{\boldsymbol{A}_i}(\boldsymbol{B})}$$

である．（Bayes の定理）

（解）

$$\begin{aligned}p(\boldsymbol{A}_k\cap\boldsymbol{B})&=p(\boldsymbol{A}_k)\,p_{\boldsymbol{A}_k}(\boldsymbol{B})\\&=p(\boldsymbol{B})\,p_{\boldsymbol{B}}(\boldsymbol{A}_k)\end{aligned}$$

$$\therefore\quad p_{\boldsymbol{B}}(\boldsymbol{A}_k)=\frac{p(\boldsymbol{A}_k)\,p_{\boldsymbol{A}_k}(\boldsymbol{B})}{p(\boldsymbol{B})}$$

$$= \frac{p(A_k)\,p_{A_k}(B)}{\sum_{i=1}^{n} p(A_i)\,p_{A_i}(B)}$$

たとえば，例 3.3 で，演劇部員中不認定点をもらった者の中での 1 年生の比率は

$$p_B(A_1) = \frac{p(A_1)\,p_{A_1}(B)}{p(B)}$$

$$= \frac{0.5 \times 0.1}{0.135} = 37\%$$

圖 3.15　問 3.13 で，不良品おき場の中で，A 工場の不良品が占める割合はいくらか．

［歴史的補注］　トーマス・ベイス(Thomas Bayes　?～1763)

科学的推論の過程，つまり実験研究者が理解している意味での，現実の世界を理解する方法に，合理的な説明を与えようとした最初の学者であるが，1741年から死ぬまで Royal Society（王立協会）会員でありながら，《イギリス伝記辞典》に名前がのっていないのは，主として国教反対派の牧師であったためらしい．Bayes の定理としてしられるものは，死後1763年に Philosophical Transactions 誌にのった“偶然の理論における一問題を解くための試み（An essay towards solving a problem in doctrin of chances)”の中に出てくる．A_i は B より先行して確定する集団とすれば，$p_{A_i}(B)$ は実験の順序にしたがって求められるが，$p_B(A_i)$ は後に確定する集団の知識をもとに，過去の集団の状態を求めるのであるから，1 種の推測になる．

§3. 分　布

集団の要素の性質を表わす目安となるものを標識という．たとえば，多数の人の集団（集団を規定する標識は別として）があるとき，この集団を構成する各人について，

身長，体重，性，皮膚の色，視力

など，いろいろな性質を考える．これらは，元の集団(母集団)を部分集団に類別しうる標識となりうる．標識は，その値のつけ方によって

- 標識
  - 定性的標識
    - 対立標識
    - 有限標識
  - 定量的標識
    - **直接数標識**
      - **連続数標識**
      - **不連続**（分離）**数標識**
    - 間接数標識

のように分類される．

標識には，上記のように分類されるが，今後，主たる役割を演ずるのは，太字の部分である．

(1)　対立標識

標識の値が対立する2つのものの場合，たとえば

性別（男，女）；健康状態（強健，病弱）　など

(2)　有限標識

標識の値が有限個のものをとる場合，たとえば

皮膚の色（白，黄，褐，黒）；毛髪の性質（直毛，波毛，縮毛）；

住所別（市，町，村）　など．

(3)　直接数標識

標識の値が実数，有理数，整数などで表現される場合，たとえば

身長（cm）；体重（kg）；個数（人，匹，通，台，隻）など

(4)　間接数標識

他の標識から計算その他の手段で値をみちびいたもの，たとえば

$$\text{肥満度}=\frac{\sqrt{\text{体重}}}{\text{身長}},\quad \text{グラマー率}=\frac{\text{バスト}}{\text{ウエスト}}\quad \text{など．}$$

定性的標識は，たとえば皮膚の色を表わすのに，白は0，黄は1，褐は2，黒は3というように表わせば，これも数標識とみなせる．今後，標識はすべて数標識とする．

母集団を $\boldsymbol{\Omega}$ とし，$\boldsymbol{\Omega}$ を規定する標識を X とする．$\boldsymbol{\Omega}$ の要素を

$$\omega_1,\ \omega_2,\ \cdots\cdots,\ \omega_N \quad ; \quad N=n(\boldsymbol{\Omega}) \qquad ①$$

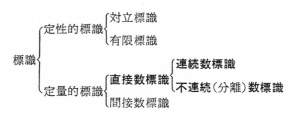

とし，このおのおのの要素に対する X 標識の値を

$$X(\omega_1),\ X(\omega_2),\ \cdots\cdots,\ X(\omega_N) \qquad ②$$

とかく．N 個の $X(\omega)$ の値の中には同じ数値のものがあるかもしれないから，そのうち異なるものだけをとり，これを適当な順に並べかえて

$$x_1,\ x_2,\ \cdots\cdots,\ x_n \qquad ③$$

とする．$X(\omega)$ を**変量** (variate)，$X(\omega)=x$ となる x を変量の実現値という．

$\boldsymbol{\Omega}$ の任意の要素 ω は，変量 $X(\omega)$ によって n 種類に分類される．

$X(\omega)=x_1$　となる ω の全体　$\boldsymbol{A}_1=\{\omega\,|\,X(\omega)=x_1\}$
$X(\omega)=x_2$　となる ω の全体　$\boldsymbol{A}_2=\{\omega\,|\,X(\omega)=x_2\}$
……………
$X(\omega)=x_n$　となる ω の全体　$\boldsymbol{A}_n=\{\omega\,|\,X(\omega)=x_n\}$

とする．そのとき

$$\boldsymbol{\Omega}=\boldsymbol{A}_1+\boldsymbol{A}_2+\cdots\cdots+\boldsymbol{A}_n \qquad ④$$

である．

［注］ 上記の分類（類別）に出てくる，変量の実現値 x_i は，②に出てくる値を全部含めればよいが，それ以外に余分のものがあってもよい．x_i がこの余分のものであれば，$\boldsymbol{A}_i$ は空集団となるだけである．

上記のことをまとめて表示すると

数量 X	部分集団	度　数	比　率
x_1	$\boldsymbol{A}_1$	f_1	p_1
x_2	$\boldsymbol{A}_2$	f_2	p_2
⋮	⋮	⋮	⋮
x_n	$\boldsymbol{A}_n$	f_n	p_n
計	$\boldsymbol{\Omega}$	N	1

となる．第3列の f_1，f_2，……，f_n はそれぞれ $n(\boldsymbol{A}_1)$，$n(\boldsymbol{A}_2)$，……，$n(\boldsymbol{A}_n)$ で，それぞれ x_1 の**度数** (frequency)，x_2 の度数，……，x_n の度数といい，ひとま

とめにして X の**度数分布**(frequency distribution) という.

表の第4列の $p_1, p_2, \cdots\cdots, p_n$ はそれぞれ $p(\boldsymbol{A}_1), p(\boldsymbol{A}_2), \cdots\cdots, p(\boldsymbol{A}_n)$ で,それぞれ $x_1, x_2, \cdots\cdots, x_n$ の(出現)比率といい,ひとまとめにして X の**比率分布**(proportion distribution) という.

例 3.5　1さやの中のえんどう豆の豆粒のデーター(Marbe,「小倉金之助,“統計的研究法”」より)

変量 X(豆粒の数)	度数 f(さやの数)	比 率 p
1	3792	0.063
2	8567	0.142
3	12150	0.200
4	12742	0.210
5	10388	0.172
6	7083	0.117
7	4225	0.070
8	1473	0.024
9	115	0.002
10	1	0.000
	60536	1.000

この度数分布表(比率分布表)を図表示するには,変量 X が分離量なので,棒グラフがよい.

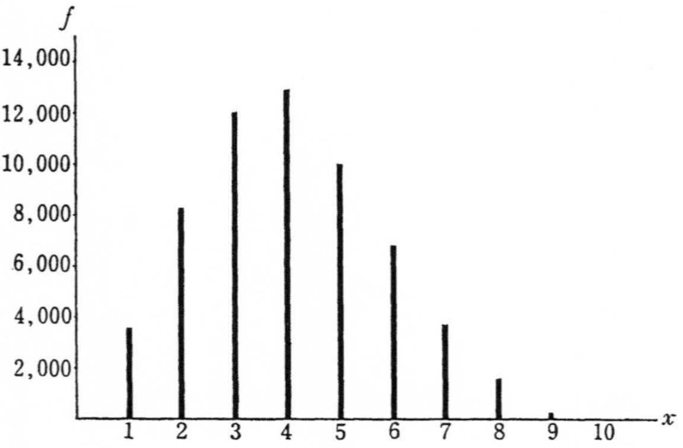

図 3.1

問 3.16　ロンドン市の電話帳から，デタラメに10,000個の数字をえらび出したときの各数字の度数分布（1938, Kendall）である．この度数分布から，比率分布を求め，かつそれを概観できる棒グラフをかけ．

X（数字）	f（度数）	X	f
0	1026	5	933
1	1107	6	1107
2	997	7	972
3	966	8	964
4	1075	9	853
		計	10,000

問 3.17　高麗という紅梅の花弁の数をかぞえてみた結果の度数分布（池野博士）の棒グラフをかけ．

X（花弁の数）	5	6	7	8	計
F（梅花の数）	520	58	20	2	600

問 3.18　1枚の数学答案に対して118名の教師が与えた点数分布（Starch）の棒グラフをかけ．Xは点数，fは教師数とする．

X	f	X	f	X	f
28	1	62	2	77	2
30	1	63	2	78	5
35	1	64	5	79	4
40	1	65	6	80	3
45	2	67	3	81	3
50	1	68	3	83	3
53	5	69	3	84	2
55	1	70	3	85	2
56	2	71	1	86	3
57	1	72	1	87	1
58	1	73	5	88	1
59	3	74	3	92	2
60	4	75	13	計	118
61	4	76	5		

§4. 級分布・累積分布

連続数標識の場合の分布の状態を，表示し，図示することを考えよう．

例 3.6 次の表は40個の鋳鉄について，それぞれの降伏点を示したものである．単位は1000ポンド/平方吋である．(Grant, Wilks の"初等統計解析"より引用)

64.5	67.5	67.5	64.5	66.5
73.0	68.0	75.0	68.5	71.0
67.0	69.0	68.0	69.5	72.0
71.0	69.5	72.0	71.0	68.5
66.5	67.5	69.0	68.0	65.0
63.5	65.5	65.0	70.0	68.5
68.5	70.5	64.5	67.0	66.0
63.5	62.0	70.0	71.0	68.5

これらのデーターを整理して次の3通りの度数分布表をつくる．

X(降伏点)	f
62.0	1
62.5	0
63.0	0
63.5	2
64.0	0
64.5	3
65.0	2
65.5	1
66.0	1
66.5	2
67.0	2
67.5	3
68.0	3
68.5	5
69.0	2
69.5	2
70.0	2
70.5	1
71.0	4
71.5	0
72.0	2
72.5	0
73.0	1
73.5	0
74.0	0
74.5	0
75.0	1
計	40

X	f
62.25	1
63.25	2
64.25	3
65.25	3
66.25	3
67.25	5
68.25	8
69.25	4
70.25	3
71.25	4
72.25	2
73.25	1
74.25	0
75.25	1
計	40

X	f
62.75	3
64.75	6
66.75	8
68.75	12
70.75	7
72.75	3
74.75	1
計	40

左端の表は，さきのデータに対して，§3と同じ処理をしたものである．この度数分布表を図示する棒グラフの先端の点を折れ線でつなぐと，図3.2のような**分布多角形** (frequency polygon) をうる．これは一見して変量の分布の状態がよく分るというものではなく，折れ線の凹凸がはげしい．

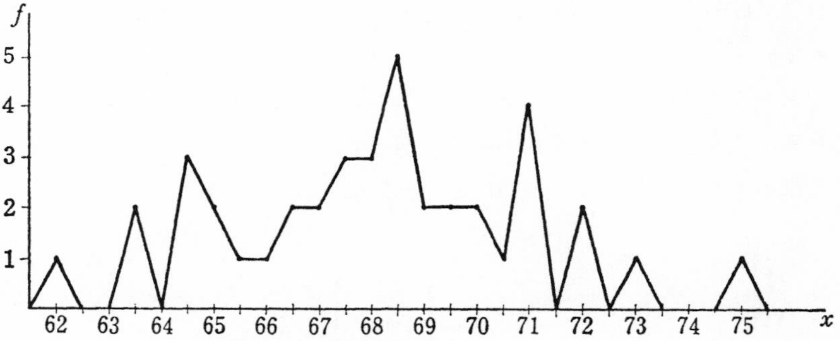

図 3.2

そこで，もう少し突込んで，降伏点がある値をとるということはどういうことか考えてみよう．$X(\omega)=62.0$ というのは，ひょっとすると，62.01 かも

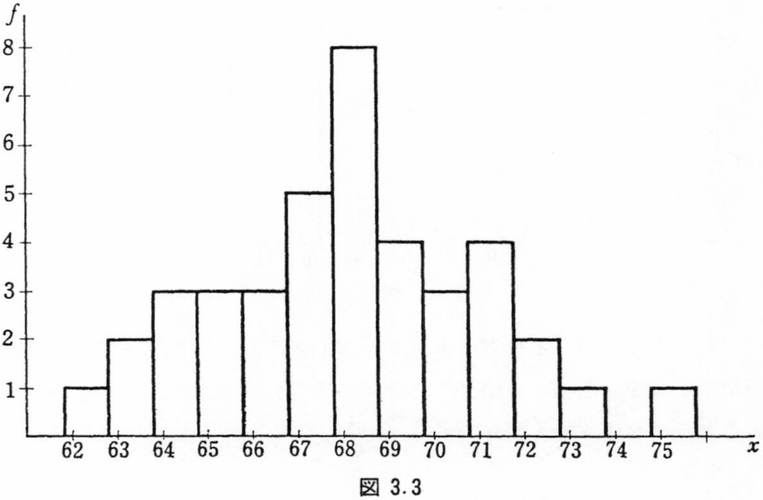

図 3.3

しれないし，61.99かもしれない．つまり，それは小数第2位に何かの操作（4捨5入とか，7捨8入とか）を施した値であろう．そこで，真中の表は，61.75≦X(ω)＜62.75に対しては62.25，62.75≦X(ω)＜63.75に対しては63.25，……というように変量の値を区間の中央値に丸めてある．区間の上に度数だけの高さをもつ柱状のグラフ（**ヒストグラム** histogram）は図3.3で示されている．

図3.3は降伏点を1000ポンド/吋^{2}の巾の**階級**(class-interval)に分けたが，さらに，2000ポンド/吋^{2}の巾の階級に分ければ，右端の度数分布表を得，それを図示すれば図3.4のヒストグラムとなる．

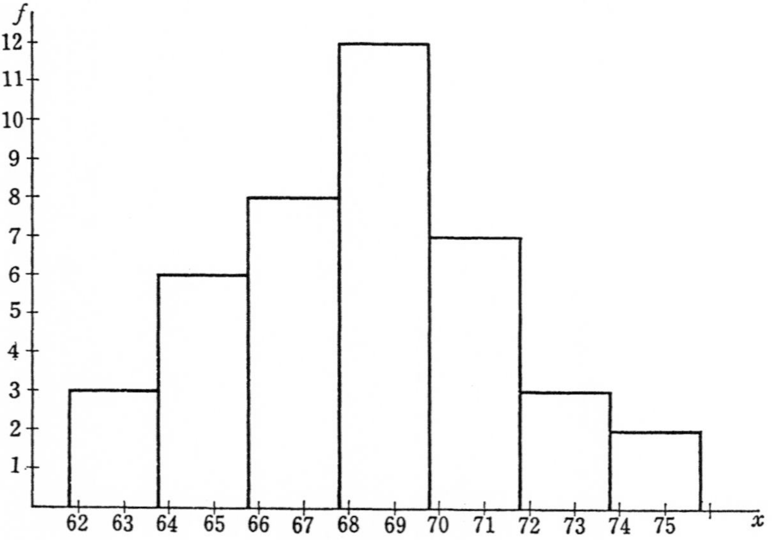

図 3.4

このように階級巾のとり方によってヒストグラムの形は変ってくるが，あまり階級巾がせまいと図3.2のように分布の状態を見やすく表わせないし，またあまり階級巾が広くても同様である．

以上のことを一般的に述べよう．

母集団 $\boldsymbol{\Omega}$ に属する要素を ω とかき，ω の変量を $X(\omega)$ とかく．階級巾 d がきまれば，$X(\omega)$ の最大値 $\max X(\omega)$，最小値 $\min X(\omega)$ に対し

$$a_0 < \min X(\omega),\quad \max X(\omega) < a_k$$

となるような，$\min X(\omega)$ と $\max X(\omega)$ に近い，区切りのよい a_0, a_k($a_k - a_0$ が d の整数倍となるようにする) の値を求め，a_0 と a_k の間を巾 d の区間 (**級区間**) に分割する．このときの分点を

$$a_0,\ a_1,\ a_2,\ \cdots\cdots,\ a_k$$

とし，

$$\boldsymbol{A}_1 = \{\omega \,|\, a_0 \leqq X(\omega) < a_1\}$$
$$\boldsymbol{A}_2 = \{\omega \,|\, a_1 \leqq X(\omega) < a_2\}$$
$$\cdots\cdots\cdots\cdots\cdots$$
$$\boldsymbol{A}_k = \{\omega \,|\, a_{k-1} \leqq X(\omega) \leqq a_k\}$$

と定義すると，$\boldsymbol{\Omega}$ は

$$\boldsymbol{\Omega} = \boldsymbol{A}_1 + \boldsymbol{A}_2 + \cdots\cdots + \boldsymbol{A}_k$$

と類別される．各分点の中点 (**中央値** middle value) を

$$\frac{a_{i-1} + a_i}{2} = x_i \qquad (i = 1,\ 2,\ \cdots\cdots,\ k)$$

とおき，これを集団 $\boldsymbol{A}_i$ の**階級値**という．このようにして，**度数分布表**，および**累積度数分布表**をうる．

階級値	部分集団	度数	比率
x_1	$\boldsymbol{A}_1$	f_1	p_1
x_2	$\boldsymbol{A}_2$	f_2	p_2
⋮	⋮	⋮	⋮
x_k	$\boldsymbol{A}_k$	f_k	p_k
計	$\boldsymbol{\Omega}$	N	1

→

X	f	p
x_1	f_1	p_1
x_2	f_2	p_2
⋮	⋮	⋮
x_k	f_k	p_k
	N	1

↓

X	累積度数 F	累積比率 P
x_1	f_1	p_1
x_2	f_1+f_2	p_1+p_2
⋮	⋮	⋮
x_k	$f_1+f_2+\cdots\cdots+f_k$	$p_1+p_2+\cdots\cdots+p_k$
	N	1

ここで度数とは $f_i=n(\boldsymbol{A}_i) \qquad (i=1,\ 2,\ \cdots\cdots,\ k)$

であり，**累積度数** (cumulative frequency) とは

$$\boldsymbol{A}_x=\{\omega \mid \mathrm{X}(\omega)\leqq x\}$$

なる集団に対する大きさ $n(\boldsymbol{A}_x)$ である．

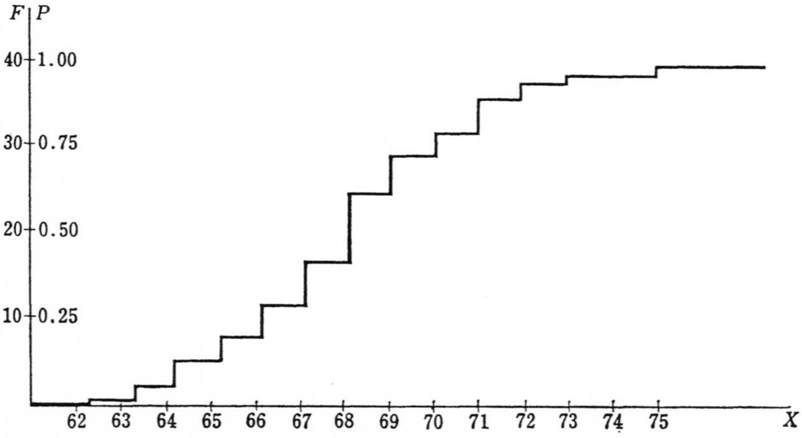

図 3.5

ところで，階数の数 k (部分集団の数 k)は，当然，階級巾に従属するが，いくらにするのが妥当かについての理論的根拠はない．経験的には

$N \leqq 50$ ならば $k=6$ または 7

$50 \leqq N \leqq 100$ ならば $k=7$ または 8

$100 \leqq N \leqq 300$ ならば $k=9$

$300 \leqq N \leqq 500$ ならば $k=10$

$500 \leqq N \leqq 1000$ ならば $k=11$

$N \geqq 1000$ ならば $k=12 \sim 14$

を大体の目安にすればよい．

図3.5は例3.6の累積度数分布図表である．飛躍するところでグラフは不連続になるが，みやすいように縦線でつないでおいた．

問 3.19　（以下，本節の問題では，級度数分布表とヒストグラムをかけ）．次の資料は亜鉛びき鉄板75枚につき，その表面をおおう亜鉛メッキ層の重さを測ったものである．単位はオンス．（米国材料試験協会 Wilks "初等統計解析" から引用）

1.47	1.60	1.58	1.56	1.44
1.62	1.60	1.58	1.39	1.35
1.52	1.38	1.32	1.65	1.53
1.77	1.73	1.62	1.62	1.38
1.55	1.70	1.47	1.53	1.46
1.53	1.60	1.42	1.47	1.44
1.38	1.60	1.45	1.34	1.47
1.37	1.48	1.34	1.58	1.43
1.64	1.51	1.44	1.49	1.64
1.46	1.53	1.56	1.56	1.50
1.63	1.59	1.48	1.54	1.61
1.54	1.50	1.48	1.57	1.42
1.53	1.60	1.55	1.67	1.58
1.34	1.54	1.64	1.47	1.75
1.60	1.57	1.57	1.63	1.47

問 3.20　次の資料はスペクトル線を120回実測したものである．ただし，ここではその最後の2桁の数字だけを示してある．例えば最初の実測値は，実際は 65,177 mm であるが，略してただ77と記してある．（Birge, Wilks "初等統計解析" より引用）

77	74	73	84	77	78	85	80	81	80
75	80	79	74	78	70	74	83	72	79
78	79	78	74	85	83	79	83	81	84
77	80	85	80	78	72	75	73	85	79
79	75	83	81	78	82	76	78	78	79
76	75	77	82	77	79	77	72	77	81
80	78	83	81	74	79	80	79	75	84
77	82	75	74	75	75	74	83	76	84
75	69	72	83	79	73	81	87	82	79
81	88	79	80	78	78	82	80	76	76
86	79	79	84	74	83	75	82	90	77
81	74	73	74	86	72	84	73	77	77

問 3.21　母集団を $\Omega=\{1, 2, 3, 4, 5, 6\}$ とする．この中から2つの要素を同時に取り出す．(この部分集団を，大きさ2の標本(sample)という．) あらゆる可能な標本の数字の和の度数分布表をつくり，かつそのヒストグラムをかけ．

問 3.22　母集団を $\Omega=\{1, 3, 4, 7, 8\}$ とする．あらゆる可能な大きさ3の標本の数字の和の度数分布表をつくり，かつそのヒストグラムをかけ．この場合，3つの要素を同時に抽出する場合（非復元抽出）と，1つずつ取り出すたびに元へ戻す場合（復元抽出）とに分けてみよ．

問 3.23　イギリスの壮丁の身長分布（1883, Kendall "Advanced Theory of Statistics" より引用)．Xは靴なしの身長，fは人数，57吋とか58吋は，級区間 $\left[56\frac{15}{16},\ 57\frac{15}{16}\right]$, $\left[57\frac{15}{16},\ 58\frac{15}{16}\right]$を示す．

X	f	X	f
57	2	68	1230
58	4	69	1063
59	14	70	646
60	41	71	392
61	83	72	202
62	169	73	79
63	394	74	32
64	669	75	16
65	990	76	5
66	1223	77	2
67	1329	計	8585

圖 3.24 イギリスの壮丁の体重分布(1883, Kendall, 前述の書より引用). 体重 $X=95$ ポンドは級区間[89.5, 99.5]ポンドを示す. f は度数(人)

X	f	X	f
95	2	195	263
105	34	205	107
115	152	215	85
125	390	225	41
135	867	235	16
145	1623	245	11
155	1559	255	8
165	1326	265	1
175	787	275	0
185	476	285	1
		計	7749

圖 3.25 1区画500分の1エーカーあたりの小麦の収穫高分布. 収穫高 X の単位はポンド, f は区画数. (1911, Mercer & Hall, Kendall の前述の書より引用)

X	f	X	f
2.8	4	4.2	69
3.0	15	4.4	59
3.2	20	4.6	35
3.4	47	4.8	10
3.6	63	5.0	8
3.8	78	5.2	4
4.0	88	計	500

圖 3.26 1890年から1904年にわたり, 毎年7月の月のグリニッチにおける雲量の度数分布表 (E. Pearse 1928 ; Kendall の前述の書より引用). X の雲量(これは目分量), f は回数

X	f	X	f
0	320	6	55
1	129	7	65
2	74	8	90
3	68	9	148
4	45	10	676
5	45	計	1715

問 3.27 1958年度，日本の月間きまって支給される現金給与所得者の分布．(一橋大“日本経済統計”より引用)．X=月額給与(千円)，f=人数

X	f	p (%)
～ 4	189, 321	2.0
4 ～ 8	1, 870, 259	20.7
8 ～ 12	1, 853, 530	20.5
12 ～ 16	1, 359, 617	15.0
16 ～ 20	1, 087, 028	12.0
20 ～ 24	852, 608	9.4
24 ～ 28	603, 631	6.7
28 ～ 32	414, 519	4.5
32 ～ 36	274, 937	3.1
36 ～ 40	173, 575	2.0
40 ～ 50	215, 233	2.4
50 ～ 60	82, 653	1.0
60 ～	69, 947	0.7
	9, 042, 858	100.0

問 3.28 Weldonはナポリにおいて多くの蟹をとらえ，その体長に対する前頭巾の比を測定し，次の結果をえた．X=比の値(cm/cm)，f=蟹の数．(小倉金之助“統計的研究法”より引用)．このヒストグラムを2つの対称型ヒストグラムに分解することを試みよ．

X	f	X	f	X	f	X	f
1	1	8	19	15	54	22	47
2	3	9	20	16	74	23	43
3	5	10	25	17	84	24	24
4	2	11	40	18	86	25	19
5	7	12	31	19	96	26	9
6	10	13	60	20	85	27	5
7	13	14	62	21	75	28	1

問 3.29 K. Pearsonは1914年かかってツェツェ蝿(Glossina Morsitans)の錐虫の長さの分布を求めた．X=長さ(ミクロン)，fは錐虫の数．このヒストグラムを2つの対称型ヒストグラムに分解することを試みよ．(Kendall, “Advanced Theory of Stasistics” より引用)

X	f	X	f
15	7	26	110
16	31	27	127
17	148	28	133
18	230	29	113
19	326	30	96
20	252	31	54
21	237	32	44
22	184	33	11
23	143	34	7
24	115	35	2
25	130	計	2500

§5. 平　均　値

母集団 $\boldsymbol{\Omega}$ を外延的に

$$\{\omega_1,\ \omega_2,\ \cdots\cdots,\ \omega_N\}$$

と表わし，X を $\boldsymbol{\Omega}$ 上の数標識とするとき

$$E(X)=\frac{1}{N}\{X(\omega_1)+X(\omega_2)+\cdots\cdots+X(\omega_N)\}$$

を X の**平均値**(mean value)，または略して**平均**(average) という．

例 3.7　$X(\omega_i)=i$　;　$i=1,\ 2,\ \cdots\cdots,\ N$ とすると

$$E(X)=\frac{1}{N}(1+2+\cdots\cdots+N)$$

$$=\frac{N+1}{2}$$

問 3.30

①　$X(\omega_i)=i^2$　　②　$X(\omega_i)=i(i+1)$

③　$X(\omega_i)=i^2+i+2$　　④　$X(\omega_i)=\dfrac{1}{i(i+1)}$

のとき，$E(X)$ の値を求めよ．ただし，$i=1,\ 2,\ \cdots\cdots,\ N$ とする．

例 3.8　$\boldsymbol{\Omega}$ の部分集団 $\boldsymbol{A}$ に対して

$$X(\omega)=1 \qquad (\omega\in\boldsymbol{A} \text{ のとき})$$
$$X(\omega)=0 \qquad (\omega\notin\boldsymbol{A} \text{ のとき})$$

となる標識 X を $\boldsymbol{A}$ の**定義標識**(characteristic mark) という．X が $\boldsymbol{A}$ の定義標識ならば

$$E(X)=p(\boldsymbol{A})$$

である．

なぜならば，平均値の定義式において，$X(\omega_i)$ のうち，$n(\boldsymbol{A})$ 個は1，他は0であるから

$$E(X)=\frac{1}{N}\{1\times n(\boldsymbol{A})+0\times n(\boldsymbol{A}^c)\}$$
$$=\frac{n(\boldsymbol{A})}{n(\boldsymbol{\Omega})}=p(\boldsymbol{A})$$

定理 3.4

(1)　$\boldsymbol{\Omega}=\boldsymbol{A}_1+\boldsymbol{A}_2+\cdots\cdots+\boldsymbol{A}_n$ で

(2)　$\omega\in\boldsymbol{A}_i$ のとき，$X(\omega)=x_i$

$(i=1, 2, \cdots\cdots, n)$

(3)　$n(\boldsymbol{A}_i)=f_i$

$(i=1, 2, \cdots\cdots, n)$

X	f	Xf
x_1	f_1	x_1f_1
x_2	f_2	x_2f_2
⋮	⋮	⋮
x_n	f_n	x_nf_n
	N	$\sum x_if_i$

ならば

$$E(X)=\frac{1}{N}(x_1f_1+x_2f_2+\cdots\cdots+x_nf_n)$$
$$=x_1p(\boldsymbol{A}_1)+x_2p(\boldsymbol{A}_2)+\cdots\cdots+x_np(\boldsymbol{A}_n)$$

である．

この定理は級度数分布から平均値を求める方法を示すものである．計算の手順は，上の右表によって示される．

(証明)

$$E(X)=\frac{1}{N}\{(\underbrace{x_1+\cdots\cdots+x_1}_{f_1\text{個}})+(\underbrace{x_2+\cdots\cdots+x_2}_{f_2\text{個}})+\cdots\cdots+(\underbrace{x_n+\cdots\cdots+x_n}_{f_n\text{個}})\}$$

$$=\frac{1}{N}(x_1f_1+x_2f_2+\cdots\cdots+x_nf_n)$$

$$=x_1\frac{n(\boldsymbol{A}_1)}{N}+x_2\frac{n(\boldsymbol{A}_2)}{N}+\cdots\cdots+x_n\frac{n(\boldsymbol{A}_n)}{N}$$

$$=x_1p(\boldsymbol{A}_1)+x_2p(\boldsymbol{A}_2)+\cdots\cdots+x_np(\boldsymbol{A}_n)$$

例 3.9 点数の分布の平均値を求めよ.

X(点数)	f (人数)	Xf
1	1	1
2	10	20
3	28	84
4	4	16
5	7	35
	50	156

$$E(X)=\frac{156}{50}=3.12$$

定理 3.5 d を定数とするとき　　$E(d)=d$

(証明)

$$E(d)=\frac{1}{N}\{\underbrace{d+d+\cdots\cdots+d}_{\text{N個}}\}=\frac{Nd}{N}=d$$

定理 3.6 (加法性)

X と Y を同じ母集団 $\boldsymbol{\Omega}$ 上の数標識とするとき

$$E(X+Y)=E(X)+E(Y)$$

(証明)

$$E(X+Y)=\frac{1}{N}\sum_{i=1}^{n}\{X(\omega_i)+Y(\omega_i)\}$$

$$=\frac{1}{N}\sum_{i=1}^{N}X(\omega_i)+\frac{1}{N}\sum_{i=1}^{N}Y(\omega_i)$$

$$=E(X)+E(Y)$$

定理 3.7 （1次同次性）

c を定数とするとき　　　$E(cX)=cE(X)$

各自証明せよ.

系 1 （線型性） $c_1,\ c_2,\ \cdots\cdots,\ c_m,\ d$ を定数, $X_1,\ X_2,\ \cdots\cdots,\ X_m$ を同じ母集団 $\boldsymbol{\Omega}$ 上の数標識とするとき

$$E(c_1X_1+c_2X_2+\cdots\cdots+c_mX_m+d)$$

$$=c_1E(X_1)+c_2E(X_2)+\cdots\cdots+c_mE(X_m)+d$$

（証明） 定理3.6と定理3.7より明らか.

系 2 $a,\ b$ を定数とするとき

$$E\{a(X-b)\}=aE(X)-ab$$

$$E(X)=\frac{1}{a}E\{a(X-b)\}+b$$

（証明） 系1から明らか.

b を**仮想平均**(working point), a は尺度変更（小数点移動）の係数である.

定理 3.8 （単調性）

X と Y を同じ母集団 $\boldsymbol{\Omega}$ 上の数標識とし, すべての $\omega\in\boldsymbol{\Omega}$ に対して

$X(\omega)\leqq Y(\omega)$ ならば $E(X)\leqq E(Y)$

（証明） $\forall i,\ X(\omega_i)\leqq Y(\omega_i)$ だから

$$E(X)=\frac{1}{N}\sum_{i=1}^{N}X(\omega_i)\leqq\frac{1}{N}\sum_{i=1}^{N}Y(\omega_i)=E(Y)$$

定理 3.9 (誤差の評価)
X と Y を同じ母集団 $\boldsymbol{\Omega}$ 上の数標識とし，すべての $\omega\in\boldsymbol{\Omega}$ に対して
$$|X(\omega)-Y(\omega)|\leqq\varepsilon \text{ ならば } |E(X)-E(Y)|\leqq\varepsilon$$

(証明) 仮定 $|X(\omega)-Y(\omega)|\leqq\varepsilon$ から
$$Y(\omega)-\varepsilon\leqq X(\omega)\leqq Y(\omega)+\varepsilon$$
定理3.8より
$$E(Y)-\varepsilon\leqq E(X)\leqq E(Y)+\varepsilon$$
$$\therefore\quad |E(X)-E(Y)|\leqq\varepsilon$$

例 3.10 級度数分布表から求めたXの平均値 $E(\mathrm{X})$, Xの真の平均値を $\tilde{E}(\mathrm{X})$ とおくと，$\tilde{E}(\mathrm{X})$ を $E(\mathrm{X})$ で近似したときの誤差は
$$|E(\mathrm{X})-\tilde{E}(\mathrm{X})|\leqq\frac{1}{2}(\text{クラス巾})$$
である．なぜなら，クラス巾を d, クラスの分点を $x_i(i=1,\ 2,\ \cdots\cdots,\ n)$ とおくと
$$x_i-\frac{d}{2}\leqq\mathrm{X}(\omega)\leqq x_i+\frac{d}{2}$$
となる ω が存在する．上式の平均値をとると
$$E(\mathrm{X})-\frac{d}{2}\leqq\tilde{E}(\mathrm{X})\leqq E(\mathrm{X})+\frac{d}{2}$$
となって，与えられた評価式をうる．

例 3.11 A, B 2つの機械でそれぞれ M 個，N 個の製品を作った．製品の平均重量はそれぞれ $E(\mathrm{X})$, $E(Y)$kg であった．A, B 2つの機械の製品を混合すれば，製品の平均重量はいくらか．

(解) 機械 A の製品の重量を $x_1,\ x_2,\ \cdots\cdots,\ x_M$
機械 B の製品の重量を $y_1,\ y_2,\ \cdots\cdots,\ y_N$
$$x_1+x_2+\cdots\cdots+x_M=M\,E(\mathrm{X})$$
$$y_1+y_2+\cdots\cdots+y_N=N\,E(Y)$$

$$合併した製品の平均重量=\frac{(x_1+\cdots\cdots+x_M)+(y_1+\cdots\cdots+y_N)}{M\ +\ N}$$

$$=\frac{M\,E(\mathrm{X})+N\,E(Y)}{M\ +\ N}$$

例 3.12　例3.6 の度数分布の平均降伏点を求めよう．右側の表以外の2つの表について計算する．定理3.7の系2を用いる．

X	f	$2(\mathrm{X}-b)$	$2(\mathrm{X}-b)f$
62.0	1	−13	−13
62.5	0	−12	0
63.0	0	−11	0
63.5	2	−10	−20
64.0	0	− 9	0
64.5	3	− 8	−24
65.0	2	− 7	−14
65.5	1	− 6	− 6
66.0	1	− 5	− 5
66.5	2	− 4	− 8
67.0	2	− 3	− 6
67.5	3	− 2	− 6
68.0	3	− 1	− 3
$b=$**68.5**	5	0	0
69.0	2	1	2
69.5	2	2	4
70.0	2	3	6
70.5	1	4	4
71.0	4	5	20
72.0	2	7	14
73.0	1	9	9
75.0	1	13	13
	40		−33

X	f	$\mathrm{X}-b$	$(\mathrm{X}-b)f$
62.25	1	−6	− 6
63.25	2	−5	−10
64.25	3	−4	−12
65.25	3	−3	− 9
66.25	3	−2	− 6
67.25	5	−1	− 5
$b=$**68.25**	8	0	0
69.25	4	1	4
70.25	3	2	6
71.25	4	3	12
72.25	2	4	8
73.25	1	5	5
74.25	0	6	0
75.25	1	7	7
	40		− 6

(計算)

$$E_1(\mathrm{X})=\frac{1}{2}E\{2(\mathrm{X}-b)\}+68.5=\frac{-33}{80}+68.5=68.0875\ \mathrm{lb}$$

$$E_2(\mathrm{X})=E(\mathrm{X}-b)+68.25=-\frac{6}{40}+68.25=68.10\ \mathrm{lb}$$

$E_1(X)$ を真の平均降伏点，$E_2(X)$ を平均降伏点の近似値とみれば

$$|E_2(X)-E_1(X)|=0.0125\ \mathrm{lb}\leqq 0.5\ \mathrm{lb}$$

となって，例 3.10 はこの場合も成立している.

問 3.31 ある物質のスペクトル線の長さを n 回測定して，$x_1, x_2, \cdots\cdots, x_n$ という測定値を得，その平均値は 65.127 mm であった．もしそれぞれの測定値 x から式 $y=4x+2$ によって新しい測定値がえられたとするとき，$y_1, y_2, \cdots\cdots, y_n$ の平均値はいくらか.

問 3.32 変量 $x_1, x_2, \cdots\cdots, x_n$ の平均値を $\bar{x}$ とするとき，新しい変量

$$\frac{x_1-a}{b},\quad \frac{x_2-a}{b},\quad \cdots\cdots,\quad \frac{x_n-a}{b}$$

の平均値を $\bar{x}$, a, b で表わせ.

問 3.33 変量 $x_1, x_2, \cdots\cdots, x_n$ の最大値を $\max x$，最小値を $\min x$，平均値を $E(x)$ とおくと，

$$\min x\leqq E(x)\leqq \max x$$

であることを証明せよ.

［数学的補注］

(1) **ヒストグラムと水槽シェーマの関係**

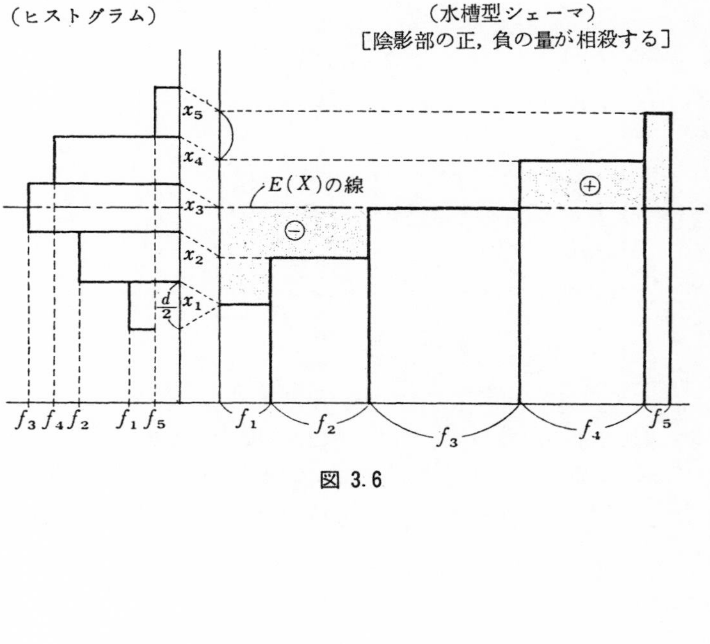

図 3.6

(2) **算術平均，幾何平均，調和平均**

$X(\omega_i)=x_i(i=1, 2, \cdots\cdots, N)$ とおく．本節の平均値

$$E(X)=\frac{1}{N}(x_1+x_2+\cdots\cdots+x_N)$$

を，普通，**算術平均** (arithmetic mean) という．平均値には算術平均以外に

$$G(X)=\sqrt[N]{x_1x_2\cdots\cdots x_N}$$

で定義される**幾何平均** (geometric mean) と

$$\frac{N}{H(X)}=\frac{1}{x_1}+\frac{1}{x_2}+\cdots\cdots+\frac{1}{x_N}$$

で定義される**調和平均** (harmonic mean) とがある．

右の度数分布表で与える場合は，各平均は

X	f
x_1	f_1
x_2	f_2
⋮	⋮
x_n	f_n
	N

$$E(X)=\frac{1}{N}\sum_{i=1}^{n}x_if_i$$

$$G(X)=\sqrt[N]{\prod_{i=1}^{n}x_i{}^{f_i}}$$

$$\frac{N}{H(X)}=\sum_{i=1}^{n}\frac{f_i}{x_i}$$

で与えられる．

例 1 ある市のある年はじめの人口を P_0，1年後の人口を P_1，2年後の人口を P_2，3年後の人口を P_3 とする．

$$P_1=P_0(1+r_1) \qquad r_1 \text{ は増加率}$$
$$P_2=P_1(1+r_2) \qquad r_2 \text{ は増加率}$$
$$P_3=P_2(1+r_3) \qquad r_3 \text{ は増加率}$$

よって

$$P_3=P_0(1+r_1)(1+r_2)(1+r_3)$$

平均の増加率を r とおくと，$r=r_1=r_2=r_3$ であるから

$$P_3=P_0(1+r)^3$$

$$\therefore \quad (1+r)^3=\frac{P_3}{P_0}$$

$$1+r=\sqrt[3]{\frac{P_3}{P_0}}=\sqrt[3]{\frac{P_1}{P_0}\ \frac{P_2}{P_1}\ \frac{P_3}{P_2}}$$

$$=\sqrt[3]{(1+r_1)(1+r_2)(1+r_3)}$$

幾何平均は，変量 x_i が相対的比率（たとえば百分率）の形で表わされるような，時系列データ（人口，物価，資本，所得 など）に対して，平均値を求めるときに用いられる．

例 2 3人の労働者が1個の生産物をつくるのに，それぞれ $\frac{1}{4}$時間，$\frac{1}{3}$時間，$\frac{1}{2}$時間

かかるとすると，平均してこの労働者の組は1個あたり

$$H(X)=\frac{3}{4+3+2}=\frac{1}{3}\text{時間}$$

かかる．

調和平均は，単位時間あたりの平均生産量や単位生産物あたりの平均所要時間を計算する場合，すなわち変量の値がある内包量の逆数（逆内包量）で表現される場合に利用される．

問 1 次の表は，日本における電子計算機関連装置の生産金額を示すものである．3か年間の平均成長率を求めよ．

年　度	1967	1968	1969	1970
金　額	1,064	1,638	1,933	2,700

（億円）

（通産省企業局）

問 2 Courtis の実験によると，同じ学年の小学生が1分間に筆記した数字の分布は次の通りである．これら小学生が1字を筆記するのに平均何秒かかるか．また1秒間に平均何字筆記しうるか．（小倉，統計的方法より）

X（数字の数）	f（人数）	X	f	X	f
5	9	75	536	145	36
15	12	85	1,274	155	19
25	22	95	1,256	165	47
35	18	105	1,066	175	2
45	57	115	494	185	1
55	107	125	359	計	5670
65	291	135	64		

(3) $\boldsymbol{E(X)}$, $\boldsymbol{G(X)}$, $\boldsymbol{H(X)}$ **の大小関係**

変量 x_i が，すべての i に対して，非負のとき，3つの平均値については

$$H(X)\leqq G(X)\leqq E(X)$$

が成立する．

証明は凸関数の知識を利用すれば，容易である．

関数 $y=f(x)$ が区間 $[a, b]$ で上に凸で，x_1, x_2 を

$$a<x_1<x_2<b$$

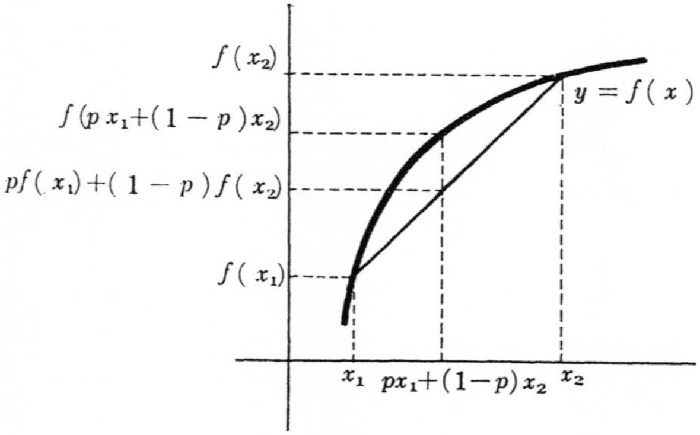

図 3.7

となるような任意の2数とするとき，上の図から明らかなように

$$pf(x_1)+(1-p)f(x_2) \leqq f\{px_1+(1-p)x_2\}$$

となる．とくに，$p=\dfrac{1}{2}$とおくと

$$\frac{f(x_1)+f(x_2)}{2} \leqq f\left(\frac{x_1+x_2}{2}\right).$$

である．このことを拡張すると，

$$a<x_1<x_2<\cdots\cdots<x_N<b$$

となる N 個の実数に対して

$$\frac{f(x_1)+f(x_2)+\cdots\cdots+f(x_N)}{N} \leqq f\left(\frac{x_1+x_2+\cdots\cdots x_N}{N}\right)$$

となる．

この事実は，帰納法によって証明できる．すなわち，$N=2$ のときは明らかに成立しているから，$N=k$ のとき成り立つとすれば，

$$\frac{f(x_1)+f(x_2)+\cdots\cdots+f(x_{k+1})}{k+1}$$

$$=\frac{k}{k+1}\ \frac{f(x_1)+\cdots\cdots+f(x_k)}{k}+\frac{f(x_{k+1})}{k+1}$$

$$\leqq\frac{k}{k+1}f\left(\frac{x_1+x_2+\cdots\cdots+x_k}{k}\right)+\frac{f(x_{k+1})}{k+1}$$

$$\leqq f\left\{\frac{k}{k+1}\left(\frac{x_1+x_2+\cdots\cdots+x_k}{k}\right)+\frac{x_{k+1}}{k+1}\right\}$$

$$=f\left(\frac{x_1+x_2+\cdots\cdots x_{k+1}}{k+1}\right)$$

となって，$N=k+1$ のときも成り立つ．

そこで，$y=f(x)$ に相当する関数として，$y=\log x$ を考えてみよう．$y=\log x$ は $(0, \infty)$ で上に凸であるから

$$\frac{\log x_1+\log x_2+\cdots\cdots+\log x_N}{N}\leqq \log\frac{x_1+x_2+\cdots\cdots+x_N}{N}$$

すなわち，

$$\log(x_1x_2\cdots\cdots x_N)^{\frac{1}{N}}\leqq \log\frac{x_1+x_2+\cdots\cdots x_N}{N}$$

から，$G(X)\leqq E(X)$ がえられる．一方

$$\frac{1}{N}\left\{\log\frac{1}{x_1}+\log\frac{1}{x_2}+\cdots\cdots+\log\frac{1}{x_N}\right\}\leqq \log\frac{1}{N}\left(\frac{1}{x_1}+\cdots\cdots+\frac{1}{x_N}\right)$$

すなわち，

$$\log(x_1x_2\cdots\cdots x_N)^{\frac{1}{N}}\geqq \log\frac{N}{\dfrac{1}{x_1}+\dfrac{1}{x_2}+\cdots\cdots+\dfrac{1}{x_N}}$$

から，$H(X)\leqq G(X)$ がえられる．

［歴史的補注］

平均(mean)の歴史

平均は非常に古い用語である．Heath によると「平均の理論は，算術と音楽理論とに関連して，Phytagoras 学派では非常に早くから発展した．Phytagoras (B. C. 572？～ B. C. 450？) の時代には 3 つの平均，すなわち相加平均と相乗平均と小反対平均とがあったといわれる．第 3 の小反対という名は Arkhytas (B. C. 400？～B.C. 365？) と Hippasos(B.C. ?～ B. C. 500？) とによって‘調和的’と変えられた．Arkhytas の“音楽について”の 1 断篇は，この 3 つをつぎのように定義している．3 項があって，第 1 項の第 2 項より超える量が，第 2 項の第 3 項より超える量と同一であるとき，〈相加〉平均が存在する．また，第 1 項と第 2 項の比が，第 2 項と第 3 項の比に等しいとき，〈相乗〉平均が存在する．われわれが〈調和的〉と呼んでいる〈小反対〉平均は，3 項があって，第 1 項が第 2 項より第 1 項の幾分の 1 かだけ超え，第 2 項が第 3 項より第 3 項の同数分の 1 だけ超えるとき，存在する．つまり，b が a と c との調和平均で，$a=b+\dfrac{a}{n}$ ならば，$b=c+\dfrac{c}{n}$ となり，したがって事実

$$\frac{a-b}{b-c}=\frac{a}{c}\quad \text{すなわち}\quad \frac{1}{c}-\frac{1}{b}=\frac{1}{b}-\frac{1}{a}$$

となる．Philolaos は立方体を‘幾何学的調和’と呼んでいたといわれる．それは，立方体

が12の稜と8の角と6の面をもち，8が和声学では12と6との（調和）平均になるからである．

Iamblikhos は Nikomakhos(B. C. 100 ?) にしたがって，ある特殊な‘最も完全な比例’を述べている．それは4項からなるもので，‘音楽的’と呼ばれた．この発見はバビロニア人であるが，最初にそれをギリシャに紹介したものは Phytagoras であった．………この比例は，

$$a:\frac{a+b}{2}=\frac{2ab}{a+b}:b$$

で，その特殊な場合は 12:9=8:6 である．2つの中項は，両端項の相加平均と調和平均である．

平均の理論は，さらにこの学派で発展し，最初の3つのほかに7つが随時追加され，全部で10個になった．……この10個は Nikomakhos と Pappus (300 ?) とが記述している．……もしも $a>b>c$ ならば，次の公式に最初の3つの平均，すなわち相加平均，相乗平均，調和平均を示している．

	公　式	同　値
(1)	$\frac{a-b}{b-c}=\frac{a}{a}=\frac{b}{b}=\frac{c}{c}$	$a+c=2b$（相加平均）
(2)	$\frac{a-b}{b-c}=\frac{a}{b}$	$ac=b^2$　（相乗平均）
(3)	$\frac{a-b}{b-c}=\frac{a}{c}$	$\frac{1}{a}+\frac{1}{c}=\frac{2}{b}$（調和平均）

つぎの3つは，これらの公式の右辺を変えて，$\frac{a-b}{b-c}$ がそれぞれ $\frac{c}{a}$，$\frac{c}{b}$，$\frac{b}{a}$ に等しいとすれば得られる．さらにつぎの3つは，左辺を $\frac{a-c}{a-b}$ と変えて，これがそれぞれ $\frac{a}{c}$，$\frac{c}{b}$，$\frac{b}{a}$ に等しいとすれば得られる．第10番目は $\frac{a-c}{b-c}=\frac{b}{c}$ とすれば生じる．」(T. L. Heath，平田寛訳“ギリシャ数学史” I．共立全書より）

(2)　平均の用語の歴史

平均値は mean というが，最近では算術平均のみを指すときは average という．Oxford Dictionary によれば，この用語は1500年ごろにはじめてあらわれた．一番早い例は，地中海の海上貿易と関係している．それからの転義は確かでない．この辞書は，この用語の順次変ってきたことのリストを次のように示している．

①　本来は，財貨への賦課金．廃語．

② 財貨の所有者の支払うべき運賃超過分の請求金額.

③ 海上における損害の所有者に帰せられる損失.

④ かかる費用をグループに分けたときの，等分された分配額.

⑤ 多くの質の等しくない事物全体の分布.

⑥ このようにしてえられた算術平均,中位量,「共通の得点」.

§6. 分　散

前節で述べた平均値は分布の中心，つまり変量の**位置の代表値** (measure of location) で分布の第1特性を示す．しかしこれだけでは分布の様子は十分には分らない.

例 3.13　35 mm フィルムの乳剤の塗布を2台の機械で行なっている．この2台の機械は形式も異なり，乳剤の厚さも違うように思われるので，それぞれデータをとってみたところ，次のようになった.

	〈1号機〉	〈2号機〉
	0.183 mm	0.187 mm
	0.181	0.191
	0.183	0.176
	0.188	0.180
	0.185	0.183
	0.191	0.179
	0.181	0.186
	0.182	0.192
平均値	0.184	0.184

この例でみると，平均値だけから分布の状態を同じとみることはできないことを物語っている.

図から明らかなように，1号機の製品は平均値に近い厚さをもつものが多いが，2号機ではそれから離れたものが多い．そこで分布の第2特性として，平

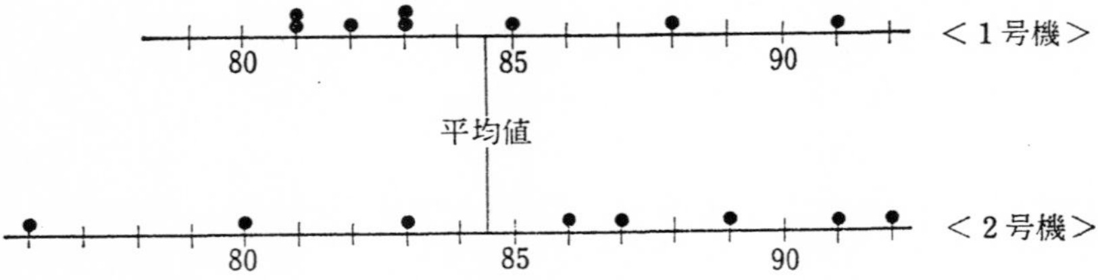

図 3.8

均値から離れて散布する程度——**散布度** (measure of dispersion)——を考える．散布度のなかでもっとも単純なものは，最大変量と最小変量の差である分布範囲である．この例では

1号機の変量の分布範囲　　0.191−0.181＝0.01 mm

2号機の変量の分布範囲　　0.192−0.176＝0.016 mm

である．

> 母集団 $\boldsymbol{\Omega}$ 上の数標識 $X(\omega)$ において
>
> $$R(X)=\max X(\omega)-\mathrm{mix}\ X(\omega)$$
>
> で定義される量を**分布範囲** (range) という．

平均値と分布範囲がそれぞれ同じであれば，変量の散らばりの程度は同じであるといえるであろうか？　次の図をみてみよう．

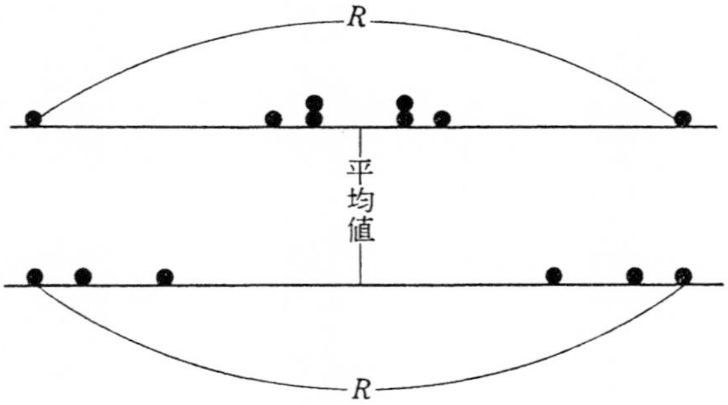

図 3.9

この分布では，明らかに変量の散らばりは同じではない．そこでこのような違いを量的に表現する方法を考えよう．

数標識 $X(\omega)$ と平均値 $E(X)=\overline{X}$ との隔り

$$d(X)=X(\omega)-E(X)$$
$$=X-\overline{X}$$

を**偏差** (deviation) という．

定理 3.10　偏差の平均値 $E(d)=0$.（分布の型によらない）

（証明）
$$E\{d(X)\}=E\{X-\overline{X}\}$$
$$=E(X)-E(\overline{X})$$
$$=\overline{X}-\overline{X}=0$$

定理 3.10 によって，偏差の平均値も分布の中での変量の散ばりを示す目安に他ならない．

$$V(X)=E\{d^2(X)\}$$
$$=E\{(X-\overline{X})^2\}$$
$$=\frac{1}{N}\{(X(\omega_1)-\overline{X})^2+(X(\omega_2)-\overline{X})^2+\cdots\cdots+(X(\omega_N)-\overline{X})^2\}$$

なる量を**分散** (variance) という．

例 3.14　例3.13 のデータで

〈1 号機〉の製品の分散

$$V_1(X)=\frac{1}{8}\{(0.183-0.1844)^2+(0.181-0.1844)^2+\cdots$$
$$\cdots+(0.182-0.1844)^2\}=0.00001121$$

〈2 号機〉の製品の分散

$$V_2(X)=\frac{1}{8}\{0.187-0.1844)^2+(0.191-0.1844)^2+\cdots$$

$$\cdots + (0.192-0.1844)^2\} = 0.00002896$$

である．$V_1(X) < V_2(X)$ だから，２号機の製品の品質はばらついていることが分る．

定理 3.11 $X(\omega)$ の級度数分布，級比率分布が与えられているとき

$$V(X) = \frac{1}{N}\sum_{i=1}^{n} f_i (x_i - \overline{X})^2$$
$$= \sum_{i=1}^{n} p_i (x_i - \overline{X})^2$$

定理 3.12 $V(X) = E(X^2) - E^2(X)$

（証明）

$$V(X) = \frac{1}{N}\sum_{i=1}^{N} \{X(\omega_i) - \overline{X}\}^2$$
$$= \frac{1}{N}\sum_{i=1}^{N} \{X^2(\omega_i) - 2\overline{X}\,X(\omega_i) + \overline{X}^2\}$$
$$= \frac{1}{N}\sum_{i=1}^{N} X^2(\omega_i) - 2\frac{\overline{X}}{N}\sum_{i=1}^{N} X(\omega_i) + \frac{\overline{X}^2}{N}\sum_{i=1}^{N} 1$$
$$= E(X^2) - 2\overline{X}^2 + \overline{X}^2$$
$$= E(X^2) - E^2(X)$$

例 3.15 $X(\omega_i) = i \qquad (i=1,\ 2,\ \cdots\cdots,\ N)$ のとき，

$$V(X) = E(X^2) - E^2(X)$$
$$= \frac{1}{N}(1^2 + 2^2 + \cdots\cdots + N^2) - \left(\frac{N+1}{2}\right)^2$$
$$= \frac{(N+1)(2N+1)}{6} - \frac{(N+1)^2}{4}$$
$$= \frac{(N+1)(N-1)}{12}$$

問 3.34 問 3.30（p. 175）の変量の分散 $V(X)$ を求めよ．

定理 3.13　$a,\ b$ を定数とするとき

$$V(aX+b)=a^2V(X)$$

（証明）　$(aX+b)-E(aX+b)$

$$=(aX+b)-aE(X)-b=a(X-\overline{X})$$

$$V(aX+b)=E\{(aX+b)-E(aX+b)\}^2$$

$$=E\{a^2(X-\overline{X})^2\}$$

$$=a^2E(X-\overline{X})^2=a^2V(X)$$

系 1　とくに

$$V\{a(X-b)\}=a^2V(X)$$

この系は分散の実際的な数値計算に用いられる．その公式は

系 2

$$V(X)=\frac{1}{a^2}[E\{a(X-b)\}^2-E^2\{a(X-b)\}]$$

例 3.16　例 3.6 (p. 166) の度数分布の場合の分散を求めよう．（右側の表の場合のみ求める）　$b=68.75,\ a=\dfrac{1}{2}$ とする．

	X	f	$a(X-b)$	$a(X-b)f$	$a^2(X-b)^2f$
	62.75	3	-3	-9	27
	64.75	6	-2	-12	24
	66.75	8	-1	-8	8
$b=$	68.75	12	0	0	0
	70.75	7	1	7	7
	72.75	3	2	6	12
	74.75	1	3	3	9
	計	40		-13	87

系2を用いて

$$V(X)=4\left\{\frac{87}{40}-\left(-\frac{13}{40}\right)^2\right\}=8.2775$$

をうる．(ついでながら，$E(X)=68.10$ である．)

問 3.35　問3.19から問3.29までの級度数分布表から，変量の平均値と分散を求めよ．

問 3.36　n 個の測定値 $x_1, x_2, \cdots\cdots, x_n$ において，平均値 $E(X)=10.7$，分散 $V(X)=1.74$ である．このとき，$x_1^2, x_2^2, \cdots\cdots, x_n^2$ の平均値 $E(X^2)$ を求めよ．

問 3.37　$\omega\in\boldsymbol{\Omega}$ の数標識 $X(\omega)$ に対して，

$$Y(\omega)=\frac{X(\omega)-E(X)}{\sqrt{V(X)}}$$

で定義される新しい数標識に対して，平均値 $E(Y)$，分散 $V(Y)$ を求めよ．(このような変換を，変量 X の正規化という．)

例 3.17　A, B 2つの機械でそれぞれ M 個，N 個の製品を作った．製品の平均重量はそれぞれ $E(X)$, $E(Y)$kg；分散はそれぞれ $V(X)$, $V(Y)$kg^2 であった．A, B 2つの機械の製品を混合すれば，それらの分散は

$$V=\frac{1}{M+N}\left\{MV(X)+NV(Y)+\frac{MN}{M+N}(E(X)-E(Y))^2\right\}\text{kg}^2$$

であることを証明せよ．

(解)　機械 A の製品の重量 $x_1, x_2, \cdots\cdots, x_M$ kg
　　　機械 B の製品の重量 $y_1, y_2, \cdots\cdots, y_N$ kg　　とすると

$$ME(X)=x_1+x_2+\cdots\cdots+x_M$$

$$NE(Y)=y_1+y_2+\cdots\cdots+y_N$$

$$MV(X)=\sum_{i=1}^{M}(x_i-E(X))^2$$

$$NV(Y)=\sum_{i=1}^{N}(y_i-E(Y))^2$$

合併した製品の平均重量 $=\dfrac{ME(X)+NE(Y)}{M+N}=m$

合併した製品の重量分布の分散

$$=\frac{1}{M+N}\left\{\sum_{i=1}^{M}(x_i-m)^2+\sum_{i=1}^{N}(y_i-m)^2\right\}$$

$$=\frac{1}{M+N}\left\{\sum_{i=1}^{M}x_i^2+\sum_{i=1}^{N}y_i^2+(M+N)m^2-2m\left(\sum_{i=1}^{M}x_i+\sum_{i=1}^{N}y_i\right)\right\}$$

$$=\frac{1}{M+N}\left\{\left(\sum_{i=1}^{M}x_i^2-ME^2(X)\right)+\left(\sum_{i=1}^{N}y_i^2-NE^2(Y)\right)\right.$$

$$\left.+(M+N)m^2-2m^2(M+N)+ME^2(X)+NE^2(Y)\right\}$$

$$=\frac{1}{M+N}\left\{MV(X)+NV(Y)-\frac{(ME(X)+NE(Y))^2}{M+N}\right.$$

$$\left.+ME^2(X)+NE^2(Y)\right\}$$

$$=\frac{1}{M+N}\left\{MV(X)+NV(Y)-\frac{MN}{M+N}(E(X)-E(Y))^2\right\}\ (\mathrm{kg}^2)$$

問 3.38　例3.13のデータを合併したときえられるフィルムの乳剤の厚さの平均値と分散を求めよ.

例 3.18　N 個の変量 $x_1,\ x_2,\ \cdots\cdots,\ x_N$ があるとき，ある値 a からの偏差の平方和の平均値が最小となるような a の値を求めよ.（**最小二乗法の原理**）

（解）

$$f(a)=\frac{1}{N}\sum_{i=1}^{N}(x_i-a)^2 \quad とおく$$

$$f'(a)=-\frac{2}{N}\sum_{i=1}^{N}(x_i-a)$$

$$f''(a)=-\frac{2}{N}\sum_{i=1}^{N}(-1)=2>0$$

$f'(a)=0$ となる a の値において $f(a)$ は最小値をとる.

$$f'(a)=0 \quad とおくと，\ \sum_{i=1}^{N}(x_i-a)=0$$

$$Na=\sum_{i=1}^{N}x_i$$

$$a=\frac{1}{N}\sum_{i=1}^{N}x_i=E(X)$$

問 3.39　一直線上に5個の点 A, B, C, D, E がある. その直線上の1点 O からの距離はそれぞれ $-2,\ -1.2,\ -0.4,\ -0.5,\ 1.3$ である. いまこの直線上に1点 X をとり，その点から与えられた5つの点への分散をはかる. 点 X が動くにつれて，その分散の値はどのように変化するか，変化の状態を記せ.

［数学的補注］

(1)　**平均偏差**

$$\triangle=\frac{1}{N}\sum_{i=1}^{N}|X(\omega_i)-E(X)|$$

で定義される量も，散布度の１つであり，これを平均まわりの**平均偏差**(mean deviation)という．級度数分布表で示される場合は

$$\triangle=\frac{1}{N}\sum_{i=1}^{n}|x_i-E(X)|f_i$$

で平均偏差は定義される．

例3.11のデータでは

〈１号機〉の製品の厚さの 平均偏差$=\frac{1}{8}\times 0.0218=0.002725$ mm

〈２号機〉の製品の厚さの 平均偏差$=\frac{1}{8}\times 0.0370=0.004625$ mm

となって，分散と同様，平均偏差の大なる方がばらつきは大きい．

分散の場合，$\frac{1}{N}\sum_{i+1}^{N}(x_i-a)^2$ の最小値は，a が x_1, ……, x_N の算術平均のときにえられることを知った．平均偏差においてはどうであろうか．

例 1　$f(a)=\frac{1}{N}\sum_{i=1}^{N}|x_i-a|$ が最小になるのは，a がどんな値をとるときか．

（解）　x_1, x_2, ……, x_N を大小の順序に配列し，それをあらためて

$$x_1<x_2<\cdots\cdots<x_N$$

とする．これらの変量の真中の値は，

$N=2m+1$　のときは　x_{m+1}

$N=2m$　のときは　x_m と x_{m+1}

である．

$$\overline{A}=\begin{cases} x_{m+1} & (N=2m+1 \text{ のとき}) \\ \dfrac{x_m+x_{m+1}}{2} & (N=2m \text{ のとき}) \end{cases}$$

とおき，$\overline{A}$ を基準とした平均偏差を作ると

$$\triangle=\frac{1}{N}\{(\overline{A}-x_1)+(\overline{A}-x_2)+\cdots+(\overline{A}-x_m)+(x_{m+1}-\overline{A})+\cdots+(x_N-\overline{A})\}$$

また，$A'=x_m$ を基準とした平均偏差を作ると

$$\triangle'=\frac{1}{N}\{(A'-x_1)+\cdots+(A'-x_m)+(x_{m+1}-A')+\cdots+(x_N-A')\}$$

となる．そこで

$$\overline{\triangle}-\triangle'=\frac{1}{N}\{A-A')m+(A'-\overline{A})(N-m)\}$$

$$=\frac{1}{N}(N-2m)(A'-\overline{A})$$

$N=2m+1$ のとき，$A'-\overline{A}=x_m-x_{m+1}<0$，$N-2m=1$ だから

$$\triangle<\triangle'$$

一方，$N=2m$ のとき，$N-2m=0$ となるから，$A'-A$ の符号のいかんにかかわらず，$\triangle=\triangle'$

$$\therefore\quad \triangle\leqq\triangle'$$

つまり，$a=\overline{A}$ のとき，平均偏差は最小になる．$\overline{A}$ を変量の**中央値**(median) という．

問　平均まわりの平均偏差の平方は，分散より大きくないこと，つまり

$$\triangle^2\leqq V(X)$$

であることを示せ．(Schwarz の不等式を用いよ)

(2) 分散と平均偏差の利害得失

ばらつきの測定としての分散と平均偏差に対して

① 平方の項がないので，一般に平均偏差 $\triangle(X)$ の方が計算は簡便である．

② しかし，代数的処理としては分散 $V(X)$ の方が便利である．

③ $V(X)$ の方は平方する項があるので，平均値 $E(X)$ からの隔りが大きいものがあれば，その影響をうけることが大きい．

④ にもかかわらず，$V(X)$ は確率論との連携のもとに，将来の研究において重要な役割を果す量である．

(3) Sheppard の補正

級度数分布表では，階級値に各変量がまるめられてしまうので，真の分散の値と級度数分布表から計算した分散の値とは異なるのが当然である．そこでこのような分散の値に対するゆがみを補正することが必要になる．その仕方は

$$(\text{補正された分散})=(\text{級度数分布表から計算した分散})-\frac{d^2}{12}$$

(d は階級巾) で与えられる．これを Sheppard の補正という．

§7. 平均と標準偏差

変量 $X(\omega)$ が，たとえば $X(\omega)$ cm というような量単位で与えられているとき，$X(\omega)$ の平均値 $E(X)$ も cm という量単位で表わされるが，分散 $V(X)$ は cm^2 という量単位で表わされる．したがって，散布度を変量や平均値と同じ種類の量単位で表わすには

$$\sigma(X)=\sqrt{V(X)}$$

をとればよい．この分散の正の平方根 $\sigma(X)$ を X の**標準偏差**(standard deviation) という．

定理 3.14 (1) $\sigma(X)=\sqrt{E(X^2)-E^2(X)}$

(2) $\sigma(aX+b)=|a|\sigma(X)$

(証明) $\sigma(X)$の定義と，定理 3.12 と定理 3.13 より明らか．

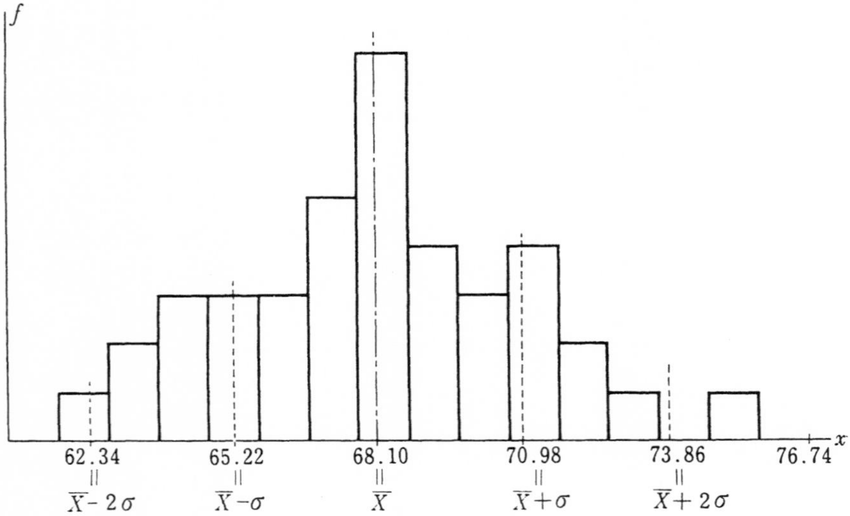

図 3.10

例 3.19 例3.16 (p. 191) の計算によれば

$$\overline{X}=E(X)=68.10\ \text{lb},\qquad \sigma=\sigma(X)=\sqrt{8.2775}=2.88\ \text{lb}$$

$$\overline{X}-3\sigma=59.46\ \text{lb},\qquad \overline{X}+3\sigma=76.74\ \text{lb}$$

$$\overline{X}-2\sigma=62.34\ \text{lb},\qquad \overline{X}+2\sigma=73.86\ \text{lb}$$

$$\overline{X}-\sigma=65.22\ \text{lb},\qquad \overline{X}+\sigma=70.98\ \text{lb}$$

すると，変量 X について，

$[\overline{X}-\sigma,\ \overline{X}+\sigma]$ 内の度数は，およそ 25.5，全度数の 63.75%

$[\overline{X}-2\sigma,\ \overline{X}+2\sigma]$ 内の度数は，およそ 38.5，全度数の 96.25%

$[\overline{X}-3\sigma,\ \overline{X}+3\sigma]$ 内の度数は，40，全度数の 100%

が分布していることになる．

問 3.40 問3.35の結果を利用して，問3.19から問3.29までのデータについて，例3.19と同じ検討をし，X の分布状態を調べよ．

定理 3.15 (**Tchebyschev** の不等式)

$$\boldsymbol{A}=\{\omega\mid |X(\omega)|\geqq\varepsilon\}\qquad (\varepsilon\text{ は任意の正数})$$

とすると

$$P(\boldsymbol{A})\leqq\frac{E(X^2)}{\varepsilon^2}$$

が成立する．

(証明)

$$E(X^2)=\frac{1}{N}\sum_{i=1}^{N}X^2(\omega_i)$$

$$=\frac{1}{N}\left\{\sum_{\substack{|X(\omega_i)|\geqq\varepsilon\\ \text{となる } i \text{ について}}}X^2(\omega_i)+\sum_{\substack{|X(\omega_i)|<\varepsilon\\ \text{となる } i \text{ について}}}X^2(\omega_i)\right\}$$

$$\geqq\frac{1}{N}\sum_{\substack{|X(\omega_i)|\geqq\varepsilon\\ \text{となる } i \text{ について}}}X^2(\omega_i)\geqq\varepsilon^2\,\frac{n(\boldsymbol{A})}{N}$$

$$=\varepsilon^2 p(\boldsymbol{A})$$

$$\therefore \quad p(\boldsymbol{A}) \leqq \frac{E(X^2)}{\varepsilon^2}$$

系 1　$\boldsymbol{A}=\{\omega \mid |X(\omega)-E(X)| \geqq \varepsilon\}$
とおくと

$$p(\boldsymbol{A}) \leqq \frac{V(X)}{\varepsilon^2}$$

系 2　$\boldsymbol{A}^c=\{\omega \mid |X(\omega)-E(X)| < \varepsilon\}$
とおくと

$$p(\boldsymbol{A}^c) \geqq 1-\frac{V(X)}{\varepsilon^2}$$

例 3.20　例3.16で

$$\boldsymbol{A}=\{\omega \mid |X(\omega)-68.10| < 2\times 2.88\}$$

とおくと，$\boldsymbol{A}$ は変量 $X(\omega)$ が区間 $[X-2\sigma,\ X+2\sigma]$ 内にはまる個体 ω の集合を表わす．系2により

$$p(\boldsymbol{A}) \geqq 1-\frac{22.8^2}{(2\times 2.88)^2}=\frac{3}{4}$$

事実，$p(\boldsymbol{A})=0.9625$ だから，Tchebyschev の不等式は成立する．

問 3.41　$\boldsymbol{A}=\{\omega \mid |X(\omega)-E(X)| \leqq k\sigma(X)\}$
とすると

$$P(\boldsymbol{A}) \geqq 1-\frac{1}{k^2}$$

であることを証明せよ．

問 3.42　ある学年の生徒総数は280人である．数学の試験の結果，100点満点で，平均点は62点，分散は16点^{2}であったという．点数が54点から70点までの間にあるものは何人以上あると考えてよいか．

[歴史的補注]

Pafnutii Lvovitch Tchebyschev (1821～1894)

Tchebyschev

帝政ロシヤの非常に有名で多才な数学者の1人で，St. Petersburg（現在のレニングラード）大学の数学教授であった．彼の業績は大別して3つある．1つはEuclid 以来進歩しなかった素数分布の研究である．すなわち，正数xをこえない素数の数を $\pi(x)$ としたとき

$$\lim_{x\to\infty}\frac{\pi(x)\log x}{x}=1$$

なること，および

$$\frac{ax}{\log x}<\pi(x)<\frac{6a}{5}\frac{x}{\log x}$$

（ここで $a=\frac{1}{2}\log 2+\frac{1}{3}\log 3+\frac{1}{5}\log 5-\frac{1}{30}\log 30$ とする）

なることを示した（1850年）．第2の研究は確率論であり，

「任意にえらばれた分数が既約分数である確率はいくらか」

という問題，および，彼の名を冠する有名な不等式を1867年に発表している．今日 Tchebyschev の不等式もしくは評価式（criterion）とよばれるものは，分布の型によらない点において特に重要である．第3の研究は補間法に関するものである．

(2)　標準偏差と分散の語の起源

標準偏差という用語は，K. Pearson によって1894年提案され，今日ではほとんどすべての人が用いるようになった．Pearson はもともと，これは分布の平均からの偏差の2乗の平均にのみ限定し，偏差が平均以外の任意の点から測られるときには，平均平方根（root-mean square）という語を用いた．σ という記号も K. Pearson の用いたものである．標準偏差の平方を分散とよんだのは R. A. Fisher（1918年の論文）である．Lexis（1837～1914）は「ちらばり（dispersion）」，Edgeworth（1845～1926）は「ゆらぎ（fluctuation）」とよんだ．

ついでながら，平均偏差の用語をはじめて用いたのも K. Pearson である．

第 2 章　確からしさの量的記述
(有 限 確 率 代 数)

§1. 無作為実験と確率

実際活動，学問活動の多くの分野において，ある実験なり観測が一様な条件のもとで何回も繰り返すことができて，しかもその個々の実験や観測のおのおのについてははっきりしたある結果が得られるという場合に出会う．ところでこのような場合，たとえ実験や観測の条件をできるだけ一様に保とうとしても，制御しえない本質的な可変性が現われてくるということである．この可変性のために，実験や観測の結果は次々の反復の結果において不規則に変動し，個々の反復の結果を正確に予報することはできない．

このように

反復性，再現性をもつ現象……………………**大量現象**

で，しかも

結果の予報が不可能な現象……………………**不確定性現象**

をひきおこす実験や観測を，**無作為実験**(random experiment)とか**無作為観測**(random observation) という．

任意の与えられた無作為実験 E は，1回ごとの**試行**(try, 結果としていろいろな場合が考えられるような操作) の積み重ねで，試行毎に結果は変動すると期待される．しかし一般に，実験 E の先験的に可能な結果と認められるすべての結果からなる1つの確定的集合 $\boldsymbol{\Omega}$ をきめることができる．

たとえば

ⓐ　E が1枚の銅貨を投げる実験であるならば，集合 $\boldsymbol{\Omega}$ は2つの可能な結果，「表(head)」と「裏(tail)」とからなる．

ⓑ　E がうまくバランスのとれたサイコロを投げる実験であるならば，$\boldsymbol{\Omega}$ は

サイコロの目の1, 2, ……, 6という6つの数字からなる.

ⓒ E が新生児の性別の観察である場合, Ω は2つの可能な結果「男児」と「女児」とからなる.

ⓓ E が10分間という限られた時間帯で, ある電話線の通話回数を勘定することであるとする. この通話回数には上限は考えられないから, Ω はすべての負でない整数0, 1, 2, …… からなる.

いま, 明確に規定された無作為実験 E と, それに対応する E の可能なすべての結果の集合 Ω とを考えよう. E において, ある試行の結果"起こるとか起こらないとかを考えることのできる事柄"を, その試行にともなう**事象**(event)という. たとえば

ⓐ 銅貨を投げる試行では, 表のでることは事象
n 回の試行中 r 回表のでることも事象

ⓑ サイコロを投げる試行では, 奇数の目のでることは事象
n 回の試行で目の和が $r(r \geqq n)$ であることは事象

ⓒ 新生児の性別観察で, 新生児が男子であることは事象

ⓓ 電話回線の観察で, 通話が50回以上であることは事象

となる.

今後, ある試行 T にともなう事象をギリシャ文字 $\alpha, \beta,$ ……などとかく.

例 3.21 1枚の銅貨投げの実験で, 1万回投げの試行をおこなった結果は次の表の通りである. 表のデータは, 100回ごとまとめて表の出た数を記録している. (Rand 協会, 1955年)

試行回数	表の出た回数										計
0 −1000	54	46	53	55	46	54	41	48	51	53	501
−2000	48	46	40	53	49	49	48	54	53	49	485
−3000	43	52	58	51	51	50	52	50	53	49	509
−4000	58	60	54	55	50	48	47	57	52	55	536
−5000	48	51	51	49	44	52	50	46	53	41	485

−6000	49	50	45	52	52	48	47	47	47	51	488
−7000	45	47	41	51	49	59	50	55	53	50	500
−8000	53	52	46	52	44	51	48	51	46	54	497
−9000	45	47	46	52	47	48	59	57	45	48	494
−10000	47	41	51	48	59	51	52	55	39	41	484
											4979

表 3.1

この例で，実験 E の繰り返しの試行のうち，表の出る事象 α について，いくつかの比率 $\frac{f_1}{n_1}$，$\frac{f_2}{n_2}$，……の値を図上にプロットしてみると図 3.12 のようになる．ここで f_i は n_i 回の試行中表の現われる回数を示す．

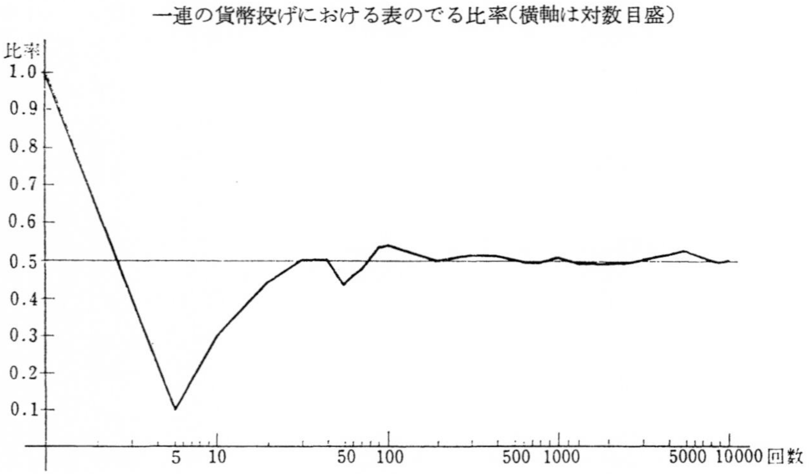

図 3.12

この例でみると，表のでる事象 α の比率は

$$\frac{501}{1000},\ \frac{986}{2000},\ \frac{1495}{3000},\ \frac{2031}{4000},\ \cdots\cdots,\ \frac{4495}{9000},\ \frac{4975}{10000}$$

というように，長期にわたって安定性があることが分る．このとき，無作為実験 E は，**統計的規則性** (statistical reguality) を示すという．

このように，統計的規則性をもってあらわれる比率の数学的理想化として1つの数 p の存在を前程とするのは自然なことである．それは数学における直線が，現実に黒板やノートの上に画かれた具体的な線の理想化であるのと同じある．

無作為実験によって起こるある事象 α の確率 $pr(\alpha)=p$ とは，E の n 回の反復試行に対して，α が起こる度数 f と n との比率 $\frac{f}{n}$ が統計的に安定した規則性をもつとき，$\frac{f}{n}$ とかけはなれていないある実数で，

$$0 \leqq \frac{f}{n} \leqq 1$$

であるから，

公理 1 $\quad 0 \leqq pr(\alpha) \leqq 1$

を満足する．

とくに，α が確実な事象，すなわち実験 E を行なうごとに必ず起こる事象を表わす場合は，つねに，$f=n$，したがって $\frac{f}{n}=1$ であり，上と同様の議論によって，**確実な事象**に対する確率を1ときめるのが合理的である．確実な事象 (**全事象** total event) を τ とかくと

公理 2 $\quad pr(\tau)=1$

であることを要請しよう．

他方，α が**不可能な事象**，すなわち E のどんな試行においても決して起こりえない事象を表わす場合，$f=0$．よって $\frac{f}{n}=0$．したがって，上と同様の議論によって，不可能な事象に対する確率を0ときめるのが合理的である．不可

能な事象 (**空事象** empty event) を θ とかくと

> **公理 3** $pr(\theta)=0$

であることを要請しよう.

例 3.22 サイコロを1回投げ, 1, 2, 3, 4, 5, 6の目のうちのどれか1つをうる確率は1. なぜなら, 1, 2, ……, 6のうちのどれか1つの目がでる事象は全事象であるから. 他方, 7の目の出る事象は不可能な事象だから, 7の目の出る確率は0に等しい.

2つの事象 α と β が相互に排反なとき (α と β が同時に起こらないとき), α か β か少なくとも一方が起こる事象を $\alpha+\beta$ とかく. 銅貨を投げて

表のでる事象 α

裏のでる事象 β

とすると, $\alpha+\beta$ は表か裏かどちらかが起こる. さて n 回の試行で, α の起こる回数を f_1, β の起こる回数を f_2, $\alpha+\beta$ の起こる回数を f とすると

$$\frac{f}{n}=\frac{f_1}{n}+\frac{f_2}{n}$$

で, しかも $\frac{f_1}{n}$, $\frac{f_2}{n}$, $\frac{f}{n}$ にはそれぞれ $pr(\alpha)$, $pr(\beta)$, $pr(\alpha+\beta)$ があてがわれるから

> **公理 4** $pr(\alpha+\beta)=pr(\alpha)+pr(\beta)$

であることを要請しよう.

例 3.23 1個のサイコロを投げて, 出た目の数が2以下である事象の起こる確率を求めよう. 1の目の出る事象を α, 2の目の出る事象を β とかくと, 1の目と2の目は同時には出ないから, α と β は互いに排反である. そして出た目の数が2以下であるという事象は $\alpha+\beta$ とかける. さて

$$pr(\alpha)=pr(\beta)=\frac{1}{6}$$

とおくのが合理的である．なぜなら，1個のサイコロを何回も多数回投げたとき，1の目の出る事象の起こる比率は 安定性をもち，大体0.16程度を上下するからである．よって出た目の数が2以下である事象の確率は

$$pr(\alpha+\beta)=pr(\alpha)+pr(\beta)$$
$$=\frac{1}{6}+\frac{1}{6}=\frac{1}{3}$$

問 3.43 52枚のカードからなる普通のトランプが2組あり，おのおのの組から1枚ずつカードをぬく．2枚のうち1枚がハートのエースである確率はいくらか．

問 3.44 1組のカードの中から同時に2枚のカードをぬく．少なくともそのうちの1枚がハートのエースである確率を求めよ．

［歴史的補注］ 確率論の歴史

確率論は元来賭事の研究にその起源を発する．Pascal と Fermat が17世紀前半にサイコロ遊びやカード遊びから，同程度に起こり易いことを基礎とした確率の概念をつくった．さらに J. Bernoulli (1654～1705) は統計的観察によって確立されつつあった大数法則を定式化した，推測論(Ars Conjectandi)という書物を著した．その後，古典的な確率論は Laplace (1749～1827) によって1812年集大成された．しかし Laplace 以後，1930年頃まで，確率論は応用数学の一分科として数学の片すみに追いやられていたが，それを本格的な解析学にまで高めたのは Kolmogorov (1931年) の業績である．彼の作った確率論は公理論的確率論とよばれているが，おもしろいことにそのころ経験的確率論(頻度説)が Von Mises(1883～1953)，主観的確率論が J. Keynes によって定立されつつあった．

§2. 事象演算

前節で，確率は無作為実験 E と事象 α の両方が規定されるときまることが分った．したがって確率は正確には

$$p=pr(\alpha\ ;\ E)$$

とでもかくべきであろうが，実際にはサイコロ投げ，貨幣投げ，カード並べな

どのように，はっきりと固定されていると考えられる無作為実験 E に結びつけられたいろいろな事象 α の確率の間の相互関係が問題になるので，E を省略して

$$p=pr(\alpha)$$

とかく．いままでは，$pr(\alpha)$ の値のみに注目していたが，今回は事象について考えよう．

試行 T にともなう2つの事象 α, β があるとき，

「α, β の少なくとも1つが起こる」

ことは試行 T にともなう1つの事象で記号で

$$\alpha\cup\beta$$

とかく．また

「α, β の両方が起こる」

ことも試行 T にともなう1つの事象で記号で

$$\alpha\cap\beta$$

とかく．さらに，事象 α に対して

「α が起こらない」

ことも試行 T にともなう1つの事象で記号で

$$\alpha^c$$

とかく．

$\alpha\cup\beta$ を α と β の**和事象**

$\alpha\cap\beta$ を α と β の**積事象**

α^c を α の **余事象**

という．事象 α は試行の結果，起こったとか起こらなかったとかが判断できる事柄であるから，1種の命題である．つまり

α	α^c
起こる	起こらない
起こらない	起こる

α	β	$\alpha\cup\beta$	$\alpha\cap\beta$
起こる	起こる	起こる	起こる
起こる	起こらない	起こる	起こらない
起こらない	起こる	起こる	起こらない
起こらない	起こらない	起こらない	起こらない

起こる $\longleftrightarrow$ 1

起こらない $\longleftrightarrow$ 0

と値を対応づけると，与えられたいくつかの事象から新しい事象を作る方法，つまり事象演算は，命題演算と同じようにできる．このとき，演算の記号は命題演算の場合の

$\wedge,\quad \vee,\quad -$

に代り，

$\cap,\quad \cup,\quad {}^c$

である．なお2つの事象が同じであることを等号＝をもって表わす．

n 個の事象 $\alpha_1, \alpha_2, \cdots\cdots, \alpha_n$ があって

「$\alpha_1, \alpha_2, \cdots\cdots, \alpha_n$ の少なくとも1つが起こる」

ことも1つの事象である．これを記号で

$$\alpha_1\cup\alpha_2\cup\cdots\cdots\cup\alpha_n$$

とかき，$\alpha_1, \alpha_2, \cdots\cdots, \alpha_n$ の**和事象**という．また

「$\alpha_1, \alpha_2, \cdots\cdots, \alpha_n$ が全部起こる」

ことも1つの事象である．これを記号で

$$\alpha_1\cap\alpha_2\cap\cdots\cdots\cap\alpha_n$$

とかき，$\alpha_1, \alpha_2, \cdots\cdots, \alpha_n$ の**積事象**という．

例 3.24 (De Morgan の公式)

$$(\alpha_1\cup\alpha_2\cup\cdots\cdots\cup\alpha_n)^c=\alpha_1{}^c\cap\alpha_2{}^c\cap\cdots\cdots\cap\alpha_n{}^c$$

$$(\alpha_1\cap\alpha_2\cap\cdots\cdots\cap\alpha_n)^c=\alpha_1{}^c\cup\alpha_2{}^c\cup\cdots\cdots\cup\alpha_n{}^c$$

なぜなら，

「$\alpha_1, \alpha_2, \cdots\cdots, \alpha_n$ のどれか少なくとも1つが起こる」ことを否定すると「$\alpha_1, \alpha_2, \cdots\cdots, \alpha_n$ のどれも起こらない」し，さらに「$\alpha_1, \alpha_2, \cdots\cdots, \alpha_n$ のどれも起こる」ことを否定すれば「$\alpha_1, \alpha_2, \cdots\cdots, \alpha_n$ のどれか少なくとも1つが起こらない」ことになるから，この等式は成立する．

「多数の事象 $\alpha_1, \alpha_2, \cdots\cdots, \alpha_n$ があって，その中のどの2つも同時に起こることがなければ，これらは互いに**排反な事象**であるという」

排反な事象であることを記号でかくと

$$\alpha_i \cap \alpha_j = \theta \qquad (\text{すべての } i, j \text{ について，} i \neq j)$$

となる．排反な事象の和事象を，とくに

$$\alpha_1 + \alpha_2 + \cdots\cdots + \alpha_n$$

とかき，$\alpha_1, \alpha_2, \cdots\cdots, \alpha_n$ の**直和**という．したがって

$$\alpha = \alpha_1 + \alpha_2 + \cdots\cdots + \alpha_n$$

とかけば，$\alpha_1, \alpha_2, \cdots\cdots, \alpha_n$ が排反し，かつ α がその直和であることを示している．

例 3.25　分配律

$\alpha_1, \alpha_2, \cdots\cdots, \alpha_n$ が排反な事象であるならば

$$\alpha \cap (\alpha_1 + \alpha_2 + \cdots\cdots + \alpha_n) = \alpha \cap \alpha_1 + \alpha \cap \alpha_2 + \cdots\cdots + \alpha \cap \alpha_n$$

が成り立つ．なぜなら，

「α が起こり，かつ $\alpha_1, \alpha_2, \cdots\cdots, \alpha_n$ のどれか唯1つが起こる」

ということは

「α かつ α_1，α かつ α_2，……，α かつ α_n のどれか唯1つが起こる」

ことと同じである．

問 3.45　事象 α が起こって，事象 β が起こらないことを，α と β の差事象とよび，$\alpha-\beta$ とかく．

① $\alpha-\beta=\alpha\cap\beta^c$ である，

② $\alpha-\beta$ と β は排反な事象である，

③ $\alpha-(\beta\cup\gamma)$，$\beta-\gamma$，γ は排反な事象である，

ことを証明せよ.

問 3.46 次の等式を証明せよ.（結果は性質として覚えよ.）

① $\alpha\cap\beta=\beta\cap\alpha$

② $\alpha\cup\beta=\beta\cup\alpha$
（可換律）

③ $(\alpha\cap\beta)\cap\gamma=\alpha\cap(\beta\cap\gamma)$

④ $(\alpha\cup\beta)\cup\gamma=\alpha\cup(\beta\cup\gamma)$
（結合律）

③の結果を $\alpha\cap\beta\cap\gamma$，④の結果を $\alpha\cup\beta\cup\gamma$ とかく.

⑤ $(\alpha^c)^c=\alpha$ （回帰律）

⑥ $\alpha+\alpha^c=\tau$ （全事象） （排中律）

⑦ $\alpha\cap\alpha^c=\theta$ （空事象） （矛盾律）

⑧ $\theta^c=\tau$

⑨ $\tau^c=\theta$

⑩ $\alpha\cap\theta=\theta$

⑪ $\alpha\cup\theta=\alpha$

⑫ $\alpha\cap\tau=\alpha$

⑬ $\alpha\cup\tau=\tau$

例 3.26 α が起これば，β が必ず起こるとき，α は β の部分事象であるといい，記号で

$$\alpha\subset\beta$$

とかく.

$\alpha\subset\beta$ ならば，α が起こるときには当然 β が起こっているので，単に β が起こっているといってもよい．だから

$$\alpha\cup\beta=\beta$$

ともかける．また，$\alpha\subset\beta$ ならば

$$\alpha\cap\beta=\alpha$$

でもある.

問 3.47　1つの箱の中に同型同大同質の球（これをチップー chip, tip という）が入っている．チップの表面に番号をつけておく．番号 m の倍数の番号をもつチップが1つ抽出される事象を α_m とすれば

$$n|m \rightleftarrows \alpha_m \subset \alpha_n$$

であることを証明せよ．ただし，記号 $n|m$ は，m が n の倍数であることを示す．

例 3.27　α, β, γ を3つの事象とし，$\tau=\alpha\cup\beta\cup\gamma$ とする．次の各事象を α, β, γ を用いて表わせ．

① α のみ起こる事象

② 少なくとも1つの事象が起こる事象．

（解）① α が起こって β, γ は起こらないことだから，$\alpha\cap\beta^c\cap\gamma^c$

② 和事象の定義より　$\alpha\cup\beta\cup\gamma$

問 3.48　例3.27の3つの事象を用いて，次の各事象を表わせ．

① α と β とがともに起こるが，γ は起こらない事象．

② 3つの事象全部が起こる事象．

③ 少なくとも2つの事象が起こるという事象．

④ 1つの事象は起こるが，それ以上の事象は起こらない事象．

⑤ 2つの事象は起こるが，それ以上の事象は起こらない事象．

⑥ 何も起こらない事象．

問 3.49　サイコロを投げたとき，偶数の目が出るという事象を α，4以上の目が出るという事象を β，2から5までの目が出るという事象を γ で表わすことにする．このとき，次の事象はそれぞれどういう事象か．

① $\alpha\cap\beta\cap\gamma^c$　　② $(\alpha\cup\beta^c)\cap\gamma$

③ $\alpha\cup(\beta\cap\gamma)^c$　　④ $\alpha\cap(\beta\cup\gamma)^c$

問 3.50　1組のトランプ・カードの中から13枚のカードを抽出する．α，β，γ，δ をそれぞれ13枚のカードの中にスペードの1，ハートの1，ダイヤの1，クラブの1が含まれている事象とする．次の事象はそれぞれどういう事象か．

① $\alpha\cap\beta$　　② $\alpha-(\beta\cap\gamma)$

③ $(\alpha\cap\beta\cap\gamma)\cup\delta$　　④ $\alpha\cup(\beta\cap\gamma)$

⑤ $(\alpha\cup\beta)-\gamma^c$　　⑥ $\alpha^c\cup\beta^c$

⑦ $\alpha^c\cap(\beta^c\cup\gamma^c)$　　⑧ $\tau-[(\alpha\cup\beta)\cap(\gamma\cup\delta^c)]$

§3. 確 率 の 性 質

§1で与えた公理1～公理4と，§2で説明した事象演算とを組合せると，確率についていろいろな性質を導出することができる．

（公理1）　$0 \leqq pr(\alpha) \leqq 1$

（公理2）　$pr(\tau)=1$

（公理3）　$pr(\theta)=0$

（公理4）　$pr(\alpha+\beta)=pr(\alpha)+pr(\beta)$

定理 3.16　（有限加法性）

$$pr(\alpha_1+\alpha_2+\cdots\cdots+\alpha_n)=pr(\alpha_1)+pr(\alpha_2)+\cdots\cdots+pr(\alpha_n)$$

（証明）　$\alpha_1, \alpha_2, \cdots\cdots, \alpha_n$ は互いに排反だから，α_1 と $(\alpha_2+\cdots\cdots+\alpha_n)$ も排反である．なぜなら

$$\alpha_1 \cap (\alpha_2+\cdots\cdots+\alpha_n)$$
$$=(\alpha_1 \cap \alpha_2)+(\alpha_1 \cap \alpha_3)+\cdots\cdots+(\alpha_1 \cap \alpha_n)$$
$$=\theta+\theta+\cdots\cdots+\theta=\theta$$

よって

$$pr(\alpha_1+\overline{\alpha_2+\cdots\cdots+\alpha_n)}$$
$$=pr(\alpha_1)+pr(\alpha_2+\cdots\cdots+\alpha_n)$$

$\alpha_2+\cdots\cdots+\alpha_n$ に対しても上と同じ考察をすれば

$$=p(\alpha_1)+\{pr(\alpha_2)+pr(\alpha_3+\cdots\cdots+\alpha_n)\}$$
$$=\cdots\cdots\cdots\cdots\cdots\cdots\cdots\cdots$$
$$=pr(\alpha_1)+pr(\alpha_2)+\cdots\cdots pr(\alpha_n)$$

となる．

系 1　　余事象の確率

$$pr(\alpha^c)=1-pr(\alpha)$$

（証明）　$\tau=\alpha+\alpha^c$　だから

$$pr(\tau)=pr(\alpha)+pr(\alpha^c)$$

$$1=pr(\alpha)+pr(\alpha^c)$$

系 2　$\tau=\alpha_1+\alpha_2+\cdots\cdots+\alpha_n$　のとき

$$1=pr(\alpha_1)+pr(\alpha_2)+\cdots\cdots+pr(\alpha_n)$$

例 3.28　1回の試行で数1, 2, 3, ……, n のいずれか1つがえらばれる．数 k がえらばれる事象 α_k の起こる確率 $pr(\alpha_k)$ が k に比例するとして，$pr(\alpha_k)$ の値を求めよ．

（解）　1から n までの数のうち，どれか1つは必ずえらばれるわけであるから，

$$\tau=\alpha_1+\alpha_2+\cdots\cdots+\alpha_n$$

$$1=pr(\alpha_1)+pr(\alpha_2)+\cdots\cdots+pr(\alpha_n)$$

しかるに，題意により

$$pr(\alpha_k)=ak$$

ゆえに

$$1=a+2a+3a+\cdots\cdots+na$$

$$=\frac{n(n+1)}{2}a$$

$$\therefore\quad a=\frac{2}{n(n+1)}$$

したがって

$$pr(\alpha_k)=\frac{2k}{n(n+1)},\qquad (k=1,\ 2,\ \cdots\cdots,\ n)$$

問 3.51　$pr(\alpha)=\dfrac{1}{4}$ のとき，$pr(\alpha^c)$ の値はいくらか．

問 3.52　各面上の点の数に比例する割合で目の出るカラクリの施されたサイコロを1回投げて，偶数の目の出る確率を求めよ．

問 3.53　1つの公衆電話ボックスがある．この電話の利用者の流れを観察したところ，ある時刻で電話を使用中もしくは待っている人が n 人いる事象を α_n とすると，$pr(\alpha_n)$

は時刻に関係なく

$$pr(\alpha_n)=\left(\frac{1}{2}\right)^n pr(\alpha_0)\quad,\qquad (1\leqq n\leqq 5)$$

$$pr(\alpha_n)=0\quad,\qquad\qquad (n\geqq 6)$$

で与えられることがわかった.

ある時刻において，この公衆電話ボックスに１人もいない確率 $pr(\alpha_0)$ の値はいくらか.

定理 3.17　（加法定理）

$$pr(\alpha\cup\beta)=pr(\alpha)+pr(\beta)-pr(\alpha\cap\beta)$$

（証明）　$\alpha=\alpha\cap\tau$

$=\alpha\cap(\beta+\beta^c)$

$=\alpha\cap\beta+\alpha\cap\beta^c$

$\beta=\alpha^c\cap\beta+\alpha\cap\beta$

より，

$$pr(\alpha)=pr(\alpha\cap\beta)+pr(\alpha\cap\beta^c)\qquad ①$$

$$pr(\beta)=pr(\alpha^c\cap\beta)+pr(\alpha\cap\beta)\qquad ②$$

しかるに，

$$\alpha\cup\beta=\alpha\cap\beta^c+\alpha\cap\beta+\alpha^c\cap\beta$$

だから

$$pr(\alpha\cup\beta)=pr(\alpha\cap\beta^c)+pr(\alpha\cap\beta)+pr(\alpha^c\cap\beta)$$

①＋②とすると

$$pr(\alpha)+pr(\beta)=pr(\alpha\cup\beta)+pr(\alpha\cap\beta)$$

$$\therefore\quad pr(\alpha\cup\beta)=pr(\alpha)+pr(\beta)-pr(\alpha\cap\beta)$$

問 3.54　①　$pr(\alpha)=\frac{1}{3}$，$pr(\beta)=\frac{1}{2}$，$pr(\alpha\cup\beta)=\frac{2}{3}$ のとき，$pr(\alpha\cap\beta)$ はいくらか.

②　$pr(\alpha)=\frac{1}{6}$，$pr(\beta)=\frac{1}{3}$，$pr(\alpha\cup\beta)=\frac{1}{2}$ のとき，事象 $\alpha\cap\beta$ は起こりうるか.

③　$\tau=\alpha\cup\beta$，$pr(\alpha)=0.8$，$pr(\beta)=0.5$ ならば，$pr(\alpha\cap\beta)$ はいくらか.

④　$\gamma=\alpha+\beta^c$，$pr(\alpha)=\dfrac{3}{8}$，$pr(\beta)=\dfrac{7}{8}$ ならば，$pr(\gamma)$ はいくらか.

問 3.55　$pr(\alpha^c\cap\beta^c)=1-pr(\alpha)-pr(\beta)+pr(\alpha\cap\beta)$ であることを証明せよ.

例 3.29　定理 3.17 の拡張として，$pr(\alpha\cup\beta\cup\gamma)$ を展開せよ.

（解）　$pr(\alpha\cup\overline{\beta\cup\gamma})$

$$=pr(\alpha)+pr(\beta\cup\gamma)-pr\{\alpha\cap(\beta\cup\gamma)\}$$

$$=pr(\alpha)+pr(\beta\cup\gamma)-pr\{(\alpha\cap\beta)\cup(\alpha\cap\gamma)\}$$

$$=pr(\alpha)+pr(\beta)+pr(\gamma)$$

$$-pr(\alpha\cap\beta)-pr(\beta\cap\gamma)-pr(\gamma\cap\alpha)+pr(\alpha\cap\beta\cap\gamma)$$

ただし，ここでは $\alpha\cap\alpha=\alpha$（ベキ等律）を用いて

$$(\alpha\cap\beta)\cap(\alpha\cap\gamma)=\alpha\cap\beta\cap\gamma$$

を出している.

問 3.56　多くの事象のうちで少なくとも 1 つが起こる確率は，これらの事象の確率の和よりも決して大きくならないことを示せ. すなわち

$$pr(\alpha_1\cup\alpha_2)\leqq pr(\alpha_1)+pr(\alpha_2)$$

$$pr(\alpha_1\cup\alpha_2\cup\alpha_3)\leqq pr(\alpha_1)+pr(\alpha_2)+pr(\alpha_3)$$

……………………

（これを**被覆定理** covering theorem という.）

> **定理 3.18**　（単調性）
>
> $\alpha\subset\beta$　ならば　$pr(\alpha)\leqq pr(\beta)$

（証明）　$\alpha\subset\beta$ であることは $\alpha\cap\beta=\alpha$ であることと同じである. さて

$$\beta=\tau\cap\beta=(\alpha^c+\alpha)\cap\beta$$

$$=\alpha^c\cap\beta+\alpha\cap\beta=\alpha^c\cap\beta+\alpha$$

$$pr(\beta)=pr(\alpha^c\cap\beta)+pr(\alpha)$$

しかるに

$$pr(\alpha^c\cap\beta)\geqq 0$$

だから，

$$pr(\alpha) \leqq pr(\beta)$$

問 3.57 $pr(\alpha-\beta)+pr(\alpha\cap\beta)=pr(\alpha)$ であることを証明せよ．また

$$pr(\alpha\cap\beta) \leqq pr(\alpha) \leqq pr(\alpha\cup\beta)$$

であることを証明せよ．

例 3.30 α, β を2つの事象とする．α, β のうち，ちょうど k 個の事象が起こる確率 p_k を　$s_1=pr(\alpha)+pr(\beta)$，$s_2=pr(\alpha\cap\beta)$ を用いて表わせ．

（解）（i）$k=2$ のとき　$p_2=pr(\alpha\cap\beta)=s_2$

（ii）$k=1$ のとき　$p_1=pr(\alpha^c\cap\beta+\alpha\cap\beta^c)$

$$=pr(\alpha\cup\beta)-pr(\alpha\cap\beta)$$

$$=s_1-2s_2$$

（iii）$k=0$ のとき　$p_0=pr(\alpha^c\cap\beta^c)$

$$=1-pr(\alpha\cup\beta)$$

$$=1-s_1+s_2$$

問 3.58 例3.30において，

① α，β のうち，少なくとも k 個の事象が起こる確率 q_k を，

② α，β のうち，高々 k 個の事象が起こる確率 r_k を

s_1，s_2 を用いて表わせ．

問 3.59 α，β，γ を3つの事象とするとき，

① α，β，γ のうち，ちょうど k 個の事象が起こる確率 p_k

② α，β，γ のうち，少なくとも k 個の事象が起こる確率 q_k

③ α，β，γ のうち，高々 k 個の事象が起こる確率 r_k

を，$s_1=pr(\alpha)+pr(\beta)+pr(\gamma)$，$s_2=pr(\alpha\cap\beta)+pr(\beta\cap\gamma)+pr(\gamma\cap\alpha)$，$s_3=pr(\alpha\cap\beta\cap\gamma)$ を用いて表わせ．

§4. 同等に確からしい確率測度

無作為実験 E の結果が統計的規則性をもつような場合，このような現象の

記述と解釈のための数学的モデルとして，確率論を今後構成していこうと思うが，その際よく用いられる実験的モデルは

サイコロ投げ (dice throwing)
貨幣投げ (coin tossing)
カード並べ (cards arranging)

などであるが，さらに勝れた実際的モデルは，Shewhart の考案した

壷によるチップ実験 (chip experiment)

である．これは1つの壷（もしくは箱）の中に，同型同大同質の球(チップという）が入っていて，それらのチップを十分よくかき混ぜて，その中の何個かを抽出するという実験である．さきの3つのモデルはすべてチップ実験におき直すことができる．たとえば，サイコロ投げの実験は1から6まで番号のついたチップ6個の入った壷から，作為なく任意のチップを1個抽出する実験になぞらえて考えればよい．

壷の中のチップのすべての集団を $\boldsymbol{\Omega}$ とかき，**母集団**という．そして抽出されたチップの集団を**標本**という．古典的な確率の定義は，試行 T を

ある母集団から標本を抽出するという試行

になぞらえてなされる．そのために，1から n までの番号のついたチップの入った壷を考える．そして各番号のチップの数を

チップの番号	1	2	3	……	n	計
チップの数	N_1	N_2	N_3	……	N_n	N

ときめる．$\boldsymbol{\Omega}$ を試行 T の結果の母集団という．1枚のチップを抽出し，番号 i のチップが抽出される事象を ω_i とかく．すると明らかに

$$\omega_1+\omega_2+\cdots\cdots+\omega_n=\tau$$

である．事象 ω_i に対応する番号 i のチップの集団を，ω_i の**外延** (extention) といい，記号で $\{\omega_i\}$ とかく．事象と外延の間には

事象		外延
ω_1	$\longleftrightarrow$	$\{\omega_1\}$
ω_2	$\longleftrightarrow$	$\{\omega_2\}$
$\vdots$		$\vdots$
ω_n	$\longleftrightarrow$	$\{\omega_n\}$
τ	$\longleftrightarrow$	$\boldsymbol{\Omega}$

という対応がつく．

次に，たとえば，番号が2以下のチップが抽出される事象を α とかくと

$$\alpha=\omega_1+\omega_2$$

となり，その外延を $\{\alpha\}$ とかくと

$$\{\alpha\}=\{\omega_1\}+\{\omega_2\}$$

である．したがって，α は2つの事象 ω_1 と ω_2 に分割できるが，一方 ω_1 や ω_2 はさらに別の事象に分割することはできない．このように，これ以上分割しようのない事象を**根元事象** (elementary event) という．

さて，ここでもっとも重要な問題は，$N_1, N_2, \cdots\cdots, N_n$ のきめ方である．それは何らかの合理的根拠によって決定されねばならないし，また現実の実験結果とも一致するように決定されねばならない．1つの合理的なきめ方は，

> 根元事象 ω_i の起こる確率は
>
> $$pr(\omega_i)=\frac{n(\{\omega_i\})}{n(\boldsymbol{\Omega})}=\frac{N_i}{N},\quad (i=1,\ 2,\ \cdots\cdots,\ n)$$
>
> である．

と定義し，どの根元事象の起こる確率も等しいように，$N_1, N_2, \cdots\cdots, N_n$ をきめることである．このとき

$$pr(\omega_1)=pr(\omega_2)=\cdots\cdots=pr(\omega_n)$$

より

$$\frac{N_1}{N}=\frac{N_2}{N}=\cdots\cdots=\frac{N_n}{N}$$

つまり,

$$N_1=N_2=\cdots\cdots=N_n$$

とおくことである．このようなきめ方をすることを，どの番号のチップの抽出の機会も**同等に確からしい** (equally likely) という．

例 3.31　公平なサイコロを投げて偶数の目の出る確率を求めよ．

(解)　考えられる場合（目の数）は　1,　2,　3,　4,　5,　6
チップの枚数をそれぞれ　N_1, N_2, N_3, N_4, N_5, N_6

とする．公平なサイコロの場合は

$$N_1=N_2=N_3=N_4=N_5=N_6=k$$

とおく．出た目の数が i である（根元）事象を $\omega_i(i=1, 2, \cdots\cdots, 6)$，偶数の目の出る事象を α とすると

$$\alpha=\omega_2+\omega_4+\omega_6$$

確率の加法性より

$$\begin{aligned}pr(\alpha)&=pr(\omega_2)+pr(\omega_4)+pr(\omega_6)\\&=\frac{n(\{\omega_2\})}{n(\Omega)}+\frac{n(\{\omega_4\})}{n(\Omega)}+\frac{n(\{\omega_6\})}{n(\Omega)}\\&=\frac{k}{6k}+\frac{k}{6k}+\frac{k}{6k}=\frac{1}{2}\end{aligned}$$

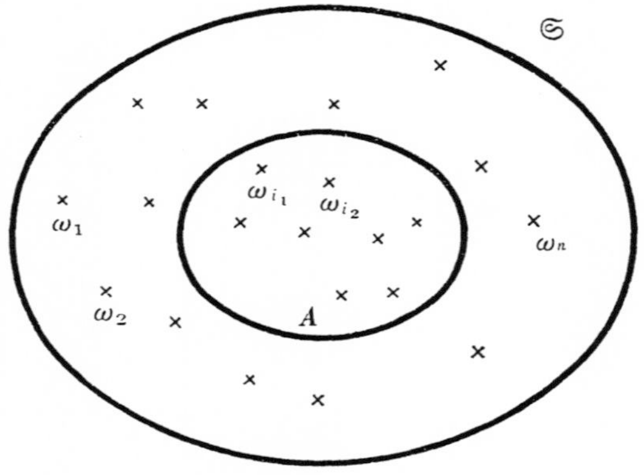

図 3.13　標本点と標本空間

根元事象 ω_i, 事象 α, 全事象 τ などを視覚化するには，前頁のような Venn 図を用いるのがよい．1つの根元事象 ω に1つの点(**標本点** sample point)を，事象 α には α を構成する標本点すべての集合 $\boldsymbol{A}$ を対応させればよい．

標本点 ω すべての集合を**標本空間** (sample space) といい，記号で $\mathfrak{S}$ とかく．次の対応は極めて明瞭であろう．

(事　象)		(外　延)		(集　合)
根元事象 ω	←→	$\{\omega\}$	←→	標本点 ω
空事象 θ	←→	$\boldsymbol{\Phi}$	←→	空集合 $\boldsymbol{\Phi}$
全事象 τ	←→	$\boldsymbol{\Omega}$	←→	標本空間 $\mathfrak{S}$
事象 α	←→	$\{\alpha\}$	←→	集合 $\boldsymbol{A}$
余事象 α^c	←→	$\{\alpha^c\}$	←→	$\boldsymbol{A}^c$
和事象 $\alpha\cup\beta$	←→	$\{\alpha\cup\beta\}$	←→	$\boldsymbol{A}\cup\boldsymbol{B}$
積事象 $\alpha\cap\beta$	←→	$\{\alpha\cap\beta\}$	←→	$\boldsymbol{A}\cap\boldsymbol{B}$

標本空間 $\mathfrak{S}$ に対して，各標本点 ω に $pr(\omega)$ なる重さが与えられたとき，$\mathfrak{S}$ は $pr(\omega)$ によって**確率空間**を構成するという．

$$\mathfrak{S}=\{\omega_1,\ \omega_2,\ \cdots\cdots,\ \omega_n\},\quad \boldsymbol{A}=\{\omega_{i_1},\ \omega_{i_2},\ \cdots\cdots,\ \omega_{i_l}\}$$

とし，すべての i について $pr(\omega_i)=p$ とおくと

$$\begin{aligned}1&=pr(\omega_1)+pr(\omega_2)+\cdots\cdots+pr(\omega_n)\\&=np\end{aligned}$$

よって，$\boldsymbol{A}$ に対応する事象 α の起こる確率は

$$\begin{aligned}pr(\alpha)&=pr(\omega_{i_1})+pr(\omega_{i_2})+\cdots\cdots+(\omega_{i_l})\\&=lp=\frac{l}{n}\\&=\frac{n(\boldsymbol{A})}{n(\mathfrak{S})}=p(\boldsymbol{A})\end{aligned}$$

で与えられる．これを，**Laplace の古典的定義**という．

例 3.32 公平なサイコロを2回投げて，目の和が7になる事象の起こる確率

を求めよ.

(解)　1回目の投げで出る目の数を x, 2回目の投げで出る目の数を y とすると, 2回にわたるサイコロの目の出方は (x, y) で表わされる.

考えられる場合は

$$\omega_1=(1,\ 1),\quad \omega_2=(1,\ 2),\quad \omega_3=(1,\ 3),\cdots\cdots,\quad \omega_6=(1,\ 6)$$
$$\omega_7=(2,\ 1),\quad \omega_8=(2,\ 2),\quad \omega_9=(2,\ 3),\cdots\cdots,\quad \omega_{12}=(2,\ 6)$$
$$\omega_{13}=(3,\ 1),\quad \omega_{14}=(3,\ 2),\ \cdots\cdots\cdots$$
$$\cdots\cdots\cdots\cdots\cdots\cdots\cdots\cdots\cdots\cdots\cdots$$
$$\omega_{31}=(6,\ 1),\quad \omega_{32}=(6,\ 2),\cdots\cdots\qquad ,\quad \omega_{36}=(6,\ 6)$$

の36通りである. (x, y) は幾何学的表現をすれば2次元の平面上の点で表わされるから, 標本点と標本空間は図3.14で表現される.

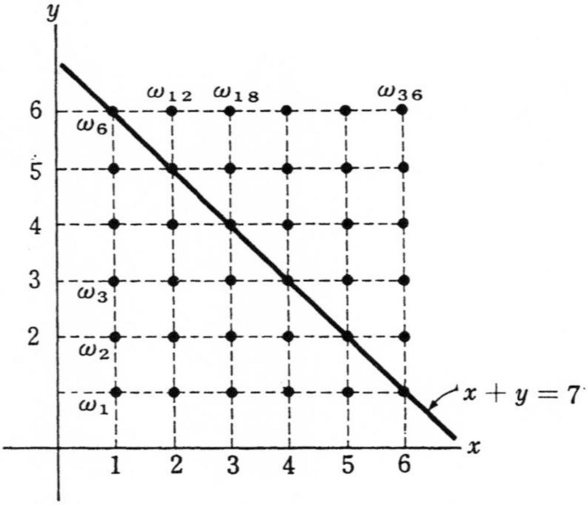

図 3.14　サイコロを2回投げたときの標本空間

目の和が7となる事象を α とおくと, α の外延 $\boldsymbol{A}$ は

$$\omega_6=(1,\ 6),\quad \omega_{11}=(2,\ 5),\quad \omega_{16}=(3,\ 4),\quad \omega_{21}=(4,\ 3)$$
$$\omega_{26}=(5,\ 2),\quad \omega_{31}=(6,\ 1)$$

からなる点集合である. よって

$$pr(\alpha)=\frac{n(A)}{n(\mathfrak{S})}=\frac{6}{36}$$

である.

問 3.60 2個のサイコロを投げて，目の和が9またはそれ以上になる確率を求めよ.

問 3.61 甲，乙2つのサイコロを振って，甲の目の出る数をx，乙の目の出る数をyとする．このとき，$|x-y|>1$なる確率をp_1，$xy\leqq x^2+1$なる確率をp_2とすると，p_1とp_2のいずれがどれだけ大きいか.

問 3.62 貨幣を3回投げる．その結果は8つの可能性があり，それらは同等に確からしい.

① 表の出た回数が裏の出た回数よりも多い,

② ちょうど2回表が出る,

③ 毎回同じ面が出る,

確率を求めよ.（できれば，この問の標本空間をかけ.）

例 3.33 $ax^2+bx+c=0$ の係数 a, b, c のところへ，それぞれ全く無作為に 1, 3, 5, 7, 9 のいずれかの数字を入れ，この方程式が実根をもつ確率を求めよ.

（解） 標本空間は $\mathfrak{S}=\{(b, a, c)\,|\,b, a, c$ は 1, 3, 5, 7, 9 のいずれか，重複してもよい$\}$ とする．実根をもつ事象 α の外延を求めればよい.

判別式 $D=b^2-4ac\geqq 0$

であるから,

(1) $b=1$ のとき，$ac\leqq\frac{b^2}{4}=\frac{1}{4}$. a, c の値なし

(2) $b=3$ のとき，$ac\leqq\frac{b^2}{4}=\frac{9}{4}$

$a=c=1$, 標本点は (3, 1, 1)

(3) $b=5$ のとき，$ac\leqq\frac{b^2}{4}=\frac{25}{4}$

a	1	1	1	3	5
c	1	3	5	1	1

(4) $b=7$ のとき，$ac\leqq\frac{b^2}{4}=\frac{49}{4}$

a	1	1	1	1	1	3	3	5	7	9
c	1	3	5	7	9	1	3	1	1	1

(5) $b=9$ のとき，$ac \leqq \dfrac{b^2}{4}=\dfrac{81}{4}$

a	1	1	1	1	1	3	3	3	5	5	7	9
c	1	3	5	7	9	1	3	5	1	3	1	1

α の外延を $\boldsymbol{A}$ とすれば

$$n(\boldsymbol{A})=1+5+10+12=28$$

一方

$$n(\mathfrak{S})=5\times5\times5=125$$

よって

$$pr(\alpha)=p(\boldsymbol{A})=\frac{28}{125}$$

問 3.63 $x^2+px+q=0$ の係数 p，q をそれぞれ甲，乙2つのサイコロを投げて出た目の数によってきめるものとすれば，この方程式が虚根をもつ確率を求めよ．

問 3.64 サイコロを2回振り，最初に出た目を a，次に出た目を b とする．このとき，4次方程式

$$3x^4-4(a+2)x^3+12ax^2-b=0$$

が相異なる4実根をもつ確率を求めよ．

例 3.34 1から200までの整数のうち，無作為に1数をとり，

① それが6の倍数である確率．

② それが8の倍数である確率．

③ それが6か8の倍数である確率．

を求めよ．

（解） $n(\mathfrak{S})=200$

① 6の倍数である事象 α の外延

$\boldsymbol{A}=\{6,\ 12,\ \cdots\cdots,\ 198\}$，　$n(\boldsymbol{A})=33$

② 8の倍数である事象 β の外延

$\boldsymbol{B}=\{8,\ 16,\ \cdots\cdots,\ 200\}$,　　$n(\boldsymbol{B})=25$

③　6か8の倍数である事象は $\alpha\cup\beta$

$$pr(\alpha\cup\beta)=pr(\alpha)+pr(\beta)-pr(\alpha\cap\beta).$$

だから，$\alpha\cap\beta$ は6と8の $L.\ C.\ M$ 24の倍数である事象で，その外延は

$\boldsymbol{A}\cap\boldsymbol{B}=\{24,\ 48,\ \cdots\cdots 192\}$,　　$n(\boldsymbol{A}\cap\boldsymbol{B})=8$

よって

$$pr(\alpha)=\frac{33}{200},\ \ pr(\beta)=\frac{25}{200},\ \ pr(\alpha\cup\beta)=\frac{50}{200}$$

問 3.65　例3.34で抽出した1枚が6か8か10の倍数である確率を求めよ．

§5.　分配・占有の問題

例 3.35　1から n まで番号のついた n 個の箱に，r 個の玉を分配する．ただし，$0\leqq r\leqq n$ である．

このとき，r 個の箱に1個ずつ玉が分配される確率を求めよ．

（解）　1つの分配の仕方に，1つの標本点を対応させる．

- n 個の箱に r 個の玉を分配するとき
  - r 個の玉に区別のあるとき
    - 任意の分配の仕方　n^r 通り
    - 高々1個ずつの分配の仕方　$n^{(r)}$ 通り
  - r 個の玉に区別のないとき
    - 高々1個ずつの分配の仕方　$\binom{n}{r}$ 通り
    - 任意の分配の仕方　${}_n\mathrm{H}_r$ 通り

分配の仕方を上の方から（Ⅰ），（Ⅱ），（Ⅲ），（Ⅳ）と名づけ，それぞれの分配の場合の標本空間を $\mathfrak{S}_{\mathrm{I}}$, $\mathfrak{S}_{\mathrm{II}}$, $\mathfrak{S}_{\mathrm{III}}$, $\mathfrak{S}_{\mathrm{IV}}$ とするとき

$$n(\mathfrak{S}_{\mathrm{I}})=n^r\ ,\qquad n(\mathfrak{S}_{\mathrm{II}})=n^{(r)}$$

$$n(\mathfrak{S}_{\mathrm{III}})=\binom{n}{r},\ \ n(\mathfrak{S}_{\mathrm{IV}})={}_n\mathrm{H}_r$$

r 個の玉を r 個の箱に 1 個ずつ分配する事象を α とすると

（Ⅰ）　$pr(\alpha) = \dfrac{r!}{n^r}$ 　　　　　　　　　　（Maxwell-Boltzmann の統計）

（Ⅱ）　$pr(\alpha) = \dfrac{r!}{n^{(r)}}$

$\left.\begin{array}{l}\\ \\ \\ \end{array}\right\} = \dfrac{1}{\left(\begin{array}{c} n \\ r \end{array}\right)}$ 　　　　（Fermi-Dirac の統計）

（Ⅲ）　$pr(\alpha) = \dfrac{1}{\left(\begin{array}{c} n \\ r \end{array}\right)}$

（Ⅳ）　$pr(\alpha) = \dfrac{1}{{}_n\mathrm{H}_r}$ 　　　　　　　　　（Bose-Einstein の統計）

例 3.36　1 から n まで番号のついた n 個の箱に，r 個の玉を分配するとき，特定の箱に全然分配されない事象 α の起こる確率を求めよ．ただし，$0 \leqq r \leqq n$ とする．

（解）　例 3.35 と同じく，特定の箱をのぞく $n-1$ 個の箱に r 個の玉を分配する方法は，

　　　（Ⅰ）の場合　$(n-1)^r$ 通り

　　　（Ⅱ）の場合　$(n-1)^{(r)}$ 通り

　　　（Ⅲ）の場合　$\left(\begin{array}{c} n-1 \\ r \end{array}\right)$ 通り

　　　（Ⅳ）の場合　${}_{n-1}\mathrm{H}_r$ 通り

よって

（Ⅰ）　$pr(\alpha) = \dfrac{(n-1)^r}{n^r} = \left(1 - \dfrac{1}{n}\right)^r$

（Ⅱ）　$pr(\alpha) = \dfrac{(n-1)^{(r)}}{n^{(r)}} = \dfrac{n-r}{n}$

$\left.\begin{array}{l}\\ \\ \\ \end{array}\right\} = 1 - \dfrac{r}{n}$

（Ⅲ）　$pr(\alpha) = \dfrac{\left(\begin{array}{c} n-1 \\ r \end{array}\right)}{\left(\begin{array}{c} n \\ r \end{array}\right)} = \dfrac{n-r}{n}$

（Ⅳ）　$pr(\alpha) = \dfrac{{}_{n-1}\mathrm{H}_r}{{}_n\mathrm{H}_r} = \dfrac{n-1}{n+r-1} = 1 - \dfrac{r}{n+r-1}$

例 3.37 6回サイコロを投げて，少なくとも1回1の目の出る事象 α の起こる確率を求めよ．

(解) α^c は6回サイコロを投げて，全然1の目の出ない事象である．

これは，1から6まで番号のついた箱に，区別のある玉6個を分配するとき，1の番号の箱に全然分配されない事象であるから

$$pr(\alpha^c)=\frac{5^6}{6^6}=\left(\frac{5}{6}\right)^6$$

よって

$$pr(\alpha)=1-pr(\alpha^c)=1-\left(\frac{5}{6}\right)^6$$

問 3.66 無作為にとった k 個の数字のうち

① 0が入っていない確率

② 1が入っていない確率

③ 0も1も入っていない確率

④ 0と1のうち，少なくとも1つが入っている確率

を求めよ．

問 3.67 4つのサイコロを投げて少なくとも1回1の目の出ることは，2つのサイコロを24回投げて，少なくとも1回2つとも1の目の出ることより起こりやすいことを示せ．

(Pascal の友人，騎士 Chevalier de Méré はこの2つの事象の確率は等しいと考えていたが，実際にゲームをやってみると，前者の清算規則の方が有利であることを経験的に知っていた．その理由を Pascal に尋ねたので，この問題は Chevalier のパラドックスという．)

例 3.38 無作為に並んだ5個の数字(これを**乱数列** sequence of random digits という) が全部異なる確率は

$$pr(\alpha)=\frac{10^{(5)}}{10^5}=\frac{10\cdot9\cdot8\cdot7\cdot6}{10\cdot10\cdot10\cdot10\cdot10}=0.3024$$

次の数字は π の値のはじめの800個である．そのうち，5個の数字が無作為に並んでいると仮定して，5個とも異なる節の割合を計算しよう．(データは ENAIC による．1950年，G. W. Reitwisner.)

$\pi=3.$ 14159 26535 89793 <u>23846</u> 26433

83279	50288	41971	69399	37510
58209	74944	59230	78164	06286
20899	86280	34825	34211	70679
82148	08651	32823	06647	09384
46095	50582	23172	53594	08128
48111	74502	84102	70193	85211
05559	64462	29489	59430	38196
44288	10975	66593	34461	28475
64823	37867	83165	27120	19091
45648	56692	34603	48610	45432
66482	13393	60726	02491	41273
72458	70066	06315	58817	48815
20920	96282	92540	91715	36436
78925	90360	01133	05305	48820
46652	13841	46951	94151	16094
33057	27036	57595	91953	09218
61173	81932	61179	31051	18548
07446	23799	62749	56735	18857
52724	89122	79381	83011	94912
98336	73362	44065	66430	86021
39494	63952	24737	19070	21798
60943	70277	05392	17176	29317
67523	84674	81846	76694	05132
00056	81271	45263	56082	77857
71342	75778	96091	73637	17857
14684	40901	22495	34301	46549
58537	10507	92279	68925	89235
42019	95611	21290	21960	86403
44181	59813	62977	47713	09960

51870	72113	49999	99837	29780
59951	05973	17328	16096	31859

上の表で下線部のあるのは，連続した5つの数字がすべて異なる節である．その数は160節中55節ある．よって，その比率は

$$\frac{55}{160}=0.343$$

問 3.68　r 個の数字をランダムにとったとき，すべての数字が異なっている確率を求めよ．

問 3.69　エレベーターが7人の客をのせて，11階建の建物の各階にとまる．同じ階で2人以上の客が降りない確率を求めよ．

問 3.70　n 個の大きさの母集団から，r 個要素を抽出したものを，大きさの標本という．そのとき

1つ1つの要素を抽出するごとに母集団に戻すのを復元抽出法

1つ1つの要素を抽出しても元へ戻さないのを非復元抽出法

という，2つの抽出法において，大きさ r の標本が母集団から抽出される確率はいくらか．

また，特定の要素が，抽出された標本内に含まれる確率を求めよ．

例 3.39　r 人 $(0<r\leqq 365)$ の誕生日がすべて異なる確率を求めよ．

（解）　1年365日に r 人を任意に r 人を分配する仕方は 365^r 通りである．

また，r 人を高々1人ずつ365日のどれかに分配する仕方は $365^{(r)}$ 通りである．

よって

$$pr(\alpha)=\frac{365^{(r)}}{365^r}$$

$$=\left(1-\frac{1}{365}\right)\left(1-\frac{2}{365}\right)\cdots\cdots\left(1-\frac{r-1}{365}\right)$$

$$\fallingdotseq 1-\frac{1+2+3+\cdots\cdots+(r-1)}{365}=1-\frac{r(r-1)}{720}$$

問 3.71　例3.35で，$pr(\alpha)=0.5$ となる r の近似値を求めよ．

問 3.72　12人が異なる誕生月をもつ確率を求めよ．

問 3.73　6人の誕生月がある2つの月である確率を求めよ．

例 3.40　10本中，3本のあたりくじがある．2本ひいて，少なくとも1本があたりくじである確率を求めよ．

（解）　2本ひいて，1本もあたらない事象を α とおくと，α^c は2本ひいて少なくとも1本あたる事象である．α の外延を $\boldsymbol{A}$，全事象 τ の外延を $\boldsymbol{\Omega}$ とすると

$$n(\boldsymbol{A})=\binom{7}{2},\quad n(\boldsymbol{\Omega})=\binom{10}{2}$$

$$pr(\alpha^c)=1-pr(\alpha)=1-p(\boldsymbol{A})$$

$$=1-\frac{\binom{7}{2}}{\binom{10}{2}}=\frac{7}{15}$$

問 3.74　製品を N 個ずつの単位に分けて，消費者にひきわたす．このような一山をロットという．1ロット中の不良品を N_1 個としたとき，N 個の中から n 個の標本を出して検査したら，標本の製品全部が良品である確率を求めよ．

問 3.75　袋の中に赤玉3個，白玉4個，黒玉5個の同じような玉が入っている．袋の中で玉をよくかきまわし，2球とり出し，その2個が同色である確率を求めよ．

問 3.76　$n=4$ 足入った靴箱から，$2r=4$ 個の靴をあわててとった泥棒がいる．この泥棒のとった靴の中に，揃った靴が1足もなく，泥棒が馬鹿をみる確率はいくらか．

例 3.41　n 個のチップのうち，n_1 個は赤いチップ，$n-n_1$ 個は黒いチップである．いま，これら n 個のチップの入った壺の中から r 個のチップを標本として抽出したとき，この標本の中に x 個の赤いチップが含まれている確率を求めよ．

（解）　n 個の集団から r 個のものをとる仕方の数は，標本空間の大きさ $n(\mathfrak{S})$ に等しい．

一方，r 個の標本の中に x 個の赤いチップと，$r-x$ 個の黒いチップが入っている場合の数は，この標本の中に x 個の赤いチップが含まれているという事象 α の外延の大きさ $n(\boldsymbol{A})$ に等しい．

$$n(\mathfrak{S})=\binom{n}{r},\quad n(\boldsymbol{A})=\binom{n_1}{x}\binom{n-n_1}{r-x}$$

だから,

$$pr(x)=\frac{\binom{n_1}{x}\binom{n-n_1}{r-x}}{\binom{n}{r}}$$

ただし, $0\leqq x\leqq \min(n_1,\ r)$ とする.

問 3.77 52枚のトランプカードの中から, 13枚をぬき出す. その中にエースが2枚含まれている確率を求めよ.

問 3.78 $2N$ 人の少年と $2N$ 人の少女よりなる集団を, 同数の2つの部分に分ける. フォーク・ダンスができるように, 両方の群の中にそれぞれ同数ずつ少年少女がいるように分けられる確率はいくらか.

問 3.79 1から $2n+1$ までの数字の書いてある $2n+1$ 枚のカードから

① 無作為に2枚のカードを出したとき, それらが連続2枚のカードである確率を求めよ.

② この中から無作為に3枚のカードを出したとき, それらが等差数列をなす確率を求めよ.

例 3.42 n 個の任意の奇数の相乗積を作るとき, 末位が5になる確率を求めよ.

(解) 奇数の末尾は 1, 3, 5, 7, 9 の5つの数字で構成される. そこで, {1, 3, 5, 7, 9} の中から重複を許して n 個とった相乗積

$$a_1a_2\cdots\cdots a_n$$

の末尾はどうなるか, 次の表をみてみよう.

b \ a	1	3	5	7	9
1	1	3	**5**	7	9
3	3	9	**15**	21	27
5	**5**	**15**	**25**	**35**	**45**
7	7	21	**35**	49	63
9	9	27	**45**	63	81

$a\times b$ の表

この表から明らかなように, 末尾も必ず {1, 3, 5, 7, 9} の要素の何れかにな

る．

一方，{1, 3, 7, 9} の中から重複を許して n 個とった相乗積

$$b_1b_2\cdots\cdots b_n$$

の末尾も，必ず {1, 3, 7, 9} の中の要素のいずれかになる．

問題は任意の奇数の相乗積となっているが，末尾に影響を与えるのは，それぞれの奇数の末尾1桁のみであることに注意すれば，n 個の奇数の相乗積の末尾5でない事象 α の起こる確率は

$$pr(\alpha)=\frac{{}_4\mathrm{H}_n}{{}_5\mathrm{H}_n}$$

よって，求める確率は

$$pr(\alpha^c)=1-pr(\alpha)=1-\frac{{}_4\mathrm{H}_n}{{}_5\mathrm{H}_n}$$

$$=\frac{n}{n+4}$$

問 3.80　r 個の区別のない玉を次々に n 個の箱に入れるとき，特定の箱にちょうど $k(0<k\leqq r)$ 個が入る確率を求めよ．

問 3.81　問3.80において，指定された $m(m\leqq n)$ 個の箱に，合計してちょうど $k(0<k\leqq r)$ 個の玉が入る確率を求めよ．

§6. 条件付確率

2つの事象 α と β とがともに起こる事象 $\alpha\cap\beta$ の確率について研究しよう．

事象 α が起こったとして，事象 β の起こる確率（あるいは，事象 α のもとで事象 β の起こる確率とか，与えられたある事象 α に対して事象 β の起こる確率ともいう）を

$$pr(\beta\mid\alpha)$$

とかき，α のもとでの β の起こる**条件付確率**(conditional probability) という．

標本空間 $\mathfrak{S}$ の部分集合 $\boldsymbol{A}$ が事象 α の外延 $\boldsymbol{A}$ を

$$\boldsymbol{A}=\{\omega_{i_1},\ \omega_{i_2},\ \cdots\cdots,\ \omega_{i_l}\}$$

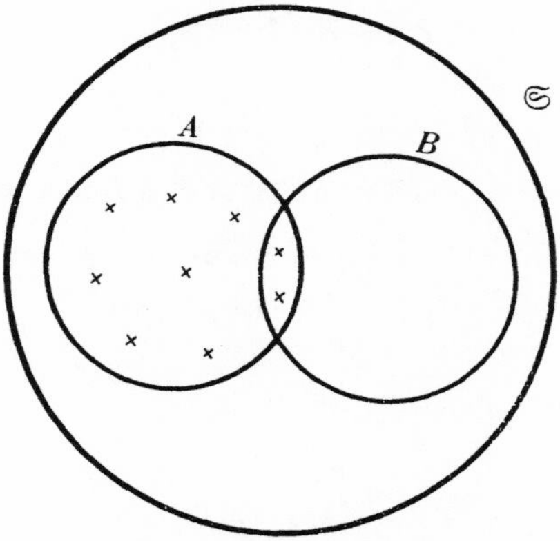

図 3.15

とする．$\boldsymbol{A}$ を新しい標本空間とみるとき，

$$pr(\omega_{i_1})+\cdots\cdots+pr(\omega_{i_l})=pr(\alpha)\neq 1$$

であるから，$\boldsymbol{A}$ はそのままでは標本空間たりえない．しかし，それぞれの根元事象 ω_{i_j} に対して

$$\frac{pr(\omega_{i_j})}{pr(\alpha)}\ ,\qquad (j=1,\ 2,\ \cdots\cdots,\ l)$$

をあてがってやると，

$$\frac{pr(\omega_{i_1})}{pr(\alpha)}+\frac{pr(\omega_{i_2})}{pr(\alpha)}+\cdots\cdots+\frac{pr(\omega_{i_l})}{pr(\alpha)}=1$$

となって，$\boldsymbol{A}$ は標本空間たりうる．事象 $\alpha\cap\beta$ の外延 $\boldsymbol{A}\cap\boldsymbol{B}$ を

$$\boldsymbol{A}\cap\boldsymbol{B}=\{\omega_a,\ \omega_b,\ \cdots\cdots,\ \omega_g\}$$

とすると

$$pr(\beta|\alpha)=\frac{pr(\omega_a)}{pr(\alpha)}+\frac{pr(\omega_b)}{pr(\alpha)}+\cdots\cdots+\frac{pr(\omega_g)}{pr(\alpha)}$$

$$=\frac{pr(\omega_a)+pr(\omega_b)+\cdots\cdots+pr(\omega_g)}{pr(\alpha)}=\frac{pr(\alpha\cap\beta)}{pr(\alpha)}$$

定理 3.19　乗法定理 (multiplication theorem)

2つの事象 α と β がともに起こる事象の確率は

$$pr(\alpha\cap\beta)=pr(\alpha)\ pr(\beta|\alpha)$$

である.

この定理をみたす事象 β は事象 α に**従属する** (to depend) という.

系 1　　$pr(\alpha\cap\beta)=pr(\beta)\ pr(\alpha|\beta)$

(証明)　$pr(\alpha\cap\beta)=pr(\beta\cap\alpha)$

に対して, 定理3.19を用いればよい.

この系によって, 事象 β が事象 α に従属するならば, 事象 α もまた事象 β に従属することが分る.

定理 3.20　　$\alpha\fallingdotseq\theta$ のとき

(1)　$0\leqq pr(\beta|\alpha)\leqq 1$

(2)　$pr(\alpha|\alpha)=1$

(3)　$pr(\beta+\gamma|\alpha)=pr(\beta|\alpha)+pr(\gamma|\alpha)$

(4)　$pr(\beta\cup\gamma|\alpha)=pr(\beta|\alpha)+pr(\gamma|\alpha)-pr(\beta\cap\gamma|\alpha)$

証明は, 各自試みよ.

問 3.82　$pr(\alpha^c|\alpha)$ の値を求めよ.

問 3.83　$pr(\varepsilon|\alpha)$ の値を求めよ.

問 3.84　$pr(\alpha^c)=\dfrac{1}{4}$, $pr(\beta|\alpha)=\dfrac{1}{2}$ のとき, $pr(\alpha\cap\beta)$ の値を求めよ.

例 3.43　N 本中あたりくじが a 本ある. あたる確率はひく順番に無関係であることを証明せよ.

(解)　最初ひく人があたる事象を α

　2番目にひく人があたる事象を β

とすると

$$\beta=\alpha\cap\beta+\alpha^c\cap\beta$$

よって

$$\begin{aligned}pr(\beta)&=pr(\alpha\cap\beta)+pr(\alpha^c\cap\beta)\\&=pr(\alpha)\,pr(\beta|\alpha)+pr(\alpha^c)\,pr(\beta|\alpha^c)\\&=\frac{a}{N}\,\frac{a-1}{N-1}+\frac{N-a}{N}\,\frac{a}{N-1}=\frac{a}{N}=pr(\alpha)\end{aligned}$$

　この状態を樹で示すと，次のようになる．○はあたり，×は空くじ．

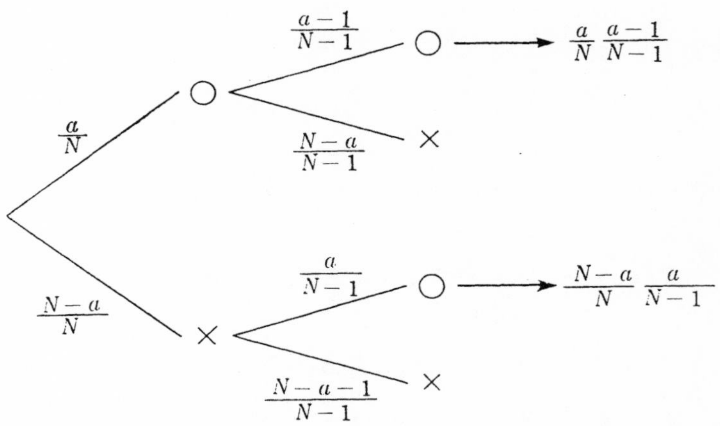

問 3.85　袋の中に7個の黒玉と3個の白玉が入っている．この中から無作為に1つの玉を抽出，3回目にはじめて白玉が出る確率を求めよ．ただし抽出した玉は袋へもどさない．

問 3.86　湖に N 尾の魚がいる．このうち M 尾を捕え，尾部に印をつけて再び湖水に放流した．次に2尾を乱取りするとき，この中に

　①　印のついた魚が1尾も含まれない確率

　②　1尾だけ印のついた魚が含まれている確率

を求めよ．

問 3.87　甲，乙2つの壺がある．甲には白球が2個，黒球が1個；乙には白球が1個，黒球が2個入れてある．甲から1球を抽出して乙に移す．しかるのち，乙より勝手に1球

を抽出する．この球が白である確率を求めよ．

例 3.44　複合確率(compound probability) についての定理

n 個の事象 α_1, α_2, ……, α_n があって，それらの積事象の起こる確率は

$$pr(\alpha_1\cap\alpha_2\cap\cdots\cdots\cap\alpha_n)$$
$$=pr(\alpha_1)\,pr(\alpha_2|\alpha_1)\,pr(\alpha_3|\alpha_1\cap\alpha_2)\cdots\cdots pr(\alpha_n|\alpha_1\cap\alpha_2\cap\cdots\cdots\cap\alpha_{n-1})$$

で与えられる．

(解)　(1)　$n=2$ のときは，定理 3.19 から明らか，

(2)　$n=k$ のとき

$$pr(\alpha_1\cap\alpha_2\cap\cdots\cdots\cap\alpha_k)=pr(\alpha_1)\,pr(\alpha_2|\alpha_1)\cdots\cdots pr(\alpha_k|\alpha_1\cap\cdots\cdots\cap\alpha_{k-1})$$

が真であると仮定し

$$\alpha_1\cap\alpha_2\cap\cdots\cdots\cap\alpha_k=\eta$$

とおく．

$$pr(\alpha_1\cap\alpha_2\cap\cdots\cdots\cap\alpha_k\cap\alpha_{k+1})=pr(\eta\cap\alpha_{k+1})$$
$$=pr(\eta)\,pr(\alpha_{k+1}|\eta)$$
$$=pr(\alpha_1\cap\alpha_2\cap\cdots\cdots\cap\alpha_k)\,pr(\alpha_{k+1}|\alpha_1\cap\cdots\cdots\cap\alpha_k)$$

となって，$n=k+1$ のときも成立する．

よって，すべての n について，この性質は成立する．

問 3.88　赤玉5個，黒玉4個，白玉3個が入っている壺の中から，3個の玉を取り出すとき，3個が同じ色になる確率を求めよ．また，3個が全部異なる色になる確率を求めよ．

問 3.89　袋の中に赤玉と白玉とあわせて100個入っている．この袋から任意に3個抽出するとき，3個とも色が同じである確率が最小となるのは，赤玉がいくつ入っているときか．

例 3.45　b 人の伝染病の保菌者と r 人の非保菌者がいる．1人が発病した結果，新たに c 人が保菌者となったとする．そのような集団からまた1人が発病して c 人が感染，保菌者になったとする．このような**伝播現象** (contagious phenomena) の確率モデルを考えよう．それは Polya の壷の実験とよばれるも

のである.

1つの壷の中に同型同質同大の b 個の黒玉と r 個の赤玉が入っている. それから1個の玉を無作為に抽出し, 抽出した玉と同色の玉 c 個を添えて壷の中へ戻す. もしも最初に抽出された玉が黒 (事象 β_1) であれば, 第2回目の抽出で抽出される玉が黒 (β_2) である条件付確率は

$$pr(\beta_2|\beta_1)=\frac{b+c}{b+c+r}$$

である. もしも, はじめに2回つづいて抽出した玉が黒であるならば, 3回目に抽出した玉が黒 (事象 β_3) である条件付確率は

$$pr(\beta_3|\beta_1\cap\beta_2)=\frac{b+2c}{b+2c+r}$$

である. 一方

$$pr(\beta_1)=\frac{b}{b+r}$$

だから

$$pr(\beta_1\cap\beta_2)=\frac{b}{b+r}\,\frac{b+c}{b+c+r}$$

$$pr(\beta_1\cap\beta_2\cap\beta_3)=\frac{b}{b+r}\,\frac{b+c}{b+c+r}\,\frac{b+2c}{b+2c+r}$$

n 回抽出をつづけた結果が, n_1 個の黒玉と n_2 個の赤玉 ($n_1+n_2=n$) である確率は, 最初の抽出からひきつづいて n_1 個黒玉が出, 次にひきつづいて n_2 個の赤玉が出る事象 ($\beta_1\cap\beta_2\cap\cdots\cdots\cap\beta_{n_1}\cap\rho_1\cap\cdots\cdots\cap\rho_{n_2}$) の確率に等しく, それは

$$pr(\beta_1\cap\beta_2\cap\cdots\cdots\cap\beta_{n_1}\cap\rho_1\cap\cdots\cdots\cap\rho_{n_2})$$
$$=\frac{b(b+c)\cdots\cdots(b+n_1c-c)r(r+c)\cdots\cdots(r+n_2c-c)}{(b+r)(b+c+r)\cdots\cdots(b+r+nc-c)}$$

に等しい.

問 3.90 Polya の壷の問題で, 最初の抽出が赤, 次の抽出が黒である確率を求めよ.

問 3.91 Polya の壷の問題で, 第2回目が黒であったとき, はじめが黒であった確率を求めよ.

問 3.92 Polya の壷の問題で, 壷から抽出した玉が黒であれば成功(S), 赤であれば失敗

(F) というように記録してゆくとき，最初の S の確率を p，F の確率を $q=1-p$ とする．すると，n 回目までの試行で丁度 k 回 S となる確率 $\pi(k\,;\,n)$ は

$$\pi(k\,;\,n)=\binom{n}{k}\frac{p(p+\gamma)\cdots\cdots(p+k\gamma-\gamma)q(q+\gamma)\cdots\cdots(q+n\gamma-k\gamma+\gamma)}{1(1+\gamma)(1+2\gamma)\cdots\cdots(1+n\gamma-\gamma)}$$

であることを証明せよ．ただし

$$\gamma=\frac{c}{b+r}$$

とする．

問 3.93　Polya の壺の問題で $p_k(n)$ をはじめの n 回の抽出において，k 個の黒玉のでる確率とする．次の関係式を証明せよ．

$$p_k(n+1)=p_k(n)\frac{r+(n-k)c}{b+r+nc}+p_{k-1}(n)\frac{b+(k-1)c}{b+r+nc}$$

ただし，$p_{-1}(n)=0$ ときめておく．

§7. Bayes の 定 理

定理 3.21　全確率の定理

事象 α_1, α_2, ……, α_n が互いに排反であり，かつすべての場合をつくしていれば，任意の事象 β について

$$pr(\beta)=\sum_{i=1}^{n}pr(\alpha_i)\,pr(\beta|\alpha_i)$$

(証明)　$\beta=\tau\cap\beta$

$$=(\alpha_1+\alpha_2+\cdots\cdots+\alpha_n)\cap\beta$$

$$=(\alpha_1\cap\beta)+(\alpha_2\cap\beta)+\cdots\cdots+(\alpha_n\cap\beta)$$

よって

$$pr(\beta)=\sum_{i=1}^{n}pr(\alpha_i\cap\beta)$$

$$=\sum_{i=1}^{n}pr(\alpha_i)\,pr(\beta|\alpha_i)$$

例 3.46　100本のクジの中，あたりクジが1本入っているとする．これを2組

に分けて60本を右手に，40本を左手にもち，60本の方にあたりクジを入れておく．さて，クジをひく人が左右両手のどちらからクジをひくかは同様に確からしいものとして，ともに$\frac{1}{2}$とすれば，この人の当る確率はいくらか．

（解）　α_1：右手からクジをひく事象

α_2：左手からクジをひく事象

β：クジにあたる事象

とすると

$$pr(\beta)=pr(\alpha_1)\,pr(\beta|\alpha_1)+pr(\alpha_2)\,pr(\beta|\alpha_2)$$
$$=\frac{1}{2}\times\frac{1}{60}+\frac{1}{2}\times\frac{0}{40}=\frac{1}{120}$$

問 3.94　部品のセットが２つある．第１のセットには10個の部品が入っており，第２のセットには15個入っている．第１のセットのなかの部品が規格にあっている確率は0.8，第２のセットでは0.9である．無作為に取り出された１つの部品が規格にあっている確率はいくらか．

例 3.47　$N+1$個の壺がある．それぞれの壺には，合計N個の赤玉と白玉が入っている．k番目の壺には，k個の赤玉と$(N-k)$個の白玉が入っているものとする$(k=0, 1, 2, \cdots\cdots, N)$．無作為に壺をえらび，それからまた無作為に$n$回玉を抽出する．このようにして抽出された$n$個の玉がすべて赤であったとする．このとき，次に抽出する玉もまた赤玉である確率を求めよ．

（解）

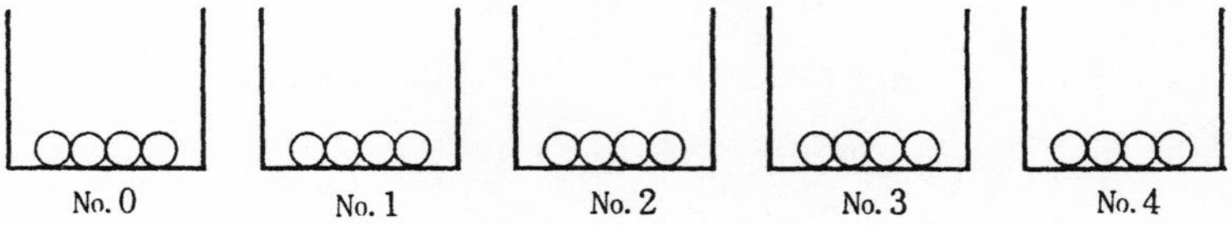

図 3.16

α_i　第i番目の壺がえらび出される事象　$(i=0, 1, 2, \cdots\cdots, N)$

β：n個の抽出された玉がすべて赤である事象

とすると

$$pr(\beta)=\sum_{i=0}^{N} pr(\alpha_i)\, pr(\beta|\alpha_i)$$

$$=\sum_{i=1}^{N}\frac{1}{N+1}\left(\frac{i}{N}\right)^n=\frac{1^n+2^n+\cdots\cdots+N^n}{N^n(N+1)}$$

γ:　第 $n+1$ 回目に抽出する玉が赤である事象

とおくと，$\beta\cap\gamma$ は $n+1$ 回抽出した玉がすべて赤である事象となり

$$pr(\beta\cap\gamma)=\frac{1^{n+1}+2^{n+1}+\cdots\cdots+N^{n+1}}{N^{n+1}(N+1)}$$

n 回つづけて赤玉が出たとして，$n+1$ 回目も赤玉がでる確率は

$$pr(\gamma|\beta)=\frac{pr(\beta\cap\gamma)}{pr(\beta)}=\frac{1^{n+1}+2^{n+1}+\cdots\cdots+N^{n+1}}{N(1^n+2^n+\cdots\cdots+N^n)}$$

$$\longrightarrow\ \frac{\int_0^1 x^{n+1}\,dx}{\int_0^1 x^n\,dx}=\frac{n+1}{n+2},\ (n\to\infty\ のとき)$$

ラプラスはこの確率の値を用いて，過去5000年間（$n=1,826,213$ 日間）太陽が毎日東から昇ったことを知って，明日も東から昇るかどうか，その確率は $\frac{1,826,214}{1,826,215}=0.9999999$ であると計算した．これを，Laplace の**連鎖法則**(law of succession) という．

定理 3.22　Bayes の定理

事象 $\alpha_1, \alpha_2, \cdots\cdots, \alpha_n$ が互いに排反であり，かつすべての場合をつくしていれば，任意の事象 β について，$\beta\neq\theta$ ならば

$$pr(\alpha_k|\beta)=\frac{pr(\alpha_k)\, pr(\beta|\alpha_k)}{\sum_{i=1}^{n} pr(\alpha_i)\, pr(\beta|\alpha_i)}$$

（証明）　$pr(\alpha_k\cap\beta)=pr(\alpha_k)\,pr(\beta|\alpha_k)$

$$=pr(\beta)\, pr(\alpha_k|\beta)$$

よって，$pr(\beta)\neq 0$ だから

$$pr(\alpha_k|\beta)=\frac{pr(\alpha_k)\,pr(\beta|\alpha_k)}{pr(\beta)}$$

分母に全確率の定理を用いて

$$=\frac{pr(\alpha_k)\,pr(\beta|\alpha_k)}{\sum_{i=1}^{n} pr(\alpha_i)\,pr(\beta|\alpha_i)}$$

(Q. E. D)

例 3.48　それぞれ n 枚のチップを入れた箱が n 個ある．第1の箱には赤いチップが1枚，第2の箱には赤いチップが2枚，……，第 i 番目の箱には赤いチップが i 枚ある．いまこの中の任意の1つの箱をえらび，これから1枚のチップを取り出したところ，赤いチップであった．この仮定のもとで，えらんだ箱に i 枚の赤いチップの入っている確率はいくらか．

(解)　α_i：赤いチップが i 枚入っている箱をえらぶ事象 $(i=1, 2, \cdots\cdots, n)$

β：箱から赤いチップを抽出する事象

事前に

$$pr(\alpha_1)=pr(\alpha_2)=\cdots\cdots=pr(\alpha_n)=\frac{1}{n}$$

と仮定する．たまたま箱から赤いチップが抽出されれば，その箱の中の赤いチップは多いのではないかと考えても不自然ではない．

$$pr(\alpha_i|\beta)=\frac{pr(\alpha_i)pr(\beta|\alpha_i)}{\sum_{i=1}^{n} pr(\alpha_i)\,pr(\beta|\alpha_i)}=\frac{\frac{1}{n}\times\frac{i}{n}}{\sum_{i=1}^{n}\frac{1}{n}\times\frac{i}{n}}$$

$$=\frac{2i}{n(n+1)}$$

かくして，実験のあとでは

$$pr(\alpha_1|\beta)=\frac{2}{n(n+1)},\quad pr(\alpha_2|\beta)=\frac{4}{n(n+1)},$$

$$\cdots\cdots\quad,\ pr(\alpha_n|\beta)=\frac{2n}{n(n+1)}$$

というように確率が修正される．

問 3.95　赤玉 m 個，白玉 n 個を入れた壺から2個つづいて玉を抽出したとき，2番目に抽出した玉が赤であるという仮定のもとで，1番目の玉が赤であった事象の起こる確率を求めよ．ただし，どの玉も等確率で抽出されるものする．

問 3.96　5月に雨の降る確率は0.2である．巨人は雨でない日は0.7の確率で勝つが，雨の日は0.4の確率でしか勝たない．もし我々が巨人が5月某日に勝ったことを知れば，その日雨天であった確率はいくらか．

問 3.97　甲，乙，丙が真実を語る確率は$\frac{3}{4}$，$\frac{4}{5}$，$\frac{6}{7}$であるという．甲と乙は起こったと証言し，丙は起こらなかったと証言した事件がある．これらの証言を聞いた後，この事件はどの程度の確率で実際に起こったものであるとしてよいか．ただし，事前には確率は等しいものとし，各人の証言は独立で他人の証言に左右されない．

問 3.98　肺結核患者のうち X 線撮影で見付け出されるのは90%である．また健康体の人のうち，99%は大丈夫であるが，1%は肺結核にかかって見すごされているという．多数の人の中には0.1%の肺結核患者がいるとして，いま無作為にえらばれた人が X 線検査をうけ結核と判断された．多数の人の中の結核患者数は全体の何%と修正すればよいか．

例 3.49　α_i を無作為に抽出した一世帯の子供数が i 人である事象とする．全事象 $\tau=\alpha_0+\alpha_1+\cdots\cdots+\alpha_n$ であるような n は有限の値で存在する．
$pr(\alpha_i)=p_i$ とおく．

β を無作為に抽出した家庭が男の子ばかりである事象とする．男・女の出生はまったく等確率で起こるとして，無作為にえらばれたある家庭がただ1人の男の子持ちである確率はいくらか．

(解)

$$pr(\alpha_1|\beta)=\frac{pr(\alpha_1)\,pr(\beta|\alpha_1)}{\sum_{i=1}^{n}pr(\alpha_i)\,pr(\beta|\alpha_i)}$$

$$=\frac{p_1\,2^{-1}}{p_1\,2^{-1}+p_2\,2^{-2}+\cdots\cdots+p_n 2^{-n}}$$

問 3.99　ある家族がちょうど n 人の子供をもつ確率 p_n を αp^n とする．ここで $n\geqq 1$ である．$p_0=1-(\alpha p+\alpha p^2+\cdots\cdots)$ である．n 人の子供の性別分布は，すべて同じ確率をもつものとする．$k\geqq 1$ に対して，ある家族が，ちょうど k 人の男の子をもつ確率は

$$\frac{2\alpha p^k}{(2-p)^{k+1}}$$

であることを示せ.

問 3.100　前問において，ある家族に少なくとも1人の男の子がいる場合，2人あるいは2人以上の男の子がいる確率はいくらか.

問 3.101　不良率 p の製品を箱に n 個入れてある. この箱から1個ずつ抽出して検査してまた元へ戻す. これを m 回くり返したが，つねに良品であつた. このとき，この箱に不良品が含まれない確率を求めよ,

［数学的補注］

α_i を β より先に起こる事象とみれば，$pr(\alpha_i)$ は事象 β が起こる前に考えられる確率で，原因の事象の**事前確率** (apriori probability) とよばれる. 一方，$pr(\alpha_i|\beta)$ は事象 β が起こってから，各原因の事象の起こる確率を修正する形になっているので，原因の事象の**事後確率** (aposteriori probability) とよばれる.

α_i は現時点で考えられる事象，β は未来に起こる事象

または

α_i は過去において考えられる事象，β は現時点で実際に起こった事象

であるとみると

$$pr(\alpha_i|\beta)\text{ は }\left\{\begin{array}{l}\text{未来の時点から現在}\\\text{現在の時点から過去}\end{array}\right\}\text{に起こった確率}$$

を推定していることになる.

§8. 独立事象の確率

§6において，一般に

$$pr(\beta|\alpha) \fallingdotseq pr(\beta)$$

であった. そこで

$$pr(\beta|\alpha) = pr(\beta)$$

ならば，2つの事象 α と β は**独立**(stochastically indepnedent)である.

という. この独立性の定義は

$$pr(\alpha \cap \beta) = pr(\alpha)\, pr(\beta)$$

ならば，2つの事象 α と β は独立である．

といい直してもよい．α と β が独立であることを，$\alpha \perp\!\!\!\perp \beta$ とかく．

例 3.50　サイコロを2回投げる．はじめにサイコロが1の目を出す事象を α，次にサイコロが6の目を出す事象を β とすると，

α の外延 $\boldsymbol{A} = \{(1, 1), (1, 2), (1, 3), (1, 4), (1, 5), (1, 6)\}$

β の外延 $\boldsymbol{B} = \{(1, 6), (2, 6), (3, 6), (4, 6), (5, 6), (6, 6)\}$

であるから

$$pr(\alpha) = \frac{1}{6}, \qquad pr(\beta) = \frac{1}{6}$$

$\alpha \cap \beta$ ははじめに1，次に6の目が出る事象であり，$\alpha \cap \beta$ の外延は

$$\boldsymbol{A} \cap \boldsymbol{B} = \{(1, 6)\}$$

$$pr(\alpha \cap \beta) = \frac{1}{36}$$

$$\therefore \quad pr(\alpha \cap \beta) = pr(\alpha)\, pr(\beta)$$

よって，α と β は独立である．

問 3.102　2枚の貨幣を投げる．1枚以上表の出る事象を α，表と裏が両方とも出る事象を β とすると，α と β は独立であるか．

問 3.103　1から1000まで番号づけられた1000枚のチップから，任意に1枚のチップを抽出するとき，それが偶数である事象 α と，5で割り切れる事象 β とは独立であるか．

問 3.104　任意の事象 α に対して，$\alpha \perp\!\!\!\perp \tau$，$\alpha \perp\!\!\!\perp \theta$ であることを証明せよ．

次に，3つの事象 α, β, γ の独立性について考えてみよう．そのために次の例題を考察してみる．

例 3.51　2個のサイコロを投げる

α：1個のサイコロが奇数の目を出す事象

β：もう1個の他のサイコロが奇数の目を出す事象

γ：両方の目の和が奇数となる事象

とすると

$\alpha\cap\beta$: 両方のサイコロが奇数の目を出す事象

となり，さらに

$\alpha\cap\beta\cap\gamma$: 空事象（ともに奇数で，和が奇数になることはない）.

よって

$$pr(\alpha\cap\beta\cap\gamma)=pr(\theta)=0$$

$$pr(\alpha\cap\beta)=\frac{9}{36},\quad pr(\gamma)=\frac{18}{36}$$

$$\therefore\quad pr(\alpha\cap\beta\cap\gamma)\fallingdotseq pr(\alpha\cap\beta)\,pr(\gamma)$$

しかるに

$$pr(\alpha)=pr(\beta)=\frac{1}{2}$$

$$pr(\alpha\cap\beta)=pr(\alpha)\,pr(\beta)$$

$$\therefore\quad \alpha \perp\!\!\!\perp \beta$$

同様にして

$$\beta \perp\!\!\!\perp \gamma,\qquad \gamma \perp\!\!\!\perp \alpha$$

であることも分る．しかし，この例は $\alpha\cap\beta$ と γ は独立でないことを示している．

3つの事象 α, β, γ に対して

$$pr(\alpha\cap\beta)=pr(\alpha)\,pr(\beta)$$

$$pr(\beta\cap\gamma)=pr(\beta)\,pr(\gamma)$$

$$pr(\gamma\cap\alpha)=pr(\gamma)\,pr(\alpha)$$

のほかに

$$pr(\alpha\cap\beta\cap\gamma)=pr(\alpha)\,pr(\beta)\,pr(\gamma)$$

が成立するとき，α, β, γ は独立であるという．

圖 3.105 次の4点から成る標本空間がある．$\mathfrak{S}=\{(110),(101),(011),(000)\}$．おのおのの点の確率は0.25である．$i$ 番目の場所に1がある場合に事象 $\alpha_i(i=1,2,3)$ が生

起するものとする．したがって α_1 の外延は2点(110), (101)を含んでいる．このとき α_i と $\alpha_j(i \neq j)$ とは独立であるが，α_1, α_2, α_3 は独立でないことを証明せよ．

一般に n 個の事象 $\alpha_1, \alpha_2, \cdots\cdots, \alpha_n$ があって，それらの間に

$$pr(\alpha_i \cap \alpha_j) = pr(\alpha_i)\,pr(\alpha_j)$$

$$pr(\alpha_i \cap \alpha_j \cap \alpha_k) = pr(\alpha_i)\,pr(\alpha_j)\,pr(\alpha_k)$$

$$\cdots\cdots\cdots\cdots$$

$$pr(\alpha_1 \cap \alpha_2 \cap \cdots\cdots \cap \alpha_n) = pr(\alpha_1)\,pr(\alpha_2)\cdots\cdots pr(\alpha_n)$$

が成立つならば，これらは互いに独立であるという．ここで i, j, k, ……は，$1 \leqq i < j < k < \cdots\cdots \leqq n$ をみたすあらゆる組合せをとるものとする．

定理 3.23 $\alpha \perp\!\!\!\perp \beta$ ならば $\alpha \perp\!\!\!\perp \beta^c$, $\alpha^c \perp\!\!\!\perp \beta$, $\alpha^c \perp\!\!\!\perp \beta^c$

(証明) (1) $\alpha \cap (\beta + \beta^c) = \alpha \cap \tau = \alpha$

$$pr(\alpha) = pr(\alpha \cap \beta) + pr(\alpha \cap \beta^c)$$

$$= pr(\alpha)\,pr(\beta) + pr(\alpha \cap \beta^c) \qquad (\alpha \perp\!\!\!\perp \beta \text{ による})$$

$$\therefore \quad pr(\alpha \cap \beta^c) = pr(\alpha)\,[1 - pr(\beta)]$$

$$= pr(\alpha)pr(\beta^c)$$

$$\therefore \quad \alpha \perp\!\!\!\perp \beta^c$$

(2) $pr(\alpha^c \cap \beta^c) = pr\{(\alpha \cup \beta)^c\}$ (De Morgan の公式)

$$= 1 - pr(\alpha \cup \beta)$$

$$= 1 - \{pr(\alpha) + pr(\beta) - pr(\alpha \cap \beta)\}$$

$$= 1 - pr(\alpha) - pr(\beta) + pr(\alpha)\,pr(\beta)$$

$$= \{1 - pr(\alpha)\}\,\{1 - pr(\beta)\} = pr(\alpha^c)\,pr(\beta^c)$$

系 $\alpha \perp\!\!\!\perp \beta$ ならば

$$pr(\alpha \cup \beta) = 1 - \{1 - pr(\alpha)\}\,\{1 - pr(\beta)\}$$

問 3.106 2つの整数 m, n が偶数である確率はいずれも 0.6 である. $m+n$ が偶数である確率を求めよ.

問 3.107 α, β, γ を互いに独立な事象とするとき

$$pr\{(\alpha\cup\beta)\cap\gamma\}=pr(\alpha\cup\beta)\,pr(\gamma)$$

であることを証明せよ.

定理 3.24 n 個の事象 $\alpha_1, \alpha_2, \cdots\cdots, \alpha_n$ があって, 互いに独立ならば, $\beta_1, \beta_2, \cdots\cdots, \beta_n$ なる n 個の事象も互いに独立である. ただし $\beta_i(i=1, 2, \cdots\cdots, n)$ は α_i か $\alpha_i{}^c$ かどちらかをとるものとする.

(証明) 数学的帰納法による.

(i) $n=2$ のときは定理 3.23 そのものであるから, 定理は成立している.

(ii) $2<k<n$ なる k に対して, $\beta_i=\alpha_i{}^c(i=1, 2, \cdots\cdots, k)$, $\beta_i=\alpha_i(i=k+1, \cdots\cdots, n)$ ときめる. このような k および n に対して命題が成立しているものとする.

$$pr(\beta_1\cap\beta_2\cap\cdots\cdots\cap\beta_n)=pr(\alpha_1{}^c\cap\alpha_2{}^c\cap\cdots\cdots\cap\alpha_k{}^c\cap\alpha_{k+1}\cap\cdots\cdots\cap\alpha_n)$$
$$=\prod_{i=1}^{k}pr(\alpha_i{}^c)\prod_{i=k+1}^{n}pr(\alpha_i)$$

しかるに

$$pr(\alpha_1{}^c\cap\alpha_2{}^c\cap\cdots\cdots\cap\alpha_k{}^c\cap\alpha_k{}^c\cap\alpha_{k+1}{}^c\cap\alpha_{k+2}\cap\cdots\cdots\cap\alpha_n)$$
$$=pr(\alpha_1{}^c\cap\alpha_2{}^c\cap\cdots\cdots\cap\alpha_k{}^c\cap\alpha_{k+2}\cap\cdots\cdots\cap\alpha_n)$$
$$-pr(\alpha_1{}^c\cap\cdots\cdots\cap\alpha_k{}^c\cap\alpha_{k+1}\cap\alpha_{k+2}\cap\cdots\cdots\cap\alpha_n)$$
$$=\prod_{i=1}^{k}pr(\alpha_i{}^c)\prod_{i=k+2}^{n}pr(\alpha_i)-\prod_{i=1}^{k}pr(\alpha_i{}^c)\prod_{i=k+1}^{n}pr(\alpha_i)$$
$$=\prod_{i=1}^{k}pr(\alpha_i{}^c)\,\{1-pr(\alpha_{k+1})\}\prod_{i=k+2}^{n}pr(\alpha_i)$$
$$=\prod_{i=1}^{k+1}pr(\alpha_i{}^c)\prod_{i=k+2}^{n}pr(\alpha_i)=\prod_{i=1}^{n}pr(\beta_i)$$

系 1 n 個の事象 $\alpha_1, \alpha_2, \cdots\cdots, \alpha_n$ が互いに独立ならば，それらのうち，少なくとも1つが起こる確率は

$$pr(\alpha_1 \cup \alpha_2 \cup \cdots\cdots \cup \alpha_n) = 1 - \prod_{i=1}^{n} \{1 - pr(\alpha_i)\}$$

（証明） $pr(\alpha_1 \cup \alpha_2 \cup \cdots\cdots \cup \alpha_n) = pr\{(\alpha_1{}^c \cap \alpha_2{}^c \cap \cdots\cdots \cap \alpha_n{}^c)^c\}$

$$= 1 - pr(\alpha_1{}^c \cap \alpha_2{}^c \cap \cdots\cdots \cap \alpha_n{}^c)$$

$$= 1 - \prod_{i=1}^{n} pr(\alpha_i{}^c) = 1 - \prod_{i=1}^{n} \{1 - pr(\alpha_i)\}$$

系 2 n 個の事象 $\alpha_1, \alpha_2, \cdots\cdots, \alpha_n$ が互いに独立で，かつ

$$pr(\alpha_1) = pr(\alpha_2) = \cdots\cdots = pr(\alpha_n) = p$$

ならば，

$$pr(\alpha_1 \cup \alpha_2 \cup \cdots\cdots \cup \alpha_n) = 1 - (1-p)^n$$

例 3.52 サイコロを n 回投げて，少なくとも1回6の目の出る確率はいくらか.

（解） 第 i 回目の投げで6の目の出る事象を α_i とおくと

$$pr(\alpha_1) = pr(\alpha_2) = \cdots\cdots = pr(\alpha_n) = \frac{1}{6}$$

よって

$$pr(\alpha_1 \cup \alpha_2 \cup \cdots\cdots \cup \alpha_n) = 1 - \left(1 - \frac{1}{6}\right)^n$$

$$= 1 - \left(\frac{5}{6}\right)^n$$

問 3.108 3梃の銃が的をねらっている. α, β, γ をそれぞれ第1，第2，第3の銃が的をあてる事象とし，

$$pr(\alpha) = 0.5,\quad pr(\beta) = 0.6,\quad pr(\gamma) = 0.8$$

とする. 少なくとも1つの銃が的にあたる確率はいくらか.

問 3.109 ある労働者が3台の機械を運転している. 彼にとって3台の機械は同程度に使

いなれているものとする．機械が1時間の間に故障をおこさない確率は，第1の機械で0.9，第2の機械で0.8，第3の機械で0.8である．3台の機械のうち，少なくとも1台が1時間の間，故障をおこさない確率を求めよ．ただし3台の機械が故障をおこす事象は独立と考える．

問 3.110　血管の中に細菌が入ってくると，白血球がそれをとらえて喰い殺してくれる．1 mm³ あたり．1個の細菌が1個の白血球に出会う確率は0.004であるという．健康体の人の白血球の数は1 mm³ あたり6000個として，ある細菌が白血球のどれか少なくとも1つに出会う確率を求めよ．

例 3.53　1軒の家が1年間に失火する確率を p，隣家が出火したとき類焼する確率を q とする．1列に隣合せた3軒の家がある．中央の家が1年間に火事になる確率 a，および端の1軒が1年間に火事になる確率 b を求め，かつ a，b の大小を比較せよ．ただし家を隔てて，飛び火はしないものとする．

（解）

図 3.17

α_1：　中央の家が出火する事象

α_2：　左端の家が出火して中央の家に類焼する事象

α_3：　右端の家が出火して中央の家に類焼する事象

とすると

$$a = pr(\alpha_1 \cup \alpha_2 \cup \alpha_3) = 1 - \prod_{i=1}^{3}\{1 - pr(\alpha_i)\}$$

$$= 1 - (1-p)(1-pq)^2$$

図 3.18

β_1：　端の1軒から出火する事象

β_2：　中央の家から出火して端の家に類焼する事象

β_3：　他の端の家から出火して端の家に類焼する事象

とすると

$$b=pr(\beta_1\cup\beta_2\cup\beta_3)$$
$$=1-(1-p)(1-pq)(1-pq^2)$$
$$a-b=pq(1-p)(1-q)(1-pq)$$

しかるに

$$0<p<1,\quad 0<q<1$$

であるから

$$a-b>0$$
$$\therefore\ a>b$$

火災保険の掛金は，3軒長屋の場合，**中央の家が高い**のはこの計算から至極当然であろう．

圖 3.111　3つの構成部品A，B，Cよりなる2つの型の製品S_1，S_2がある．S_1はAま

たは B が正常でかつ C が正常であるとき良品である．S_2 は A，B がともに正常であるかまたは C が正常であるとき良品である．A，B，C が正常である確率はいずれも p であることが知られているとき，次の問に答えよ．ただし，A，B，C の正常性は互いに独立であるとする．

(1) 製品 S_1 が良品である確率 p_1 はいくらか．

(2) 製品 S_2 が良品である確率 p_2 はいくらか．

(3) p_1，p_2 の大小はどうか．

問 3.112 $\alpha_1, \alpha_2, \cdots\cdots, \alpha_n$ は互いに独立な事象とする．そして

$$pr(\alpha_i)=p_i \qquad (i=1,\ 2,\ \cdots\cdots,\ n)$$

とおく．事象 $\alpha_1, \cdots\cdots, \alpha_n$ のいずれも起こらない確率 p は $p_1, p_2, \cdots\cdots, p_n$ を用いてどう表わされるか．

問 3.113 $0<x<1$ なる x に対して

$$1-x<e^{-x}$$

であることを利用して，前問の p は

$$p<e^{-(p_1+p_2+\cdots\cdots+p_n)}$$

をみたすことを証明せよ．

問 3.114 α，β，γ が独立な事象であるとき，少なくとも 2 つの事象の起こる確率を $pr(\alpha)=p$，$pr(\beta)=q$，$pr(\gamma)=r$ をもって表わせ．

第 3 章 確 率 分 布

§ 1. 確 率 変 数

前の章では事象の外延化は不十分であった．この章では徹底的に事象の外延化をはかりたい．

試行の結果それぞれに対して，1 つずつのある実数が対応するとき，これをその試行にともなう**確率変数** (random variable) という．数学的にいえば

> 標本空間 $\mathfrak{S}$ を 定義域
> 実数集合 $\boldsymbol{R}$ を 値域　　とする関数
>
> $$\mathfrak{S} \xrightarrow{X} \boldsymbol{R}$$
>
> つまり
>
> $$X(\omega)=x \qquad (\omega\in\mathfrak{S},\ x\in\boldsymbol{R})$$
>
> を**確率変数**という．

記述統計でいえば，$\boldsymbol{\Omega}$ 上の数標識が X である．

$\mathfrak{S}$ 上の数標識が，確率変数 X であることから，第1章の

比率分布，　平均値，　分散

などの諸概念はすべて考えられる．この章ではこれらを考察することにしよう．

例 3.54　2個のサイコロを投げたとき，標本空間は

$$\mathfrak{S}=\left\{\begin{array}{llll}(1,\ 1)=\omega_1 & (1,\ 2)=\omega_2 & \cdots\cdots\cdots & (1,\ 6)=\omega_6 \\ (2,\ 1)=\omega_7 & (2,\ 2)=\omega_8 & \cdots\cdots\cdots & (2,\ 6)=\omega_{12} \\ \cdots\cdots\cdots\cdots\cdots\cdots\cdots\cdots & & & \\ (6,\ 1)=\omega_{31} & (6,\ 2)=\omega_{32} & \cdots\cdots\cdots & (6,\ 6)=\omega_{36}\end{array}\right\}$$

である．目の和

$$X(\omega_1)=2$$
$$X(\omega_2)=X(\omega_7)=3$$
$$X(\omega_3)=X(\omega_8)=X(\omega_{13})=4$$
$$\cdots\cdots\cdots\cdots\cdots$$

や目の積

$$X(\omega_1)=1$$
$$X(\omega_2)=X(\omega_7)=2$$
$$X(\omega_3)=X(\omega_{13})=3$$
$$\cdots\cdots\cdots\cdots\cdots$$

などはいずれも確率変数である．

集合 $\{\omega | X(\omega)=x\}$ は $X(\omega)=x$ となるような根元事象の集合であり，また，集合 $\{\omega | X(\omega)\leqq x\}$ は $X(\omega)\leqq x$ となるような根元事象の集合であり，これらはいずれも事象の外延にあたる．そこで今後は

$$\{\omega | X(\omega)=x\} \text{ や } \{\omega | X(\omega)\leqq x\}$$

を事象そのものと考え，

$$\{X=x\} \text{ とか } \{X\leqq x\}$$

などと略記する．

$$pr\{X=x\}=f(x)$$

を確率変数 X の**確率関数** (probability function),

$$pr\{X\leqq x\}=F(x)$$

を確率変数 X の**確率分布関数**(probability distribution function) という．

確率変数 X のとりうる値 (X の実現値) が，有限個または可算個のとき

X を**離散型確率変数**(discrete random variable)

そのときの確率分布を**離散型確率分布** (discrete probability distribution) という．

例 3.55

サイコロを 2 回投げたときの，目の和を確率変数とするときの確率関数の表と，確率分布の表は右の通りである．（表 3.2）

X	$f(x)$	$F(x)$
2	1/36	1/36
3	2/36	3/36
4	3/36	6/36
5	4/36	10/36
6	5/36	15/36
7	6/36	21/36
8	5/36	26/36
9	4/36	30/36
10	3/36	33/36
11	2/36	35/36
12	1/36	36/36
計	1	

表 3.2

例 3.56　3枚の貨幣を投げる．表の出た枚数を確率変数とする．

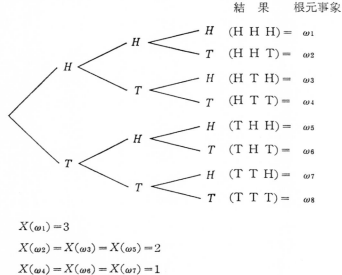

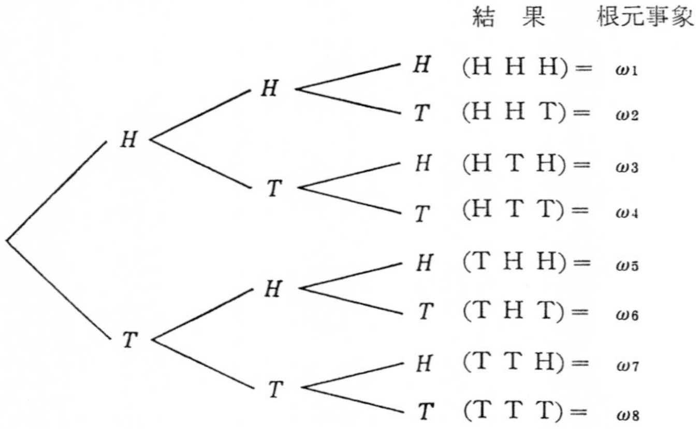

$X(\omega_1)=3$

$X(\omega_2)=X(\omega_3)=X(\omega_5)=2$

$X(\omega_4)=X(\omega_6)=X(\omega_7)=1$

$X(\omega_8)=0$

X	0	1	2	3	計
$f(x)$	$\frac{1}{8}$	$\frac{3}{8}$	$\frac{3}{8}$	$\frac{1}{8}$	1
$F(x)$	$\frac{1}{8}$	$\frac{4}{8}$	$\frac{7}{8}$	1	

事象 $\{X<0\}=\theta$,　　$pr\{X<0\}=0$

事象 $\{X\leqq 0\}=\{X<0\}\cup\{X=0\}$,

$$pr\{X\leqq 0\}=pr\{X<0\}+pr\{X=0\}=f(0)$$

事象 $\{X\leqq 0.5\}=\{X<0\}\cup\{X=0\}\cup\{0<X\leqq 0.5\}$

$$=\theta\cup\{X=0\}\cup\theta=\{X=0\}$$

$$pr\{X\leqq 0.5\}=pr\{X=0\}=f(0)$$

よって，次の図3.19の如き確率関数と確率分布関数のグラフをうる．

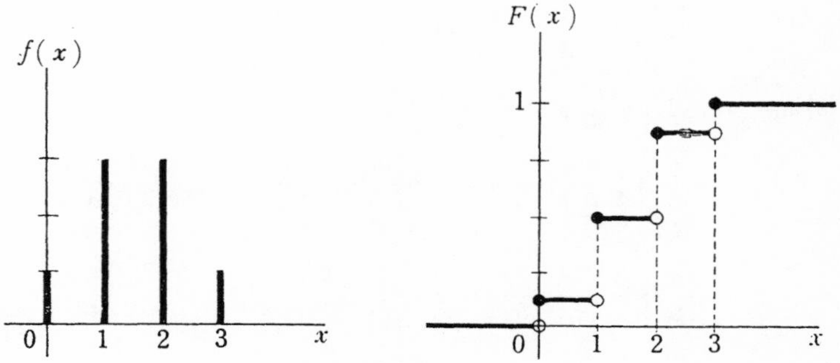

図 3.19

問 3.115 サイコロを2個投げたとき

X=2つのサイコロの目の差の絶対値

とするときの確率分布の表をかけ.

問 3.116 3個の貨幣を投げたとき.

X=(出た表の数)−(出た裏の数)

とするときの確率分布の表をかけ.

問 3.117 8個の製品の入った仕切りの中に，2個の不良品が入っている．いま4個の製品がその仕切りから標本として抽出される．Xを標本内の不良品の数とするとき，Xの確率分布を求めよ.

問 3.118 3個の黒玉と2個の赤玉の入った箱がある．次に指定する確率変数に対して，確率分布を確定せよ.

(1) X=復元抽出したとき，3個の玉の中の赤玉の数

(2) X=非復元抽出したとき，3個の玉の中の赤玉の数

(3) X=復元抽出したとき，赤玉が出るまでの抽出した玉の数

(4) X=非復元抽出したとき，赤玉が出るまでの抽出した玉の数

例 3.57 1つのサイコロをふりつづけ，Xをはじめて1の目が出る回数とする．そのとき

(1) $pr\{X=n\}$　　　(2) $pr\{X\leqq 10\}$

を求めよ.

（解） (1) $pr\{X=n\}=\left(\frac{5}{6}\right)^{n-1}\left(\frac{1}{6}\right)$

(2) $pr\{X\leqq 10\}=\sum_{n=1}^{10} pr\{X=n\}$

$$=\frac{1}{6}+\left(\frac{5}{6}\right)\left(\frac{1}{6}\right)+\left(\frac{5}{6}\right)^2\left(\frac{1}{6}\right)+\cdots\cdots+\left(\frac{5}{6}\right)^9\left(\frac{1}{6}\right)$$

$$=\frac{1}{6}\times\frac{1-\left(\frac{5}{6}\right)^{10}}{1-\frac{5}{6}}=1-\left(\frac{5}{6}\right)^{10}$$

この例では，確率変数 X の実現値が，理論上

$X=1,\ 2,\ 3,\ \cdots\cdots\cdots\cdots$

と可算個存在する．そして

$$\lim_{n\to\infty} pr\{X\leqq n\}=\lim_{n\to\infty}\left\{1-\left(\frac{5}{6}\right)^n\right\}$$
$$=1$$

例 3.58 X をランダムにえらばれた登校日の授業時数とする．X の確率関数が

$$f(x)=\begin{cases} 0.1 & (x=0\ のとき) \\ kx & (x=1\ または\ 2\ のとき) \\ k(5-x) & (x=3\ または\ 4\ のとき) \\ 0 & (他の場合) \end{cases}$$

とする．

(1) k の値をきめよ．

(2) 少なくとも2時間授業のある登校日の割合を求めよ．

(3) ちょうど2時間授業のある登校日の割合を求めよ．

(4) $pr\{X\leqq x\}\geqq 0.7$ となる最小の整数 x の値を求めよ．

（解） (1) $f(0)+f(1)+f(2)+f(3)+f(4)$

$=0.1+k+2k+2k+k=1$

$6k=0.9$

$k=0.15$

(2) $pr\{X \geqq 2\} = pr\{X=2\} + pr\{X=3\} + pr\{X=4\}$

$= f(2)+f(3)+f(4)$

$= 2k+2k+k = 0.75$

(3) $pr\{X=2\} = f(2) = 2k = 0.3$

(4)

X	0	1	2	3	4
$F(x)$	0.1	0.25	0.55	0.85	1

$pr\{X \leqq 2\} = 0.55$,　$pr\{X \leqq 3\} = 0.85$　より　$x=3$

問 3.119　確率変数 X が

X	0	1	2	3
$f(x)$	k	$2k$	$3k$	$4k$

なる確率関数をもつように

(1) k の値を定めよ.

(2) $pr\{X<2\}$,　$pr\{X \leqq 2\}$,　$pr\{0<X<2\}$ の値を求めよ.

(3) $pr\{X \leqq x\} \geqq 0.5$ となる最小の整数値 x を求めよ.

(4) X の確率分布関数のグラフをかけ.

§2. 確率分布関数

定理 3.25　標本空間 $\mathfrak{S}$ 上で確率変数 X が定義されているとき，X の確率関数 $f(x)$ は

(1) $f(x) \geqq 0$

しかし有限個（可算個）の x の値に対しては，　$f(x)>0$

(2) $f(x_i)>0$ となる $X=x_i$ を確率変数 X の実現値という.

実現値が x_1, x_2, x_3, …… ならば

$$\sum_{i=1}^{\infty} f(x_i) = 1$$

（証明） (1) $f(x)=pr\{X=x\}\geqq 0$ は明らか．

すべての x に対して，$f(x)=0$ ならば，$pr(\tau)=1$ となる全事象 τ の存在が否定されるから，$f(x)>0$ となる x が存在することは明らか．

(2) x_1, x_2, …… が X の相異なる実現値とすれば

$$\tau=\{X=x_1\}+\{X=x_2\}+\cdots\cdots$$

$$1=pr(\tau)=\sum_{i=1}^{\infty}pr\{X=x_i\}$$

$$=\sum_{i=1}^{\infty}f(x_i)$$

定理 3.26 離散型確率変数 X に対して

(1) $x\leqq y$ ならば $F(x)\leqq F(y)$ **（単調性）**

(2) $f(x_k)>0$ ならば，$X(\omega)=x_k$ で $F(x)$ は $f(x_k)$ だけ跳躍する．

（証明） (1) $x\leqq y$ ならば $\{X\leqq x\}\subset\{X\leqq y\}$．確率の単調性より

$$pr\{X\leqq x\}\leqq pr\{X\leqq y\}$$

$$\therefore\quad F(x)\leqq F(y)$$

(2) x_i, x_k を近接した X の実現値とし，$x_i<x_k$ とする．

$x_i\leqq x<x_k$ なる任意の x に対しては，$F(x)=F(x_i)$

$$pr\{X\leqq x_k\}=pr\{X<x_k\}+pr\{X=x_k\}$$

$X(\omega)=x_k$ における跳躍は

$$pr\{X=x_k\}=pr\{X\leqq x_k\}-pr\{X<x_k\}$$

$$=F(x_k)-F(x_i)$$

$$=f(x_k)$$

例 3.59 確率変数 X の確率関数を $f(x)$，確率分布関数を $F(x)$ とするとき，

(1) $pr\{a<X\leqq b\}=F(b)-F(a)$

(2) $pr\{a\leqq X\leqq b\}=F(b)-F(a)+f(a)$

(3) $pr\{a\leqq X<b\}=F(b)-F(a)+f(a)-f(b)$

(4) $pr\{a<X<b\}=F(b)-F(a)-f(b)$

である.

(解) (1) $\{X\leqq b\}=\{X\leqq a\}+\{a<X\leqq b\}$

$$F(b)=F(a)+pr\{a<X\leqq b\}$$

$$\therefore \quad pr\{a<X\leqq b\}=F(b)-F(a)$$

(2) $\{a\leqq X\leqq b\}=\{X=a\}+\{a<X\leqq b\}$

$$pr\{a\leqq X\leqq b\}=pr\{X=a\}+pr\{a<X\leqq b\}$$

$$=f(a)+F(b)-F(a)$$

(3) (4) も同様にして証明できる.

定理 3.27 確率変数 X の分布関数 $F(x)$ は右側連続である.

つまり

$$F(a)=F(a+0)=\lim_{x\to a}F(x)$$

$$F(a)-F(a-0)=pr\{X=a\}=f(a)$$

(証明) X の実現値を a とする. $\varepsilon>0$ に対して

$$pr\{a\leqq X\leqq a+\varepsilon\}=F(a+\varepsilon)-F(a)+f(a)$$

$$\underbrace{\lim_{\varepsilon\to 0}pr\{a\leqq X\leqq a+\varepsilon\}}_{\displaystyle \| \atop \displaystyle f(a)}=\lim_{\varepsilon\to 0}F(a+\varepsilon)-F(a)+f(a)$$

$$\therefore \quad \lim_{\varepsilon\to 0}F(a+\varepsilon)=F(a+0)=F(a)$$

一方,

$$pr\{a-\varepsilon\leqq X\leqq a\}=F(a)-F(a-\varepsilon)+f(a-\varepsilon)$$

$$f(a-\varepsilon)=0$$

より

$$\lim_{\varepsilon\to 0}pr\{a-\varepsilon\leqq X\leqq a\}=F(a)-\lim_{\varepsilon\to 0}F(a-\varepsilon)$$

$$f(a)=F(a)-\lim_{\varepsilon\to 0}F(a-\varepsilon)$$

$$=F(a)-F(a-0)$$

定理 3.28　X の確率分布関数に対して

$$F(-\infty)=0, \qquad F(+\infty)=1$$

（証明）　$F(x)$ は x の単調増加関数で，かつ

$$F(+\infty)=pr\{X(\omega)\in \boldsymbol{R}\}\leqq 1$$

となって，$F(x)$ は上に有界である．よって

$$F(+\infty)=\lim_{n\to\infty}F(n)$$

が存在する．そこで区間の加法性により

$$(-\infty,\ +\infty)=(-\infty,\ 0]+(0,\ 1]+(1,\ 2]+\cdots\cdots$$

となり，これを事象に直すと

$$\{X(\omega)\in \boldsymbol{R}\}=\{X\leqq 0\}+\{0<X\leqq 1\}+\{1<X\leqq 2\}+\cdots\cdots$$

したがって，有限加法性を形式的に拡張して

$$\begin{aligned}1&=pr\{X\in \boldsymbol{R}\}\\&=pr\{X\leqq 0\}+pr\{0<X\leqq 1\}+pr\{1<X\leqq 2\}+\cdots\cdots\\&=F(0)+\sum_{k=1}^{\infty}pr\{k-1<X\leqq k\}\\&=F(0)+\sum_{k=1}^{\infty}\{F(k)-F(k-1)\}\\&=\lim_{n\to\infty}F(n)\end{aligned}$$

$$\therefore\quad F(+\infty)=1$$

一方，$\{X(\omega)\in \boldsymbol{R}\}^c=\boldsymbol{\Phi}$ より

$$F(-\infty)=pr(\theta)=0$$

離散的確率変数 X の実現値を x_1, x_2, ……, 確率関数を $f(x)$ とするとき

X の**平均**（期待値）　$E(X)=\sum_{i=1}^{\infty}x_i f(x_i)=\overline{X}$

X の**分散**　$V(X)=\sum_{i=1}^{\infty}(x_i-\overline{X})^2 f(x_i)$

X の**標準偏差**　$\sigma(X)=\sqrt{V(X)}$

と定義する．

定理 3.29 $E(aX+b)=aE(X)+b$

$V(aX+b)=a^2V(X)$ ただし a, b は定数

$V(X)=E(X^2)-\{E(X)\}^2$

例 3.60 例 3.56 の 3 枚の貨幣投げにおいて,

$X=$出た表の枚数

という確率変数に対して

$$E(X)=0\times\frac{1}{8}+1\times\frac{3}{8}+2\times\frac{3}{8}+3\times\frac{1}{8}=\frac{12}{8}=\frac{3}{2}$$

$$V(X)=0^2\times\frac{1}{8}+1^2\times\frac{3}{8}+2^2\times\frac{3}{8}+3^2\times\frac{1}{8}-\left(\frac{3}{2}\right)^2$$

$$=\frac{24}{8}-\frac{9}{4}=\frac{3}{4}$$

問 3.120 問 3.115 から問 3.118 までの確率変数 X について, 平均 $E(X)$ と分散 $V(X)$ とを求めよ.

例 3.61 1 から n までの番号のついた玉が箱に入っている. それぞれの玉は手ざわりでは区別がつかない. この中から 2 回玉を 1 個ずつ復元抽出するとき, $X=$ 2 個の玉のうち番号の大きい数, に対して, $E(X)$ と $V(X)$ を求めよ.

(解) $X\leqq k$ は 2 個の玉の番号が k 以下である事象を示す.

$$F(k)=pr\{X\leqq k\}=\left(\frac{k}{n}\right)^2$$

であるから

$$f(k)=F(k)-F(k-1)$$

$$=\left(\frac{k}{n}\right)^2-\left(\frac{k-1}{n}\right)^2=\frac{2k-1}{n^2}$$

$$E(X)=\sum_{k=1}^{n}\frac{k(2k-1)}{n^2}=\frac{1}{n^2}\left\{\frac{n(n+1)(2n+1)}{3}-\frac{n(n+1)}{2}\right\}$$

$$=\frac{(n+1)(4n-1)}{6n}$$

$$V(X)=\sum_{k=1}^{n}\frac{k^2(2k-1)}{n^2}-\left\{\frac{(n+1)(4n-1)}{6n}\right\}^2$$

$$=\frac{1}{n^2}\left\{\frac{n^2(n+1)^2}{2}-\frac{n(n+1)(2n+1)}{6}\right\}-\frac{(n+1)^2(4n-1)^2}{36n^2}$$

$$=\frac{(n+1)(n-1)(2n^2+1)}{36n^2}$$

問 3.121　この例において，2個の玉を非復元抽出したとき，同じ確率変数に対して，$E(X)$ と $V(X)$ とを求めよ．

問 3.122　$1, 2, \cdots\cdots, n$ なる n 個の数字がある $(n\geqq 5)$．これらより3つの数字を重複を許さず続けてでたらめに取り出す．第1番目に取り出された数字を X_1，第2番目に取り出された数字を X_2，第3番目に取り出された数字を X_3 とし，X_1，X_2，X_3 の中の最大のものを Y とする．

(1)　$3\leqq X_1\leqq X_2<X_3$ が成立する確率を求めよ．

(2)　いま，y を $3\leqq y\leqq n$ なる任意の自然数とするとき，$Y=y$ となる確率を求めよ．

(3)　Y の平均を求めよ．

例 3.62　n 個のサイコロを投げたとき，次の問に答えよ．ただし，m は6以下の正整数とする．

(1)　出た目の最大値が m 以下である確率を求めよ．

(2)　出た目の最大値がちょうど m である確率を求めよ．

(3)　出た目の最大値の期待値が5以上となるには，n をどのようにきめたらよいか．

（解）　$X=n$ 個のサイコロを投げたとき出た目の最大値，とすると

(1)　$pr\{X\leqq m\}=\left(\dfrac{m}{6}\right)^n$

(2)　$pr\{X=m\}=pr\{X\leqq m\}-pr\{X\leqq m-1\}$

$$=\left(\frac{m}{6}\right)^n-\left(\frac{m-1}{6}\right)^n\equiv f(m)$$

(3)　$E(X)=\sum_{m=1}^{6}mf(m)$

$$=\sum_{m=1}^{6}\frac{m^{n+1}-(m-1)^n m}{6^n}$$

$$=\frac{(6^{n+1}-6.5^n)+(5^{n+1}-5.4^n)+(4^{n+1}-4.3^n)+(3^{n+1}-3.2^n)+(2^{n+1}-2.1^n)+1}{6^n}$$

$$=\frac{6^{n+1}-(5^n+4^n+3^n+2^n+1^n)}{6^n}\geqq 5$$

よって，　$\dfrac{1^n+2^n+3^n+4^n+5^n}{6^n}\geqq 1$ をみたす n を求めたらよい．

n	1	2	3	4
$\dfrac{1^n+2^n+\cdots+5^n}{6^n}$	$\dfrac{5}{2}$	$\dfrac{55}{36}$	$\dfrac{225}{216}$	$\dfrac{979}{1296}$

したがって，$n<4$ が求める答である．

問 3.123　袋の中に n 個の玉があって，1から n までの番号が記入してある．この袋の中からまったくでたらめに一球を取り出し，その番号を調べてからもとの袋にもどす．これを m 回くり返して，取り出された球の番号の最大値を X で表わすとき，次の問に答えよ．

(1)　k を $1\leqq k<n$ であるような整数とするとき，$X\leqq k$ となる確率を求めよ．

(2)　$X=k$ となる確率を求めよ．

(3)　X の平均を $E(X)$ と表わすとき，$\displaystyle\lim_{n\to\infty}\frac{E(X)}{n}$ を求めよ．

問 3.124　袋の中に玉が入っている．そのいずれの玉も1から n までの数のいずれか1つが記入されている．1と記入されている玉は1個，2と記入されている玉は 2^2個，一般に $1\leqq i\leqq n$ をみたすどの i についても，i と記された玉は i^2 個ある．この中から1個の玉を取り出したとき，

X＝取り出された玉に記入されている数

としたとき

(1)　$pr\{X=k\}$ を求めよ．

(2)　$E(X)$ を求めよ．

問 3.125　1から n までの数字が1つずつ重複することなく記入してある，n 枚の札が袋に入っている．袋から1枚の札を取り出すとき，どの札の出ることも同程度に期待されるものとする，1枚の札を取り出し，これを袋に戻してから再び1枚の札を取り出し，この2枚の数字の和を X で表わす．

(1)　$X=k$ となる確率を求めよ．ただし k は $2\leqq k\leqq 2n$ の範囲の整数とする．

(2)　X の平均を計算せよ．

問 3.126　1から n まで n 個の自然数 1，2，……，n の各数字の札が1枚ずつ合計 n 枚入っている箱がある．この箱から同時に2枚の札を任意に取り出し，それらの札の数字の差を Z とする．

(1)　与えられた自然数 $k(1\leqq k\leqq n-1)$ に対して，$Z=k$ となる確率を求めよ．

(2)　Z の期待値を求めよ．

例 3.63　ベクトル $\boldsymbol{a}$ は，そのノルムが a であるような定ベクトルであり，また，各 $k(=1, 2, 3, 4, 5, 6)$ について，次のような成分をもつベクトル $\boldsymbol{b}_k$ が与えられている．

$$\boldsymbol{b}_k=\begin{bmatrix}\cos\dfrac{k\pi}{3}\\ \sin\dfrac{k\pi}{3}\end{bmatrix}$$

1つのサイコロをふって，k の目が出たとき，ベクトル $\boldsymbol{x}=\boldsymbol{a}+\boldsymbol{b}_k$ をとるものとする．この場合，ベクトル $\boldsymbol{x}$ のノルムの平方の期待値を，a を用いて表わせ．

(解)　$\boldsymbol{a}=\begin{bmatrix}a_1\\ a_2\end{bmatrix}$ とする．確率変数 $X(k)$ は

$$X(k)=\|\boldsymbol{a}+\boldsymbol{b}_k\|^2=\left(a_1+\cos\frac{k\pi}{3}\right)^2+\left(a_2+\sin\frac{k\pi}{3}\right)^2$$

$$=a_1{}^2+a_2{}^2+1+2\left(a_1\cos\frac{k\pi}{3}+a_2\sin\frac{k\pi}{3}\right)$$

$$=a^2+1+2\left(a_1\cos\frac{k\pi}{3}+a_2\sin\frac{k\pi}{3}\right)$$

$$f(k)=\frac{1}{6}$$

よって

$$E(X)=\sum_{k=1}^{6}\left\{a_2+1+2\left(a_1\cos\frac{k\pi}{3}+a_2\sin\frac{k\pi}{3}\right)\right\}\times\frac{1}{6}$$

$$=a^2+1+\frac{a_1}{3}\left(\cos\frac{\pi}{3}+\cos\frac{2\pi}{3}+\cos\pi+\cos\frac{4}{3}\pi+\cos\frac{5}{3}\pi+\cos 2\pi\right)$$

$$+\frac{a_2}{3}\left(\sin\frac{\pi}{3}+\sin\frac{2\pi}{3}+\sin\pi+\sin\frac{4}{3}\pi+\sin\frac{5}{3}\pi+\sin 2\pi\right)=a^2+1$$

問 3.127 1回の試行で，確率変数 X が取り得る値は 1, 2, ……, n のいずれか1つであるとし，これらの値を取る確率をそれぞれ $p_1, p_2, \cdots\cdots, p_n$ とする．すべての $1 \leqq k \leqq n$ に対して，p_k が k に比例するとき

(1) p_k を k と n で表わせ．

(2) X の平均 $E(X)$ を n で表わせ．

問 3.128 $f(x)$ は第2回までは微分することができるとする．次の問に答えよ．

(1) x, $x_0(x \neq x_0)$ に対して

$$f(x_0)+(x-x_0)f'(x_0)+c(x-x_0)^2 f''(t)$$

の形に変形できることを，ロールの定理または平均値の定理を用いて証明せよ．

（ただし，$0<c<1$; $x<t<x_0$, または $x_0<t<x$）

(2) $f''(x)<0$ のとき，変量 X が相異なる値 $x_1, x_2, \cdots\cdots, x_n$ のどれかを必ずとるとし，X が $x_i(i=1, 2, \cdots\cdots, n)$ をとる確率はそれぞれ p_i（ただし，$p_i>0$）$(i=1, 2, \cdots\cdots, n)$，$X$ の平均値を m とすれば

$$f(m)>\sum_{i=1}^{n} p_i f(x_i)$$

であることを証明せよ．

例 3.64 図のような模型自動車レースのコースがあり，自動車は出発点から矢印の方向に回るものとする．A, B の2地点には障害物があって，ここでの運転を誤ると失格になるが，他の地点では失格になることはない．A 地点で失格になる確率 p_A と，B 地点で失格になる確率 p_B とが分っているとき，次の問に答えよ．

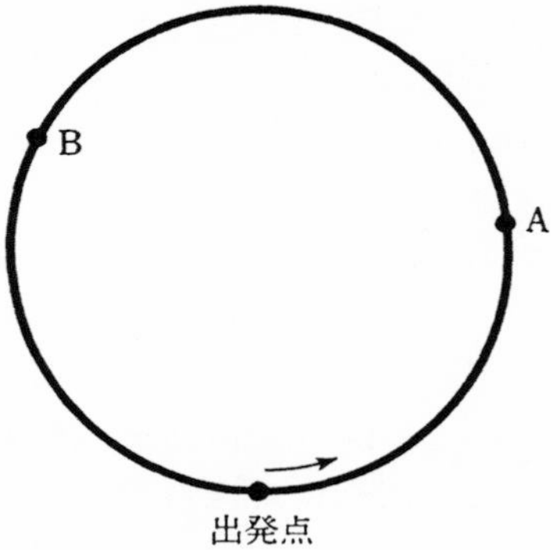

図 3.20

(1)　このコースを1周もできない確率を求めよ．

(2)　ちょうど k 周だけできる確率を求めよ．

(3)　失格するまでに回る回数の平均値を求めよ．

（解）(1)　A点で失格する事象を α, B点で失格する事象を β とすると，このコースを1周もできない確率は

$$p(\alpha\cup\beta)=pr(\alpha)+pr(\beta)-pr(\alpha\cap\beta)$$
$$=p_{\mathrm{A}}+p_{\mathrm{B}}-p_{\mathrm{A}}p_{\mathrm{B}}$$

(2)　X を失格するまでまわる回数とすると

$$f(k)=pr\{X=k\}=pr(\alpha^c)^k\cdot pr(\beta^c)^k\cdot pr(\alpha\cup\beta)$$
$$=(1-p_{\mathrm{A}})^k(1-p_{\mathrm{B}})^k(p_{\mathrm{A}}+p_{\mathrm{B}}-p_{\mathrm{A}}p_{\mathrm{B}})$$

(3)　$$E(X)=\sum_{k=0}^{\infty}kf(k)=\sum_{k=1}^{\infty}k(1-p_{\mathrm{A}})^k(1-p_{\mathrm{B}})^k(p_{\mathrm{A}}+p_{\mathrm{B}}-p_{\mathrm{A}}p_{\mathrm{B}})$$
$$=(p_{\mathrm{A}}+p_{\mathrm{B}}-p_{\mathrm{A}}p_{\mathrm{B}})\sum_{k=1}^{\infty}k(1-p_{\mathrm{A}})^k(1-p_{\mathrm{B}})^k$$
$$=(p_{\mathrm{A}}+p_{\mathrm{B}}-p_{\mathrm{A}}p_{\mathrm{B}})\frac{(1-p_{\mathrm{A}})(1-p_{\mathrm{B}})}{\{1-(1-p_{\mathrm{A}})(1-p_{\mathrm{B}})\}^2}$$
$$=\frac{1-p_{\mathrm{A}}-p_{\mathrm{B}}+p_{\mathrm{A}}p_{\mathrm{B}}}{p_{\mathrm{A}}+p_{\mathrm{B}}-p_{\mathrm{A}}p_{\mathrm{B}}}$$

問 3.129　1, 2, ……, n $(n\geqq 2)$ なる値をとる確率変数 X があり，$X=r$ となる確率は，$a+br$ $(r=1, 2, \cdots\cdots, n)$ で，X の平均値は $\frac{n+2}{3}$ である．a と b を求めよ．

問 3.130　1つのサイコロを何回も振る試行において，はじめて1の目が出たら，1の目が出る限り振り続け，1の目が出なくなったとき振ることをやめるものとする．ただし，振る回数は全体で n を越えないものとする．

(1)　上の試行において，1の目が続いてちょうど r 回 $(1\leqq r\leqq n)$ 出る確率を求めよ．

(2)　上の試行において，1の目が続いてちょうど r 回 $(1\leqq r\leqq n)$ 出たら，6^{r-1} 円もらう約束をした人が，受け取る金額の期待値を求めよ．

問 3.131　Chuckaluck ゲームとよばれる賭事がある．演技者は1から6までのどれかの数に100円をかける．数 i をとったとしよう．そのとき，2個のサイコロの入った籠が投げられる．もし2個のサイコロがともに i という目を出せば，演技者は掛金の2倍額を追加してもらえる．もし1個のサイコロのみが i という目を出せば，掛金と同額をもらえ

る．もし，両方とも i という目が出なかったら，胴元が掛金を没収する．1回の演技で，演技者の期待金額はいくらか．

§3. 二 項 分 布

これから，しばらく特殊な形の確率分布関数をとり扱おう．その手始めとして，次の性質をもつ事象の系列，もしくは試行の系列を考察しよう．

(a) おのおのの試行の結果は2つのカテゴリー，つまり**成功** (success) か**失敗** (failure) のいずれかに分類される．

(b) 成功の起こる確率 p は，おのおのの試行に対して同じである．

(c) おのおのの試行は，他のすべての試行と独立である．

(d) 試行は全体として n 回おこなわれる．

以上4つの条件を満足する試行を **Bernoulli の試行系列**という．

定理 3.30 成功の確率 p，失敗の確率 $q=1-p$ であるような Bernoulli 試行系列において，n 回の試行の結果，x 回成功し，$(n-x)$ 回失敗する確率は

$$pr\{X=x\}=b(x\,;n,\,p)=\binom{n}{x}p^x q^{n-x}$$

である．ただし，$0\leqq x\leqq n$．確率変数 X は成功の数である．

(証明) いま独立な試行にともなう事象 $\alpha_1,\ \alpha_2,\ \cdots\cdots,\ \alpha_n$ があって

$$pr(\alpha_1)=pr(\alpha_2)=\cdots\cdots=pr(\alpha_n)=p$$

とおく．これらの事象のうち，起こる(成功する)事象をそのまま α_i，起こらない(失敗する)事象を $\alpha_i{}^c$ とかき直すことにする．$\alpha_1,\ \alpha_2,\ \cdots\cdots,\ \alpha_n$ のうち

$\alpha_{i_1},\ \alpha_{i_2},\ \cdots\cdots,\ \alpha_{i_x}$ が成功する事象

$\alpha_{j_1}{}^c,\ \alpha_{j_2}{}^c,\ \cdots\cdots,\ \alpha_{j_{n-x}}{}^c$ が失敗する事象

で，これらがつづけて起こる事象は

$$\alpha_{i_1} \cap \alpha_{i_2} \cap \cdots\cdots \cap \alpha_{i_x} \cap \alpha_{j_1}{}^c \cdots\cdots \cap \alpha_{j_{n-x}}{}^c \qquad (1)$$

で，その確率は

$$\underbrace{p\cdots\cdots p}_{x\text{個}}\underbrace{q\cdots\cdots q}_{n-x\text{個}} = p^x q^{n-x}$$

である．$\{X=x\}$ という事象は (1) の形の事象の直和であるが，(1) の形の事象は，1, 2, ……, n から x 個の部分列 i_1, i_2, ……, i_x をとってくるだけであるから，その組は $\binom{n}{x}$ 個ある．よって

$$pr\{X=x\} = \binom{n}{x} p^x q^{n-x}$$

系 1　$\sum_{x=0}^{n} b(x;n,\ p) = 1$

(証明)　$$\sum_{x=0}^{n} b(x;n,\ p) = \sum_{x=0}^{n} \binom{n}{x} p^x q^{n-x}$$
$$= (p+q)^n = 1$$

この定理から，$b(x;n,\ p)$，$x=0$, 1, 2, ……, n は確率分布であることが分る．この確率分布を**二項分布** (binomial distribution) という．

例 3.65　12個のサイコロを投げて，6か5の目が出たら成功とみる．12個のうち，x 個が成功の目を出す確率は，成功の確率 $p=\frac{1}{3}$ として

$$b\left(x;12,\ \frac{1}{3}\right) = \binom{12}{x}\left(\frac{1}{3}\right)^x\left(\frac{2}{3}\right)^{12-x}$$

である．

次の表は，Weldon が12個のサイコロを26,306回投げたときの成功の数の度数分布と比率分布および理論値 $b\left(x;12,\ \frac{1}{3}\right)$ の計算値との比較表である．

x	観測度数	比率分布	$b\left(x\,;12,\dfrac{1}{2}\right)$
0	185	0.007033	0.007707
1	1149	0.043678	0.046244
2	3265	0.124116	0.127171
3	5475	0.208127	0.211952
4	6114	0.232418	0.238446
5	5194	0.197445	0.190757
6	3067	0.116589	0.111275
7	1331	0.050597	0.047689
8	403	0.015320	0.014903
9	105	0.003991	0.003312
10	16	0.000532	0.000497
11	2	0.000152	0.000045
12	0	0.000000	0.000002
	26306	1	1

表 3.3 Weldon のデーター

問 3.132 男と女の生れる確率は同じとする．5人の子持ちの家で3人が男の子である確率はいくらか．

問 3.133 魚雷は$\dfrac{1}{5}$の確率で艦船にあたるという．独立に10発うって，少なくとも2回命中する確率を求めよ．

問 3.134 前問で少なくとも1回あたる確率を0.9以上にしたい．何個魚雷を発射したらよいか．

問 3.135 前前問で，少なくとも1回は命中したという仮定のもとに，少なくとも2回命中する確率はいくらか．

例 3.66 飛行中に飛行機のエンジンが停止する確率は各エンジンとも同じである．飛行機が安全に飛行できるのは，半数以上のエンジンが動いているときである．一般に4発の方が双発の飛行機より安全といえるか．

（解） エンジンの停止する確率を q とする．

n 発の飛行機で x 個のエンジンが作動している確率を $b(x\,;n,\ p)$ とすると

(1) 双発機が安全に飛行する確率 P_1 は

$$P_1=b(2;\ 2,\ p)+b(1;\ 2,\ p)$$
$$=\binom{2}{2}p^2+\binom{2}{1}pq=p^2+2pq$$

(2)　4発機が安全に飛行する確率 P_2 は

$$P_2=b(4;\ 4,\ p)+b(3;\ 4,\ p)+b(2;\ 4,\ p)$$
$$=p^4+4p^3q+6p^2q^2$$
$$P_2-P_1=p^4+4p^3q+6p^2q^2-p^2-2pq$$
$$=q^2(1-4q+3q^2)=q^2(q-1)(3q-1)$$

そこで

$$\frac{1}{3}<q<1 \quad \text{のとき} \quad P_2<P_1$$
$$q<\frac{1}{3} \quad \text{のとき} \quad P_2>P_1$$

つまり，エンジンが技術的に性能の悪かった初期には，沢山のエンジンを積むことは危険なことであったという常識と，この結果は一致する．

問 3.136　5人の人を勝手にえらんで，ある提案に対して，賛成か，反対かを尋ねる．もし30%の人しかこの提案に賛成しないとすれば，えらばれた5人の人のうち過半数がこの提案に賛成する確率を求めよ．

問 3.137　ある大都市において，カラーテレビは10世帯あたり1世帯の割合で普及している．いま，この都市から10世帯を任意抽出したとき，少なくとも3世帯以上（3世帯を含む）がカラーテレビを保有する確率を求めよ．

問 3.138　ある小さな町工場に10人の従業員がいる．この人々は工場の近くの2軒の食堂のどちらかで昼食をとる．どちらにするかは全く気のむくまま，個人にとって全く同様に確からしい．さて食堂の経営者は20回中1回は満員で客をことわることはあっても，他の19回は自分の食堂で客を接待しうるには，予めいくらの席を用意しておけばよいか．

問 3.139　10個の問題からなる○×式テストがある．あて推量で7割またはそれ以上の成績をうる確率を求めよ．

例 3.67　直線上を1つの粒子が往ったり，来たりしている運動を考える．各時刻において，粒子は確率$\frac{1}{2}$をもって左右に1単位距離だけ移動するとする．10単位時間(10回の試行)で元の位置へ粒子が戻る確率はいくらか．

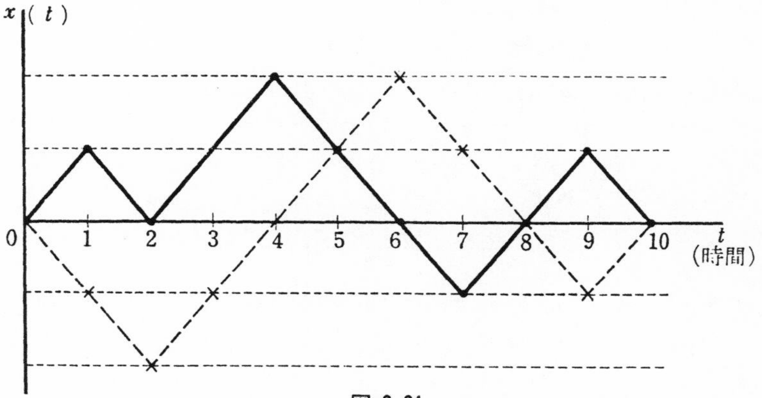

図 3.21

横軸に時間軸，縦軸に距離軸をとると，上のようなグラフをうる．このような運動を**酔歩**(random walk) という．

X=10回中右へゆく回数（右への距離）

とすると

$$pr\{X=5\}=b\left(5\,;\,10,\frac{1}{2}\right)=\binom{10}{5}\left(\frac{1}{2}\right)^5\left(\frac{1}{2}\right)^5$$

$$=\frac{63}{256}$$

問 3.140　1直線上に1点Pがある．1個のサイコロをふって1または2の目が出たならば，点Pは右へ1単位距離だけ進み，その他の目が出たら動かないものとする．この酔歩運動で，6回サイコロをふるとき，点Pが最初あった所より4m以上(4mを含む)はなれたところにある確率を求めよ．

問 3.141　定点Oを通る直線のO点まわりの回転運動を考える．サイコロを投げて，1，2，4，5の目が出た場合には+60°回転，3，6の目の出た場合は−30°回転するとき，定位置OAから出発して9回ののちに，ちょうど元の位置に戻る確率はいくらか．

定理 3.31　二項確率分布 $b(x;n,p)$ が最大値をとるのは，

$(n+1)p$ が整数のとき，$x=(n+1)p$

$(n+1)p$ が整数でないとき，$x=[(n+1)p]$

ただし $[(n+1)p]$ は $(n+1)p$ をこえない最大の整数とする．

（証明）

$$\frac{b(x;n,p)}{b(x-1;n,p)}=\frac{(n-x+1)p}{xq}$$

$$=1+\frac{(n+1)p-x}{xq}\qquad (x\geqq 1)$$

したがって，$b(x;n,p)$ は $x<(n+1)p$ ならば，その1つ前の項よりも大きく，$x>(n+1)p$ ならば小さくなる．もし，$(n+1)p$ が整数ならば，$b(x;n,p)=b(x-1;n,p)$ となる．　(Q.E.D)

x が0から n に進むにつれて，$b(x;n,p)$ は最初のうちは単調に増加し，$x=[(n+1)p]=m$ で最大値に達し，後，次第に減少する．$x=(n+1)p$ が整数のときは，最大値をとる項が2つある．$b(m;n,p)$ を**中央項**とよぶ．また，$b(x;n,p)$ を最大にする x の値を分布の**モード**(mode) という．

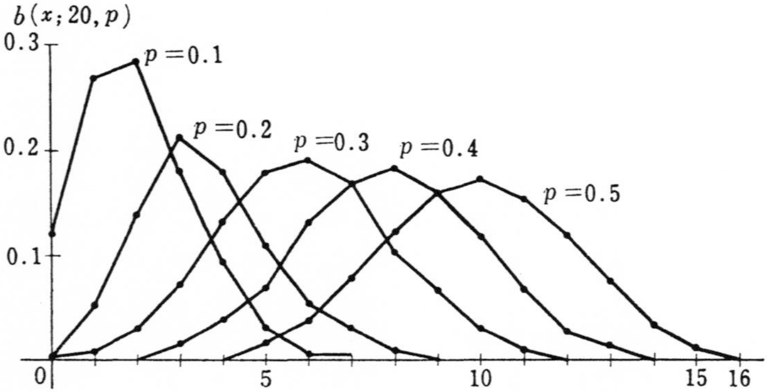

図 3.22　$n=20$ のときの $b(x;20,p)$

例 3.68　ある人が1枚の銀貨を投げて，表がでれば東へ 2 m 進み，裏がでれば西へ 1 m 進むものとする．

(1) いま，点Oより出発するものとし，銀貨を続けて n 回投げた結果，この人のいる地点をA，OA$=x$ m，Aにいる確率を $p(x)$ とするとき，$p(x)$ を x の関数として表わせ.

(2) この人が銀貨を10回投げるとき，どの地点に行く確率が最も大きいか．このときの x および $p(x)$ の値を求めよ．ただし，x および $p(x)$ は(1)の場合と同様であるとする.

（解） (1) n 回の投げで k 回表が出たとすると，k と x の関係は

$$2k+(n-k)(-1)=x$$

$$k=\frac{x+n}{3}$$

$$p(x)=b\left(k\,;\,n,\ \frac{1}{2}\right)=\binom{n}{\frac{x+n}{3}}\left(\frac{1}{2}\right)^n$$

(2) $n=10$ のとき

$$b\left(k\,;\,10,\ \frac{1}{2}\right)=\binom{10}{\frac{x+10}{3}}\left(\frac{1}{2}\right)^{10}$$

が最大になるには，$k=\left[(10+1)\times\frac{1}{2}\right]=5$ のときである.

$$\frac{x+10}{3}=5 \quad \text{より} \quad x=5$$

$$p(5)=\binom{10}{5}\left(\frac{1}{2}\right)^{10}=\frac{63}{256}$$

問 3.142 サイコロを100回投げるとき，1の目が何回出る確率がもっとも大きいか.

問 3.143 毎回の実験でいつも一定の確率 p で起こる事象がある.

(1) この実験を m 回くり返すうち，1回だけこの事象がおこる確率 W を求めよ.

(2) 次に p の値によって W がどのように変るかを図示し，W を最大にする p の値を求めよ.

問 3.144 10本中3本の当りの入ったクジがある．このクジを引いては，またもとへ戻すものとする．5回クジを引いたとき，当りクジを引く確率が最大になるのは，当りくじ何本のときか．また，当りクジを引く確率が最小になるのは，ちょうど何本のときか.

例 3.69 X が二項分布にしたがう確率変数であるとき，

高々 r 回成功する確率は

$$\sum_{x=0}^{r} b(x;\ n,\ p)=B(r;\ n,\ p)$$

少なくとも r 回もしくはそれ以上成功する確率は

$$\sum_{x=r}^{n} b(x;\ n,\ p)=B^*(r;\ n,\ p)$$

$$=1-\sum_{x=0}^{r-1} b(x;\ n,\ p)=1-B(r-1;\ n,\ p)$$

$B(r;\ n,\ p)$ は r 回もしくはそれ以下成功する確率であることから，これは $n-r$ 回もしくはそれ以上失敗する確率に等しい．よって

$$B(r;\ n,\ p)=\sum_{x=n-r}^{n} b(x;\ n,\ q)$$

$$=1-\sum_{x=0}^{n-r-1} b(x;\ n,\ q)$$

$$=1-B(n-r-1;\ n,\ q)=B^*(n-r;\ n,\ q)$$

たとえば，収穫された馬鈴薯の90%は良品であるが，残りは切ってみてはじめて腐っていることが分るという．25個入りの袋の中で，良品が高々20個である確率は

$$B(20;\ 25,\ 0.9)=1-B(4;\ 25,\ 0.1)$$

$$=1-0.90201=0.09799$$

問 3.145 ある病源菌を含む血漿を注射した兎の25%が病気に感染したことが分っている．もし20匹の兎が感染しているとして，少なくとも3匹が正の反応を示す確率はいくらか．

問 3.146 ミサイルを作っている会社では，製品は90%は効果があると主張している．空軍がミサイルの採択にあたり，10個のミサイルを発射して，5個爆発したら，その会社のミサイルを採択するものとする．さて，5個もしくはそれ以下しか，ミサイルが爆発しない確率はいくらか．

問 3.147 ガンに対する標準的な治療は，30%成功するという．新しい治療法が50人の者に試みられ，29例が快癒したとの報告があった．このような報告は信じてよいものであろうか．

問 3.148 投矢の技が平均して$\dfrac{1}{10}$の人がいる．100回投げて．15回以上，的に命中する確率はいくらか．また，ちょうど15回，的に命中する確率はいくらか．

定理 3.32 Xが二項分布にしたがう確率変数ならば

(1) $E(X)=np$

(2) $V(X)=npq,\quad \sigma(X)=\sqrt{npq}$

である．

（証明） (1) $E(X)=\sum_{x=0}^{n} xb(x\,;\,n,\,p)$

$$=\sum_{x=0}^{n} x\binom{n}{x}p^x q^{n-x}$$

$$=np\sum_{x=1}^{n}\binom{n-1}{x-1}p^{x-1}q^{n-x}$$

$$=np(p+q)^{n-1}=np$$

(2) $E(X^2)=\sum_{x=0}^{n} x^2 b(x\,;\,n,\,p)$

$$=\sum_{x=0}^{n} x(x-1)\binom{n}{x}p^x q^{n-x}+\sum_{x=0}^{n} x\binom{n}{x}p^x q^{n-x}$$

$$=n(n-1)p^2+np$$

$$V(X)=E(X^2)-E^2(X)$$

$$=(n^2-n)p^2+np-n^2p^2$$

$$=npq$$

例 3.70 貨幣を16回投げる．表の出る回数とその平均との差が，標準偏差より小さい確率を求めよ．

（解） $n=16,\quad p=\dfrac{1}{2}$ より，$E(X)=8,\quad V(X)=4$

$$pr\{|X-8|<2\}=pr\{6<X<10\}$$

$$=pr\{X=7\}+pr\{X=8\}+pr\{X=9\}$$

$$=\binom{16}{7}\left(\frac{1}{2}\right)^{16}+\binom{16}{8}\left(\frac{1}{2}\right)^{16}+\binom{16}{9}\left(\frac{1}{2}\right)^{16}$$

$$=0.545$$

問 3.149　サイコロを20回投げる．6の目の出る回数の平均と分散を求めよ．

問 3.150　ある製品の不良率は0.04である．製品200個を抜取り検査するとき，その中に含まれる不良品の個数の平均と標準偏差を求めよ．

問 3.151　確率変数 X が二項分布にしたがうとき

$$b(x:n,\ p)=b(x)$$

とかく．そのとき

$$\frac{b(x+1)}{b(x)}(x+1)+\frac{E(X)-V(X)}{V(X)}x=\frac{E^2(X)}{V(X)}$$

であることを証明せよ．

問 3.152　次のデータは80枚の湿ったろ紙上に10粒ずつ種子をおいたとき，各ろ紙ごとに発芽した数の度数分布表である．このデータに二項分布をあてはめよ．

x	0	1	2	3	4	5	6	7	8	9	10
$f(x)$	6	20	28	12	8	6	0	0	0	0	0

［数学的補注］

(1)　**超幾何分布**(hypergeometric distribution)

Bernoulli 試行とは異なる次のような試行を考える．

(a)　おのおのの試行の結果は2つのカテゴリー，成功か失敗かのいずれかに分類される．
(b)　成功の確率は抽出ごとにかわる．
(c)　連続した試行は従属である．
(d)　試行は一定の回数くり返される．

(b) と (c) とが Bernoulli 試行と異なる．この試行条件に適する確率分布を考えよう．そのために

(a′)　N 個のもののうち，k 個はある特性（たとえば良品），$N-k$ 個は別のある特性（たとえば不良品）をもっている．

(b′)　そこから大きさ n の無作為標本を抽出する．

(c′)　抽出の仕方は非復元方法で行なう．

という条件を与える．(a′)は(a)，(b′)は(d)，(c′)は(b)(c)をそれぞれいいかえたものにすぎない．

X＝抽出した標本中，良品の個数

とし，$pr\{X=x\}$ を求めたい．この確率は母数 N, n, k が与えられれば求められるので，$q(x\,; N, n, k)$とかく．

n 個のものを抽出する方法の総数は$\binom{N}{n}$通り．ちょうど x 個の良品をうることは，$n-x$ 個の不良品が $N-k$ 個の中から抽出されることを意味するから，x 個の良品，$n-x$ 個の不良品をうる方法の総数は

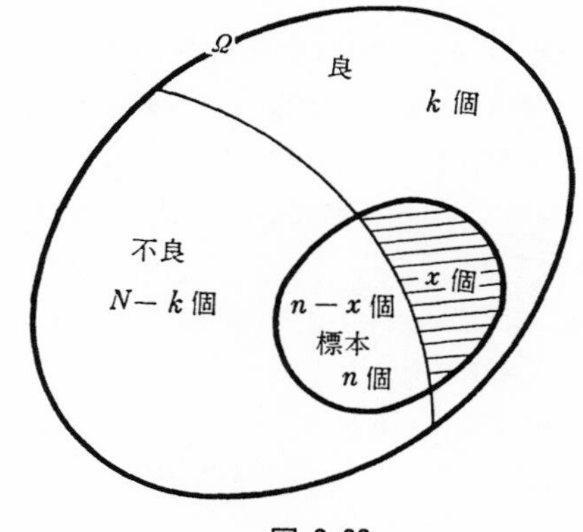

図 3.23

$$\binom{k}{x}\binom{N-k}{n-x}$$

結局

$$q(x\,; N,\ n,\ k)=\frac{\binom{k}{x}\binom{N-k}{n-x}}{\binom{N}{n}}$$

ただし

$$0\leqq x\leqq \min(n,\ k)$$

である．

（定理１）　$\sum_{x=0}^{\min(n,\ k)} q(x\,;N,\ n,\ k)=1$

（証明）　$(1+t)^k(1+t)^{N-k}=(1+t)^N$

に二項定理を適用し，t^n の係数を両辺比較する．

$$\text{左辺の } t^n \text{ の係数}=\sum_{x=0}^{\min(n,\ k)}\binom{k}{x}\binom{N-k}{n-x}$$

$$\text{右辺の } t^n \text{ の係数}=\binom{N}{n}$$

$$\therefore \sum_{x=0}^{\min(n,\ k)}\binom{k}{x}\binom{N-k}{n-x}=\binom{N}{n}$$

両辺を$\binom{N}{n}$でわれば，所与の式をとる．

問 1　$q(x\,;N,\ n,\ k)=q(x\,;N,\ k,\ n)$ であることを証明せよ．

例 1　6個のリンゴと4個のミカンの入った袋から，5個の果物を抽出し，その中に2個もしくはそれ以下のリンゴの含まれている確率を求めよ．

（解）　条件（a′）（b′）（c′）をみたすから，超幾何分布を適用するのが妥当と思われる．

X＝抽出したリンゴの数とすると

$$pr\{X\leqq 2\}=pr\{1\leqq X\leqq 2\}$$

$$=pr\{X=1\}+pr\{X=2\}$$

$$=q(1\,;10,\ 5,\ 6)+q(2\,;10,\ 5,\ 6)$$

$$=\frac{\binom{6}{1}\binom{4}{4}}{\binom{10}{5}}+\frac{\binom{6}{2}\binom{4}{3}}{\binom{10}{5}}=\frac{11}{42}$$

問 2　袋の中に同質同大の赤，白の玉が合わせて50個入っている．赤玉の個数を x とするとき，次の問に答えよ．

(1)　この袋から3個の玉を取り出して，赤玉2個，白玉1個となる確率を求めよ．

(2)　(1)の確率を最大にする x を求めよ．

問 3　(1)　$10n$ 本のくじの中に当りくじが n 本ある．このくじを10本ひいて，そのうちの1本だけが当りくじである確率 p_n を求めよ．

(2)　$\lim_{n\to+\infty} p_n$ を求めよ．

例 2　超幾何分布 $q(x\,;N,\ n,\ k)$ は N が n に，k が x に比較して十分大きければ，二項

分布 $b(x;n,\ p)$ によって近似される．ただし，$p=\dfrac{k}{N}$ とする．

（超幾何分布の極限定理）

（解）

$$q(x;N,\ n,\ k)=\frac{\binom{k}{x}\binom{N-k}{n-x}}{\binom{N}{n}}$$

$$=\frac{k(k-1)\cdots(k-x+1)}{x!}\ \frac{(N-k)(N-k-1)\cdots(N-k-n+x+1)}{(n-x)!}\ \frac{n!}{N(N-1)\cdots(N-n+1)}$$

$$=\frac{n!}{x!(n-x)!}\left(\frac{k}{N}\right)^x\left(\frac{N-k}{N}\right)^{n-x}\frac{\left(1-\frac{1}{k}\right)\cdots\left(1-\frac{x-1}{k}\right)\left(1-\frac{1}{N-k}\right)\cdots\left(1-\frac{n-x-1}{N-k}\right)}{\left(1-\frac{1}{N}\right)\cdots\left(1-\frac{n-1}{N}\right)}$$

$$\longrightarrow\binom{n}{x}p^xq^{n-x}$$

この事実は，大きな母集団に対しては，実際上復元抽出も非復元抽出も，確率的にそれ程差のないことを示している．

問 3　例2において，詳しくは

$$\binom{n}{x}\left(p-\frac{x}{N}\right)^x\left(q-\frac{n-x}{N}\right)^{n-x}<q(x;N,\ n,\ k)<\binom{n}{x}p^xq^{x-n}\left(1-\frac{n}{N}\right)^{-n}$$

が成立つことを証明せよ．

定理 2　確率変数 X が超幾何分布にしたがうとき

$$E(X)=\frac{kn}{N}\ ,\qquad V(X)=kpq\left(1-\frac{k-1}{N-1}\right)$$

である．ここで $p=\dfrac{k}{N}$，$q=1-p$ とする．

（証明）

$$E(X)=\sum_{x=0}^{\min(n,\ k)}x\,q(x;N,\ n,\ k)$$

$$=\sum_{x=0}^{\min(n,\ k)}\frac{x\binom{k}{x}\binom{N-k}{n-x}}{\binom{N}{n}}$$

$$=\sum_{x=0}^{\min(n,\ k)}\frac{k\binom{k-1}{x-1}\binom{N-k}{n-x}}{\frac{N}{n}\binom{N-1}{n-1}}$$

$$=\frac{kn}{N}\sum_{i=0}^{\min(n-1,\,k-1)}\frac{\binom{k-1}{i}\binom{N-k}{n-1-i}}{\binom{N-1}{n-1}}$$

$$=\frac{kn}{N}$$

なぜなら，定理1から $\sum_{x=0}^{\min(n-1,\ k-1)} q(x\,;\,N-1,\ n-1,\ k-1)=1$

$$E(X^2)=\sum_{x=0}^{\min(n,\ k)} x^2 q(x\,;\,N,\ n,\ k)$$

$$=\sum_{x=0}^{\min(n,\ k)} x(x-1)q(x)+\sum_{x=0}^{\min(n,\ k)} xq(x)$$

$$=\frac{k(k-1)n(n-1)}{N(N-1)}\sum_{x=2}^{\min(n,k)}\frac{\binom{k-2}{x-2}\binom{N-k}{n-x}}{\binom{N-2}{n-2}}+\frac{kn}{N}$$

$$=\frac{k(k-1)n(n-1)}{N(N-1)}+\frac{kn}{N}$$

$$V(X)=E(X^2)-E^2(X)$$

$$=\frac{k(k-1)n(n-1)}{N(N-1)}+\frac{kn}{N}-\frac{k^2n^2}{N^2}$$

$$=\frac{kn}{N}\left\{\frac{N(n-1)(k-1)+N(N-1)-kn(N-1)}{N(N-1)}\right\}$$

$$=\frac{kn}{N}\ \frac{(N-n)(N-k)}{N(N-1)}$$

$$=kpq\left\{1-\frac{k-1}{N-1}\right\}$$

(2) 負の二項分布

次の性質をもつ試行系列を考えよう．

(a) おのおのの試行結果は2つのカテゴリー，成功か失敗のどれかに分類される．

(b) 1回の試行で成功の起こる確率は，試行ごとに一定である．

(c) おのおのの試行は，他のすべての試行と独立である．

(d) あらかじめ予定された成功数がえられるまで，試行がくり返される．

Bernoulli 試行と比較すると，条件(d)だけが異なる．あらかじめ予定された成功の数を r，試行回数を $r+x$ ($x=0,\ 1,\ 2,\ \cdots\cdots$) とすると，$r$ 番目の成功以前に

$r-1$ 回の成功と x 回の失敗

が起こっている．しかも，このことが起こる確率は二項分布にしたがうから，

$$\binom{r+x-1}{x}p^{r-1}q^x$$

である．したがって，r 番目の成功以前に x 回の失敗が起こる確率は

$$\begin{aligned}f(x;r,p)&=\binom{r+x-1}{x}p^{r-1}q^xp\\&=\binom{-r}{x}p^r(-q)^x\end{aligned}$$

（p. 149 参照）

となる．この確率関数を**負の二項分布** (negative binomial distribution)，または **Pascal 分布**という．1つの試行をなす時間を単位時間と考えれば，この確率分布は，***r* 番目の成功が出現するまでの待ち合せ時間の確率分布**と考えられる．

さて，少なくとも r 番目の成功が出現するまでに，$r+x-1\equiv y-1$ 回の試行が行われねばならない確率を求めよう．

$$\begin{aligned}f(x;r,p)&=\binom{r+x-1}{x}p^rq^x\\&=\binom{y-1}{r-1}p^rq^{y-r}\\&=\binom{y-1}{0}pq^{y-1}-\binom{y-1}{-1}p^0q^{y-0}\\&\quad+\binom{y-1}{1}p^2q^{y-2}-\binom{y-1}{0}pq^{y-1}\\&\quad+\binom{y-1}{2}p^3q^{y-3}-\binom{y-1}{1}p^2q^{y-2}\\&\quad+\cdots\cdots\cdots\cdots\cdots\\&\quad+\binom{y-1}{r-1}p^rq^{y-r}-\binom{y-1}{r-2}p^{r-1}q^{y-r+1}\end{aligned}$$

$$\begin{aligned}&=\sum_{j=0}^{r-1}\left\{\binom{y-1}{j}p^{j+1}q^{y-j-1}-\binom{y-1}{j-1}p^jq^{y-j}\right\}\\&=\sum_{j=0}^{r-1}\left\{\binom{y-1}{j}p^jq^{y-j-1}(1-q)-\binom{y-1}{j-1}p^jq^{y-j}\right\}\\&=\sum_{j=0}^{r-1}\left\{\binom{y-1}{j}p^jq^{y-j-1}-\left[\binom{y-1}{j}+\binom{y-1}{j-1}\right]p^jq^{y-j}\right\}\\&=\sum_{j=0}^{r-1}\left\{\binom{y-1}{j}p^jq^{y-j-1}-\binom{y}{j}p^jq^{y-j}\right\}\\&=B(r-1;y-1,p)-B(r-1;y,p)\end{aligned}$$

であるから，求める確率は

$$\sum_{y=r}^{r+x} f(x\,;\,r,\ p)=\sum_{y=r}^{r+x} B(r-1\,;\,y-1,\ p)-\sum_{y=r}^{r+x} B(r-1\,;\,y,\ p)$$
$$=B(r-1\,;\,r-1,\ p)-B(r-1,\ r+x,\ p)$$
$$=1-B(r-1\,;\,r+x,\ p)$$
$$=B^*(r\,;\,r+x,\ q)$$

定理 1 負の二項分布に対しては

$$\sum_{x=0}^{\infty} f(x\,;\,r,\ p)=1$$

（証明） $$\sum_{x=0}^{\infty}\binom{-r}{x}(-q)^x=(1-q)^{-r}=p^{-r}$$

$$\therefore\ \sum_{x=0}^{\infty}\binom{-r}{x}p^r(-q)^x=\sum_{x=0}^{\infty} f(x\,;\,r,\ p)=1$$

例 1 1人の学生が5つの選択肢をもつ試験問題にとりくんでいる．彼は5問正解をうるまで，テストを受けつづけねばならない．各問すべてあてずっぽで答えるとして，25問またはそれ以下で5つの正解をうる確率はいくらか．

（解） $r=5$，$y=r+x=25$，$p=\dfrac{1}{5}$として，求める確率は

$$\sum_{y=5}^{25} f(x\,;\,r,\ p)=1-B\left(4\,;\,25,\ \frac{1}{5}\right)$$
$$=1-0.42067$$
$$=0.57933$$

例 2 1割不良品の混った馬鈴薯の袋がある．料理のため，コックが20個の馬鈴薯を必要とする．彼は作為なく馬鈴薯をえらび，それを切ってみる．そして不良品が出たら捨てる．彼が25個以上の馬鈴薯を切ってみなければならない確率を求めよ．

（解） X＝吟味する馬鈴薯の数とすると

$$pr\{X\geqq 26\}=1-pr\{X\leqq 25\}$$
$$=1-B^*(20\,;\,25,\ 0.9)$$
$$=1-[1-B(19\,;\,25,\ 0.9)]$$
$$=B(19\,;\,25,\ 0.9)$$
$$=1-0.9666=0.0334.$$

問 1 ある会社は，自己の製品であるミサイルは90%有効であると信じている．空軍はそのミサイルを採択するのに，4個が正常に発射され爆発するまでロットをチェックする．

11個もしくはそれ以上の発射検査が必要な確率はいくらか.

問 2　コーヒ代を支払うのに，3人がそれぞれ貨幣を投げて支払者をきめる．もしたった1人表もしくは裏を出し，他の2人の結果と違った結果を出したら，その人が支払う．もし貨幣が全部表または裏を出したら，再び貨幣を投げる．5回の投げもしくはそれ以下で決定をみる確率はいくらか.

例 3　Banach のマッチ箱の問題

ある数学者がいつも1つのマッチ箱を右のポケットに，またもう1つのマッチ箱を左のポケットに入れている．彼はマッチが必要なときは，無作為に左右どちらかのポケットをえらぶ．最初おのおのの箱には N 本のマッチが入っているとする．一方の箱をとり出したところ，それが偶然空であったとし，そこで他の箱を取り出したら，r 本のマッチがその中に入っている確率 $u(r)$ を求めよ.

（解）　左のポケットをえらぶことを成功とする．成功の確率 $p=\dfrac{1}{2}$ である左のポケットが空であることは，$N+1$ 番目の成功の前に，$N-r$ 回の失敗があったことになるから，このような事象の起こる確率は $f(N-r\,;N+1,\ p)$ である．同様のことは，右のポケットについてもいえるので

$$u(r)=2f(N-r\,;N+1,\ p)$$
$$=2\binom{2N-r}{N-r}\left(\frac{1}{2}\right)^{N+1}\left(\frac{1}{2}\right)^{N-r}=\binom{2N-r}{N}2^{-2N+r}$$

問 3　例3で，一方の箱が空になったとき(空になったことを知ったのではなく)，他方の箱にちょうど r 本のマッチが残っている確率 $w(r)$ を求めよ.

定理 2　Xが負の二項分布にしたがう確率変数のとき

$$E(X)=\frac{qr}{p},\quad V(X)=\frac{rq}{p^2}$$

（証明）

$$E(X)=\sum_{x=0}^{\infty}x\binom{-r}{x}p^r(-q)^x$$
$$=p^r\sum_{x=1}^{\infty}(-r)\binom{-r-1}{x-1}(-q)^x$$
$$=rqp^r\sum_{x=0}^{\infty}\binom{-r-1}{x}(-q)^x$$
$$=rqp^r(1-q)^{-r-1}=\frac{rq}{p}$$

$$E(X^2)=\sum_{x=0}^{\infty}x(x-1)\binom{-r}{x}p^r(-q)^x+\sum_{x=0}^{\infty}x\binom{-r}{x}p^r(-q)^x$$
$$=(-r)(-r-1)\sum_{x=2}^{\infty}\binom{-r-2}{x-2}p^r(-q)^x+\frac{rq}{p}$$
$$=r(r+1)q^2p^r\sum_{x=0}^{\infty}\binom{-r-2}{x}(-q)^x+\frac{rq}{p}$$
$$=r(r+1)q^2p^r(1-q)^{-r-2}+\frac{rq}{p}$$
$$=\frac{r(r+1)q^2}{p^2}+\frac{rq}{p}$$
$$V(X)=E(X^2)-E^2(X)$$
$$=\frac{r(r+1)q^2}{p^2}+\frac{rq}{p}-\frac{r^2q^2}{p^2}$$
$$=\frac{rq^2+rqp}{p^2}=\frac{rq}{p^2}$$

例 4　負の二項分布 $f(x\,;\,r,\ p)$ は，$rq=\lambda$（一定）で，

$q\to 0$，$r\to\infty$ のとき

$$f(x\,;\,r,\ p)\to p(x\,;\,\lambda)$$

となる．（**負の二項分布の極限定理**）

（解）
$$f(x\,;\,r,\ p)=\binom{r+x-1}{x}p^xq^x$$
$$=\frac{r(r+1)\cdots\cdots(r+x-1)}{x!}p^rq^x$$
$$=\frac{rq(rq+q)\cdots\cdots(rq+\overline{x-1}q)}{x!}p^r$$
$$=\frac{\lambda(\lambda+q)\cdots\cdots(\lambda+\overline{x-1}q)}{x}\left(1-\frac{\lambda}{r}\right)^r$$
$$=\frac{\lambda^x}{x!}\left(1+\frac{q}{\lambda}\right)\cdots\cdots\left(1+\frac{x-1}{\lambda}\right)\left[\left(1-\frac{\lambda}{r}\right)^{-\frac{r}{\lambda}}\right]^{-\lambda}$$
$$=\frac{\lambda^x}{x!}\left(1+\frac{1}{r}\right)\cdots\cdots\left(1+\frac{x-1}{r}\right)\left[\left(1-\frac{\lambda}{r}\right)^{-\frac{r}{\lambda}}\right]^{-\lambda}$$
$$\longrightarrow\frac{\lambda^x}{x!}e^{-\lambda}=p(x\,;\,\lambda)$$

（3）　多項分布

次の条件をもつ試行系列を考えよう．

(a)　おのおのの試行結果は，k 個のカテゴリー $C_1, C_2, \cdots\cdots, C_k$ のどれか1つに分類される．

(b)　これらのカテゴリーの中におちる確率は，それぞれ，$p_1, p_2, \cdots\cdots, p_k$で，$p_1+p_2+\cdots\cdots+p_k=1$ である．

(c)　おのおのの試行は他の試行と独立である．

(d)　試行は定められた回数，つまり n 回行われる．

$k=2$ の場合は Bernoulli 試行である．

n 回の試行中，カテゴリー C_1 に属する試行結果が x_1 回，カテゴリー C_2 に属する試行結果が x_2 回,……，カテゴリー C_k に属する試行結果が x_k 回起こったとしよう．明らかに

$$x_1+x_2+\cdots\cdots+x_k=n$$

である．このような結果を生み出す事象の1つは

$$\underbrace{(\alpha_1\cap\cdots\cdots\cap\alpha_1)}_{x_1\text{回}}\cap\underbrace{(\alpha_2\cap\cdots\cdots\cap\alpha_2)}_{x_2\text{回}}\cap\cdots\cdots\cap\underbrace{(\alpha_k\cap\cdots\cdots\cap\alpha_k)}_{x_k\text{回}}$$

である．ただし，α_i はカテゴリー C_i に属する試行結果が生み出される事象 $(i=1, 2, \cdots\cdots, k)$ とする．このような事象の起こる確率は

$$p_1{}^{x_1}\, p_2{}^{x_2} \cdots\cdots p_k{}^{x_k}$$

である．また，$x_1+\cdots\cdots+x_k=n$ となる結果を生み出す事象の数は，全部で

$$\frac{n\,!}{x_1\,!\,x_2\,!\cdots\cdots x_k\,!}=\binom{n}{x_1,\ x_2,\ \cdots\cdots,\ x_k}$$

である．よって，上記の (a) から (d) までの条件を備えた試行の結果起こる事象の確率は

$$f(x_1, x_2, \cdots\cdots, x_k\,;\,n,\ p_1,\ p_2, \cdots\cdots, p_k)=\binom{n}{x_1,\ x_2,\ \cdots\cdots,\ x_k}p_1{}^{x_1}\cdots\cdots p_k{}^{x_k}$$

である．

定理 1

$$\sum_{\substack{x_1+x_2\cdots+x_k=n\text{ を}\\ \text{みたす非負なる }x_1,\\ x_2,\cdots,x_k\text{ にわたる}}} f(x_1, x_2, \cdots\cdots, x_k\,;\,n, p_1, \cdots\cdots, p_k)=1$$

（証明）　$\sum f(x_1,\ x_2, \cdots\cdots,\ x_k\,;\,n,\ p_1, \cdots\cdots,\ p_k)$

$$=(p_1+p_2+\cdots\cdots+p_k)^n=1 \qquad \text{(Q. E. D)}$$

定理1によって，確率が $f(x_1, \cdots\cdots, x_k ; n, p_1, \cdots\cdots, p_k)$ で与えられるような確率分布を，**多項分布**(multinomial distribution) という．

例 1　1つのサイコロが5回投げられる．1の目と2の目が各1回ずつ，残り3回は他の目が出る確率を求めよ．

(解)　問題の試行は条件 (a)～(d) をみたすことは明らか．

$$p_1=\frac{1}{6}, \qquad p_2=\frac{1}{6}, \qquad p_3=\frac{4}{6}$$

$$n=5, \quad x_1=1, \quad x_2=1, \quad x_3=3$$

$$f\left(1, 1, 3 ; 5, \frac{1}{6}, \frac{1}{6}, \frac{4}{6}\right)=\frac{5!}{1!\ 1!\ 3!}\left(\frac{1}{6}\right)\left(\frac{1}{6}\right)\left(\frac{4}{6}\right)^3$$

$$=\frac{5\cdot 4\cdot 2^3}{6\cdot 6\cdot 3^3}=\frac{40}{243}$$

問 1　52枚のトランプ・カードから13枚を復元抽出する．その中5枚がスペードで，3枚がハートである確率を求めよ．

問 2　サイコロを n 回投げる．x_1 回は1の目，x_2 回は2の目，……，x_6 回は6の目が出る確率を求めよ．

［注］　多項分布における確率変数は $\boldsymbol{X}=(X_1, X_2, \cdots\cdots, X_k)$ で，$X_1=x_1$, $X_2=x_2$, ……という実現値をとるベクトルになるので，平均や分散を計算するには今までのように簡単にはゆかない．

§4. Poisson 分 布

確率変数 X が二項分布にしたがうとき

$$pr\{X=x\}=b(x ; n, p)=\binom{n}{x}p^x q^{n-x}$$

は，n が大きいとその計算は大変複雑になるので，その近似値を与える1つの方法を紹介しよう．

定理 3.33　n が十分大きく，p が十分小さく，$np=\lambda$（一定）ならば

(1) $b(x\,;\,n,\,p) \doteqdot e^{-\lambda}\dfrac{\lambda^x}{x!} = p(x\,;\,\lambda)$ （二項分布の極限定理）

(2) $\sum_{x=0}^{\infty} p(x\,;\,\lambda) = 1$

(3) 確率変数 X が実現値 x をとる確率が $p(x\,;\,\lambda)$ のとき，X は**ポアソン** (Poisson) **分布**にしたがうという．このとき

$$E(X) = \lambda, \quad V(X) = \lambda$$

（証明） (1) さきに

$$\frac{b(x\,;\,n,\,p)}{b(x-1\,;\,n,\,p)} = \frac{n-x+1}{x}\,\frac{p}{q}$$

$$\underset{(np=\lambda)}{=} \frac{\lambda - px + p}{xq}$$

$$\lim_{n\to\infty} p = \lim_{n\to\infty}\frac{\lambda}{n} = 0, \qquad \lim_{n\to\infty} b(x\,;\,n,\,p) = p(x\,;\,\lambda)$$

とおくと，この式は

$$\frac{p(x\,;\,\lambda)}{p(x-1\,;\,\lambda)} = \frac{\lambda}{x}$$

逐次代入法により

$$p(x\,;\,\lambda) = \frac{\lambda}{x}\,\frac{\lambda}{x-1}\cdots\cdots\frac{\lambda}{2}\,\frac{\lambda}{1}\,p(0\,;\,\lambda)$$

$$= \frac{\lambda^x}{x!}\,p(0\,;\,\lambda)$$

となる．$p(0\,;\,\lambda)$ を求めるには

$$b(0\,;\,n,\,p) = q^n = (1-p)^n$$

$$= \left(1 - \frac{\lambda}{n}\right)^n$$

$$\log b(0\,;\,n,\,p) = n\log\left(1 - \frac{\lambda}{n}\right)$$

$$= -\lambda - \frac{\lambda^2}{2n} - \cdots\cdots$$

n が十分大きければ

$$\log p(0\,;\,\lambda)=-\lambda$$

$$p(0\,;\,\lambda)=e^{-\lambda}$$

となる．ゆえに

$$p(x\,;\,\lambda)=e^{-\lambda}\frac{\lambda^x}{x!}$$

(2)　$$\sum_{x=0}^{\infty}p(x\,;\,\lambda)=e^{-\lambda}\sum_{x=0}^{\infty}\frac{\lambda^x}{x!}$$

$$=e^{-\lambda}\left(1+\frac{\lambda}{1!}+\frac{\lambda^2}{2!}+\cdots\cdots\right)$$

$$=e^{-\lambda}\cdot e^{\lambda}=1$$

(3)　$$E(X)=e^{-\lambda}\sum_{x=0}^{\infty}x\frac{\lambda^x}{x!}=\lambda e^{-\lambda}\sum_{x=0}^{\infty}\frac{\lambda^{x-1}}{(x-1)!}$$

$$=\lambda e^{-\lambda}\cdot e^{\lambda}=\lambda$$

$$E(X^2)=e^{-\lambda}\sum_{x=0}^{\infty}x^2\frac{\lambda^x}{x!}$$

$$=e^{-\lambda}\sum_{x=0}^{\infty}\frac{x(x-1)+x}{x!}\lambda^x$$

$$=\lambda^2e^{-\lambda}\sum_{x=2}^{\infty}\frac{\lambda^{x-2}}{(x-2)!}+\lambda e^{-\lambda}\sum_{x=1}^{\infty}\frac{\lambda^{x-1}}{(x-1)!}$$

$$=\lambda^2+\lambda$$

$$V(X)=E(X^2)-E^2(X)=\lambda$$

(Q. E. D)

二項分布は２つの母数 n と p を与えないと確率分布がきまらないのに対し，ポアソン分布は母数が λ １つのみであり，その点で数表を作るにもはるかに便利でもあるし，計算実務上も簡便である．

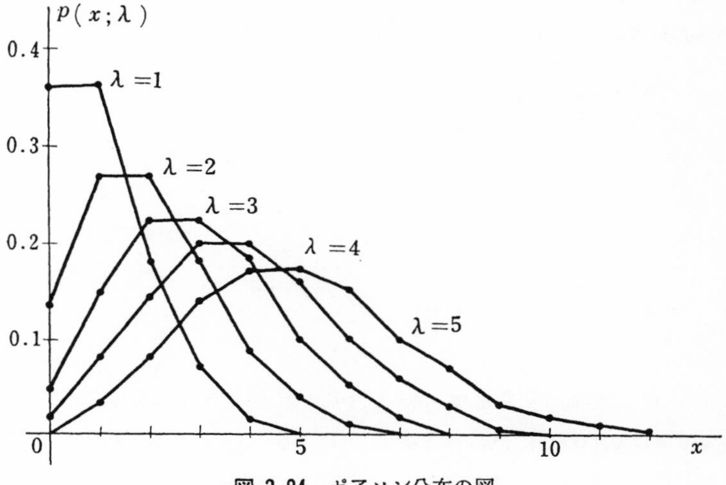

図 3.24 ポアソン分布の図

例 3.71 次の表は1875年から1894年までの20年間に，プロシヤの連隊で馬にけられて死んだ人の数を与えた，Bortkiewitz の統計である．度数分布表から，

$$E(X)=0.61=\lambda$$

をうる．これをポアソン分布のパラメーター λ とおいて

$$p(x;\lambda)=e^{-0.61}\frac{0.61^x}{x!}$$

を計算してみると，おどろくほど，もとの度数分布に近づく．

X (死者数)	F (部隊数)	F の理論値 $p(x;\lambda)\times 200$
0	109	108.7
1	65	66.3
2	22	20.2
3	3	4.1
4	1	0.6
	200	199.9

問 3.153　次の表は第2次大戦中ロンドン市南部576地区（1地区は1/4km^2）におちたV2号の命中統計である．このデータにポアソン分布をあてはめてみよ．(Clarke の統計)

X（命中数）	F（区画数）
0	229
1	211
2	93
3	35
4	7
5 ～	1
	576

例 3.72　ある生命保険会社は，40才台の人がある種の病気が原因で1年以内に死ぬ確率は0.00001であることを知っている．もし，この会社が40才台の人10万人と保険の契約をしているとしたら，この病気による死亡で4件以上支払いをしなければならない確率を求めよ．

(解)　二項確率分布はこの問の場合，不合理とはいえない．なぜなら

(a)　1人の人間は1年以内に病死するか，生存するかいずれかである．

(b)　記録によると，$p=0.00001$で，各人一定である．

(c)　おそらく，ある人がその病気で死ぬかどうかは，他の人と無関係である．

(d)　試行の数は $n=100,000$

かくして，4件以上支払わねばならぬ確率は

$$\sum_{x=5}^{100,000} b(x\,;\,100,000,\ 0.00001)$$

しかるに，$\lambda=np=100,000\times0.00001=1$ であるから

これは

$$\sum_{x=5}^{100,000} p(x\,;\,1)=1-\sum_{x=0}^{4} p(x\,;\,1)$$

$$=1-0.99634=0.00366$$　(巻末数表による)

によって近似される．

問 3.154

$$\sum_{x=0}^{r} p(x\,;\,\lambda)=P(r\,;\,\lambda)$$

とおくとき，ちょうど r 回起こる確率は

$$p(r\,;\,\lambda)=P(r\,;\,\lambda)-P(r-1\,;\,\lambda)$$

であることを証明せよ．

問 3.155　1軒の家に平均して1日5回電話の呼をうけることが分っているとき，明日その家が高々5回の電話呼をうける確率はいくらか．

問 3.156　秘書は1頁につき平均1個のタイプのミスを犯すと公言している．無作為にえらばれた頁で彼女のタイプのミスが5個も数えられた．もし秘書の主張が正しければ，1頁に少なくとも5個以上ミスを犯す確率はいくらか．

問 3.157　大陸間弾道ミサイルは10000個の部品をもつ．飛行中，各部分が故障をおこさない確率は0.99995である．そして部品は相互に独立に作用している．任意の1つの部品が故障して飛行が失敗する確率はいくらか．

定理 3.34　ポアソン分布 $p(x\,;\,\lambda)$ を最大にする x の値（モード）は

λ が整数ならば，　　$\lambda-1$，λ

λ が整数でなければ，$[\lambda]$

である．

（証明）

$$p(x\,;\,\lambda)-p(x-1\,;\,\lambda)=e^{-\lambda}\left\{\frac{\lambda^x}{x!}-\frac{\lambda^{x-1}}{(x-1)!}\right\}$$

$$=\left(\frac{\lambda}{x}-1\right)p(x-1\,;\,\lambda)$$

$x \lesseqgtr \lambda$ に応じて $p(x\,;\,\lambda) \gtreqless p(x-1\,;\,\lambda)$

したがって，$p(x\,;\,\lambda)=p(x)$ と略記すれば

（i）λ が整数ならば

$$p(0)<p(1)<\cdots\cdots<p(\lambda-1)=p(\lambda)>p(\lambda+1)>\cdots\cdots$$

（ii）λ が整数でなければ

$$p(0)<p(1)<\cdots\cdots<p([\lambda]-1)<p([\lambda])>p([\lambda]+1)>\cdots\cdots$$

となる．

例 3.73

(1) 時間 $[t,\ t+dt]$ 内で，ちょうど1回事象が起こる確率は λdt(λは定数)であり，2回以上事象の起こる確率は dt より高位の無限小である．

(2) 与えられた時間 $[t,\ t+dt]$ 内に起こる事象は，時刻 t までにすでに起こった事象とは独立である．

と仮定する．時刻 t にいたるまで，全く事象が起こらなかった確率 $p_0(t)$ を求めよ．

(解)　$[0,\ t+dt]=[0,\ t]+(t,\ t+dt]$

時間 $[0,\ t]$ 内で事象の起こらない確率は $p_0(t)$，$(t,\ t+dt]$ で事象が起こらない確率は $1-\lambda dt$ である．したがって

$$p_0(t+dt)=p_0(t)(1-\lambda dt)$$

$$p_0'(t)=-p_0(t)\lambda$$

$$p_0(t)=Ce^{-\lambda t}$$

しかるに $p_0(0)=1=C$ であるから

$$p_0(t)=e^{-\lambda t}$$

例 3.74　(例 3.73)の2つの条件のもとに，時刻 t までに x 回事象の起こる確率 $p_x(t)$ を求めよ．

(解)　定義によって

$$p_x(t+dt)=p_x(t)(1-\lambda dt)+p_{x-1}(t)\cdot\lambda dt$$

$$p_x'(t)=-\lambda p_x(t)+\lambda p_{x-1}(t) \quad ①$$

$p_x(t)=r_x(t)e^{-\lambda t}$ とおくと

$$p_x'(t)=r'_x(t)e^{-\lambda t}-\lambda r_x(t)e^{-\lambda t} \quad ②$$

①＝②とおくと

$$r_x'(t)e^{-\lambda t}=\lambda p_{x-1}(t)$$

$$=\lambda r_{x-1}(t)e^{-\lambda t}$$

$$\therefore\quad r_x'(t)=\lambda r_{x-1}(t) \quad ③$$

$p_0(t)=e^{-\lambda t}$ より $r_0(t)=1$，かつ $r_x(0)=p_x(0)=0$

$$r_1'(t)=\lambda \quad \text{より} \quad r_1(t)=\lambda t$$

$$r_2'(t)=\lambda(\lambda t) \quad \text{より} \quad r_2(t)=\frac{(\lambda t)^2}{2!}$$

$$r_3'(t)=\lambda\frac{(\lambda t)^2}{2!} \text{より} \quad r_3(t)=\frac{(\lambda t)^3}{3!}$$

$$\cdots\cdots\cdots\cdots$$

よって

$$p_x(t)=\frac{(\lambda t)^x}{x!}e^{-\lambda t}=p(x\,;\,\lambda t)$$

つまり，時刻 t までに生起する事象の数は，λt を母数とするポアソン分布にしたがっていることが分る．①式のような方程式を**微分差分方程式**という．

例 3.73，例 3.74 から

(a) ある時間間隔内において起こる事象は，重なり合わない他の時間間隔内で起こる事象と独立であること．

(b) 1つの事象の起こる確率は，その時間間隔の長さに比例すること．

(c) 非常に短かい時間間隔内で，2つまたはそれ以上の事象の起こる確率は無視することができること．

の3条件をみたす確率変数は Poisson 分布にしたがうことが分る．時間を長さにおきかえても差支えない．Poisson 分布にしたがう確率変数として

(1) 大都市で1月間に交通事故で死ぬ人の数
(2) 砂漠 1*ha* あたりに点在するイン石の数
(3) 1頁あたりのミス・プリントの数
(4) 1日に受ける訪問者の数
(5) 放射性物質から1秒間に崩壊してゆく原子の数
(6) 血液の見本中の赤血球の数

などがあげられる．

問 3.158 2つのエンジンをもつ飛行機 A と，4つのエンジンをもつ飛行機 B において，いずれも故障していないエンジンが半数以上あれば安全飛行ができるものとする．各エンジンの故障する確率 p は t の関数として，$p=1-e^{-\lambda t}$ であるとする．ただし，t はエ

ンジン始動後の経過時間，λは正の定数である．AとBとではどちらが安全か調べよ．（他の故障は考えないものとする．）

問3.159　ある微生物について，それが時間要素 dt の間に，2つの有機体に分裂する確率は λdt である．ここで λは定数である．時刻 $t=0$ では，単一の有機体が存在している．時刻 t において，ちょうど n 個の有機体が存在する確率を $p_n(t)$ とすると

$$p_n(t)=e^{-\lambda t}(1-e^{-\lambda t})^{n-1}$$

$$E(n)=e^{\lambda t}$$

であることを示せ．この結果を，時刻 $t=0$ において，n_0 個の有機体が存在する場合に拡張せよ．

［歴史的補注］　**ポアソン**(Siméon Denis Poisson 1781～1840)

1798年創設間もないエコール・ポリテクニク(高等工芸学校)に入学．天分を発揮し，卒業とともに同校助手．1806年正教授，12年学士院会員となる．数理物理学の方面に偉大な業績をのこす．確率論の研究は晩年のもので，1837年「犯罪事象と日常事象の判断の確率についての研究」という書物の中で，Poisson 分布が論じられている．

§5. 連続確率変数

多くの統計的問題で，考察の対象となる確率変数は，1つの区間内の任意の値をとることができるという種類のもので，連続的確率変数（continuous random variable）とよばれるものである．

たとえば，完全にバランスのとれたルーレット盤があり，その外側の目盛は0から1まで一様に印づけられている．針を回転して，次にある場所に針がとまるのは，他の場所にとまるのと同じようにもっともらしい．いま，

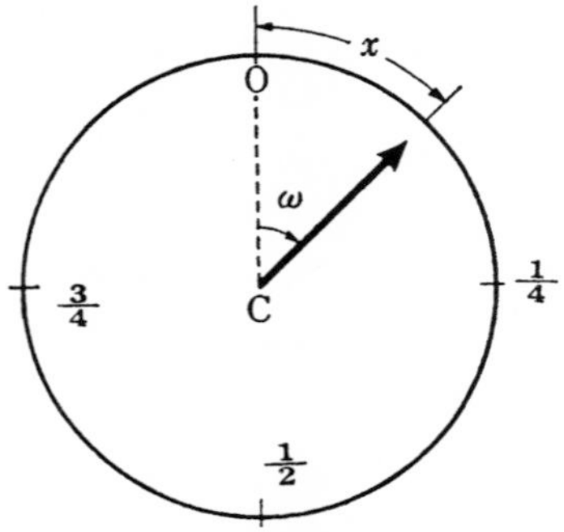

図 3.25　ルーレットの針

$X=$O 点から針の端の目盛

　までの距離

とすると，X は確率変数である．ただし，このとき標本空間 $\mathfrak{S}$ は

$$\mathfrak{S}=\{\omega|0\leqq\omega<2\pi\}$$

である．根元事象 ω は OC 線と針とのなす角である．

$$\alpha=\{\omega|0.5\leqq X(\omega)<0.75\}\underset{\text{略記}}{=}\{0.5\leqq X<0.75\}$$

とおくと

$$pr(\alpha)=pr\{0.5\leqq X<0.75\}$$
$$=0.75-0.5=0.25$$

ときめる．明らかに $pr(\alpha)$ は

(1)　$0\leqq pr(\alpha)\leqq 1$

(2)　$pr(\tau)=pr\{\mathfrak{S}\}=1$

を満足しているし，さらに，X が特定の値をとる確率は

$$pr\{X=0.5\}=0$$

であることも明らかである．

　このルーレットの例では，確率は

$$f(x)=\begin{cases}1 & (0\leqq x<1)\\ 0 & (\text{上記以外})\end{cases}$$

という曲線によって，事象 α を確定する区間の端点の間の面積ともみなせる．

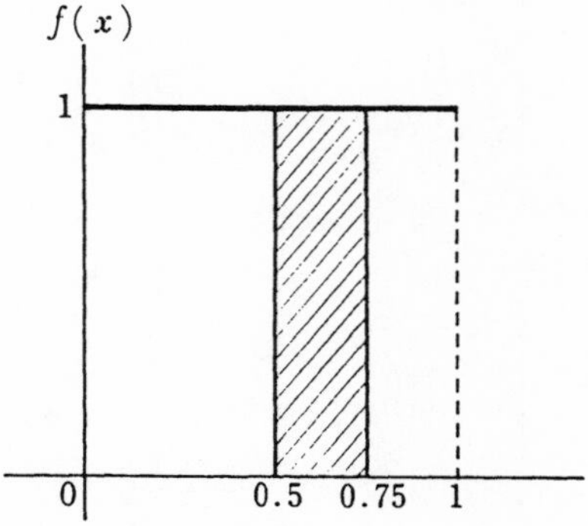

図 3.26

$(-\infty,\ +\infty)$ で定義された関数 $f(x)$ が

(1)　$f(x)\geqq 0$

(2)　$\displaystyle\int_{-\infty}^{+\infty}f(x)dx=1$

を満足するとき，$f(x)$ は**確率密度関数**(probability density function) という．

そして

事象 $\alpha=\{\omega \mid a \leqq X(\omega) \leqq b\}$

に対して

$$pr(\alpha)=\int_a^b f(x)dx$$

と定義するとき，$f(x)$ を X **の確率密度関数**という．さらに

$$pr\{X \leqq x\}=\int_{-\infty}^x f(x)dx=F(x)$$

とおき，X **の分布関数** (distribution function) という．

定理 3.35 $f(x)$ を X の確率密度関数，$F(x)$ を X の分布関数とするとき，

(1) $pr\{X=x\}=\int_x^x f(x)dx=0$

(2) $x_1 \leqq x_2$ ならば $F(x_1) \leqq F(x_2)$

(3) 任意の実数 a，b に対して

$$pr\{a<X \leqq b\}=F(b)-F(a)$$

(4) $F(x)$ は右側連続である．

(5) $F(-\infty)=0$，$F(+\infty)=1$

(6) $f(x)$ の連続点において

$$F'(x)=f(x)$$

（証明） (1)は明らか．(3)も積分の定義から明らか．

(2) $pr\{x_1<X \leqq x_2\}=F(x_2)-F(x_1)$

左辺$\geqq 0$ だから，$F(x_1) \leqq F(x_2)$．

(4) 先ず

$$x<\cdots\cdots<x_n<x_{n-1}<\cdots\cdots<x_2<x_1$$

なる分点をとる．すると

$$(x,\ x_1]=\cdots\cdots+(x_n,\ x_{n-1}]+(x_{n-1},\ x_{n-1}]+\cdots\cdots+(x_2,\ x_1]$$

$$pr\{x<X\leqq x_1\}=\cdots\cdots+pr\{x_n<X\leqq x_{n-1}\}$$
$$+pr\{x_{n-1}<X\leqq x_{n-2}\}+\cdots\cdots+pr\{x_2<X\leqq x_1\}$$
$$F(x_1)-F(x)=\cdots\cdots+[F(x_{n-1})-F(x_n)]$$
$$+[F(x_{n-2})-F(x_{n-1})]+\cdots\cdots+[F(x_1)-F(x_2)]$$
$$=\sum_{k=1}^{\infty}[F(x_k)-F(x_{k+1})]$$
$$=\lim_{n\to\infty}\sum_{k=1}^{n-1}[F(x_k)-F(x_{k-1})]$$
$$=F(x_1)-\lim_{n\to\infty}F(x_n)$$
$$F(x)=\lim_{n\to\infty}F(x_n)=F(x+0)$$

一方，左側から近づく方は

$$x_1<x_2<\cdots\cdots<x_n<x$$

をとる．

$$(x_1,\ x]=(x_1,\ x_2]+(x_2,\ x_3]+\cdots\cdots+(x_{n-1},\ x_n]+\cdots\cdots+\{x\}$$
$$pr\{x_1<X\leqq x\}=pr\{x_1<X\leqq x_2\}+pr\{x_2<X\leqq x_3\}$$
$$+\cdots\cdots+pr\{x_{n-1}<X\leqq x_n\}+\cdots\cdots+pr\{X=x\}$$
$$F(x)-F(x_1)=[F(x_2)-F(x_1)]+[F(x_3)-F(x_2)]$$
$$+\cdots\cdots+[F(x_n)-F(x_{n-1})]+\cdots\cdots+pr\{X=x\}$$
$$=\lim_{n-\infty}F(x_n)-F(x_1)+pr\{X=x\}$$
$$F(x)=F(x-0)+pr\{X=x\}$$

$pr\{X=x\}\neq 0$ ならば $F(x)$ は左側連続でない．しかし $f(x)$ が連続な点においては，$pr\{X=x\}=0$ だから，$F(x)$ は両側連続である．

(5) $F(+\infty)=\int_{-\infty}^{+\infty}f(x)dx=1$

一方，$F(-\infty)=\int_{-\infty}^{-\infty}f(x)dx=0$ とするのは間違いである．確率変数 X は $-\infty<X<+\infty$ で定義しているから，$X=-\infty$ となる事象は空事象である．よって，$F(-\infty)=pr\{X=-\infty\}=pr(\theta)=0$

(6) これは微積分の基本定理そのものであるから，「現代の綜合数学 II」を参考のこと．

例 3.75　母集団を表わす変量 X が任意に指定された閉区間 $[x_1,\ x_2]$ のなかの値をとる確率が，次の関数 $f(x)$ を用いて，

$$\int_{x_1}^{x_2} f(x)dx$$

で与えられ，X が $\frac{\pi}{2}$ 以上の値をとる確率が $\frac{2+\sqrt{3}}{4}$ である．

$$f(x)=\begin{cases} a\sin bx & \left(0\leqq x\leqq\frac{\pi}{b}\text{のとき}\right) \\ 0 & \left(x<0,\ \frac{\pi}{b}<x\text{のとき}\right) \end{cases}$$

ただし，$a>0,\ 0<b<\frac{1}{2}$ とする．

(1)　$a,\ b$ の値を求めよ．

(2)　この母集団より任意に3個を抽出するとき，2個だけが π 以上の値をとる確率を求めよ．

（解）　(1)　$$\int_0^{\frac{\pi}{b}} a\sin bx\,dx=1 \qquad ①$$

$$pr\left\{X\geqq\frac{\pi}{2}\right\}=\int_{\frac{\pi}{2}}^{\frac{\pi}{b}} a\sin bx\,dx=\frac{2+\sqrt{3}}{4} \qquad ②$$

①より　$$\frac{2a}{b}=1 \qquad ③$$

②より　$$\frac{a}{b}+\frac{a}{b}\cos\frac{b}{2}\pi=\frac{2+\sqrt{3}}{4} \qquad ④$$

$\frac{④}{③}$　$$\frac{1+\cos\frac{b}{2}\pi}{2}=\frac{2+\sqrt{3}}{4}$$

$$\cos\frac{b}{2}\pi=\frac{\sqrt{3}}{2} \qquad \therefore\quad b=\frac{1}{3}$$

③より　$$a=\frac{1}{6}$$

(2)　$$pr\{X\geqq\pi\}=\int_{\pi}^{3\pi}\frac{1}{6}\sin\frac{x}{3}dx=\left[-\frac{1}{2}\cos\frac{x}{3}\right]_{\pi}^{3\pi}$$

$$=\frac{3}{4}$$

3個抽出し，2個が π 以上である確率は，$b\left(2\,;\,3,\ \frac{3}{4}\right)$ に等しく

$$\binom{3}{2}\left(\frac{3}{4}\right)^2\left(\frac{1}{4}\right)=\frac{27}{64}$$

問 3.160 次の各関数が確率密度関数であるように c の値を定めよ．

(1) $f(x)=\begin{cases} cx^2 & (0\leqq x\leqq 1) \\ 0 & (\text{その他の場合}) \end{cases}$

(2) $f(x)=\begin{cases} c(-x^2+2x) & (0\leqq x\leqq 1) \\ 0 & (\text{その他の場合}) \end{cases}$

(3) $f(x)=\begin{cases} cx\sqrt{x} & (0\leqq x\leqq 1) \\ 0 & (\text{その他の場合}) \end{cases}$

(4) $f(x)=\begin{cases} cxe^{-x} & (x>0) \\ 0 & (x\leqq 0) \end{cases}$

(5) $f(x)=\begin{cases} \dfrac{c}{x^2} & (x\geqq 1) \\ 0 & (x<1) \end{cases}$

$f(x)$ を確率変数 X の確率密度関数とするとき

X の平均を $E(X)=\int_{-\infty}^{+\infty} xf(x)dx$

X の分散を $V(X)=\int_{-\infty}^{+\infty} \{x-E(X)\}^2 f(x)\,dx$

で定義する．

すると，定理 3.29 の関係式

$$E(aX+b)=a\,E(X)+b$$

$$V(aX+b)=a^2\,V(X)$$

$$V(X)=E(X^2)-E^2(X)$$

は，やはり成立する．

例 3.76 X の確率密度関数が

$$f(x)=\begin{cases} e^{-x} & (x>0) \\ 0 & (x\leqq 0) \end{cases}$$

で定義されている．平均 $E(X)$，分散 $V(X)$ を求めよ．

（解）
$$E(X)=\int_0^\infty xe^{-x}dx$$
$$=[-xe^{-x}]_0^\infty+\int_0^\infty e^{-x}\,dx=1$$
$$E(X^2)=\int_0^\infty x^2e^{-x}\,dx$$
$$=[-x^2e^{-x}]_0^\infty+2\int_0^\infty xe^{-x}\,dx=2$$
$$V(X)=E(X^2)-E^2(X)=1$$

ただし，$\lim_{x\to\infty} xe^{-x}$ などは，L'Hospital 公式によって値を求めた．

問 3.161 X の確率密度関数が次の式で与えられるとき，平均 $E(X)$ と分散 $V(X)$ を求めよ．

(1) $f(x)=\begin{cases} 6x(1-x) & (0<x<1) \\ 0 & (\text{他の場合}) \end{cases}$

(2) $f(x)=\begin{cases} 1-|x| & (-1\leqq x\leqq 1) \\ 0 & (\text{他の場合}) \end{cases}$

(3) $f(x)=\begin{cases} \dfrac{1}{x^2} & (1<x<\infty) \\ 0 & (-\infty<x\leqq 1) \end{cases}$

(4) $f(x)=\begin{cases} \dfrac{1}{\sigma}e^{-\frac{x-m}{\sigma}} & (m\leqq x,\ m\text{ は定数}) \\ 0 & (x<m) \end{cases}$

問 3.162 ① X の確率密度関数が
$$f(x)=\frac{c}{1+x^2} \qquad (-\infty<x<+\infty)$$
であるという．c を決めよ．

② $E(X)$，$V(X)$を求めよ．（この確率分布を **Cauchy** 分布という）

問 3.163 $a\leqq x\leqq b(a<b)$で，$f(x)>0$ のとき
$$N=\int_a^b f(x)dx,\quad v(t)=\frac{1}{N}\int_a^b(x-t)^2f(x)dx$$
とおく．$v(t)$ を最小にする t の値を M とおく．

(1) M を求めよ．

(2) $v(t)-v(M)=(t-M)^2$ であることを示せ．

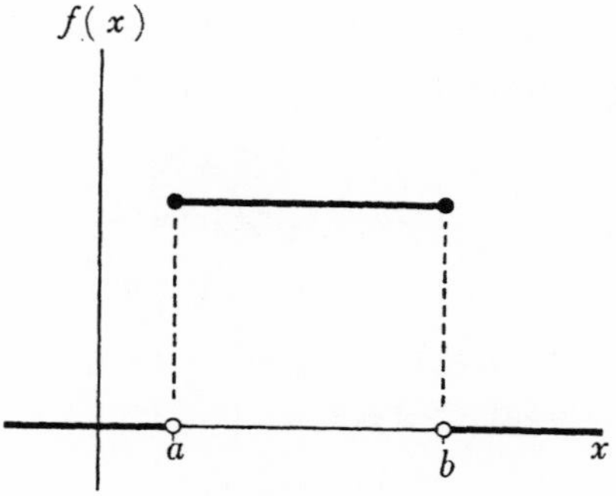

図 3.27

例 3.77 上の図で示された確率密度関数 $f(x)$ を求め，かつ，この密度関数をもつ確率変数 X の平均と分散を求めよ．

(解)

$$f(x)=\begin{cases}\dfrac{1}{b-a} & (a\leqq x\leqq b)\\ 0 & (\text{それ以外の場合})\end{cases}$$

$$E(X)=\int_a^b\frac{x}{b-a}dx=\frac{1}{b-a}\left[\frac{x^2}{2}\right]_a^b=\frac{a+b}{2}$$

$$E(X^2)=\int_a^b\frac{x^2}{b-a}dx=\frac{1}{b-a}\left[\frac{x^3}{3}\right]_a^b=\frac{a^2+ab+b^2}{3}$$

$$\therefore\quad V(X)=E(X^2)-E^2(X)=\frac{(b-a)^2}{12}$$

例 3.72 の分布を**一様分布** (uniform distribution) という．

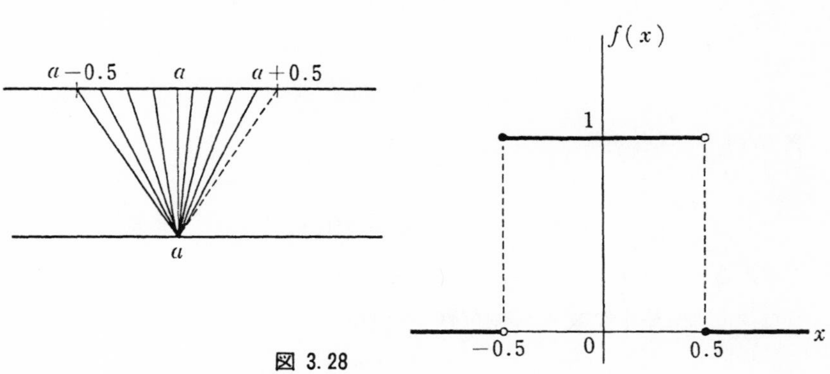

図 3.28

4捨5入で整数 a になるような数を $a+x$ とする．誤差 $(a+x)-a=x$ は $-0.5\leqq x<0,5$ までの間のいずれかに存在しているから，誤差は

$$f(x)=\begin{cases} 1 & (-0.5\leqq x<0.5) \\ 0 & (\text{それ以外の場合}) \end{cases}$$

という密度関数をもつ．これは一様分布の例である．

問 3.164 次の図はいろいろな確率密度関数のグラフを表わしている．この確率密度関数をもつ確率変数 X の平均と分散を求めよ．

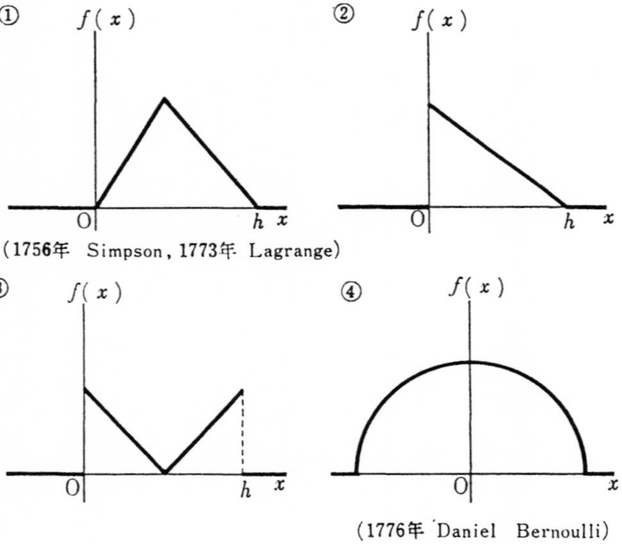

図 3.29

例 3.78 確率密度関数が

$$f(x)=\begin{cases} 12x^2(1-x) & (0<x<1) \\ 0 & (\text{その他の場合}) \end{cases}$$

で与えられるとき，確率分布関数 $F(x)$ を求めよ．また，$F(x)=\dfrac{1}{2}$ となるような x の値（確率変数 X の**中位数** median という）を求めよ．

（解）　$f(x)=12x^2(1-x)$,　$f'(x)=12x(2-3x)$

$$f''(x)=24-72x$$

$f'(x)=0$ とおくと，$x=0$ または$\frac{2}{3}$. $f''(0)>0$, $f''\left(\frac{2}{3}\right)<0$. したがって，$x=0$ または 1 で極小値 0, $x=\frac{2}{3}$で極大値$\frac{16}{9}$.

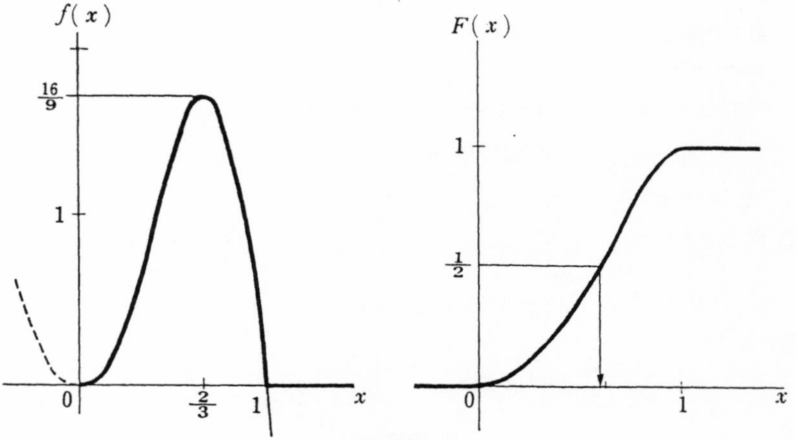

図 3.30

$x \leqq 0$ ならば $F(x)=\int_{-\infty}^{x} 0\cdot dx=0$

$0<x<1$ ならば $F(x)=\int_{-\infty}^{0} 0\cdot dx+\int_{0}^{x} 12x^2(1-x)dx=4x^3-3x^4$

$x \geqq 1$ ならば $F(x)=\int_{0}^{1} 12x^2(1-x)dx=1$

となって，右上図のような曲線になる. この曲線を **Galton の尖頂形**(ogive)という. $F(x)=\frac{1}{2}$となるのは

$$4x^3-3x^4=\frac{1}{2}$$

つまり

$$g(x)=6x^4-8x^3+1=0$$

を解けばよい. これは近似値しか求められない. $g\left(\frac{1}{2}\right)=\frac{3}{8}$であるから

$$x \fallingdotseq \frac{1}{2} - \frac{g\left(\frac{1}{2}\right)}{g'\left(\frac{1}{2}\right)} = \frac{5}{8}$$

問 3.165　$F(x)=\int_{-\infty}^{x}\frac{dx}{\pi(1+x^2)}$において，$F(x)=\frac{1}{2}$となる x の値を求めよ．

［数学的補注］

平均偏差

連続的確率変数 X の確率密度関数を $f(x)$ とする．

$$\varDelta(X)=\int_{-\infty}^{+\infty}|x-E(X)|f(x)dx$$

で定義される量を**平均偏差**という．

例 1　密度関数が

$$f(x)=\begin{cases} e^{-x} & (x>0) \\ 0 & (x\leqq 0) \end{cases}$$

で定義されるとき

$$\varDelta(X)=\int_{0}^{\infty}|x-1|e^{-x}dx$$

$$=\int_0^1(1-x)e^{-x}dx+\int_1^{\infty}(x-1)e^{-x}dx$$

$$=\Big[(x-1)e^{-x}\Big]_0^1-\int_0^1 e^{-x}dx-\Big[(x-1)e^{-x}\Big]_1^{\infty}+\int_1^{\infty}e^{-x}dx$$

$$=1+\frac{1}{e}-1+\frac{1}{e}=\frac{2}{e}$$

問 1　問3.161の各分布において，平均偏差 $\varDelta(X)$ を求めよ．

問 2　$f(a)=\int_{-\infty}^{+\infty}|x-a|f(x)dx$ が最小となる a の値を求めよ．

例 2　$\varDelta^2(X)\leqq V(X)$　であること証せ．

（解）　Schwarz の不等式

$$\left(\int_{-\infty}^{+\infty}f(x)\,g(x)dx\right)^2\leqq\left(\int_{-\infty}^{+\infty}f^2(x)dx\right)\left(\int_{-\infty}^{+\infty}g^2(x)dx\right)$$

を用いると

$$\left\{\int_{-\infty}^{+\infty}|x-E(X)|f(x)dx\right\}^2\leqq\left\{\int_{-\infty}^{+\infty}(1\sqrt{f(x)})^2dx\right\}\left\{\int_{-\infty}^{+\infty}|x-E(X)|^2\sqrt{f(x)}^2dx\right\}$$

$$\therefore\quad \varDelta^2(X)\leqq V(X)$$

§6. 正　規　分　布

連続的確率分布の代表として，本節では正規分布を取扱う．

$$\varphi(x)=\frac{1}{\sqrt{2\pi}}e-\frac{x^2}{2}$$

によって定義される関数を**正規密度関数** (normal density function) といい，その積分

$$\Phi(x)=\frac{1}{\sqrt{2\pi}}\int_{-\infty}^{x}e-\frac{t^2}{2}dt$$

を**正規分布関数** (normal distribution function) という．

定理 3.56 $\int_{-\infty}^{+\infty}e^{-x^2}dx=\sqrt{\pi}$

（証明） $0\leqq x\leqq\frac{\pi}{2}$ において $\sin^{2n+1}x\leqq\sin^{2n}x\leqq\sin^{2n-1}x$

したがって

$$\int_0^{\frac{\pi}{2}}\sin^{2n+1}x\,dx\leqq\int_0^{\frac{\pi}{2}}\sin^{2n}x\,dx\leqq\int_0^{\frac{\pi}{2}}\sin^{2n+1}x\,dx \qquad ①$$

しかるに

$$\int_0^{\frac{\pi}{2}}\sin^n x\,dx=\int_0^{\frac{\pi}{2}}\cos^n x\,dx$$

$$=\begin{cases}\dfrac{n-1}{n}\,\dfrac{n-3}{n-2}\cdots\cdots\dfrac{1}{2}\,\dfrac{\pi}{2} & (n\text{ が偶数のとき})\\[2ex] \dfrac{n-1}{n}\,\dfrac{n-3}{n-2}\cdots\cdots\dfrac{2}{3} & (n\text{ が奇数のとき})\end{cases}$$

を用いると，①は

$$\frac{2n(2n-2)\cdots4\cdot2}{(2n+1)(2n-1)\cdots3\cdot1}<\frac{(2n-1)(2n-3)\cdots3\cdot1}{2n(2n-2)\cdots4\cdot2}\,\frac{\pi}{2}<\frac{(2n-2)\cdots4\cdot2}{(2n-1)(2n-3)\cdots3\cdot1}$$

$$\left[\frac{2n(2n-2)\cdots4\cdot2}{(2n-1)(2n-3)\cdots3\cdot1}\right]^2\frac{1}{2n+1}<\frac{\pi}{2}<\left[\frac{2n(2n-2)\cdots4\cdot2}{(2n-1)(2n-3)\cdots3\cdot1}\right]^2\frac{1}{2n}$$

$$\frac{\pi}{2}=\left[\frac{2n(2n-2)\cdots\cdots4\cdot2}{(2n-1)(2n-3)\cdots\cdots3\cdot1}\right]^2\frac{1}{2n+\theta},\quad 0<\theta<1$$

$$\therefore\quad \pi=\lim_{n\to\infty}\left[\frac{2n(2n-2)\cdots\cdots4\cdot2}{(2n-1)(2n-3)\cdots\cdots3\cdot1}\right]^2\frac{2n}{2n+\theta}\cdot\frac{1}{n}$$

$$=\lim_{n\to\infty}\left[\frac{2n(2n-2)\cdots\cdots4\cdot2}{(2n+1)(2n-3)\cdots\cdots3\cdot1}\right]^2\frac{1}{n}\qquad\text{(Wallice の公式)}$$

さて，$f(t)=(1+t)e^{-t}$ は $t=0$ で最大値1をとる．だから

$$(1+x^2)e^{-x^2}<1\quad\text{かつ}\quad(1-x^2)e^{x^2}<1$$

すると，どんな x に対しても

$$1-x^2<e^{-x^2}<\frac{1}{1+x^2}$$

なる不等式が成り立つ．そこで

$0\leqq x\leqq1$ で $(1-x^2)^n<e^{-nx^2}$

すべての x に対して $e^{-nx^2}<\dfrac{1}{(1+x^2)^n}$

よって

$$\int_0^1(1-x^2)^n\,dx<\int_0^1e^{-nx^2}\,dx<\int_0^\infty e^{-nx^2}\,dx<\int_0^\infty\frac{dx}{(1+x^2)^n}\qquad②$$

$x=\sin z$ とおくと $\displaystyle\int_0^1(1-x^2)^n dx=\int_0^{\frac{\pi}{2}}\cos^{2n+1}z\,dz$ ③

$x=\tan z$ とおくと $\displaystyle\int_0^\infty\frac{dx}{(1+x^2)^n}=\int_0^{\frac{\pi}{2}}\cos^{2n-2}z\,dz$ ④

③④を用いて②を書き直すと

$$\frac{2n(2n-2)\cdots\cdots4\cdot2}{(2n+1)(2n-1)\cdots\cdots3\cdot1}<\int_0^\infty e^{-nx^2}\,dx<\frac{(2n-3)\cdots\cdots3\cdot1}{(2n-2)\cdots\cdots4\cdot2}\,\frac{\pi}{2}$$

$$\frac{n}{2n+1}\left[\frac{2n(2n-2)\cdots\cdots4\cdot2}{(2n-1)(2n-3)\cdots\cdots3\cdot1}\,\frac{1}{\sqrt{n}}\right]<\sqrt{n}\int_0^\infty e^{-nx^2}\,dx$$

$$<\frac{\pi}{2}\,\frac{2n}{2n-1}\left[\frac{(2n-1)\cdots\cdots3\cdot1}{2n(2n-2)\cdots\cdots4\cdot2}\sqrt{n}\right]$$

真中の積分は $\sqrt{n}\,x=t$ とおくと $\displaystyle\int_0^\infty e^{-t^2}dt$ となる．$n\to\infty$ とおくと，Wallice の公式より

$$\frac{1}{2}\sqrt{\pi}\leqq\int_0^\infty e^{-t^2}\,dt\leqq\frac{\pi}{2}\cdot\frac{1}{\sqrt{\pi}}$$

$$\therefore \quad \int_0^{\infty} e^{-t^2} dt = \frac{\sqrt{\pi}}{2}$$

e^{-t^2} は偶関数だから

$$\int_{-\infty}^{+\infty} e^{-t^2} dt = 2\int_0^{\infty} e^{-t^2} dt = \sqrt{\pi}$$

系 $\displaystyle \int_{-\infty}^{+\infty} \frac{1}{\sqrt{2\pi}} e^{-\frac{x^2}{2}} dx = 1$

(証明) 定理 3.36 で $x=\dfrac{t}{\sqrt{2}}$ とおけばよい.

例 3.79 $\varphi(x)$ と $\Phi(x)$ のグラフをかけ.

(解) $x=0$ のとき, $\varphi(0)=\dfrac{1}{\sqrt{2\pi}} \fallingdotseq 0.399$

$x \to +\infty$ のとき, $\displaystyle \lim_{x\to+\infty} \varphi(x)=0$

x の代りに $-x$ を代入しても式の値は不変であるから, $\varphi(x)$ は y 軸について対称である.

$$\varphi'(x) = -\frac{1}{\sqrt{2\pi}} x e^{-\frac{x^2}{2}}, \qquad \varphi''(x) = \frac{1}{\sqrt{2\pi}} (x^2-1) e^{-\frac{x^2}{2}}$$

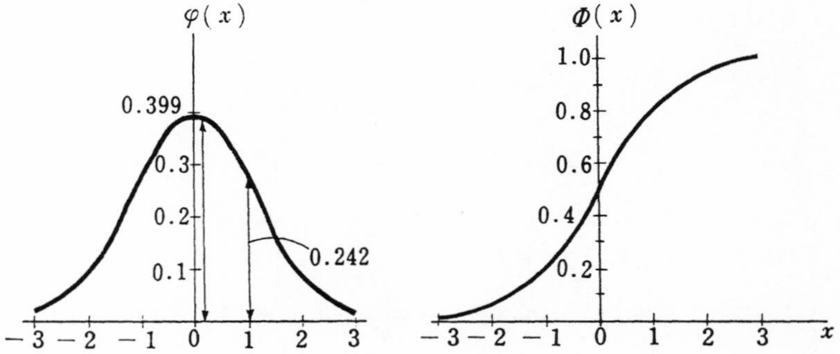

関数 $y=\varphi(x)$ のグラフを**正規曲線** (normal curve) という.

図 3.13 正規密度関数と正規分布関数のグラフ

x		-1		0		1	
$\varphi'(x)$	$+$	$+$	$+$	0	$-$	$-$	$-$
$\varphi''(x)$	$+$	0	$-$	$-$	$-$	0	$+$
$\varphi(x)$	↗	変曲点 $\dfrac{1}{\sqrt{2\pi e}}$	↗	最　大 $\dfrac{1}{\sqrt{2\pi}}$	↘	変曲点 $\dfrac{1}{\sqrt{2\pi e}}$	↘

また，$\Phi'(x)=\varphi(x)>0$.　$\Phi(x)$ は0から1まで単調に増大する．

問 3.166　$\Phi(-x)=1-\Phi(x)$ であることを証明せよ．

定理 3.37　確率変数 X の密度関数が正規密度関数のとき，

$$E(X)=0, \qquad V(X)=1$$

（証明）

$$E(X)=\frac{1}{\sqrt{2\pi}}\int_{-\infty}^{\infty}xe^{-\frac{x^2}{2}}dx$$
$$=0 \qquad \text{［奇関数の積分］}$$
$$V(X)=E(X^2)=\frac{1}{\sqrt{2\pi}}\int_{-\infty}^{+\infty}x^2e^{-\frac{x^2}{2}}dx$$
$$=\frac{2}{\sqrt{2\pi}}\int_0^{\infty}x^2e^{-\frac{x^2}{2}}dx$$
$$=\frac{2}{\sqrt{2\pi}}\left\{\left[-xe^{-\frac{x^2}{2}}\right]_0^{\infty}+\int_0^{\infty}e^{-\frac{x^2}{2}}dx\right\}$$
$$=\frac{2}{\sqrt{2\pi}}\int_0^{\infty}e^{-\frac{x^2}{2}}dx=1$$

系 1　確率変数 X の密度関数が

$$f(x)=\frac{1}{\sqrt{2\pi}\,\sigma}\exp\left\{-\frac{1}{2\sigma^2}(x-m)^2\right\}$$

の形で与えられているとき，$E(X)=m$,　$V(X)=\sigma^2$ である．

（証明）

$$f'(x)=\frac{x-m}{\sigma^2}f(x)$$

$$f''(x)=\frac{(x-m)^2-\sigma^2}{\sigma^2}f(x)$$

だから，$f'(m)=0$, $f''(m)<0$, $f''(m\pm\sigma)=0$ となり，$f(x)$ は $x=m$ にて最大値 $\frac{1}{\sqrt{2\pi}\,\sigma}$. $x=m\pm\sigma$ にて変曲点をとる．この分布は $\varphi(x)$ のピークを m だけ右にずらし，分布のひろがり巾を σ 倍した代りに，全体の高さを $\frac{1}{\sigma}$ に縮小した形になっている．

$\frac{x-m}{\sqrt{2\pi}\,\sigma}=t$ とおくと，$x=m+\sqrt{2}\sigma t$, $\quad dx=\sqrt{2}\sigma\,dt$

$$\int_{-\infty}^{+\infty}f(x)dx=\frac{\sqrt{2}\,\sigma}{\sqrt{2\pi}\,\sigma}\int_{-\infty}^{+\infty}e^{-t^2}dt=1$$

$$E(X)=\frac{1}{\sqrt{2\pi}\,\sigma}\int_{-\infty}^{\infty}x\,exp\left\{-\frac{(x-m)^2}{2\sigma^2}\right\}dx$$

$$=\frac{\sqrt{2}\,\sigma}{\sqrt{2\pi}}\int_{-\infty}^{\infty}\sigma(m+\sqrt{2}\,\sigma t)e^{-t^2}dt=\frac{m}{\sqrt{\pi}}\int_{-\infty}^{\infty}e^{-t^2}dt$$

$$=m$$

$$V(X)=\frac{1}{\sqrt{2\pi}\,\sigma}\int_{-\infty}^{\infty}x^2exp\left\{-\frac{(x-m)^2}{2\sigma^2}\right\}dx-m^2$$

$$=\frac{1}{\sqrt{\pi}}\int_{-\infty}^{\infty}(m+\sqrt{2}\,\sigma t)^2e^{-t^2}dt-m^2$$

$$=\frac{m^2}{\sqrt{\pi}}\int_{-\infty}^{\infty}e^{-t^2}dt+\frac{2\sqrt{2}\,\sigma m}{\sqrt{\pi}}\int_{-\infty}^{\infty}te^{-t^2}dt+\frac{2\sigma^2}{\sqrt{\pi}}\int_{-\infty}^{\infty}t^2e^{-t^2}dt-m^2$$

$$=\frac{2\sigma^2}{\sqrt{\pi}}\int_{-\infty}^{\infty}t^2e^{-t^2}dt$$

$$=\frac{2\sigma^2}{\sqrt{\pi}}\left[-\frac{t}{2}e^{-t^2}\right]_{-\infty}^{\infty}+\frac{\sigma^2}{\sqrt{\pi}}\int_{-\infty}^{\infty}e^{-t^2}dt=\sigma^2$$

確率変数 X の平均が0，分散が1である正規分布を **標準正規分布**(standard normal distribution) といい，記号で $\boldsymbol{N}(0,\ 1)$とかく．そして確率変数 X が標準正規密度関数をもつとき，X は $\boldsymbol{N}(0,\ 1)$ にしたがうといい，$X\in\boldsymbol{N}(0,\ 1)$ とかく．同様に，平均が m，分散が σ^2 である正規分布を $\boldsymbol{N}(m,\ \sigma^2)$ とかく．X が $\boldsymbol{N}(m,\ \sigma^2)$ にしたがうとき，$X\in\boldsymbol{N}(m,\ \sigma^2)$ とかく．

系　$$J(x)=\frac{1}{\sqrt{2\pi}\,\sigma}\int_{-\infty}^{x} exp\left\{-\frac{(x-m)^2}{2\sigma^2}\right\}dx$$

に対して

$$J(b)-J(a)=\Phi\left(\frac{b-m}{\sigma}\right)-\Phi\left(\frac{a-m}{\sigma}\right)$$

例 3.80　附表3 (正規分布表) をひいて，$X\in \boldsymbol{N}(0,\ 1)$ のとき

(1) $pr\{X<-1.12\}$　　(2) $pr\{X>1.96\}$

(3) $pr\{-1.12<X<1.96\}$　を求めよ．

(解)　(1) $pr\{X<-1.12\}=\Phi(-1.12)=0.1314$

(2) $pr\{X>1.96\}=1-pr\{X\leqq 1.96\}$

$=1-\Phi(1.96)=1-0.9750=0.0250$

(3) $pr\{-1.12<X<1.96\}=pr\{X<1.96\}-pr\{X\leqq -1.12\}$

$=\Phi(1.96)-\Phi(-1.12)$

$=0.9750-0.1314=0.8436$

問 3.167　$X\in \boldsymbol{N}(0,1)$ のとき，$pr\{X<1.37\}$ および $pr\{-0.67<X<1.37\}$ の値を求めよ．

例 3.81　$X\in \boldsymbol{N}(0,\ 1)$ のとき

(1) $pr\{X<a\}=0.95$

(2) $pr\{|X|<a\}=0.95$

となる実数 a を求めよ．

(解)　(1)附表から

$pr\{X<1.64\}=0.9495$

$pr\{X<1.65\}=0.9505$

0.95は0.9495と0.9505の中間にあるから，比例部分の原理によって，　$a=1.645$

(2) $pr\{-a<X<a\}$

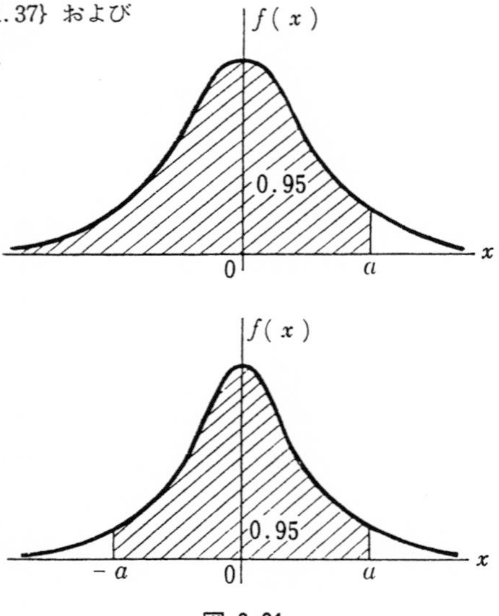

図 3.31

$$= pr\{X < a\} - pr\{X \leqq -a\}$$

$$= \Phi(a) - \Phi(-a) = 1 - 2\Phi(-a) = 0.95$$

$$\Phi(-a) = 0.025$$

$$-a = -1.96$$

$$a = 1.96$$

問 3.168　$X \in \boldsymbol{N}(0,\ 1)$ のとき

(1)　$pr\{X < a\} = 0.99$　　(2)　$pr\{X < a\} = 0.90$

(3)　$pr\{X < a\} = 0.05$　　(4)　$pr\{X < a\} = 0.025$

(5)　$pr\{|X| < a\} = 0.90$　　(6)　$p\{|X| < a\} = 0.99$

をみたす a の値を求めよ．

問 3.169　$X \in \boldsymbol{N}(0,\ 1)$のとき，$X = -1.5,\ -0.5,\ 0.5,\ 1.5$ を境として，5段階にわける方法を**5段評価法**という．5段評価法で

(1)　各段階に属するものの百分率を求めよ

(2)　区間 $[u_1,\ u_2]$ の間の u の平均を $-\dfrac{\varphi(u_2) - \varphi(u_1)}{\Phi(u_2) - \Phi(u_1)}$ ときめるとき，各段階の平均を求めよ．

問 3.170　ある工程で，最高温度の分布は平均値 135°C，標準偏差4.5°Cの正規分布にしたがっているという．

(1)　最高温度が 145 °C を超える確率を求めよ．

(2)　最高温度が何度を超える確率が10%以下といえるか．

定理 3.38　確率変数 X が二項分布 $b(x\,;\,n,\ p)$ にしたがうとき

$$t = \frac{x - np}{\sqrt{npq}}$$

の分布は，$n \to \infty$ のとき，正規分布 $\boldsymbol{N}(0,\ 1)$ に近づく．(**二項分布の極限定理**)

(証明)　$$\Delta t = \frac{(x+1) - np}{\sqrt{npq}} - \frac{x - np}{\sqrt{npq}} = \frac{1}{\sqrt{npq}} \qquad ①$$

であるから

$$\lim_{n\to\infty} b(x\,;n,\ p)\times 1 = g(t)\Delta t \qquad ②$$

となるような関数 $g(t)$ の形を求めたい.

$$\frac{dg(t)}{dt} = \lim_{\Delta t\to 0}\frac{g(t+\Delta t)-g(t)}{\Delta t}$$

$$= \lim_{n\to\infty}\frac{b(x+1)-b(x)}{(\Delta t)^2} = \lim_{n\to\infty}\frac{b(x+1)-b(x)}{\dfrac{1}{npq}}$$

$$= \lim_{n\to\infty}\frac{-(x-np)-q}{\dfrac{(x+1)q}{npq}}b(x)$$

$$= \lim_{n\to\infty}\frac{-(x-np)\Delta t - q\Delta t}{\dfrac{x+1}{np}}\,\frac{b(x)}{\Delta t}$$

$$= \lim_{n\to\infty}\frac{-\dfrac{x-np}{\sqrt{npq}}-\sqrt{\dfrac{q}{np}}}{\dfrac{x+1}{np}}\,\frac{b(x)}{\Delta t} = \frac{-t\,g(t)}{\lim\limits_{n\to\infty}\dfrac{x+1}{np}} \qquad ③$$

しかるに

$$\lim_{n\to\infty}\left(\frac{x+1}{np}-1\right) = \lim_{n\to\infty}\left(\frac{x+1}{\sqrt{npq}}-\sqrt{\frac{np}{q}}\right)\sqrt{\frac{q}{np}}$$

$$= \lim_{n\to\infty}\left(\frac{x-np}{\sqrt{npq}}+\frac{1}{\sqrt{npq}}\right)\sqrt{\frac{q}{np}} = t\lim_{n\to\infty}\sqrt{\frac{q}{np}} = 0 \qquad ④$$

④の結果を③に代入すると

$$\frac{dg(t)}{dt} = -tg(t) \qquad ⑤$$

⑤を解くと

$$g(t) = c\,e^{-\frac{t^2}{2}}$$

$$1 = \int_{-\infty}^{\infty} g(t)dt = c\int_{-\infty}^{\infty} e^{-\frac{t^2}{2}}dt = \sqrt{2\pi}\,c$$

$$\therefore\quad g(t) = \frac{1}{\sqrt{2\pi}}e^{-\frac{t^2}{2}} \qquad ⑥$$

例 3.82 1個のサイコロを1000回投げる. 170もしくはそれ以上6の目の出る確率を求めよ.

（解）　$n=1000,\quad p=\frac{1}{6},\quad q=\frac{5}{6}$ だから，

$$pr\{170 \leqq X \leqq 1000\} = \sum_{x=170}^{1000} \binom{1000}{x} \left(\frac{1}{6}\right)^x \left(\frac{5}{6}\right)^{1000-x}$$
$$=0.40158$$

この値は詳しい表から求めたものである．しかし，$n=1000$ は十分大きいから

$$np=\frac{1000}{6},\quad \sqrt{npq}=\frac{25\sqrt{2}}{3},\quad t=\frac{x-np}{\sqrt{npq}}$$ とおくと

$x=170$ のとき，$t=0.283$

$x=1000$ のとき，$t=70.7$

$$pr\{170 \leqq X \leqq 1000\} \fallingdotseq \Phi(70.7)-\Phi(0.283)$$
$$=1-0.6114=0.3886$$

問 3.171　サイコロを2880回投げる．450回から500回，6の目の出る確率を求めよ．

問 3.172　貨幣が1000回投げられる．490回もしくはそれ以上表の出る確率を求めよ．（正しい答は0.74667である）

例 3.83　1911年，Mercer と Hall は100頭の豚の20日間の体重増加量を計測して報告した．この例は100頭の豚についての資料であるから度数はそのまま，

増加量 X（ポンド）	度数 f（頭）	$\frac{1}{5}(X-30)$	$\frac{1}{5}(X-30)f$	$\left\{\frac{1}{5}(X-30)\right\}^2 f$
5	2	−5	−10	50
10	2	−4	− 8	32
15	6	−3	−18	54
20	13	−2	−26	52
25	15	−1	−15	15
30	23	0	0	0
35	16	1	16	16
40	13	2	26	52
45	6	3	18	54
50	2	4	8	32
55	2	5	10	50
	100		1	407

増加量 x に対する度数の百分率とみなしうる．このデーターのヒストグラフに，比較的うまくあてはまる正規分布を対応させたのが下の図である．計算の結果

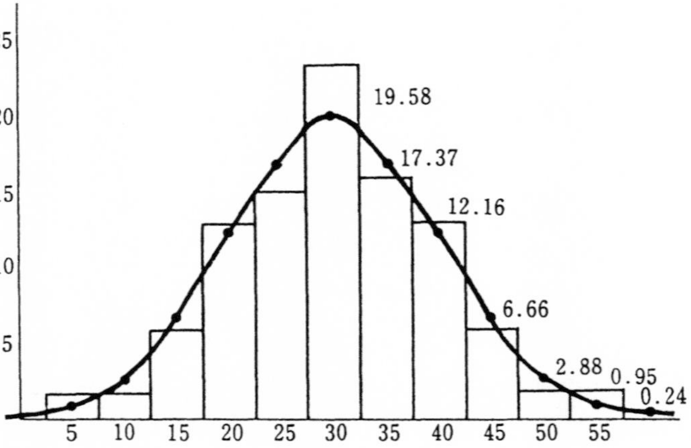

図 3.32

$$m=E(X)=30.05$$

$$\sigma^2=V(X)\fallingdotseq 101.75,\quad \sigma=\sqrt{V(X)}\fallingdotseq 10.09$$

となる．したがって，変量 $X=35$ は，$32.5\leqq X<37.5$ の代表値であるから，その間の度数は近似的に

$$100\{J(37.5)-J(32.5)\}=100\{\Phi(0.738)-\Phi(0.243)\}$$

$$=17.37$$

である．他の区間上の度数も近似してみると，上の図のようになる．

問 3.173 問3.23イギリスの壮丁の身長分布に正規分布をあてはめてみよ．

§7. 大 数 の 法 則

定理 3.39　Tchebyschev の不等式

$$pr\{|X|\geqq\varepsilon\}\leqq\frac{E(X^2)}{\varepsilon^2}$$

（証明）(1)　X が離散型確率変数のとき，確率関数 $f(x)=pr\{X=x\}$ が存在する．

$$E(X^2)=\sum x^2f(x)$$
$$=\sum_{\substack{|X|\geqq\varepsilon\text{ と}\\\text{なる }x}}x^2f(x)+\sum_{\substack{|X|<\varepsilon\text{ と}\\\text{なる }x}}x^2f(x)$$
$$\geqq\sum_{\substack{|X|\geqq\varepsilon\text{ と}\\\text{なる }x}}x^2f(x)\geqq\varepsilon^2\sum_{\substack{|X|\geqq\varepsilon\text{ と}\\\text{なる }x}}f(x)=\varepsilon^2pr\{|X|\geqq\varepsilon\}$$
$$\therefore\quad pr\{|X|\geqq\varepsilon\}\leqq\frac{E(X^2)}{\varepsilon^2}$$

(2)　X が連続型確率変数のとき，確率密度関数 $f(x)$ が存在する．

$$E(X^2)=\int_{-\infty}^{\infty}x^2f(x)dx$$
$$=\int_{-\infty}^{-\varepsilon}x^2f(x)\,dx+\int_{-\varepsilon}^{\varepsilon}x^2f(x)\,dx+\int_{\varepsilon}^{\infty}x^2f(x)dx$$
$$\geqq\int_{-\infty}^{-\varepsilon}x^2f(x)\,dx+\int_{\varepsilon}^{\infty}x^2f(x)\,dx$$
$$\geqq\varepsilon^2\left\{\int_{-\infty}^{-\varepsilon}f(x)\,dx+\int_{\varepsilon}^{\infty}x^2f(x)\,dx\right\}$$
$$=\varepsilon^2[pr\{X\leqq-\varepsilon\}+pr\{X\leqq\varepsilon\}]=\varepsilon^2pr\{|X|\geqq\varepsilon\}$$
$$\therefore\quad pr\{|X|\geqq\varepsilon\}\leqq\frac{E(X)^2}{\varepsilon^2}$$

系　$m=E(X)$ とおくとき

$$pr\{|X-m|\geqq\varepsilon\}\leqq\frac{V(X)}{\varepsilon^2}$$
$$pr\{|X-m|<\varepsilon\}\geqq1-\frac{V(X)}{\varepsilon^2}$$

問 3.174　$g(x)>0$ で単調増関数とする．1つの確率変数 X に対して，$E(g(X))=M$ とする．このとき，どんな正数 ξ に対しても

$$pr\{X>\varepsilon\} \leqq \frac{M}{g(\xi)}$$

が成り立つことを証明せよ．(**A. Markov の定理**)

問 3.175　前問でとくに，$g(x)=x$ とおくとき，X がつねに正の値をとるときは

$$pr\{X>\xi\} \leqq \frac{E(X)}{\xi}$$

が成り立つことを証明せよ．

問 3.176　$X \in \boldsymbol{N}(m, \sigma^2)$ のとき Tchebyschev の不等式を用いて $pr\{|X-m|<3\sigma\}$ および $pr\{|X-m|<2\sigma\}$ を評価せよ．そして実際の値と比較してみよ．

例 3.84　X が二項分布にしたがう確率変数とするとき

$$pr\left\{\left|\frac{X}{n}-p\right|<\varepsilon\right\}=pr\{|X-np|<n\varepsilon\}$$

$$\geqq 1-\frac{npq}{(n\varepsilon)^2}=1-\frac{pq}{n\varepsilon^2}$$

$$\therefore \quad \lim_{n\to\infty} pr\left\{\left|\frac{X}{n}-p\right|<\varepsilon\right\}=1$$

ここで，$\dfrac{X}{n}$ は n 回の試行のうち成功した場合の割合である．これを **Bernoulliの大数の法則**，または**大数の弱法則** (the weak law of large numbers) という．たとえば，貨幣を n 回げ，X 回表が出れば，$\dfrac{X}{n}$ は表の出る相対度数であって，

$$\lim_{n\to\infty} pr\left\{\left|\frac{X}{n}-\frac{1}{2}\right|<\varepsilon\right\}=1$$

となる．しかし，ここで注意したいことは，普通の極限値の意味

$$\lim_{n\to\infty} \frac{X}{n}=p$$

を指すのではない．上のような収束を**確率収束**(**測度収束** convergence in probability) という．

問 3.177　1つのサイコロを投げて，n 回中6の目の出る割合が r 回だったとする．$\dfrac{r}{n}$

が$\frac{1}{6}$と0.01以上はなれない確率がおよそ0.9であるとき，nは大体いくらか．

問 3.178 銅貨を n 回投げたとき，表が a 回出たとする．Tchebyschev の不等式により，$0.4<\frac{a}{n}<0.6$ となる確率が，0.90 より大となるようなnを求めよ．

第4章 検 定 と 推 定

§1. 離散型確率分布に関する仮説検定

ある統計データから，一般的な何らかの仮定や何らかの予見の方法とかを推定することが肝要であるが，それらの仮定や予見の方法の価値を正しく判定するのは，すべて統計データの確率論的解釈にもとづくものである．ところで，重要なことは確率論的解釈による場合には，確率が十分に小さい若干の危険は無視するということである．いいかえると

ほとんど起こりそうもない事象

は，これを無視して

絶対に起こらない事象

とみなすことが必要である．そうでないと，われわれの仮定は，正しいか正しくないかのどちらかにきめることができない．

たとえば，銅貨を20回投げて20回とも表が出たときは，だれでもこの銅貨は完全に作られていないと思うであろう．その理由として

銅貨が完全に作られている……………… (H)

と仮定すれば，20回続けて表のでる確率は

$$\left(\frac{1}{2}\right)^{20}=\frac{1}{2^{20}}=\frac{1}{104,8576}$$

で，大体 100 万分の 1 の確率で起こる事象であり，現実には起こりそうもない．したがってそんな事は絶対に起こらないとみなす．ところがそれが現実にいま

起こったのだから，矛盾している．ゆえに

銅貨が完全に作られている…………… (H)

という仮説は正しくないとする．

この論法は，H を証明するのに，H であると仮定して，ある矛盾に導かれることを示し，したがって H でないと結論するのだから，帰謬法にそっくりである．ただ，それに確率の値が加味される．つまり矛盾と判断されるのが，確率でもって計量化されるので，上記の手つづきは

確 率 的 帰 謬 法

とでもいうべきものである．いま一度くり返すなら

帰謬法……起こり**えない**ことが起こったから，仮定 H を否定→矛盾
確率的帰謬法……起こり**そうにない**ことが起こったから，H を否定→確率は小

ということになる．いずれにしても，はじめの仮定 H は否定される運命にあるので

帰 無 仮 説 (null hypothesis)

という．

それでは，どの程度の確率なら，これを起こらないとして無視してよいか，それは問題の性質によって適当にきめればよい．この確率を

有 意 水 準 (level of significant)

という．銅貨の例では，有意水準 $\alpha=\frac{1}{100\text{万}}$ とすると，H は否定されるが，$\alpha=\frac{1}{1000\text{万}}$ とすると，H は否定されず，銅貨は完全とも不完全とも判断ができない．つまりこの場合，実験は意味がなかったことになる．それで有意水準と名づける．

確率的帰謬法のことを，**有意性の検定法**，または**統計的仮説検定法** (testing of statistical hypothesis) という．

例 3.85 ある農場からとれた馬鈴薯の90%は良品であるが，残りの10%は切ってみないと分らない腐った核があると考えられている．馬鈴薯25個入りの袋をとって，19個もしくはそれ以下しか良い馬鈴薯がなかったとしよう．はじめの主張は有意水準0.05で採用しうるか．

(解)　確率変数 X＝良い馬鈴薯の数とする．

帰無仮説 H：　$p=0.9$

有無水準　　$\alpha=0.05$

もし，仮説が真ならば，X の分布は二項分布にしたがう．なぜなら，

(a)　おのおのの馬鈴薯は良品か不良品の何れかに分類される．

(b)　良品であることを成功とみると，成功の確率は試行毎に一定の0.9.

(c)　1個の馬鈴薯の良･不良は独立である．

(d)　試行回数 $n=25$ は固定されている．

$$pr\{X \leqq 19\} = \sum_{x=0}^{19} \binom{25}{x} 0.9^x \, 0.1^{25-x}$$

$$= \sum_{x=6}^{25} \binom{25}{x} 0.1^x \, 0.9^{5-x}$$

$$=1-\sum_{x=0}^{5} \binom{25}{x} 0.1^x \, 0.9^{25-x}$$

$$=1-0.96660=0.03340<\alpha$$

したがって，仮説は α 以下だから正しくないとして棄却する．

この例では，$p=0.9$ は生産者が主張しているだけで本当かどうか分らないが，確実なことは X が二項分布であるということが分っていることである．確実な分布法則を特徴づける n, p を**母数** (parameter) という．一方，観測･実験などの結果，判明するのは良い馬鈴薯の数 x で，この確率変数の実現値を**統計量** (statistic) という．

問 3.179 ある工場の統計によると，その工場の工員の製品中不良品は0.3の割合で作られているという．新しい工員に50個試作させたら7個の不良品ができた．この工員の技倆は従来いる工員と同じであろうか．有意水準 $\alpha=0.01$ で検定せよ．

問 3.180 ある町で3000人中1000人が流感にかかった．しかし冷水摩擦していた生徒は50人中9人しか罹病しなかったという．冷水摩擦の効果はあったか．有意水準 $\alpha=0.02$ で検定せよ．

問 3.181 普通の生徒ならば，半数は解ける問題を，ある生徒に解かせたところ，10問中8問を解いた．有意水準0.05として，この生徒は優秀かどうかを検定せよ．

例 3.80 において，$p=0.90$ が正しい仮説であったにもかかわらず，実験の結果（統計量の値）によって棄却されたとしよう．この種の間違いは

第1種の過誤 (error of the first kind, Type I error)

という．元来，**第1種の過誤を犯す確率をもって有意水準**とよばれていたが，検定の実施にあたっては，第1種の過誤の起る確率をあらかじめきめておいて，それを有意水準とよんでいる．有意水準にとられる値は通常

$$\alpha=0.05 \quad \text{または} \quad \alpha=0.01$$

にとることが多い．仮説を棄てさる（棄却する to reject）場合，そのような行為をひきおこした実験結果の集合を

棄　却　域 (critical region)

とよぶ．例 3.80 の棄却域は $\{x \mid x=0, 1, 2, \cdots\cdots, 19\}$ である．

さて，最初の仮説（帰無仮説……今後 H_0 とかく）が，ある有意水準によって棄却されたとき，H_0 の否定命題が受け入れられる．この否定命題は完全な H_0 の否定 $\bar{H}_0$ ではなくて，H_0 が正しくないとした場合，どのような場合が考えられるかを想定したものであり，このようなものを

対　立　仮　説 (alternative hypothesis)

といい，記号で H_1 とかく．例 3.80 においては，帰無仮説は $H_0 : p=0.9$ であった．対立仮説 H_1 はどのようなものをもってきたらよいだろうか．もしも，p の真の値が 0.8 であったとすると

$$pr\{X \leqq 19\} = \sum_{x=0}^{19} \binom{25}{x} 0.8^x \, 0.2^{25-x}$$

$$= 1 - \sum_{x=0}^{5} \binom{25}{x} 0.2^x \, 0.8^{25-x}$$

$$= 1 - 0.61669 = 0.38331$$

となる．この場合，$p=0.9$ は偽であるから，H_0 は非常に高い確率をもって棄却されることが分る．さらに，$p=0.8$ なる仮定を受入れる確率は，0.61669である．この確率は誤まった仮説を受入れる危険性を数量化したもので

第2種の過誤 (error of the second kind, Type II error)

を犯す確率という．

仮説に関するいろいろな可能性は次の表の通りである．

	仮説を採択	仮説を棄却
仮説が真	正しい決定	第1種の過誤
仮説が偽	第2種の過誤	正しい決定

問 3.182 次の場合の人々の判断は正しいか．正しければ正しい，誤りなら第何種の過誤かを示せ．

(1) 永久運動は存在すると信じて発明に熱中する人．

(2) コペルニクスの天動説を否定迫害した人々．

(3) 性悪説（人間は本来悪人である）を信ずる人々．

(4) 教員がストライキをしてはいけないと通達を出す人．

ここで統計的仮説検定のやり方をまとめておこう．

1. 仮説と対立仮説をたてる．
2. 有意水準 α をえらぶ．
3. もし仮説が真であり，かつ他の諸条件が満足されていれば，標本分布が分り，それにしたがう1つの統計量をえらぶ．
4. 棄却域を求める．
5. 統計量を計算し，すべての計算の要約を示す．
6. 統計量が棄却域におちれば仮説は棄却．そうでなければ採択．

例 3.86 ボルトを製造する機械を新しく導入したい．もし製造の過程でボルトの不良率が0.1もしくはそれ以下ならば，この機械を買うことにしたい．25個の見本のボルトを製造してみたところ，4個は不良品であった．有意水準

$\alpha=0.05$ をもって，我々はどんな結論を下せばよいか．

（解） 1. $H_0: p \leqq 0.1$ で機械を買う．

$H_1: p > 0.1$ で機械を買わない．

2. $\alpha=0.05$

3. 統計量 x は不良品の数である．しかも

（a） ボルトは良品か不良品かに分類できる．

（b） 機械は特別な外因が働かない限り，一定の不良率 p でボルトを製造しつづける．

（c） 同様の理由で，1個のボルトの良・不良は他のボルトの良・不良と無関係である．

（d） 試行回数は $n=25$ で一定．

よって，$pr\{X=x\}$ は二項分布にしたがう．

4. $$pr\{X \geqq 6\} = \sum_{x=6}^{25} \binom{25}{x} (0.1)^x (0.9)^{25-x}$$

$$= 1 - B(5;\ 25,\ 0.1) = 0.03340$$

$$pr\{X \geqq 5\} = \sum_{x=5}^{25} \binom{25}{x} (0.1)^x (0.9)^{25-x} = 0.09799$$

よって，$\boldsymbol{R}=\{x \mid x \geqq 6\}$

5. 計算の必要なし．　$x=4$

6. $4 \notin \boldsymbol{R}$.　H_0 は採択される．

問 3.183　種苗商は手持ちのはつか大根の種は90%発芽するという．50個の種を蒔いたところ，8個は発芽しなかった．種苗商の言い分はきいてよいか．有意水準 $\alpha=0.05$ で検定せよ．

問 3.184　遺伝学によると，ある種の25%はある特性をもっている．その種の中から20体の無作為標本をえらんだところ，9体はその特性を保有していた．$\alpha=0.05$ として，遺伝学の結論は矛盾しているか．

問 3.185　1枚の貨幣を投げ，100回中43回表の出たことが記録された．この結果から貨幣は偏りがないといってよいか．有意水準 $\alpha=0.05$ として検定せよ．

以上3題は，6段階にわたる検定の要綱にしたがって解け．

§2. 抜取検査と検定力

例 3.87 極めて多数の製品の一山があるとき，その一山の全体としての合格，不合格を次のようにして判定するものとしよう．すなわち，全体の中から5個を抜取って検査し，その5個中の不良品が1個以下ならば合格とし，2個以上ならば不合格とすることをきめる．この規則にしたがって不良率（不良品の個数と全体の個数との比）が p である製品の一山の検査に合格する確率を $L(p)$ とするとき

(1) $L(p)$ を p の式で表わせ．

(2) $L(p)$ は p の単調減少関数であることを証明せよ．

(3) $L(0)$，$L(0.3)$，$L(1)$，$L'(0)$，$L'(1)$ を求めよ．

(4) 以上の結果を用いて $L(p)$ のグラフの概形をかけ．

（解） 多数の製品の中から5個抽出する場合，本来は非復元抽出である．しかし，製品の個数が大きければ，非復元抽出は復元抽出と近似的に同等であると考えて差支えない．よって，ここでは近似解を求める．製品の一山が合格となる事象 α は，確率変数 X を

$X=5$ 個の中の良品の個数

として

1） 5個とも良品である事象 $\{X=5\}$

2） 5個のうち1個不良品がまじっている事象 $\{X=4\}$

の和事象である．そこで

(1) $L(p)=pr\{X=5\}+pr\{X=4\}$

$$=q^5+5q^4p=(1-p)^4(1+4p)$$

(2) $L'(p)=-20p(1-p)^3 \qquad (0\leqq p\leqq 1)$

より，$L'(p)\leqq 0$

(3) $L(0)=1, \quad L(0.3)\fallingdotseq 0.53$

$L(1)=0, \quad L'(0)=L'(1)=0$

(4)　$L(p)$ のグラフは右の図3.33の通りである．

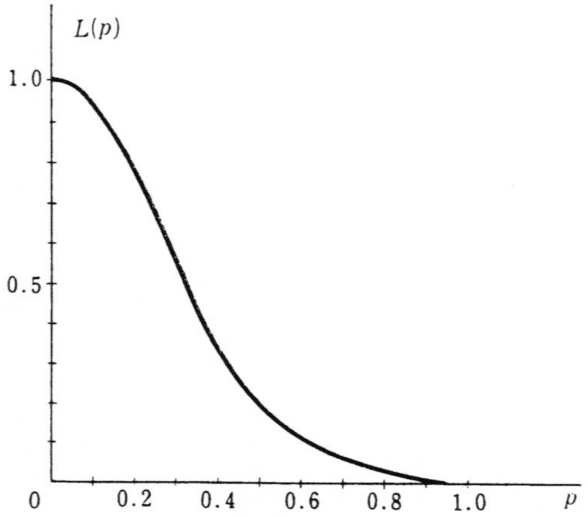

図 3.33

問 3.186　多数の製品のロット(一山)の中から，10個を抜取って検査し，その中にふくまれる不良品が0個または1個ならば，そのロットの製品を合格にする，ロットに含まれる不良品の比率を p とするとき，この検査に合格する確率 $L(p)$ を求め，そのグラフをかけ．

問 3.187　1割以下の不良品を含む極めて多数の製品の一山がある．この合否を判定する検査で，次のどちらの検査法による方が合格となりやすいか．

（A）　4個抽出して不良品が1個以下ならば合格．

（B）　8個抽出して不良品が2個以下ならば不合格．

この種の問題は**抜取検査法** (method of sampling inspection) の問題といわれる．いろいろな品質特性をもつ製品の山が抜取検査の対象になる場合，これらの山がどの位の確からしさで採択されるかは実際上一番重要な問題である．例3.87で求めた関数 $L(p)$ を**作業特性関数** (operating characteristic function)，曲線は**作業特性曲線**(operating characteristic curve)，略してOC曲線というが，OC曲線がえがかれると，同じ検査方式によって繰返して何度も検査を行うとき，任意の品質をもつ製品の山が採択されたり，棄却されたりする確率がグラフの上から求めることができて便利である．

定理 3.40　製品の単位の品質を良品と不良品に分け，ロットの品質の不良率を p で表わすことにする．このロットの合格，不合格を判定するのに，次の方式にしたがう．

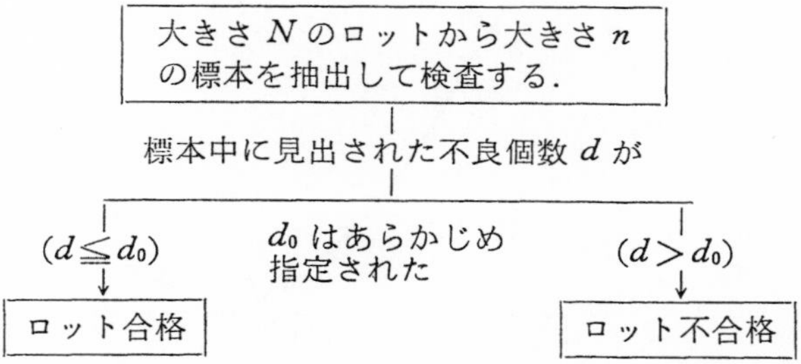

かかる抜取検査法を**1回計数抜取検査**(single sampling inspection by attributes)，d_0 を**合格判定個数**(acceptance number)，d_0+1 を**不合格判定個数** (rejection number) という．この方式によるロットの合格確率は

$$L(p)=\sum_{x=0}^{d0}\binom{n}{x}p^x(1-p)^{n-x}$$

で与えられる．

（証明）　X を標本中の不良品の数とすれば

$$L(p)=pr\{X=0\}+pr\{X=1\}+\cdots\cdots+pr\{X=d_0\}$$

$$=\sum_{x=0}^{d0}\binom{n}{x}p^x(1-p)^{n-x}$$

(Q. E. D)

系　1回計数抜取検査方法によるロットの合格確率 $L(p)$ のグラフは（図 3.34）の通りである．

（証明）　(1)　$L(0)=1$，$L(1)=0$ は明らかである．不良率0のロットからは不良品は1個も発見されないし，不良率1のロットからは良品が出てくるはずもない．

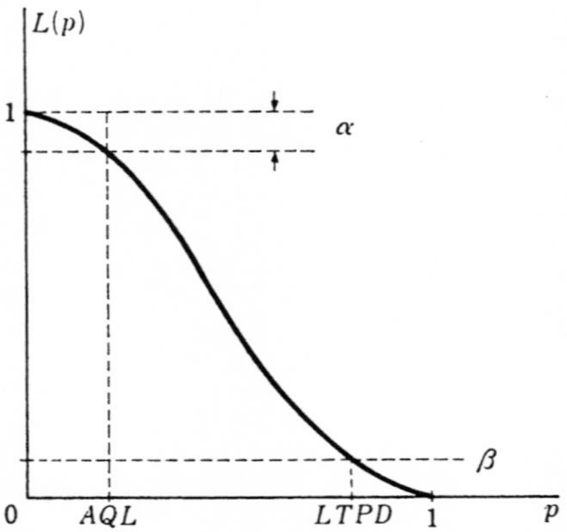

図 3.34

(2)　$L(p)$ は p の単調減少関数である．なぜなら，

$$p=1-q \qquad \frac{dq}{dp}=-1$$

とおいて

$$\begin{aligned} L'(p)=&-nq^{n-1}\\ &+\binom{n}{1}q^{n-1}-\binom{n}{1}(n-1)pq^{n-2}\\ &+\binom{n}{2}2pq^{n-2}-\binom{n}{3}(n-2)p^2q^{n-3}\\ &+\cdots\cdots\cdots\cdots\\ &\cdots\cdots\cdots\cdots \qquad -\binom{n}{d_0}(n-d_0)p^{d_0}q^{n-d_0-1}\\ =&-\binom{n}{d_0}(n-d_0)p^{d_0}(1-p)^{n-d_0-1}\leqq 0 \end{aligned}$$

(3)　$L(p)$ は p 以外にも，n と d_0 にも関係する．そこで $L(p)$ を $L(p\,;\,n,\,d_0)$ とかく．

$d_0<d_0'$　ならば　$L(p\,;\,n',\,d_0)\leqq L(p\,;\,n,\,d_0')$

$n<n'$　ならば　$L(p\,;\,n',\,d_0)\leqq L(p\,;\,n,\,d_0)$

である．　　　　(Q.E.D)

図3.34から，不良率が低いときはロットは合格しやすく，不良率が高くなるとロットは不合格になりやすい．このことは常識的にみて分ることだが，逆に不良率が低くてもロットが不合格になること，および不良率が高くてもロットが合格になる可能性がある．このことは全数検査をしないかぎり，いつでも起こる弊害である．そこで生産者はOC曲線の左上の部分，消費者は右下の部分に関心がある．

ロットの合格水準，$L(p)=0.95$，つまり

$$\alpha=1-L(p)=0.05$$

となる p を**合格水準**(AQL, acceptable quality level)という．生産者はAQL以下の不良率で生産しておれば

生産者危険(producer's risk)……良心的な生産活動がむくわれぬ危険を

5％以下に押えうる．この α はもちろん，第1種の過誤を犯す確率，つまり有意水準にあたる．

一方，ロットの合格水準 $L(p)=0.1=\beta$ となる p を**不合格水準** (LTPD, lot tolerence percent defective) という．もし生産者がLTPD以上の不良率で生産していても

消費者危険(consumer's risk)……悪徳業者によって消費者が損をうける危険

によって10％程度購入させられる可能性がある．当然，誤まったもの（不良品の多いロット)を正しい（採択・購入する）とみるのが第2種の過誤だから，消費者危険は第2種の過誤を犯す確率とみなされる．

例 3.88 次のような仕様書にしたがう検査方式を**2回抜取検査方式** (double sampling inspection) という．

このとき

(1) ロットが合格になる確率 $L(p)$ を求めよ．

(2) 2回抜取検査で抜取られる製品の個数の平均（**平均検査個数** —ASN, average sample number) $N(p)$ を求めよ．

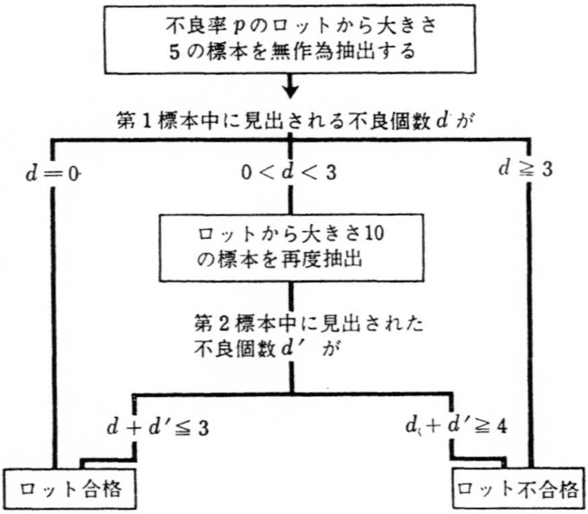

図 3.35

(3)　$L(p)$，$N(p)$ のグラフをかけ．

（解）　(1)　$L(p)$＝(第1回の抜取検査で合格となる確率)

＋(第2回の抜取検査で合格となる確率)

$= L_1(p) + L_2(p)$

$L_1(p) = q^5$

$L_2(p)$＝(第1標本で $d=1$ となる確率)×(第2標本で $d'=0,\ 1,\ 2$ となる確率)＋(第1標本で $d=2$ となる確率)×(第2標本で $d'=0,\ 1$ となる確率)

$$= 5pq^4\left\{q^{10} + 10pq^9 + \binom{10}{2}p^2q^8\right\}$$

$$+ \binom{5}{2}p^2q^3\{q^{10} + 10pq^9\}$$

$$= 5pq^{14} + 60p^2q^{13} + 325p^3q^{12}$$

$$= 5pq^{12}(1 + 10p + 54p^2)$$

$$\therefore\quad L(p) = (1-p)^5 + 5p(1-p)^{12}(1 + 10p + 54p^2)$$

(2) $N(p)=5+10$(第1標本で $d=1,\ 2$ となる確率)

$$=5+10\left\{\binom{5}{1}pq^4+\binom{5}{2}p^2q^3\right\}$$

$$=5+50p(1-p)^3(1+p)$$

(3) $p(1-p)^{12}=o'((1-p)^5)$ だから，$L(p)\fallingdotseq(1-p)^5$ と考えてよい．一方

$$N'(p)=50(1-p)^2(1-2p-5p^2)$$

$$=-250(1-p)^2\left(p+\frac{1+\sqrt{6}}{5}\right)\left(p-\frac{\sqrt{6}-1}{5}\right)$$

$p=\dfrac{\sqrt{6}-1}{5}$ で極大点，$5+\dfrac{12\sqrt{6}(124-39\sqrt{6})}{125}\fallingdotseq 11.76$

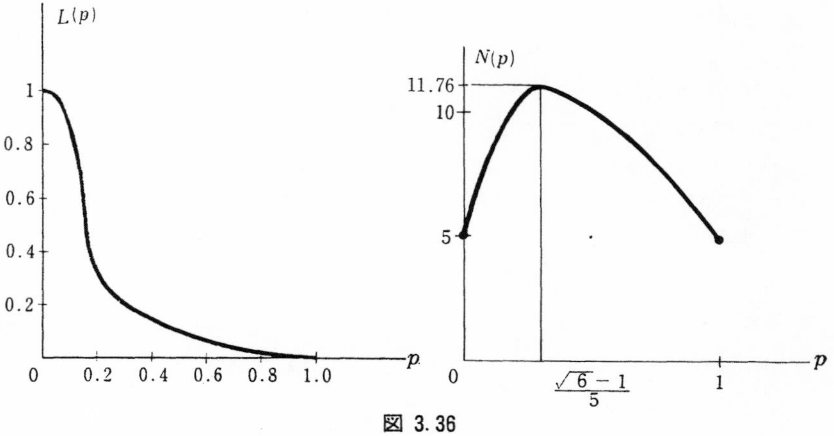

図 3.36

圖 3.188 第1回目に仕切中から10個の標本をとり，1個も不良品がなければ合格とし，4個以上の不良品があれば不良品とする．もし不良品の数が1, 2, 3個のいずれかであれば，再びその仕切中から10個の標本をとり，不良品が全部の標本（20個）中3個以下ならばその仕切を合格とし，4個以上ならば不合格とする．以上のような2回抜取検査方式において，ロットの合格確率を $L(p)$ とするとき

(1) $L(p)$ を p の式で表わせ．

(2) $L(0.04)$，$L(0.3)$，$L(0.4)$ を求めよ．

(3) 平均検査個数 $N(p)$ を求めよ．また $N(p)$ の最大値を求めよ．

問 3.189　きわめて多数の製品の一山をロットという．同一個数の製品からなるロットがきわめて多数あるとき，これらのロットに対して次のような抜取り検査を行なう．すなわち，各ロットから大きさ5の標本を抜取り，その中の不良品個数が0個であれば標本はもとにもどして，そのロットはそのまま出荷し，不良品個数が1個以上あれば，そのロットは全数検査にかけ，ロット中の不良品を全部良品にとりかえて出荷する．もとの不良品がすべて p であるとした場合，出荷される全ロット中に含まれる製品の不良率 $f(p)$ はどうなるか．次の問に答えよ．

(1)　$f(0)$，$f(1)$ はいくらか．

(2)　$f(p)$ を p の式で表わせ．

(3)　$f(p)$ のグラフをかき，$f(p)$ を最大とする p の値を示せ．

問 3.190　真空管10個入りの箱から2個を無作為に抽出し，良否の検査を行なう．

(1)　2個とも良品ならその箱を合格，2個のうちに不良品があればその箱を不合格にする．不良品を n 個ふくむ箱が合格となる確率 $p(n)$ を求めよ．

(2)　上の検査の後

(a)　合格の場合，検査した2個を箱に戻し，それ以上検査しない．

(b)　不合格の場合，売手から買手に渡す．はじめに n 個不良品を含む箱が上の抜取り検査後買手に渡るとき，その中に含まれている不良品の個数の期待値を $f(n)$ とする．　$f(n)$ を求めよ．

(3)　n がいくらのとき，$f(n)$ は最大となるか．

例 3.89　10円銅貨を10回投げたとき，表の出る回数が1回以下，または9回以上のとき

$$H_0: \text{表のでる確率}\quad p=\frac{1}{2}$$

を棄却する．有意水準 $\alpha=0.05$ で検定を行なうとして，第1種の過誤を犯す確率を求めよ．

(解)　表のでる確率を p とし，このときの第1種の過誤を犯す確率を $f(p)$ とかく．

$$f(p)=\sum_{x=0}^{1}\binom{10}{x}p^x(1-p)^{10-x}+\sum_{x=9}^{10}\binom{10}{x}p^xq^{10-x}$$

$$=(1-p)^{10}+10p(1-p)^9+10p^9(1-p)+p^{10}$$

$f(p)$ のグラフをかいてみよう．

$$f'(p)=90p(1-p)\{p^7-(1-p)^7\}$$

$$f'(0)=f'(1)=0,\quad f'\left(\frac{1}{2}\right)=0$$

$0<p<\frac{1}{2}$ ならば $f'(p)<0$

$\frac{1}{2}<p<1$ ならば $f'(p)>0$

$p=\frac{1}{2}$ に関して左右対称

p	$f(p)$
0	1.0
0.1	0.736
0.2	0.375
0.3	0.149
0.4	0.048
0.5	0.022

$$f\left(\frac{1}{2}\right)=0.022<\alpha$$

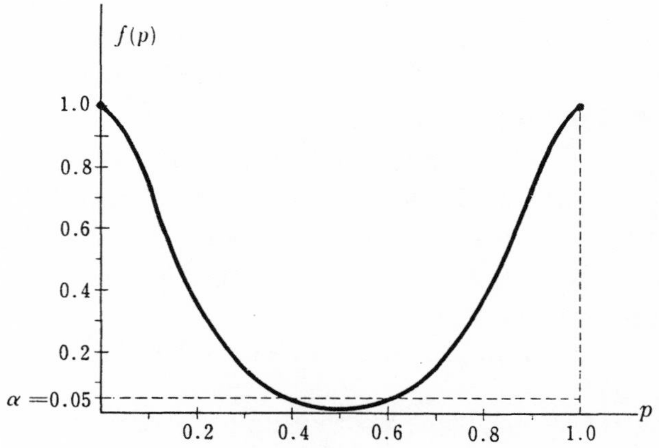

図 3.37

この例の関数 $f(p)$ を**検定力関数** (testing power function)，そして仮説を棄却する確率を**検定力** (testing power) という．そして上のグラフで示される曲線を**検定力曲線**という．

抜取検査の OC 曲線との関係は,

$1-L(p)=$ ロットを棄却する確率

$=$ 検定力

となることからも判断できよう．ただ，次の対応はつけられよう．

検定力関数 ←→ 作業特性関数

検定力曲線 ←→ 作業特性曲線

問 3.191 ある農場からとれた馬鈴薯の良品率を p とする．いまこれらの馬鈴薯のロットから $n=25$ 個を取り出し，良品が18個もしくはそれ以下ならロットを棄却するものとする．検定力関数 $f(p)$ のグラフをかけ．

また，$n=100$ 個の場合，良品が84個もしくはそれ以下ならばロットを棄却するものとする．検定力関数 $f(p)$ のグラフをかけ．

問 1.192 （例3.89）で

(1) 表の出る回数が2回以下，または8回以上のとき

(2) 表の出る回数が3回以下，または7回以上のとき

$$H_0 : p=\frac{1}{2}$$

を棄却するものとする．検定力関数を図示し，$\alpha=0.05$ で検定せよ．

［歴史的補注］ 抜取検査法

抜取検査は1920年代のはじめ頃，Bell 電話研究所の H. F. Dodge と H. G. Roming が中心となった研究開発したものである．この研究の過程で抜取検査に必要な概念……生産者危険，消費者危険，ロット許容不良率，平均検査個数など……が考え出された．これらの研究はその後，Western Electric Company で実験に実施されて大成功を収めた．1941年にはその後の研究も含めて，

H. F. Dodge H. G. Roming "Single sampling and double sampling inspecton tables"

という論文が発表された．以後多くの会社工場でこの抜取検査法が用いられるようになったが，実施を促進させたのは第2次大戦の勃発(1941)である．抜取検査はアメリカ軍部の軍需品の購入に採用され始めた．その理由として

i） 軍需品の検査は（砲弾のように）概して破壊検査が多いこと．

ii） 多量の軍需品を一時に調達する必要があること．

iii） 戦時中の人的資源の不足による検査員の減少

などがあげられる．この際，Dodge, Romig の方法は製造工場での工程検査，製品検査に用いるためのものであったのに反し，軍部は生産者ではなくて，ぼう大な消費者であるため，供給者をえらぶ基準となる合格品質水準をきめるようになり，ここに新しい抜取検査表が生れることになった．JAN-STD-105 (1949)，MIL-STD-105 A (1950)，NAVORD-OSTD-80 (1952) などがそれである．一方，理論面では抜取検査は Wald (1902—1950) によって**逐次解析** (sequential analysis) として画期的な進歩をとげた．

§3. 連続型確率分布に関する仮説検定

例 3.90 (1) サイコロを1個投げた結果の目の数

(2) サイコロを2個投げた結果の目の数の平均

(3) サイコロを3個投げた結果の目の数の平均

の確率関数と，そのグラフをかけ．そしてどんなことが分るか．

(解) (1)

x	1	2	3	4	5	6
$f(x)$	$\frac{1}{6}$	$\frac{1}{6}$	$\frac{1}{6}$	$\frac{1}{6}$	$\frac{1}{6}$	$\frac{1}{6}$

(2)

$\bar{x}$	1	1.5	2	2.5	3	3.5	4	4.5	5	5.5	6
$f(\bar{x})$	$\frac{1}{36}$	$\frac{2}{36}$	$\frac{3}{36}$	$\frac{4}{36}$	$\frac{5}{36}$	$\frac{6}{35}$	$\frac{5}{36}$	$\frac{4}{36}$	$\frac{3}{36}$	$\frac{2}{36}$	$\frac{1}{36}$

(3)

$\bar{x}$	1	$\frac{4}{3}$	$\frac{5}{3}$	2	$\frac{7}{3}$	$\frac{8}{3}$	3	$\frac{10}{3}$	$\frac{11}{3}$	4	$\frac{13}{3}$	$\frac{14}{3}$	5	$\frac{16}{3}$	$\frac{17}{3}$	6
$f(\bar{x})$	$\frac{1}{216}$	$\frac{3}{216}$	$\frac{6}{216}$	$\frac{10}{216}$	$\frac{15}{216}$	$\frac{21}{216}$	$\frac{25}{216}$	$\frac{27}{216}$	$\frac{27}{216}$	$\frac{25}{216}$	$\frac{21}{216}$	$\frac{15}{216}$	$\frac{10}{216}$	$\frac{6}{216}$	$\frac{3}{216}$	$\frac{1}{216}$

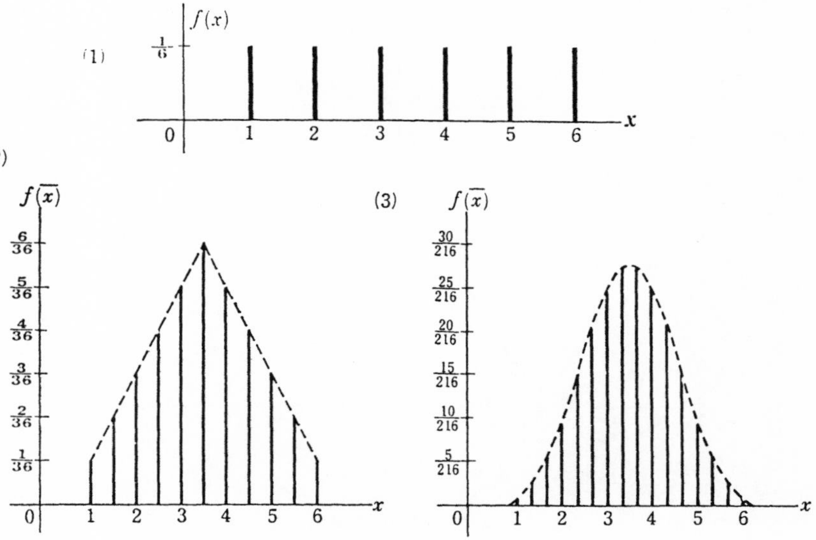

図 3.38

確率分布(1)(2)(3)の平均はいずれも3.5，分散はそれぞれ$\frac{35}{12}$，$\frac{35}{12\times2}$，$\frac{35}{12\times3}$であることが計算の結果分る．

さて，この例でサイコロの個数を多くしてゆくと

（i）　グラフ上の棒の数はどんどん増し

（ii）　グラフはますます正規分布に近くなり

（iii）　計算は飛躍的に複雑になる．

(ii)の事実をみるために，(3)の確率分布関数（階段状グラフ）と正規分布関数

$$f(x)=\frac{1}{\sqrt{2\pi}\frac{\sqrt{35}}{6}}\int_{-\infty}^{x}\exp\left\{-\left(\frac{x-\frac{7}{2}}{\frac{\sqrt{35}}{6}}\right)^2\right\}dx$$

のグラフを下図のように並置してかいてみた．

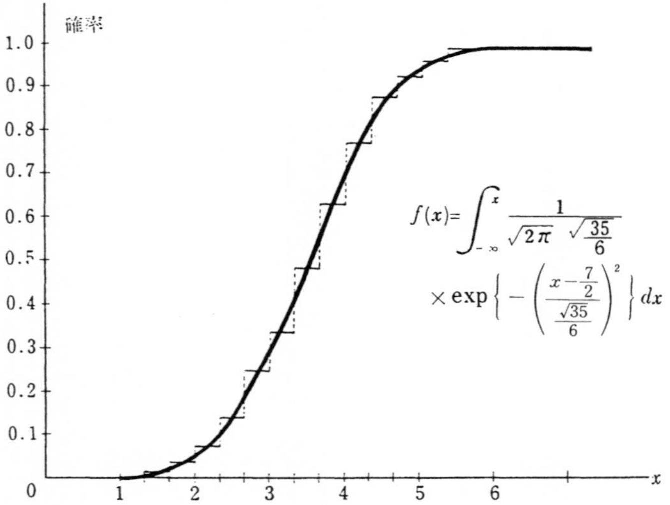

図 3.39

以上のことをまとめると，次の重要な定理をうる．

定理 3.41 x_1, x_2, ……, x_n が平均 μ, 分散 σ^2 をもつ任意の母集団から抽出された n 個の無作為標本の変量とする．x_1, x_2, ……, x_n の平均（標本平均）を $\bar{x}$ で表わすとき，変量

$$z=\frac{\sqrt{n}\,(\bar{x}-\mu)}{\sigma}$$

の分布は，$n\to\infty$ のとき標準正規分布 $\boldsymbol{N}(0,\ 1)$ に近づく．

この定理を**中心極限定理**(central limit theorem) といい，統計数学では重要な定理ではあるが，証明は本書の程度をこえるので省略する．

例 3.90 では，母集団は $\boldsymbol{\Omega}=\{1,\ 2,\ 3,\ 4,\ 5,\ 6\}$ であり，サイコロを 2 個投げるときは，x_1, x_2 の 2 個の標本変量に対応するのは目の数の対 $(x_1,\ x_2)$，サイコロを 3 個投げるときは，x_1, x_2, x_3 の 3 個の標本変量に対応するのは目の数の対 $(x_1,\ x_2,\ x_3)$ である．

例 3.91 1 箱のタバコの中に平均して 30 mg もしくはそれ以上のニコチンが含有されているなら，長期にわたる喫煙者は肺ガンにかかることが確実であると科学者たちは断言する．いま，ある銘柄のタバコ 100 箱を無作為にえらんで調べたところ，ニコチン含有量は平均して $\bar{x}=26$ mg であったという．$\sigma^2=64$ mg は既知として，どんな決定を下しうるか．

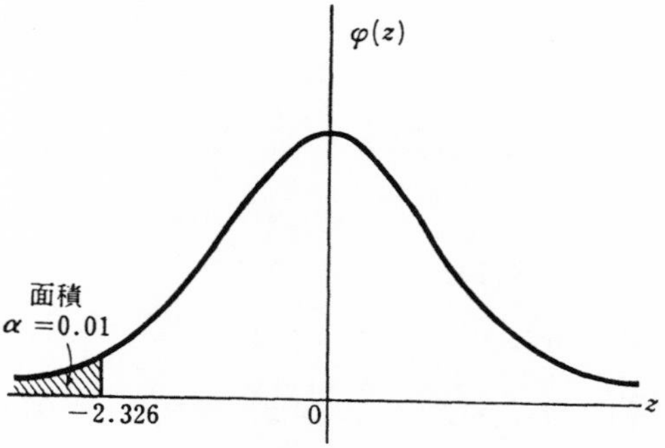

図 3.40

（解） 1. $H_0: \mu=30$, $H_1: \mu<30$

2. 任意に $\alpha=0.01$ としておく．しかし，こと人命に関することだから0.001とか0.0001とかいった極く小さい値の方がより望ましい．

3. 用いられる統計量は

$$z=\frac{\sqrt{n}(\bar{x}-\mu)}{\sigma},$$

$m=30$, $\sigma^2=64$, $n=100$ である．そして，$z\in \boldsymbol{N}(0, 1)$.

4. 棄却域 $\boldsymbol{R}=\{z|z<-2.326\}$.

5. 観測された標本変量の平均は $\bar{x}=26$. $\therefore\ z=\dfrac{(26-30)\times 10}{8}=-5$

6. $-5\in\boldsymbol{R}$. よって仮説 H_0 は棄却される．いいかえると，この銘柄のタバコは99%の確率をもって肺ガンの原因とはならないであろう．

例 3.92 例3.91において，検定力関数を求め，かつ適当な $\bar{x}$ の値を代入して検定力を計算し，検定力曲線をかけ．

（解） $\alpha=0.01$ のとき，検定は

$$「\frac{\bar{x}-30}{0.8}<-2.326 ならば，H_0 を棄却せよ」$$

ということだから，検定力関数は

$$f(\mu)=pr\left\{\frac{\bar{x}-\mu}{0.8}+\frac{\mu-30}{0.8}<-2.326\right\}$$

$\mu=30$ ならば，$f(30)=0.01$

$\mu=29$ ならば，$f(29)=pr\left\{\dfrac{\bar{x}-29}{0.8}+\dfrac{29-30}{0.8}<-2.236\right\}$

$$=pr\{z-1.25<-2.236\}=pr\{z<-1.076\}$$
$$=0.141$$

同様にして，$f(28)=0.569$, $f(27)=0.923$.

この図から分るように，検定力は減少し，それで $\mu<30$ なるすべての μ に対して，第2種の過誤を犯す確率 $\beta=1-f(\mu)$ は増加する．

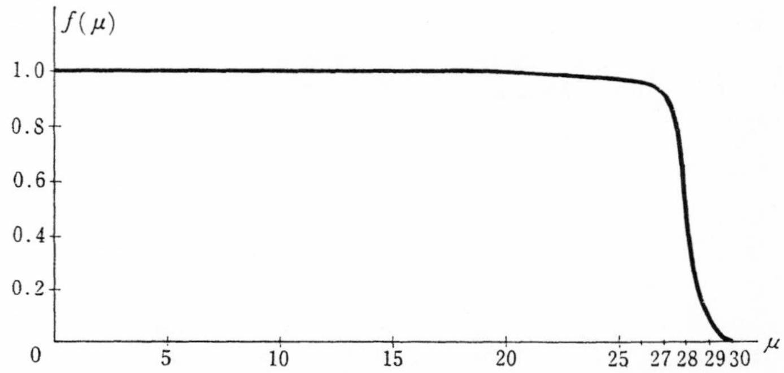

図 3.41

問 3.193 タバコの問題で，$\alpha=0.05$ を有意水準にとったとしよう．この場合の棄却域を求めよ．また，この棄却域をもって，$\mu=27$, 28, 29, 30のときの検定力を計算せよ．

問 3.194 タバコの問題で，$n=100$ ではなくて，$n=25$ とする．$\alpha=0.01$ によってえられる棄却域を用いて，$\mu=27$, 28, 29, 30の ときの検定力を計算せよ．n が減少するとき，検定力曲線はどうなるか．

例 3.93 あるジュース缶詰工場では，1カン 46 オンス天然果汁入りの表示をしたジュースの缶詰を作っている．自動測定装置によって X オンスずつカンにジュースを入れる．ここで X は正規分布にしたがう確率変数である．もしあるジュース缶のロットの1カンあたり平均容量が46オンス以上なら，会社の利益は少なくなるであろうし，一方46オンス以下なら政府から不当表示の忠告をうけるであらう．容量の分散 $\sigma^2=0.25$ オンス^2, $n=25$ カン，無作為に抽出して平均容量を出したところ，$x=46.18$オンスをえた．有意水準 $\alpha=0.05$として，どんな決定を下しうるか．

(解) **1.** $H_0: \mu=46$,　$H_1: \mu\neq 46$

2. $\alpha=0.05$

3. 用いられる統計量は，$z=\dfrac{5(\bar{x}-46)}{0.5}$．$H_0$ が真ならば，z の確率分布は $N(0, 1)$ である．

4. 棄却域　$\boldsymbol{R}=\{z \mid |z|>1.96\}$

この棄却域は図 3.42 からわかるように2つの部分からなり，**両側棄却域**

(two-sided critical region) という．

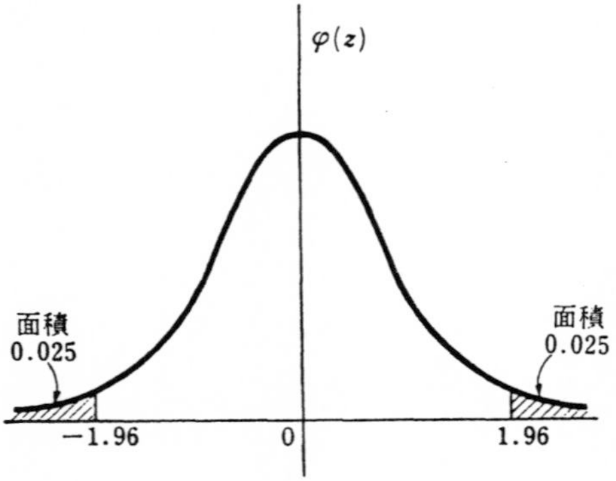

図 3.42

5.　$\overline{x}=46.18$（観測データ）のとき

$$z=\frac{5(46.18-46)}{0.5}=1.8$$

6.　$1.8\notin \boldsymbol{R}$．　よって仮説 H_0 は採択される．

この例のように，対立仮説 H_1 が帰無仮説 H_0 の両側にあるものを，**両側対立仮説** (two-sided alternative)，それに対して例3.85 の対立仮説を**片側対立仮説** (one-sided alternative) という．そして

両側対立仮説をもつ検定を**両側検定**
片側対立仮説をもつ検定を**片側検定**　｝という．

H_1: $\mu\neq 46$ に対して，H_0: $\mu=46$ を検定するための検定力は

$$f(\mu)=pr\left\{\frac{\overline{x}-\mu}{0.1}+\frac{\mu-46}{0.1}<-1.96\right\}+pr\left\{\frac{\overline{x}-\mu}{0.1}+\frac{\mu-46}{0.1}>1.96\right\}$$

$$=1-pr\left\{-1.96<\frac{\overline{x}-\mu}{0.1}+\frac{\mu-46}{0.1}<1.96\right\}$$

$$f(46.1)=1-pr\left\{-1.96<\frac{\overline{x}-46.1}{0.1}+\frac{0.1}{0.1}<1.96\right\}$$

$$=1-pr\{-1.96<z+1<1.96\}=1-pr\{-2.96<z<0.96\}$$

$$=1-(0.8315-0.0015)=0.170$$

以下同様にして

$f(46.2)=0.5160$　　　$f(45.9)=0.170$

$f(46.3)=0.8508$　　　$f(45.8)=0.5160$

　　　　　　　　　　　$f(45.7)=0.8508$

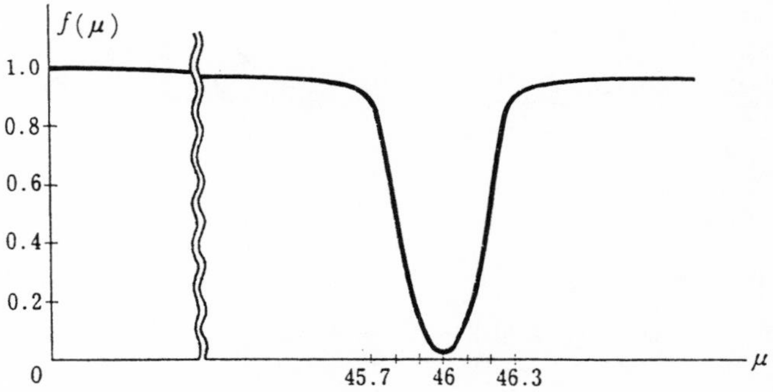

図 3.43

問 3.195　例3.93において，有意水準を $\alpha=0.1$ とすると，棄却域は $\boldsymbol{R}=\{z \mid |z|>1.645\}$ であることを証明せよ．この新しい棄却域をもって，$\mu=45.7$, 45.8, 45.9, 46, 46.1, 46.2, 46.3 のときの検定力を計算せよ．$\alpha=0.05$ のときにえた検定力と比較せよ．

問 3.196　例3.93において，検査する標本の数を $n=100$ とする．$\alpha=0.05$ のときえられる棄却域を用いて，$\mu=45.7$, 45.8, 45.9, 46, 46.1, 46.2, 46.3 のときの検定力を計算し，$n=25$ のときえられた値と比較せよ．n が増加したとき検定力曲線はどうなるか．

この節でのまとめ．

(1) σ^2 既知のとき	(2) σ^2 既知のとき
$H_1: \mu<\mu_0$ に対して $H_0: \mu=\mu_0$ を検定するための 棄却域とそれに結びついた有意水準 α	$H_1: \mu>\mu_0$ に対して $H_0: \mu=\mu_0$ を検定するための 棄却域とそれに結びついた有意水準 α

（左側検定）

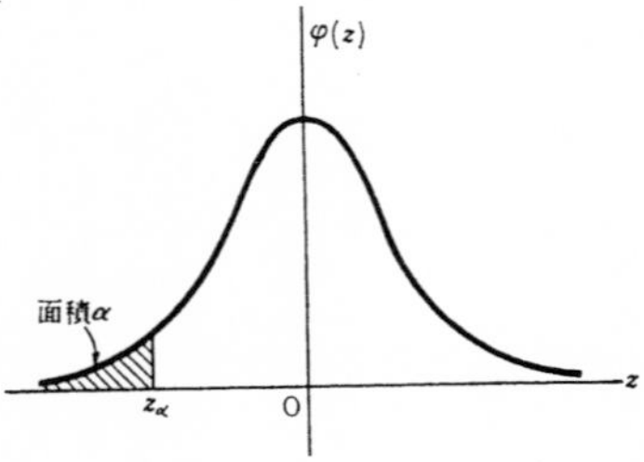

（右側検定）

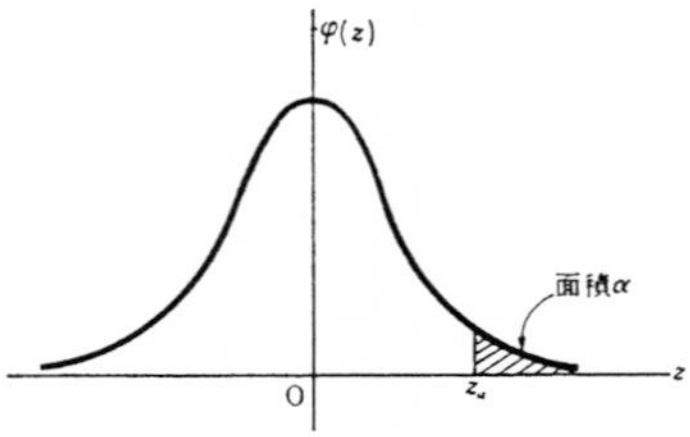

(3)　σ^2 既知のとき

H_1：$\mu \neq \mu_0$ に対して，H_0：$\mu = \mu_0$ を検定するための棄却域と

それに結びついた有意水準 α **（両側検定）**

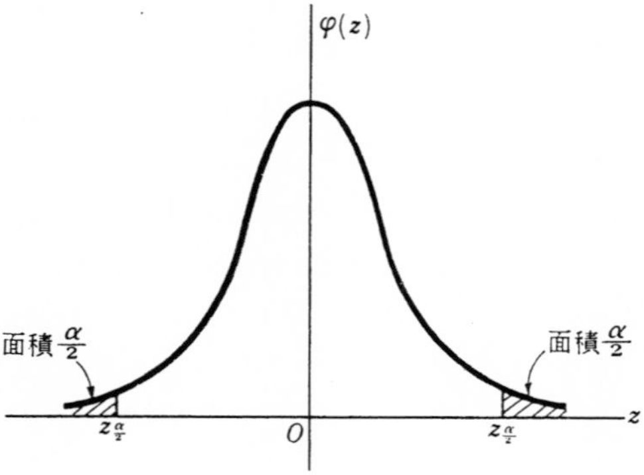

［数学的補注］　検定についての Neyman-Pearson の基本定理

確率変数 X のしたがう分布の確率密度関数 $f(x)$ が $f_0(x)$ か $f_1(x)$ であることが分っているとき

　　帰無仮説 H_0：$f(x)=f_0(x)$

を

　　対立仮説 H_1：$f(x)=f_1(x)$

に対して，有意水準 α で検定しよう．1つの正の実数 k に対して，

$$W_k=\{x \mid f_1(x) \geqq k f_0(x)\}$$

なる集合を定義するとき

$$\int_{W_k} f_0(x)dx=\alpha \tag{1}$$

となるような W_k を棄却域にとって検定する．そのとき第２種の過誤を犯す確率は

$1-\int_{W_k} f_1(x)dx$ である．いま有意水準 α の棄却域を W とし

$$\int_{W} f_0(x)dx=\alpha \tag{2}$$

とおく．(1)(2)より

$$\int_{W_k} f_0(x)dx=\int_{W} f_0(x)dx=\alpha$$

$$\int_{W_k-(W_k \cap W)} f_0(x)dx=\int_{W-(W_k \cap W)} f_0(x)dx \tag{3}$$

さて，

$$\begin{aligned}
D &\equiv \int_{W_k} f_1(x)dx-\int_{W} f_1(x)dx \\
&=\int_{W_k-(W_k \cap W)} f_1(x)dx-\int_{W-(W_k \cap W)} f_0(x)dx \\
&\geqq \int_{W_k-(W_k \cap W)} k f_0(x)dx-\int_{W-(W_k \cap W)} k f_0(x)dx \\
&=0
\end{aligned}$$

$$\therefore \quad \int_{W_k} f_1(x)dx \geqq \int_{W} f_1(x)dx$$

$$1-\int_{W_k} f_1(x)dx \leqq 1-\int_{W} f_1(x)dx$$

かくして，W_k を棄却域にとって検定すれば，第２種の過誤を犯す確率が最小になる．これを **Neyman-Pearson** の基本定理（**棄却域の選択に関する原理** principle for choosing a critical region）という．

§4. 信 頼 区 間

母数としての母集団内の変量の平均を μ，分散を σ^2 とするとき，$\mu=\mu_0$ を検定するのに，対立仮説 $\mu \neq \mu_0$，有意水準 0.05 とすると両側検定で

$$pr\{-1.96<\frac{\sqrt{n}\,(\bar{x}-\mu)}{\sigma}<1.96\}=0.95 \tag{1}$$

であった．もっと一般的に，有意水準 α とすると

$$pr\left\{-z_{1-\frac{\alpha}{2}}<\frac{\sqrt{n}(\bar{x}-\mu)}{\sigma}<z_{1-\frac{\alpha}{2}}\right\}=1-\alpha \tag{2}$$

であった．(1)もしくは(2)の左辺 pr の｛　｝内の不等式はそれぞれ

$$\bar{x}-1.96\frac{\sigma}{\sqrt{n}}<\mu<\bar{x}+1.96\frac{\sigma}{\sqrt{n}} \tag{3}$$

$$\bar{x}-z_{1-\frac{\alpha}{2}}\frac{\sigma}{\sqrt{n}}<\mu<\bar{x}+z_{1-\frac{\alpha}{2}}\frac{\sigma}{\sqrt{n}} \tag{4}$$

と同値であるから，(1)と(2)は

$$pr\left\{\bar{x}-1.96\frac{\sigma}{\sqrt{n}}<\mu<\bar{x}+1.96\frac{\sigma}{\sqrt{n}}\right\}=0.95 \tag{5}$$

$$pr\left\{\bar{x}-z_{1-\frac{\alpha}{2}}\frac{\sigma}{\sqrt{n}}<\mu<\bar{x}+z_{1-\frac{\alpha}{2}}\frac{\sigma}{\sqrt{n}}\right\}=1-\alpha \tag{6}$$

とかくことができる．

(3)の不等式の範囲を**信頼係数**（confidence coefficient）95%の**信頼区間**（confidence interval），(4)の不等式の範囲を信頼係数 100(1−α)% の信頼区間という．さらに

$$2z_{1-\frac{\alpha}{2}}\frac{\sigma}{\sqrt{n}}=L \tag{7}$$

を信頼係数 100(1−α)% **信頼巾**という．信頼巾が与えられると，逆に標本の個数 n は容易に求められる．(7)を n について解いて

$$n=\left[\left(\frac{2\sigma z_{1-\frac{\alpha}{2}}}{L}\right)^2\right] \tag{8}$$

をうる．ただし［　］はなかの数値にもっとも近い整数値を与える．

なお，よく用いられる信頼係数は次の表の通りである．

α	0.03	0.041	0.317
100(1−α)%	99.7%	95.9%	68.3%
$z_{1-\frac{\alpha}{2}}$	3	2	1

例 3.94 平均 μ, 分散4の正規母集団から大きさ n の任意標本を抽出して，その平均を $\overline{x}$ とするとき，次の問に答えよ．

(1) $n=100$, $\overline{x}=10$ のとき，信頼係数95%で μ の信頼区間を求めよ．

(2) $|\overline{x}-\mu|\leqq\frac{1}{2}$ となる確率が95%以上であるようにしたい．n をどのようにえらべばよいか．

(解) (1) $\overline{x}-1.96\frac{\sigma}{\sqrt{n}}<\mu<\overline{x}+1.96\frac{\sigma}{\sqrt{n}}$

より

$$9.608<\mu<10.392$$

(2) 信頼巾が広くなれば，確率は大きくなり

信頼巾が狭くなれば，確率は小さくなる．

この問では，信頼巾 $L\geqq1$ なら，確率は95%以上になる．

$$n=\left[\left(\frac{2\sigma z_{1-\frac{\alpha}{2}}}{L}\right)^2\right]\leqq[(2\times2\times1.96)^2]$$

$$\therefore\quad n\leqq62$$

問 3.197 例3.91のタバコの例において，このタバコ1箱の平均ニコチン含有量を信頼係数99%をもって推定せよ．また，この問題で信頼巾を2 mg とするとき，n はどの位の数でなければならないか．

例 3.95 母集団 $\boldsymbol{\Omega}$ を $\boldsymbol{A}$ と $\boldsymbol{A}^c$ に分ける．$\boldsymbol{A}$ の要素には変量1を，$\boldsymbol{A}^c$ の要素には変量0を与えると，そのような度数分布の平均は p($\boldsymbol{\Omega}$ における $\boldsymbol{A}$ の比率)，分散は pq となる．ここで $q=1-p$.

さて，$\boldsymbol{\Omega}$ から n 個の要素を復元抽出し，そのうち $\boldsymbol{A}$ に属する要素の数を X とする．$\frac{X}{n}$ は標本比率である．n が十分大きければ

$$pr\left\{-z_{1-\frac{\alpha}{2}}<\frac{\sqrt{n}\left(\frac{X}{n}-p\right)}{\sqrt{pq}}<z_{1-\frac{\alpha}{2}}\right\}=1-\alpha$$

95%の信頼区間は

$$-1.96<\frac{\sqrt{n}\left(\dfrac{X}{n}-p\right)}{\sqrt{pq}}<1.96$$

$$\frac{X}{n}-1.96\sqrt{\frac{pq}{n}}<p<\frac{X}{n}+1.96\sqrt{\frac{pq}{n}}$$

$$pq=p(1-p)=-\left(p-\frac{1}{2}\right)^2+\frac{1}{4}\leqq\frac{1}{4}$$

$$\therefore\quad \frac{X}{n}-\frac{0.98}{\sqrt{n}}<p<\frac{X}{n}+\frac{0.98}{\sqrt{n}}$$

問 3.198　大きさ500の母集団から，大きさ100の標本を無作為に復元抽出し，そのうちある特性をもったものが37あった．母集団の中でその特性をもつものの比率を，95%信頼係数をもって推定せよ．

問 3.199　大阪市内の電話帳から無作為にえらんだ225軒の電話加入者のうち，75軒は某日の午後7時から8時の間に電話しても応答がえられなかった．電話をもつ世帯のうち，この時間に不在でないものの割合を90%信頼係数をもって推定せよ．

例 3.96　長い期間平均して不良率 p で生産されているロットがある．個々の時刻でのロットの中の不良率は若干変動があるかもしれぬ．そしてその変動量が余り大きいと，何かタダ事でない原因で生産の工程に狂いが生じたかも分らないので，生産を中止して機械の総点検を行なうのがよい．そのための規格を与えるのが**品質管理図** (quality control chart) である．

品質管理図のかき方は，一定間隔の時刻ごとに

$X=n$ 個の標本中の不良品の個数

を観察する．例3.89と同じように考えて，99.7%信頼係数で

$$X-3\sqrt{npq}<np<X+3\sqrt{npq}$$

となる．したがってこれは

$$np-3\sqrt{npq}<X<np+3\sqrt{npq}$$

と同値である．つまり1000標本の製品中997標本ぐらいは区間 $[np-3\sqrt{npq},\ np+3\sqrt{npq}]$ の間に不良品の個数がおさまる．この区間外に不良品の個数がおちるのは $\dfrac{3}{1000}$ 程度の確率でしか起こらないから，こんなことは滅多に起

こらないことである．それが現実に起こったとしたら，それはタダ事でないと判断してよい．このことを図示して

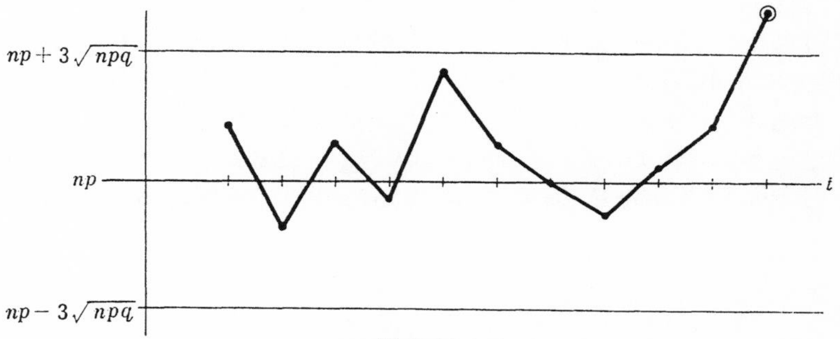

図 3.44

とかく．このような図を**不良個数管理**，または***pn*-管理図**（*pn*-chart）とよぶ．そして np の線を中心線，$np+3\sqrt{npq}$ の線を**上部限界線**，$np-3\sqrt{npq}$ の線を**下部限界線**（この値が負のときは0）という．

限界線内の標本値のバラツキは**管理されたバラツキ**（controlled variability）にあり，管理されたバラツキだけをもつ製品がつくられるような工程の状態を**管理状態**（controlled state）という．管理限界を

（平均値）±3×（標準偏差）

にえらんで工程を管理する方法を**3シグマ法**という．

問 3.200　次のデータはある絶縁材料の検査で見つかった不良品の個数である．これから *pn*-管理図をつくれ．$n=5$ とする．

標本番号	1	2	3	4	5	6	7	8	9	10
不良品個数	0	0	1	1	0	2	0	1	0	0

問 3.201前問のデータのつづきは次のようであった．どの点で製造過程に変化があったと考えられるか．残りのデータをもとにして管理限界を計算し直せ．

標本番号	11	12	13	14	15	16	17	18	19	20
不良品個数	1	1	2	3	2	2	1	2	0	2

[歴史的補注]　品質管理図法が誕生するまで

人間を動物と区別しうるのは，人間が自分の環境を管理できることと，人間が道具を生産し使用するという点にある．人類は B.C. 100万年前に石器を造り始めていたが，約1万年前になってはじめて人間は，石器のある穴で立証されるような様式で，部品同志を組合せて新しい製品を造る技術を発見したようである．この長い期間を通じて，人間はめいめいで自分自身のための道具を作っていたが，5000年位前になって，エジプト人はある程度互換性のある弓と矢を作り，それを使うようになったと想像される．しかし人間がはじめて**互換性のある部品という概念**を実際に導入したのは1787年頃である．

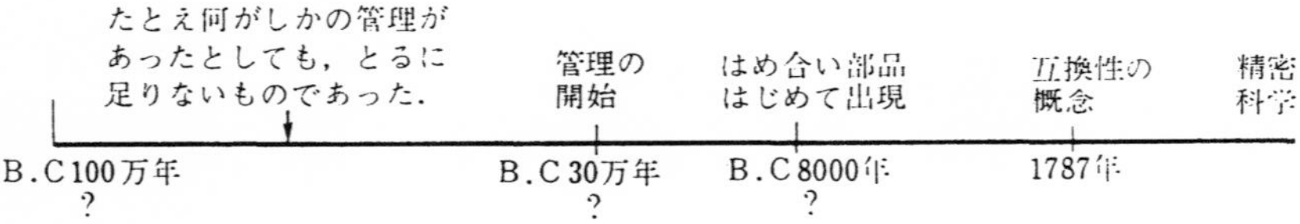

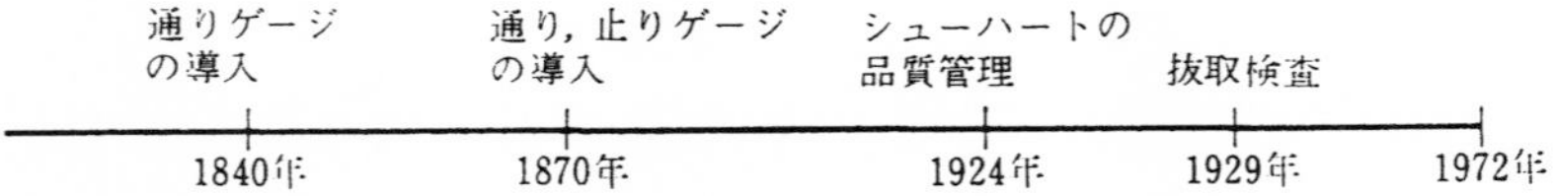

当時は，**精密科学**(exact science)の全盛時代で，部品を精密な寸法で仕上げることが試みられた，そして精密測定器などがつぎつぎと発見されていったが，しかしまもなく生産上の経験から，正確に指定されたものを作ることはできないし，たとえ正確なものを作ろうとしても費用が高くつくことも分った．むしろ正確に同じものは必ずしも作る必要のないことも分ってきた．こうして1840年頃**通りゲージ**(go gage)を用いて品質の最大の限界を判定させたし，1870年頃には**通り止りゲージ**(go, no-go gage)を用いて品質の最小の限界を判定させた．このことは生産者がもっと楽な気持で生産し，その結果経費を軽減することができるようになったという点で，ひとつの大きな前進を示すものであった．にもかかわらず，依然として未解決の問題が2つ残された．それは

(1)　品質をゲージによって測定し，一定範囲内に品質がおさまるようにするための管理費用の増加率が，不良品の減少によってもたらされる節約の増加率とちょうど等しくなるところまで不良率を下げること(ハネられる不良品の山の大きさに対する経済的な最低線の決定)

(2)　多くの品質特性に対する試験は破壊的であるので，品質の適切な保証のための抜取

検査法のあり方

の2つであった．この2つの問題を解こうとする努力の結果，1924年，W. A. Shewhart (1891—1962) は品質管理図の使用を含む統計的管理の操作を導入した．しかし，実際に管理図法が一般に公表されたのは，1931年の彼の著書 "Economic Control of Quality of Manufactured Product (工業製品の経済的品質管理)" においてである．

第5章 多変量の統計数学

§1. 2変量間の関係

人間の身長と体重，人間の数学の成績と英語の成績，商品の価格と売上げ高，ある地点から発信した電波の強さと距離の間の関係など，1つのものに2つまたはそれ以上の標識の値がきまる場合，統計数学はどんな分析の手法を提供するのであろうか．それを調べてゆくことにしよう．

母集団 $\boldsymbol{\Omega}$ を，$\boldsymbol{\Omega}=\{\omega_1, \omega_2, \cdots\cdots, \omega_N\}$ とする．この上の2つの標識 X, Y を考えて，X と Y のとる値をそれぞれ

$$X(\omega_1)=x_1,\quad X(\omega_2)=x_2, \cdots\cdots, X(\omega_N)=x_N$$

$$Y(\omega_1)=y_1,\quad Y(\omega_2)=y_2, \cdots\cdots, Y(\omega_N)=y_N$$

とおく．すると母集団内の1つの要素 ω_i に変量の対 (x_i, y_i) が対応する．平面上に (x_i, y_i), $i=1, 2, \cdots\cdots, N$ を座標にもつ点をプロットした図を**散布図** (scatter diagram)，あるいは**点点図** (dot diagram) という．散布図をかくと，2つの変量 X と Y の間の関係を直観的にみることができる．

例 3.97 次の表はある高校の生徒の数学の成績 (X) と英語の成績 (Y) を10点満点で評価したものである．

もし，ここで2変量 X, Y の間に $Y=f(X)$ という関数関係が具体的に $Y=aX$ とか，$Y=aX+b$ とかいう形で求めうるならば，それにこしたことはないが，必ずしもこのような関係が成り立つとは限らない．にもかかわらず，大体

個人番号	X	Y	個人番号	X	Y
1	4	5	10	5	6
2	2	4	11	4	4
3	4	5	12	5	5
4	2	4	13	3	6
5	4	6	14	3	6
6	2	3	15	4	4
7	6	7	16	5	7
8	5	6	17	3	5
9	1	4			

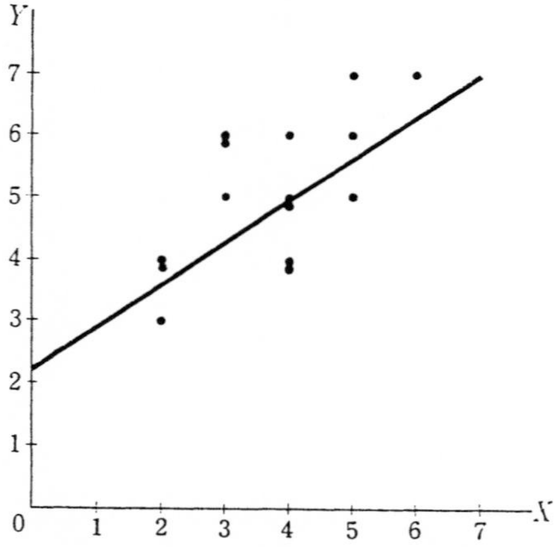

図 3.45

の傾向が $Y=aX+b$ の形をしているかどうかは研究することができる．

問 3.202 熟練した小銃手15名が膝射ちと立射ちとで斉射を行なったところ，表のような得点をえた．Xは膝射ち，Yは立射ちの成績を示す．散布図をかけ．(Scarborough, Wagner)

X	91	93	91	89	90	91	95	93	88	88	92	91	92	94	94
Y	78	85	82	79	75	87	86	82	71	83	89	84	79	86	85

問 3.203 次のデータは虫喰いリンゴの割合の表である．ここで X は1本のリンゴの木

になった果実数，Yはそのうちの虫喰い果実の百分率を示す．散布図をかけ．(Snedecor)

X(100こ)	8	6	11	22	14	17	18	24	19	23	26	40
Y (%)	59	58	56	53	50	45	43	42	39	38	30	27

問 3.204　生後28日の15匹のネズミに高単位の蛋白食料を与えたところ，84日目に次の表に示されるような体重の増加量 Y(g) をえた．ここで X(g) は元の体重である．散布図をかけ．(Snedecor)

X	50	64	76	64	74	60	69	68	56
Y	128	150	158	119	133	112	96	126	132

X	48	57	59	46	45	65
Y	118	107	106	82	103	104

問 3.205　アルミニウムの鋳物の標本10種をえらび，そのそれぞれについて平方インチあたり1000ポンドの抗張力（Y kg/mm²）ならびにロックウェルの硬度（X HB）を調べたところ，右のような数値をえた．このデータについて散布図をつくれ．

X	Y
53.0	29.3
70.2	34.9
84.3	36.8
55.3	30.1
78.5	34.0
63.5	30.8
71.4	35.4
53.4	31.3
82.5	32.2
67.3	33.4

§2. 相 関 係 数

2変量 X, Y についての N 組のデータ

$$(x_1,\ y_1),\ (x_2,\ y_2),\ \cdots\cdots,\ (x_N,\ y_N)$$

に対して，X, Y の平均は

$$E(X)=\frac{x_1+x_2+\cdots\cdots+x_N}{N}$$

$$E(Y)=\frac{y_1+y_2+\cdots\cdots+y_N}{N}$$

である．２つの偏差ベクトル

$$\boldsymbol{d}_X=\begin{pmatrix} x_1-E(X) \\ x_2-E(X) \\ \vdots \\ x_N-E(X) \end{pmatrix} \qquad \boldsymbol{d}_Y=\begin{pmatrix} y_1-E(Y) \\ y_2-E(Y) \\ \vdots \\ y_N-E(Y) \end{pmatrix}$$

を定義する．ベクトルのノルムの定義と分散の定義から

$$\|\boldsymbol{d}_X\|=\sqrt{NV(X)} \quad , \quad \|\boldsymbol{d}_Y\|=\sqrt{NV(Y)}$$

となる．また，$\boldsymbol{d}_X$，$\boldsymbol{d}_Y$ の内積

$$\boldsymbol{d}_X\cdot\boldsymbol{d}_Y=\sum_{i=1}^{N}(x_i-E(X))(y_i-E(Y))$$

$$=\sum_{i=1}^{N}x_iy_i-NE(X)E(Y)$$

をとくに $N\operatorname{cov}(X,\ Y)$とかき，

$$\operatorname{cov}(X,\ Y)=\frac{\boldsymbol{d}_X\cdot\boldsymbol{d}_Y}{N}$$

を変量 X, Y の**共分散** (covariance) という．

一方

$$\boldsymbol{d}_X\cdot\boldsymbol{d}_Y=\|\boldsymbol{d}_X\|\|\boldsymbol{d}_Y\|\cos(\widehat{\boldsymbol{d}_X,\ \boldsymbol{d}_Y})$$

だから

$$\cos(\widehat{\boldsymbol{d}_X,\ \boldsymbol{d}_Y})=\frac{\boldsymbol{d}_X\cdot\boldsymbol{d}_Y}{\|\boldsymbol{d}_X\|\ \|\boldsymbol{d}_Y\|}$$

$$=\frac{\operatorname{cov}(X,\ Y)}{\sigma(X)\sigma(Y)}$$

$\cos(\widehat{\boldsymbol{d}_X,\ \boldsymbol{d}_Y})$を２変量 X, Y の**相関係数** (correlation coefficient) といい，記号で $r(X,\ Y)$ とかく．

例 3.98 例3.97の２変量 X, Y の共分散と相関係数を求めよ．

(解) $E(X)=\dfrac{62}{17}=3\dfrac{11}{17}$，$E(Y)=\dfrac{87}{17}=5\dfrac{2}{17}$，$N=17$

$$d_X=\begin{pmatrix} 6\\ -28\\ 6\\ -28\\ 6\\ -28\\ 40\\ 23\\ -45\\ 23\\ 6\\ 23\\ -11\\ -11\\ 6\\ 23\\ -11 \end{pmatrix}\frac{1}{17}, \qquad d_Y=\begin{pmatrix} -2\\ -19\\ -2\\ -19\\ 15\\ -36\\ 32\\ 15\\ -19\\ 15\\ -19\\ -2\\ 15\\ 15\\ -19\\ 32\\ -2 \end{pmatrix}\frac{1}{17}$$

$$\|d_X\|=\frac{\sqrt{8636}}{17}, \qquad \|d_Y\|=\frac{\sqrt{6290}}{17}$$

$$d_X\cdot d_Y=\frac{5117}{17\times 17}$$

$$\mathrm{cov}(X,\ Y)=\frac{5117}{4913}$$

$$r(X,\ Y)=\frac{5117}{\sqrt{8636}\sqrt{6290}}=\frac{5117}{7370.3}=0.694$$

問 3.206 問3.202, 問3.203, 問3.204, 問3.205 のデータについて, 相関係数 $r(X,\ Y)$ を求めよ.

> **定理 3.42** (1) $-1\leqq r(X,\ Y)\leqq 1$
>
> (2) $r(X,\ Y)=\pm 1$ ならば $Y=aX+b$ なる関係がある.
>
> (3) $r(X,\ Y)=0$ ならば $X,\ Y$ の間に相関がない.

(証明) (1) $r(X,\ Y)=\cos(\widehat{d_X,\ d_Y})$ であり, かつ $|\cos\theta|\leqq 1$ であるから

$$-1 \leqq r(X,\ Y) \leqq 1$$

(2) $r(X,\ Y)=\pm 1$ から $(\widehat{\boldsymbol{d}_X,\ \boldsymbol{d}_Y})=0$ または π

$$\boldsymbol{d}_Y=\boldsymbol{d}_X\cdot\lambda$$

すべての i に対して

$$y_i-E(Y)=\lambda(x_i-E(X))$$

$$y_i=\lambda x_i+E(Y)-\lambda E(X)$$

$\lambda=a,\ E(Y)-\lambda E(X)=b$ とおけばよい. (Q. E. D)

例 3.99 変量の対 $(X,\ Y)$, $(X',\ Y')$ の間に

$$\left.\begin{aligned} X&=x_0+mX' \\ Y&=y_0+nY' \end{aligned}\right\} \text{ただし,}\ m,\ n>0$$

という1次関係があるならば

$$r(X,\ Y)=r(X',\ Y')$$

であることを証明せよ.

(解) $$E(X)=x_0+mE(X')$$

$$E(Y)=y_0+nE(Y')$$

したがって, すべての $i(i=1,\ 2,\ \cdots\cdots,\ N)$ に対して

$$x_i-E(X)=x_0+mx_i'-(x_0+mE(X'))$$

$$=m(x_i'-E(X'))$$

$$y_i-E(Y)=n(y_i'-E(Y'))$$

ゆえに

$$\boldsymbol{d}_X=\boldsymbol{d}_X'\cdot m\ ,\quad \boldsymbol{d}_Y=\boldsymbol{d}_Y'\cdot n$$

$$r(X,\ Y)=\frac{\boldsymbol{d}_X\cdot\boldsymbol{d}_Y}{\|\boldsymbol{d}_X\|\,\|\boldsymbol{d}_Y\|}=\frac{\boldsymbol{d}_X'\cdot\boldsymbol{d}_Y'mn}{\|\boldsymbol{d}_X'\|m\|\boldsymbol{d}_Y'\|n}$$

$$=\frac{\boldsymbol{d}_X'\cdot\boldsymbol{d}_Y'}{\|\boldsymbol{d}_X'\|\,\|\boldsymbol{d}_Y'\|}=r(X',\ Y')$$

問 3.207 $r(X,\ Y)=r(Y,\ X)$ であることを証明せよ.

[歴史的補注] 相関

相関の考え方は19世紀の最後の4半世紀のはじめに, Francis Galton 卿(1822~1911)に

よって導入されたすばらしい発見であり，彼の後継者たち，K. Pearson, Edgeworth, Weldon によって精密化したものである．1888年 Galton は "Correlations and their Measurement" という論文の中で「２つの変化する器官において，もし１つの変化が，平均して多少とも，もう１つの変化をともない，しかもそれが同方向であるならば，それらは相互に関係がある —co-related— といわれる．血縁関係にある人々の身長は，相互に関係のある変数である．したがって．父の身長は成人の息子の身長に相関し，成人の息子の身長は父のそれに相関する」と述べている．相関係数は1892年 Edgeworth によって導入された．

F. Galton

§3. 最小二乗法

定理 3.43　２変量 X, Y についての N 組の実現値

$$(x_1, y_1), (x_2, y_2), \cdots\cdots, (x_N, y_N)$$

を座標にもつ N 個の点のつくる散布図をかく．この散布図上で直線

$$Y=aX+b$$

を考える．点 $P_i(x_i, y_i)$ を通る y 軸の平行線と，直線 $Y=aX+b$ との交点を $Q_i(x_i, ax_i+b)$ とする．このとき

$$\sum_{i=1}^{N} P_i Q_i^2 = \sum_{i=1}^{N} (y_i - ax_i - b)^2$$

を最小にするのは

$$a=r(X, Y)\frac{\sigma(Y)}{\sigma(X)}. \qquad b=E(Y)-aE(X)$$

のときである．

（証明）　$S(a, b)=\sum_{i=1}^{N} P_i Q_i^2$ とおく．

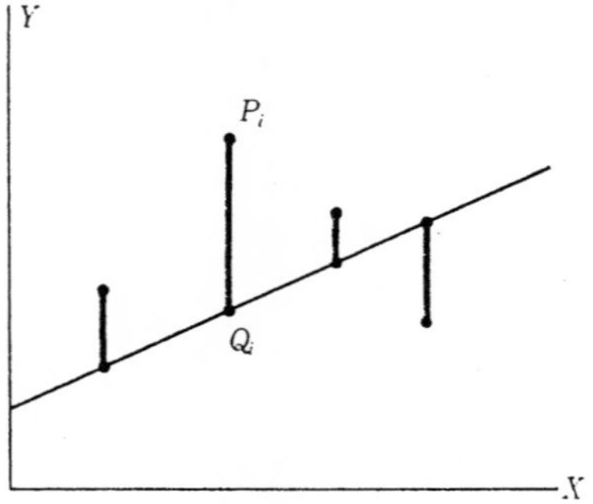

$$\frac{\partial S}{\partial a}=-2\sum_{i=1}^{N}(y_i-ax_i-b)x_i=0 \quad ①$$

$$\frac{\partial S}{\partial b}=-2\sum_{i=1}^{N}(y_i-ax_i-b)=0 \quad ②$$

①より

$$\left(\sum_{i=1}^{N}x_i^2\right)a+\left(\sum_{i=1}^{N}x_i\right)b=\sum_{i=1}^{N}x_i y_i \quad ③$$

②より

$$\left(\sum_{i=1}^{N}x_i\right)a+Nb=\sum_{i=1}^{N}y_i \quad ④$$

③④をとくと

$$a=\frac{N\left(\sum_{i=1}^{N}x_i y_i\right)-\left(\sum_{i=1}^{N}x_i\right)\left(\sum_{i=1}^{N}y_i\right)}{N\left(\sum_{i=1}^{N}x_i^2\right)-\left(\sum_{i=1}^{N}x_i\right)^2}=\frac{\mathrm{cov}(X,\ Y)}{V(X)}$$

$$=\frac{r(X,\ Y)\sigma(X)\sigma(Y)}{\sigma^2(X)}=r(X,\ Y)\frac{\sigma(Y)}{\sigma(X)}$$

④から

$$b=E(Y)-aE(X) \quad \text{(Q. E. D)}$$

定理3.43において，$\sum P_i Q_i^2$ を最小にする方法で，2変量 X, Y の間の関係を近似する方法を，**最小二乗法** (method of least squares) という．そして，この方法でえられた直線の方程式

$$Y-E(Y)=r(X,\ Y)\frac{\sigma(Y)}{\sigma(X)}\{X-E(X)\}$$

を，X の Y に対する**回帰直線**（regression line）の方程式という．この方程式は一方の変量の大きさから，他方の変量の大きさを推定するために用いられるもので，このような統計的概念を**回帰**（regression）という．

例 3.100, 例 3.97 の回帰直線の方程式を求めよ．

（解）　$E(X)=\dfrac{62}{17}\fallingdotseq 3.65$,　$E(Y)=\dfrac{87}{17}\fallingdotseq 5.12$

$$\frac{\sigma(Y)}{\sigma(X)}=\frac{\|\boldsymbol{d}_Y\|}{\|\boldsymbol{d}_X\|}=\sqrt{\frac{6290}{8672}}$$

$$r(X,\ Y)\frac{\sigma(Y)}{\sigma(X)}=\frac{5073}{\sqrt{8636}\ \sqrt{6290}}\times\sqrt{\frac{6290}{8636}}=\frac{5073}{8636}$$

$$\fallingdotseq 0.587$$

$$\therefore\quad Y-5.12=0.587\,(X-3.65)$$

$$Y=0.587X+2.97$$

この方程式の示す直線は（図3.45）に示してある．

問 3.208　問3.202 から 問3.205 までの問題において，回帰直線の方程式を求めよ．

問 3.209　Y の X に関する回帰直線と，X の Y に関する回帰直線との交角を θ とすると

$$\tan\theta=\frac{1-r^2(X,\ Y)}{r(X,\ Y)}\ \frac{\sigma(X)\sigma(Y)}{\sigma^2(X)+\sigma^2(Y)}$$

で与えられることを証明せよ．

また，この交角の式を用いて，$r(X,\ Y)=\pm 1$，$r(X,\ Y)=0$ のときの意味を考えよ．

§4.　結合度数分布と結合比率分布

有限母集団 $\boldsymbol{\Omega}$ の上の２つの標識 X, Y を考え，X, Y のとる値をそれぞれ

$$x_1,\ x_2,\ \cdots\cdots,\ x_m\ ;\ y_1,\ y_2,\ \cdots\cdots,\ y_n$$

とする．そして

$$\boldsymbol{A}_i=\{\omega\,|\,X(\omega)=x_i\},\qquad i=1,\ 2,\ \cdots\cdots,\ m$$

$$\boldsymbol{B}_j=\{\omega\,|\,Y(\omega)=y_j\},\qquad j=1,\ 2,\ \cdots\cdots,\ n$$

$$\boldsymbol{C}_{ij}=\boldsymbol{A}_i\cap\boldsymbol{B}_j$$

とおくと，$\boldsymbol{\Omega}$ は mn 個の部分集団に分割される．これを表と図で表わすと，下のようになる．

$X \backslash Y$	y_1	y_2	……	y_n	
x_1	$\boldsymbol{C}_{11}$	$\boldsymbol{C}_{12}$	……	$\boldsymbol{C}_{1n}$	$\boldsymbol{A}_1$
x_2	$\boldsymbol{C}_{21}$	$\boldsymbol{C}_{22}$	……	$\boldsymbol{C}_{2n}$	$\boldsymbol{A}_2$
⋮	⋮	⋮		⋮	⋮
x_m	$\boldsymbol{C}_{m1}$	$\boldsymbol{C}_{m2}$	……	$\boldsymbol{C}_{mn}$	$\boldsymbol{A}_m$
	$\boldsymbol{B}_1$	$\boldsymbol{B}_2$	……	$\boldsymbol{B}_n$	$\boldsymbol{\Omega}$

	$\boldsymbol{B}_1$	$\boldsymbol{B}_2$	……	$\boldsymbol{B}_n$
$\boldsymbol{A}_1$	$\boldsymbol{C}_{11}$	$\boldsymbol{C}_{12}$	……	$\boldsymbol{C}_{1n}$
$\boldsymbol{A}_2$	$\boldsymbol{C}_{21}$	$\boldsymbol{C}_{22}$	……	$\boldsymbol{C}_{2n}$
⋮	⋮	⋮		⋮
$\boldsymbol{A}_m$	$\boldsymbol{C}_{m1}$	$\boldsymbol{C}_{m2}$	……	$\boldsymbol{C}_{mn}$

表から直ちに

$$\boldsymbol{A}_i=\boldsymbol{C}_{i1}+\boldsymbol{C}_{i2}+\cdots\cdots+\boldsymbol{C}_{in}\ , \qquad i=1,\ 2,\ \cdots\cdots,\ m$$

$$\boldsymbol{B}_j=\boldsymbol{C}_{1j}+\boldsymbol{C}_{2j}+\cdots\cdots+\boldsymbol{C}_{mj}\ , \qquad j=1,\ 2,\ \cdots\cdots,\ n$$

となる．

また，

$$n(\boldsymbol{C}_{ij})=f_{ij}\ , \qquad p_{ij}=P(\boldsymbol{C}_{ij})=\frac{f_{ij}}{n(\boldsymbol{\Omega})}$$

とおくと，次のような**結合度数分布表** (table of joint frequency distribution) と**結合比率分布表**をうる．

$X \backslash Y$	y_1	y_2	……	y_n	計
x_1	f_{11}	f_{12}	……	f_{1n}	$f_{1\cdot}$
x_2	f_{21}	f_{22}	……	f_{2n}	$f_{2\cdot}$
⋮	⋮	⋮		⋮	⋮
x_m	f_{m1}	f_{m2}	……	f_{mn}	$f_{m\cdot}$
計	$f_{\cdot 1}$	$f_{\cdot 2}$	……	$f_{\cdot n}$	$m(\boldsymbol{\Omega})$

$X \backslash Y$	y_1	y_2	……	y_n	計
x_1	p_{11}	p_{12}	……	p_{1n}	$p_{1\cdot}$
x_2	p_{21}	p_{22}	……	p_{2n}	$p_{2\cdot}$
⋮	⋮	⋮		⋮	⋮
x_m	p_{m1}	p_{m2}	……	p_{mn}	$p_{m\cdot}$
計	$p_{\cdot 1}$	$p_{\cdot 2}$	……	$p_{\cdot n}$	1

例 3.101　次の表は197人のボヘミヤ婦人の年令と脳の重さとの結合度数分布表である．X は脳の重さ(kg)，Y は年令(才) を表わす．(Pearl)

X＼Y	20—30	30—40	40—50	50—60	60—70	70—80	
1.0—1.1	1		1	1			3
1.1—1.2	2	2	4	2	5	4	19
1.2—1.3	28	9	8	14	10	4	73
1.3—1.4	26	14	10	6	5	4	65
1.4—1.5	13	7	7	2		2	31
1.5—1.6	2	3		1			6
	72	35	30	26	20	14	197

これを散布図で表わすと次のようになる．

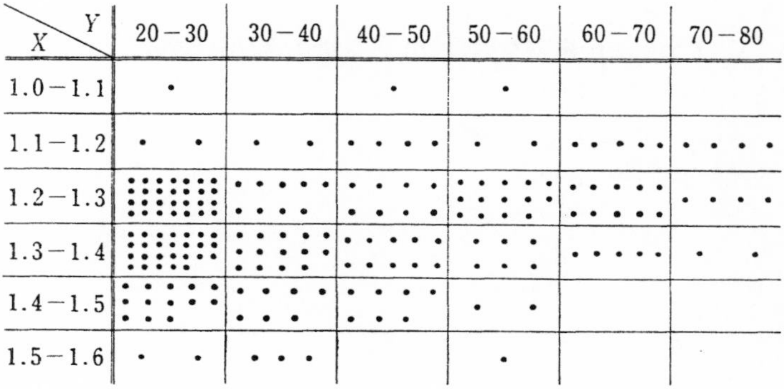

問 3.210　π の値が小数点以下2000桁以上求められている数表を探してくること．それを上の方から２つずつ区切り，相つづく２つの数字を対にして考えると，00，01，02，……，10，11，……，99 の計100通りが考えられる．これの対がどのくらい現われるかを示す結合度数分布表をつくれ．

X＼Y	0	1	2	……	9	計
0						
1						
2						
⋮						
9						
計						

結合比率分布表が与えられている場合，相関係数を求めてみよう．

$X \backslash Y$	y_1	y_2	……	y_n	計	平均
x_1	p_{11}	p_{12}	……	p_{1n}	$p_{1\cdot}$	ν_1
x_2	p_{21}	p_{22}	……	p_{2n}	$p_{2\cdot}$	ν_2
$\vdots$	$\vdots$	$\vdots$		$\vdots$	$\vdots$	$\vdots$
x_m	p_{m1}	p_{m2}	……	p_{nm}	$p_{m\cdot}$	ν_m
計	$p_{\cdot 1}$	$p_{2\cdot}$	……	$p_{\cdot n}$	1	ν
平均	μ_1	μ_2	……	μ_n	μ	

(1)　比率行列

$$\begin{pmatrix} p_{11} & p_{12} & \cdots\cdots & p_{1n} \\ p_{21} & p_{22} & \cdots\cdots & p_{2n} \\ \vdots & \vdots & & \\ p_{m1} & p_{m2} & \cdots\cdots & p_{mn} \end{pmatrix} = \boldsymbol{\Lambda}$$

とおく．

(2)

$$\boldsymbol{x} = \begin{pmatrix} x_1 \\ x_2 \\ \vdots \\ x_m \end{pmatrix}, \quad \boldsymbol{y} = \begin{pmatrix} y_1 \\ y_2 \\ \vdots \\ y_n \end{pmatrix}, \quad \boldsymbol{u}_m = \begin{pmatrix} 1 \\ 1 \\ \vdots \\ 1 \end{pmatrix}$$

（1は m 個）とおく．

(3)　X, Y の一方の変量を固定したときの条件付平均

列条件付平均ベクトル

$$(\mu_1,\ \mu_2,\ \cdots\cdots,\ \mu_n) = \boldsymbol{x}^t \boldsymbol{\Lambda}$$

行条件付平均ベクトル

$$\begin{pmatrix} \nu_1 \\ \nu_2 \\ \vdots \\ \nu_m \end{pmatrix} = \boldsymbol{\Lambda}\ \boldsymbol{y}$$

(4)　全体平均

$$\mu = \mu_1 + \mu_2 + \cdots\cdots + \mu_n$$

$$= (\mu_1,\ \mu_2,\ \cdots\cdots,\ \mu_n) \begin{pmatrix} 1 \\ 1 \\ \vdots \\ 1 \end{pmatrix} = (\boldsymbol{x}^t \boldsymbol{\Lambda})\, \boldsymbol{u}_n$$

$$\nu = \nu_1 + \nu_2 + \cdots\cdots + \nu_m$$

$$= (\nu_1,\ \nu_2,\ \cdots\cdots,\ \nu_m) \begin{pmatrix} 1 \\ 1 \\ \vdots \\ 1 \end{pmatrix} = (\boldsymbol{y}^t \boldsymbol{\Lambda}^t)\, \boldsymbol{u}_m$$

(5) 偏差ベクトル

$$\boldsymbol{d}_X=\boldsymbol{x}-\boldsymbol{u}_m\,\mu=\begin{pmatrix} x_1-\mu \\ x_2-\mu \\ \vdots \\ x_m-\mu \end{pmatrix},\quad \boldsymbol{d}_Y=\boldsymbol{y}-\boldsymbol{u}_n\nu=\begin{pmatrix} y_1-\nu \\ y_2-\nu \\ \vdots \\ y_n-\nu \end{pmatrix}$$

(6) 分散

$$V(X)=\boldsymbol{d}_X{}^t\begin{pmatrix} p_{1\cdot} & & & 0 \\ & p_{2\cdot} & & \\ & & \ddots & \\ 0 & & & p_{m\cdot} \end{pmatrix}\boldsymbol{d}_X=\boldsymbol{x}^t\begin{pmatrix} p_{1\cdot} & & & 0 \\ & p_{2\cdot} & & \\ & & \ddots & \\ 0 & & & p_{m\cdot} \end{pmatrix}\boldsymbol{x}-\mu^2$$

$$V(Y)=\boldsymbol{d}_Y{}^t\begin{pmatrix} p_{\cdot 1} & & & 0 \\ & p_{\cdot 2} & & \\ & & \ddots & \\ 0 & & & p_{\cdot n} \end{pmatrix}\boldsymbol{d}_Y=\boldsymbol{y}^t\begin{pmatrix} p_{\cdot 1} & & & 0 \\ & p_{\cdot 2} & & \\ & & \ddots & \\ 0 & & & p_{\cdot n} \end{pmatrix}\boldsymbol{y}-\nu^2$$

(7) 共分散

$$\begin{aligned}\mathrm{cov}(X,\ Y)&=\boldsymbol{d}_X{}^t\boldsymbol{\Lambda}\,\boldsymbol{d}_Y\\ &=\boldsymbol{x}^t\boldsymbol{\Lambda}\boldsymbol{y}-\mu\nu\\ &=\boldsymbol{x}^t\boldsymbol{\Lambda}\boldsymbol{y}-(\boldsymbol{x}^t\boldsymbol{\Lambda}\boldsymbol{u}_n)(\boldsymbol{y}^t\boldsymbol{\Lambda}^t\boldsymbol{u}_m)\end{aligned}$$

(8) 相関係数

$$r(X,\ Y)=\frac{\mathrm{cov}(X,\ Y)}{\sqrt{V(X)V(Y)}}$$

例 3.102 次の結合度数分布表から相関係数を求めよ.

X \ Y	2	3	4	計
1	3	2	1	6
2	2	4	2	8
3	1	2	3	6
計	6	8	6	20

(解) 右の表を結合比率分布表に直す

X \ Y	2	3	4	計
1	$\frac{3}{20}$	$\frac{2}{20}$	$\frac{1}{20}$	$\frac{6}{20}$
2	$\frac{2}{20}$	$\frac{4}{20}$	$\frac{2}{20}$	$\frac{8}{20}$
3	$\frac{1}{20}$	$\frac{2}{20}$	$\frac{3}{20}$	$\frac{6}{20}$
計	$\frac{6}{20}$	$\frac{8}{20}$	$\frac{6}{20}$	1

$$\mu=(1,\ 2,\ 3)\begin{pmatrix}\frac{3}{20} & \frac{2}{20} & \frac{1}{20}\\ \frac{2}{20} & \frac{4}{20} & \frac{2}{20}\\ \frac{1}{20} & \frac{2}{20} & \frac{3}{20}\end{pmatrix}\begin{pmatrix}1\\ 1\\ 1\end{pmatrix}=2$$

$$\nu=(2,\ 3,\ 4)\begin{pmatrix}\frac{3}{20} & \frac{2}{20} & \frac{1}{20}\\ \frac{2}{20} & \frac{4}{20} & \frac{2}{20}\\ \frac{1}{20} & \frac{2}{20} & \frac{3}{20}\end{pmatrix}\begin{pmatrix}1\\ 1\\ 1\end{pmatrix}=3$$

$$V(X)=(1,\ 2,\ 3)\begin{pmatrix}\frac{6}{20} & 0 & 0\\ 0 & \frac{8}{20} & 0\\ 0 & 0 & \frac{6}{20}\end{pmatrix}\begin{pmatrix}1\\ 2\\ 3\end{pmatrix}-2^2=\frac{12}{20}$$

$$V(Y)=(2,\ 3,\ 4)\begin{pmatrix}\frac{6}{20} & 0 & 0\\ 0 & \frac{8}{20} & 0\\ 0 & 0 & \frac{6}{20}\end{pmatrix}\begin{pmatrix}2\\ 3\\ 4\end{pmatrix}-3^2=\frac{12}{20}$$

$$\mathrm{cov}(X,\ Y)=(1,\ 2,\ 3)\begin{pmatrix}\frac{3}{20} & \frac{2}{20} & \frac{1}{20}\\ \frac{2}{20} & \frac{4}{20} & \frac{2}{20}\\ \frac{1}{20} & \frac{2}{20} & \frac{3}{20}\end{pmatrix}\begin{pmatrix}2\\ 3\\ 4\end{pmatrix}-2\times 3=\frac{4}{20}$$

$$\therefore\quad r(X,\ Y)=\frac{\frac{4}{20}}{\sqrt{\frac{12}{20}\times\left(\frac{12}{20}\right)}}=\frac{4}{12}=0.3333$$

問 3.211 次の結合度数分布表から相関係数を求めよ.

(1)

X＼Y	1	2	3	計
5	0	0	4	4
6	0	5	0	5
7	3	0	0	3
計	3	5	4	12

(2)

X＼Y	0	2	4	6	8	計
1	10					10
2		15				15
4			20			20
6				17		17
7					13	13
計	10	15	20	17	13	75

(3)

X＼Y	1.5	1.8	2.1	計
5.5	10	3	0	13
7.0	6	20	8	34
8.5	1	4	15	20
計	17	27	23	67

問 3.212 例3.101のデータの相関係数を求めよ.

問 3.213 問3.211, 例3.101において, 回帰直線の方程式を求めよ.

問 3.214 n 個のものの, 2つの標識 X, Yに関する順位がそれぞれ次のように対応している.

標識 Xに関する順位　$x_1,\ x_2,\ \cdots\cdots,\ x_n$

標識 Yに関する順位　$y_1,\ y_2,\ \cdots\cdots,\ y_n$

(1) $E(X)=E(Y)=\dfrac{1}{2}(n+1)$

(2) $V(X)=V(Y)=\dfrac{1}{12}(n^2-1)$

(3) $\mathrm{cov}(X,\ Y)=\dfrac{1}{2}\left\{V(X)+V(Y)-\dfrac{1}{n}\sum_{i=1}^{n}(x_i-y_i)^2\right\}$

(4) $r(X,\ Y)=1-\dfrac{6\sum_{i=1}^{n}(x_i-y_i)^2}{n(n^2-1)}$であることを証明せよ.

§5. 2次元の離散型確率分布

2つの確率変数 X, Yの組 $(X,\ Y)$を考える. 任意の実数 x_i, y_j が与えられたとき, 事象

$$\{X\leqq x_i\},\ \{Y\leqq y_j\}$$

が同時に成立する確率がいつでも規定される場合，確率変数の対 (X, Y) を **2 次元確率変数** (2-dimensional random variable)，また

$$F(x, y)=pr\{X\leqq x,\ \ Y\leqq y\}$$

を **2 次元確率分布関数** (2-dimensional probability distribution function) という．とくに X, Y の値が可算個の値

$$x_1,\ x_2,\ \cdots\cdots,\ x_m,\ \cdots\cdots\ ;\ y_1,\ y_2,\ \cdots\cdots,\ y_n,\ \cdots\cdots$$

のみをとり，これらの値に対して

$$pr\{X=x_i,\ \ Y=y_j\}=p_{ij}$$

が存在して 0 でないとき，(X, Y)を **2 次元離散型確率変数**という．その確率分布は次の表で示される通り，結合比率分布に対応する．

X ╲ Y	y_1	y_2	$\cdots\cdots$	y_n	$\cdots$	計
x_1	p_{11}	p_{22}	$\cdots\cdots$	p_{2n}	$\cdots$	$p_{1\cdot}$
x_2	p_{21}	p_{22}	$\cdots\cdots$	p_{2n}	$\cdots$	$p_{2\cdot}$
$\vdots$	$\vdots$	$\vdots$		$\vdots$		$\vdots$
x_m	p_{m1}	p_{m2}	$\cdots\cdots$	p_{mn}	$\cdots$	$p_{m\cdot}$
$\vdots$	$\vdots$	$\vdots$		$\vdots$		$\vdots$
計	$p_{\cdot 1}$	$p_{\cdot 2}$	$\cdots\cdots$	$p_{\cdot n}$	$\cdots$	1

定理 3.44 2次元離散型確率分布においては

(1) $pr\{X=x_i\}=\sum_{j=1}^{\infty} pr\{X=x_i,\ \ Y=y_j\}=p_{i\cdot}$

(2) $pr\{Y=y_j\}=\sum_{i=1}^{\infty} pr\{X=x_i,\ \ Y=y\}=p_{\cdot j}$

(3) $\sum_{i=1}^{\infty}\sum_{j=1}^{\infty} p_{ij}=\sum_{i=1}^{\infty} p_{i\cdot}=\sum_{j=1}^{\infty} p_{\cdot j}=1$

(4) $x_i\leqq x$, $y_j\leqq y$ となる $(x_i,\ y_j)$ の集合を $\boldsymbol{A}$ とするとき

$$F(x, y)=\sum_{(x_i, y_j)\in \boldsymbol{A}} p_{ij}$$

なる関数に対して，

$$0\leqq F(x, y)\leqq 1$$

(5) $x<x'$ ならば $F(x, y)\leqq F(x', y)$

$y<y'$ ならば $F(x, y)\leqq F(x, y')$

(証明) 証明は容易であるから読者にゆだねる．

$pr\{X=x_i\}$, $pr\{Y=y_j\}$ によって定義される分布を，(X, Y) の分布の**周辺分布** (marginal distribution) という．

例 3.103 3つの区別のある玉を3つの箱にランダムに入れる．Xを玉の入っている箱の数，Yを1番目の箱に入っている玉の数とする．(X, Y) を2次元確率変数とみて，その確率分布を求めよ．

(解) 3つの区別ある玉 a, b, c を3つの箱に分配するすべての方法を列挙すると下の表の通りになる．

1	{abc|－|－}	10	{a|bc|－}	19	{－|a|bc}
2	{－|abc|－}	11	{b|ac|－}	20	{－|b|ac}
3	{－|－|abc}	12	{c|ab|－}	21	{－|c|ab}
4	{ab|c|－}	13	{a|－|bc}	22	{a|b|c}
5	{ac|b|－}	14	{b|－|ac}	23	{a|c|b}
6	{bc|a|－}	15	{c|－|ab}	24	{b|a|c}
7	{ab|－|c}	16	{－|ab|c}	25	{b|c|a}
8	{ac|－|b}	17	{－|ac|b}	26	{c|a|b}
9	{bc|－|a}	18	{－|bc|a}	27	{c|b|a}

玉を無作為に箱に分配することは，上の27通りの分配が等確率でおこるということである．そこで次の表で示される2次元確率分布をうる．

$X \backslash Y$	0	1	2	3	
1	$2q$	0	0	q	$3q$
2	$6q$	$6q$	$6q$	0	$18q$
3	0	$6q$	0	0	$6q$
	$8q$	$12q$	$6q$	q	$27q$

ここで $q=\dfrac{1}{27}$

問 3.215　上の問題で X を1番目の箱に入っている玉の数，Y を2番目の箱に入っている玉の数とするとき，(X, Y) の確率分布を示す表をつくれ．

問 3.216　1枚の銅貨を5回投げる．Xを表の数，Yを表の連の数（連—run—とは同じものがひきつづいたものを塊りと考え，その1つ1つの塊りをさす．たとえば HHTHH では表の連は2こ，裏の連は1こである）とするとき，(X, Y) の確率分布を示す表をつくれ．また Z を表の連の最大の長さとする．(X, Z)，(Y, Z) の確率分布を示す表をつくれ．

第2章で条件付確率のことを述べたが，確率変数についても同じように条件付確率を考えることが出来る．

確率変数 X が x_i という値をとる条件のもとでの確率変数 Y が y_j という値をとる条件付確率は，$pr\{X=x_i\}>0$ であることを前提として

$$pr\{Y=y_j \mid X=x_i\}=\frac{pr\{X=x_i,\ Y=y_j\}}{pr\{X=x_i\}}$$

によって与えられる．

一般に

$$pr\{Y=y_j \mid X=x_i\} \fallingdotseq pr\{Y=y_j\}$$

である．

もしもどんな組合せ (x_i, y_j) に対しても

$$pr\{Y=y_j \mid X=x_i\}=pr\{Y=y_j\}$$

が成立するとき

$$pr\{X=x_i,\ Y=y_j\}=pr\{X=x_i\}\,pr\{Y=y_j\}$$

となり，この等式を満足する確率変数 X と Y は**独立**であるといい，$X \perp\!\!\!\perp Y$ とかく．

例 3.104　確率変数 X, Y が独立であるとき，勝手にとった実数 x, y に対して，いつでも

$$pr\{X \leqq x,\ Y \leqq y\}=pr\{X \leqq x\}\,pr\{Y \leqq y\}$$

が成り立つことを証明せよ．

（解）　$\boldsymbol{A}=\{(x_i, y_j) \mid x_i \leqq x,\ y_j \leqq y,\ pr\{X=x_i,\ Y=y_j\} \fallingdotseq 0\}$

とおく．

$$pr\{X\leqq x,\ \ Y\leqq y\}=\sum_{(x_i,\ y_j)\in A} pr\{X=x_i,\ \ Y=y_j\}$$

$$=\sum_{(x_i,\ y_j)\in A} pr\{X=x_i\}\ pr\{Y=y_j\}$$

$$=[\sum_i pr\{X=x_i\}]\ [\sum_j pr\{Y=y_j\}]$$

$$=pr\{X\leqq x\}\ pr\{Y\leqq y\}$$

問 3.217 例3.104の逆を証明せよ.

問 3.218 4個の貨幣を2回続けて投げる試行で，1回目に表の出た個数を X, 2回目に表の出た個数を Y とする. $(X,\ Y)$ の分布を示し，かつ

$$pr\{X\leqq 2,\ \ Y\leqq 3\}=pr\{X\leqq 2\}pr\{Y\leqq 3\}$$

であることを証明せよ.

2次元の確率変数 $(X,\ Y)$ に対して定義される関数 $g(X,\ Y)$ があるとき，この**平均値**を

$$E[g(X,\ Y)]=\sum_{i=1}^{\infty}\sum_{j=1}^{\infty} g(x_i,\ y_j)\,p_{ij}$$

で定義する. 以下いろいろな $g(X,\ Y)$ の平均値についてえられる定理を紹介する.

定理 3.45 任意の定数 a, b に対して

$$E(aX+bY)=aE(X)+bE(Y)$$

である. **(線型性)**

(証明) $$E(aX+bY)=\sum_{i=1}^{\infty}\sum_{t=1}^{\infty}(ax_i+by_j)\,p_{ij}$$

$$=\sum_{i=1}^{\infty}ax_i(\sum_{j=1}^{\infty}p_{ij})+\sum_{j=1}^{\infty}by_j(\sum_{i=1}^{\infty}p_{ij})$$

$$=\sum_{i=1}^{\infty}ax_ip_{i\cdot}+\sum_{j=1}^{\infty}by_jp_{\cdot j}$$

$$=a\sum_{i=1}^{\infty}x_ip_{i\cdot}+b\sum_{i=1}^{\infty}y_jp_{\cdot j}=aE(X)+bE(Y)$$

定理 3.46 $X \perp\!\!\!\perp Y$ ならば $E(XY)=E(X)\,E(Y)$

(証明)
$$E(XY)=\sum_{i=1}^{\infty}\sum_{j=1}^{\infty}x_i y_j p_{ij}$$
$$=\sum_{i=1}^{\infty}\sum_{j=1}^{\infty}x_i y_j\, pr\{X=x_i\}\, pr\{Y=y_j\}$$
$$=\sum_{i=1}^{\infty}x_i p_{i\cdot}\Big(\sum_{j=1}^{\infty}y_j p_{\cdot j}\Big)=E(X)\,E(Y)$$

定理 3.47 $X \perp\!\!\!\perp Y$ ならば $V(X+Y)=V(X)+V(Y)$

(証明) $E(X)=m_X$, $E(Y_Y)=m_Y$ とおく.
$$V(X+Y)=E[(X+Y-m_X-m_Y)^2]$$
$$=E[(X-m_X)^2]+E[(Y-m_Y)^2]$$
$$-2E[(X-m_X)(Y-m_Y)]$$
$$E[(X-m_X)(Y-m_Y)]=E[XY-m_X Y-m_Y X+m_X m_Y]$$
$$=E(XY)-m_X E(Y)-m_Y E(X)+m_X m_Y$$
$$=E(X)E(Y)-m_X E(Y)-m_Y E(X)+m_X m_Y$$
$$=0$$
(Q. E. D)

この定理は，**分散の和の定理**または Bienaymé の定理として有名なものである.

§6. n 次元の離散型確率分布

前節での話は容易に n 個の確率変数の組 $(X_1,\ X_2,\ \cdots\cdots,\ X_n)$ に対しても拡張できる．すなわち
$$pr\{X_1=x_1,\ X_2=x_2,\ \cdots\cdots,\ X_n=x_n\}=p(x_1,\ x_2,\ \cdots\cdots,\ x_n)$$
とおく．集合
$$\boldsymbol{A}=\{(x_1,\ x_2,\cdots\cdots,\ x_n)\,|\,x_1\leqq a_1,\ x_2\leqq a_2,\ \cdots\cdots,\ x_n\leqq a_n\}$$

に対して

$$F(a_1,\ a_2,\ \cdots\cdots,\ a_n)=\sum_{(x_1,\,x_2,\,\cdots\cdots,\,x_n)\in A} p(x_1,\ x_2,\ \cdots\cdots,\ x_n)$$

と定義したものを **n 次元離散型確率分布関数**という.

周辺分布は

$$pr\{X=x_1\}=\sum_{x_1}\sum_{x_1}\cdots\cdots\sum_{x_n} p(x_1,\ x_2,\ \cdots\cdots,\ x_n)$$

などと定義する.

条件付確率は

$$pr\{X_i=x_i\,|\,X_1=x_1,\ \cdots,\ X_{i-1}=x_{i-1}\}=\frac{pr\{X_1=x_1,\ \cdots,\ X_{i-1}=x_{i-1},\ X_i=x_i\}}{pr\{X_1=x_1,\ \cdots,\ X_{i-1}=x_{i-1}\}}$$

$$(i=1,\ 2,\ \cdots\cdots,\ n)$$

さらに，独立性については

$$pr\{X_i=x_i\,|\,X_1=x_1,\ \cdots\cdots,\ X_{i-1}=x_{i-1}\}=pr\{X_i=x_i\}$$

$$(i=1,\ 2,\ \cdots\cdots,\ n)$$

という帰納的な定義をする.

n 次元確率変数の関数 $g(X_1,\ X_2,\ \cdots\cdots,\ X_n)$ の平均値は

$$E[g(X_1,\ \cdots\cdots,\ X_n)]=\sum_{x_1}\cdots\cdots\sum_{x_n} g(x_1,\ \cdots\cdots,\ x_n)\,p(x_1,\ \cdots\cdots,\ x_n)$$

で定義する．すると

定理 3.48　(1)　$a_1,\ a_2,\ \cdots\cdots,\ a_n$ を定義とすると

$$E(a_1X_1+a_2X_2+\cdots+a_nX_n)=a_1E(X_1)+a_2E(X_2)+\cdots+a_nE(X_n)$$

(2)　$X_1,\ X_2,\ \cdots\cdots,\ X_n$ が独立ならば

$$E(X_1\,X_2\cdots\cdots X_n)=E(X_1)\,E(X_2)\cdots\cdots E(X_n)$$

(3)　$X_1,\ X_2,\ \cdots\cdots,\ X_n$ が独立ならば

$$V(X_1+X_2+\cdots\cdots+X_n)=V(X_1)+V(X_2)+\cdots\cdots+V(X_n)$$

この定理の証明は，定理 3.45 から定理 3.47 までの証明とほとんど同じであるので省略する.

定理 3.49　有限母集団 $\Omega=\{a_1,\ a_2,\ \cdots\cdots,\ a_N\}$ がある．

母平均　$\mu=\dfrac{a_1+a_2+\cdots+a_N}{N}$,　母分散　$\sigma^2=\dfrac{(a_1-\mu)^2+\cdots+(a_N-\mu)^2}{N}$

とおく．いま Ω から n 個の要素を無作為抽出する．確率変数 X_i は第 i 番目の抽出結果を表わすものとすれば

標本平均を表わす確率変数 $\overline{X}=\dfrac{X_1+X_2+\cdots\cdots+X_n}{n}$

に対して次の式が成立する．

$$E(\overline{X})=\mu$$

$$V(\overline{X})=\begin{cases}\dfrac{\sigma^2}{n} & \text{（復元抽出の場合）}\\[2ex] \dfrac{N-n}{N-1}\ \dfrac{\sigma^2}{n} & \text{（非復元抽出の場合）}\end{cases}$$

（証明）(1)　**復元抽出の場合**

$$\left.\begin{array}{l}X_i\ \text{は互いに独立な確率変数}\\ E(X_i)=\mu\\ V(X_i)=\sigma^2\end{array}\right\}\ (i=1,\ 2,\ \cdots\cdots,\ n)$$

だから

$$E(\overline{X})=\frac{1}{n}(X_1+X_2+\cdots\cdots+X_n)$$

$$=\frac{1}{n}\sum_{i=1}^{n}E(X_i)=\frac{1}{n}(n\mu)=\mu$$

$$V(\overline{X})=\frac{1}{n^2}V(X_1+X_2+\cdots\cdots+X_n)$$

$$=\frac{1}{n^2}\sum_{i=1}^{n}V(X_i)=\frac{1}{n^2}\cdot n\sigma^2=\frac{\sigma^2}{n}$$

(2)　**非復元抽出の場合**

$$pr\{X_i=a_k\}=\frac{(N-1)^{(N-1)}}{N^{(n)}}=\frac{1}{N}$$

$$E(X_i)=\sum_{i=1}^{N}a_k\frac{1}{N}=\mu$$

$$\therefore \quad E(\overline{X})=\frac{1}{n}\sum_{i=1}^{n}E(X_i)=\mu$$

難問は分散の計算である．

$$\begin{aligned}
&V(X_1+X_2+\cdots\cdots+X_n)\\
&=E[\{X_1+X_2+\cdots\cdots+X_n-E(X_1+X_2+\cdots\cdots+X_n)\}^2]\\
&=E[\{\sum_{i=1}^{n}(X_i-\mu)\}^2]\\
&=E[\sum_{i=1}^{n}(X_i-\mu)^2+2\sum_{i<j}(X_i-\mu)(X_j-\mu)]\\
&=\sum_{i=1}^{n}E(X_i-\mu)^2+2\sum_{i<j}E(X_i-\mu)(X_j-\mu)\\
&=\sum_{i=1}^{n}V(X_i)+2\sum_{i<j}\mathrm{cov}(X_i,\ X_j)
\end{aligned}$$

$$\begin{aligned}
V(X_i)&=\sum_{k=1}^{N}(a_k-\mu)^2pr\{X_i=a_k\}\\
&=\frac{1}{N}\sum_{k=1}^{N}(a_k-\mu)^2=\sigma^2
\end{aligned}$$

$$\begin{aligned}
\mathrm{cov}(X_i,\ X_j)&=\sum_{k\neq l}(a_k-\mu)(a_l-\mu)pr\{X_i=a_k,\ X_j=a_l\}\\
&=\sum_{k\neq l}(a_k-\mu)(a_l-\mu)\frac{(N-2)^{(N-2)}}{N^{(N)}}\\
&=\frac{1}{N(N-1)}\left\{(\sum_{k=1}^{N}(a_k-\mu))^2-\sum_{k=1}^{N}(a_k-\mu)^2\right\}\\
&=-\frac{1}{N(N-1)}\sum_{k=1}^{N}(a_k-\mu)^2=-\frac{\sigma^2}{N-1}
\end{aligned}$$

$$\begin{aligned}
V(X_1+X_2+\cdots\cdots+X_n)&=n\sigma^2-2\cdot\frac{n(n-1)}{2}\frac{\sigma^2}{N-1}\\
&=\frac{N-n}{N-1}\cdot n\sigma^2
\end{aligned}$$

$$V(\overline{X})=\frac{1}{n^2}V(X_1+X_2+\cdots\cdots+X_n)=\frac{N-n}{N-1}\frac{\sigma^2}{n}$$

系　Ω が無限母集団のとき，抽出の仕方のいかんを問わず，

$$V(\overline{X})=\frac{\sigma^2}{n}$$

（証明）　Ω は無限母集団だから，$N=\infty$，しかるに非復元抽出の場合でも

$$V(X)=\lim_{N\to\infty}\frac{N-n}{N-1}\ \frac{\sigma^2}{n}=\frac{\sigma^2}{n} \qquad \text{(Q. E. D)}$$

問 3.219　壺の中に 1, 2, 3, 4, 5 と番号のついた同型同大同質のチップが入っている．標本の大きさ 3 の標本平均の分布を求め，（定理 3.49）の正しいことを検証せよ．

例 3.105　$\boldsymbol{\Omega}=\{a_1,\ a_2,\ \cdots\cdots,\ a_N\}$ とおく．$\boldsymbol{\Omega}$ から n 個のものを抽出し，X_i を第 i 番目にひいたものを表わす確率変数とするとき

母　数	統　計　量
母平均　$\mu=\dfrac{a_1+a_2+\cdots\cdots+a_N}{N}$	標本平均　$\overline{X}=\dfrac{X_1+X_2+\cdots\cdots+X_n}{n}$
母総和　$N\mu=a_1+a_2+\cdots\cdots+a_N$	$N\overline{X}$

統計量の実現値を母数の**推定値** (estimator) とみたとき

統計量の平均が母数に等しいとき，その統計量を**不偏推定値**という．

$$E(\overline{X})=\mu$$

$$E(N\overline{X})=NE(\overline{X})=N\mu$$

だから，

$\left.\begin{array}{l}\overline{X}\text{ は母平均 }\mu\text{ の}\\ N\overline{X}\text{ は母総和 }N\mu\text{ の}\end{array}\right\}$ 不偏推定値である．

問 3.220　母分散 σ^2 に対して　$s^2=\dfrac{N}{N-1}\sigma^2$ をとる．一方，

$$S^2=\frac{1}{n-1}\sum_{i=1}^{n}(X_i-\overline{X})^2$$

をとると，$E(S^2)=s^2$ であることを証明せよ．S^2 は s^2 の不偏推定値であるので

s^2 を**不偏母分散**，S^2 を**不偏標本分散**

という．

問 3.221　非復元抽出の場合，$V(\overline{X})$ の推定値として $\dfrac{N-n}{N}\ \dfrac{S^2}{n}$ を採用する．母平均の 95％信頼区間は

$$\overline{X}-1.96\sqrt{\frac{N-n}{N}}\ \frac{S}{\sqrt{n}}<\mu<\overline{X}+1.96\sqrt{\frac{N-n}{N}}\ \frac{S}{\sqrt{n}}$$

である．14, 848世帯からなる市域から30世帯を無作為に抽出し，その家族数を調べたところ

5, 6, 3, 3, 2, 3, 3, 3, 4, 4

3, 2, 7, 4, 3, 5, 4, 4, 3, 3

4, 3, 3, 1, 2, 4, 3, 4, 2, 4

であった．この市域における一世帯あたり平均家族数を95%信頼係数をもって推定せよ．

第6章 マルコフ連鎖

§1. 確 率 過 程

$\Omega=\{1,\ 0\}$ とする．Ω から1が抽出されることを成功とよび，成功の確率は p，一方0が抽出されることを失敗とよび，失敗の確率は q とする．Ω から n 個のものを復元抽出したとき，X_i を第 i 番目の標本（抽出結果）としたとき，何回かの試行で結果の系列が

$SSFSF$ ……　　(S は成功，F は失敗)

であったとする．この系列では

1番目の試行で　成功 S が起こり，　$X_1=1$ の確率が p

2番目の試行で　成功 S が起こり，　$X_2=1$ の確率が p

3番目の試行で　失敗 F が起こり，　$X_3=0$ の確率が q

…………

となる．

「n 番目の試行で，事象 α_k が起こる」

という上の形の命題を，物理的な表現を用いて今後は

「時刻 n で，$X_n=?$ が起こる」

というようにいうことにする．そして X_n を $X(n)$ とかく．

確率過程 (stochastic process) とは，時間の変化とともに実験の結果がつぎつぎと生み出される試行の結果を，模型化したもので，

時刻 t に従属する確率変数列 $\{X(t)\}$

のことである.

例 3.106 2個の貨幣 A, B のうち1つを無作為にえらぶ. 貨幣 A は公正に作られた貨幣で, 貨幣 B は両面とも表である. もし貨幣を投げて裏が出ればサイコロが, 表が出るが再びその貨幣が投げられる. この実験を図示すると, 次の樹で表わされる. そして確率変数は

$$X(1)=A \quad \text{または} \quad B$$
$$X(2)=H \quad \text{または} \quad T$$
$$X(3)=H,\ T,\ 1,\ 2,\ 3,\ 4,\ 5,\ 6$$

となる. 確率過程は $\{X(1),\ X(2),\ X(3)\}$ なる確率変数の列で示される.

各枝の確率 (branch probability) は次の式で示される条件付確率である.

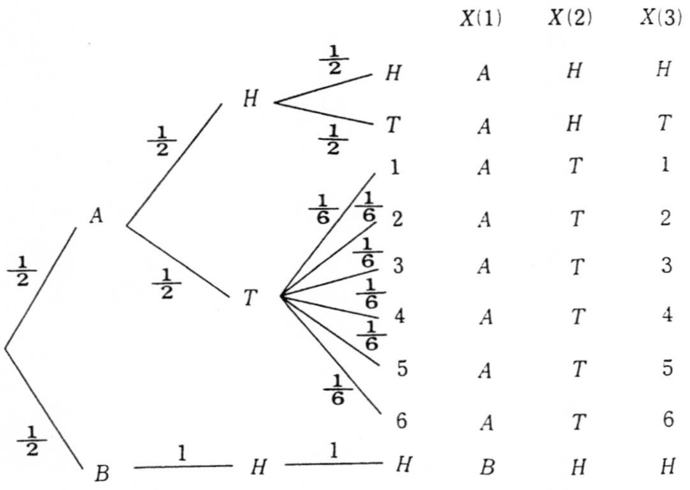

$$pr\{X(1)=A\}=\frac{1}{2}$$

$$pr\{X(2)=T\,|\,X(1)=A\}=\frac{pr\{X(2)=T,\ \ X(1)=A\}}{pr\{X(1)=A\}}$$

$$=\frac{\frac{1}{4}}{\frac{1}{2}}=\frac{1}{2}$$

$pr\{X(3)=1 \mid X(2)=T,\ X(1)=A\}$

$$=\frac{pr\{X(3)=1,\ X(2)=T,\ X(1)=A\}}{pr\{X(2)=T,\ X(1)=A\}}=\frac{\frac{1}{24}}{\frac{1}{4}}=\frac{1}{6}$$

問 3.222 公正に作られた貨幣を3回投げる．この実験を確率過程として考えるには，どのような確率変数の列を考えたらよいか．

問 3.223 はじめに貨幣を投げ，次にサイコロを投げる実験で

貨幣が表ならば　$X(1)=1$

貨幣が裏ならば　$X(1)=0$

サイコロが1の目を出せば　$X(2)=1$

サイコロが1以外の目を出せば　$X(2)=0$

とするとき

$$pr\{X(2)=i \mid X(1)=j\}=pr\{X(2)=i\}$$

$$i=1,\ 2\ ;\ j=1,\ 2$$

であることを証明せよ．

この場合の確率過程を**独立試行過程** (independent trial process) という．

§2. マルコフ過程

確率変数 $X(t)$ の値域を $\{1, 2, 3, \cdots\cdots, N\}$ とする．

$$s_0,\ s_1,\ \cdots\cdots,\ s_{n-2}\in\{1, 2, 3, \cdots\cdots, N\}$$

とするとき

$$pr\{X(n)=j \mid X(n-1)=i,\ X(n-2)=s_{n-2},\ \cdots\cdots,\ X(0)=s_0\}$$
$$=pr\{X(n)=j \mid X(n-1)=i\} \qquad (1)$$

という関係——**マルコフの性質**——を満足する確率過程を**マルコフ過程** (Markov process) という．

n 時刻において，状態 i から状態 j へうつる確率 ―― **推移確率** (transition probability) ―― を

$$p_{ji}(n)=pr\{X(n)=j \mid X(n-1)=i\} \tag{2}$$

とかく．とくに n に関係なく $p_{ji}(n)$ がきまるとき

$$p_{ji}(n)=p_{ji} \tag{3}$$

とかき，このような過程を**マルコフ連鎖** (Markov chain) という．

$$pr\{X(0)=j\}$$

だけは，その前の時刻における状態が規定されないので

$$p_j(0)=pr\{X(0)=j\} \tag{4}$$

とおき，**初期確率** (initial probability) という．

$$\{X(0)=1\}+\{X(0)=2\}+\cdots\cdots+\{X(0)=N\}=\tau\ (\text{全事象}) \tag{5}$$

だから

$$p_1(0)+p_2(0)+\cdots\cdots+p_N(0)=1 \tag{6}$$

である．おのおのの確率を成分にもつベクトルを

$$\boldsymbol{a}(0)=\begin{pmatrix} p_1(0) \\ p_2(0) \\ \vdots \\ p_N(0) \end{pmatrix} \tag{7}$$

とかき，**初期確率ベクトル**という．

定理　3.50　(1)　$p_{ji} \geqq 0$

(2)　$\sum_{j=1}^{N} p_{ji}=1$

(証明)　(1)　定義より明らか．

(2)　状態 i から j へある時刻で移ることを $\{i \to j\}$ とかく．

$$\tau=\{i\to 1\}+\{i\to 2\}+\cdots\cdots+\{i\to N\}$$

かつ，$pr\{i\to j\}=pr\{X(n)=j \mid X(n-1)=i\}$ より明らか．

例　3.107　A の壷の中に赤玉 2 個，B の壷の中に白玉が 2 個入っている．それ

ぞれの壷から1個ずつの玉を取り出して，交換して壷にもどす．Aの壷に白玉が0個という状態を s_0，1個という状態を s_1，2個という状態を s_2 で表わす．

1回の操作で状態は s_0 から s_1 にうつる．

次に s_1 から
- s_0 へうつる確率は $\frac{1}{2}\times\frac{1}{2}=\frac{1}{4}$
- s_1 へうつる確率は $\frac{1}{2}\times\frac{1}{2}+\frac{1}{2}\times\frac{1}{2}=\frac{1}{2}$
- s_2 へうつる確率は $\frac{1}{2}\times\frac{1}{2}=\frac{1}{4}$

この結果を

次の状態＼はじめの状態	s_0	s_1	s_2
s_0	0	$\frac{1}{4}$	0
s_1	1	$\frac{1}{2}$	1
s_2	0	$\frac{1}{4}$	0
計	1	1	1

というようにまとめる．

一般にマルコフ連鎖は，状態の変化 $\{i\to j\}$ のおこる確率 p_{ji} を

次の状態＼ある時刻での状態	1	2 ……	N
1	p_{11}	p_{12} ……	p_{1N}
2	p_{21}	p_{22} ……	p_{2N}
⋮	⋮	⋮	⋮
N	p_{N1}	p_{N2} ……	p_{NN}
計	1	1	1

の形にまとめておく．

$$
\boldsymbol{P}=\begin{pmatrix} p_{11} & p_{12} & \cdots\cdots & p_{1N} \\ p_{21} & p_{22} & \cdots\cdots & p_{2N} \\ \cdots\cdots & \cdots\cdots & & \\ p_{N1} & p_{N2} & \cdots\cdots & p_{NN} \end{pmatrix}
$$

を**推移行列** (transition matrix) という．

問 3.224　ベルヌイ試行において，成功の確率を p，失敗の確率を $q(=1-p)$ としたとき，推移行列はどうなるか．

例 3.108　直線上を1ステップずつ左右へ動く粒子を考える．1ステップ右へゆく確率を p，左へゆく確率を q とする．粒子は境界点とよばれる端の点に到着するまで動くものとする．いま直線上に5点あり．それらの点を1, 2, 3, 4,

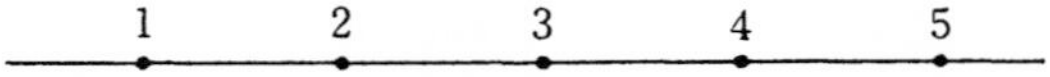

5と名づける．1と5の点は境界点である．

粒子が1もしくは5の点に達した時点で，粒子はそこにとどまるものとする．このマルコフ連鎖の推移行列をかけ．

(解)

$$
\begin{array}{c c} & \begin{array}{ccccc} 1 & 2 & 3 & 4 & 5 \end{array} \\ \boldsymbol{P}=\begin{array}{c} 1 \\ 2 \\ 3 \\ 4 \\ 5 \end{array} \!\!\! & \begin{pmatrix} 1 & q & 0 & 0 & 0 \\ 0 & 0 & q & 0 & 0 \\ 0 & p & 0 & q & 0 \\ 0 & 0 & p & 0 & 0 \\ 0 & 0 & 0 & p & 1 \end{pmatrix} \end{array}
$$

問 3.225　上の例で粒子が境界点に達したとき反撥されて，もと来た点の方へ1ステップ戻るものとする．粒子が1点にくれば2点へ，5点にくれば4点にもどる．この場合の推移行列をかけ．

問 3.226　上の例で粒子が境界点に達したら，いつでも中央の点3点へはねとばされるものとする．この場合の推移行列をかけ．

問 3.227　上の例で粒子が境界点に達したとき，その点に確率 $\frac{1}{2}$ をもって止まり，他の境界点へ確率 $\frac{1}{2}$ をもって動く．この場合の推移行列をかけ．

圖 3.228 上の例で中ほどの3つの点，つまり2点・3点・4点に粒子があるならば，それは等確率で右へ動くか，左へ動くか，あるいは現在の状態のままでいるかいずれかである．もし粒子がいずれか一方の境界点に達したら，他の4つの点へ等確率でうつるものとする．この場合の推移行列をかけ．

圖 3.229 冬の豊岡市は天候に恵まれていない．“弁当を忘れても傘を忘れるな”といわれる土地柄で2日とつづけて晴天になったことはない．もしも今日晴天ならば，翌日は雨か雪の降る可能性が半々である．もしも今日雪または雨ならば翌日同じ状態のつづく可能性は半分であり，異なった天候になる可能性は残りの半分である．天候の状態を R(雨)，N(晴)，S(雪) として，推移行列をかけ．

§3. Chapman の定理

例 3.109 計算機は算用数字0と1のみを使って計算を行なうものとする．ある試行段階で，試行の最初に入力として入った数字が，試行の終了時には出力として別の数字として出てゆく確率を p，同じ数字として出てゆく確率を q とする．状態0から始まって，試行回数が3回であるとき，出力として0が出てくる確率および1が出てくる確率を求めよ．

(解)

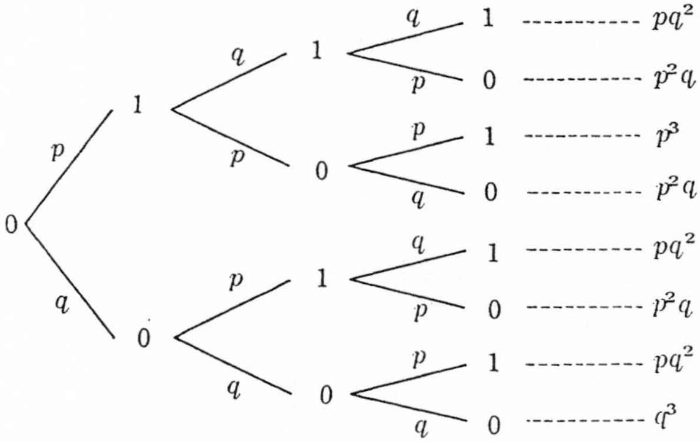

3回目に1が出る確率

$$=\sum_{i=1}^{2}\sum_{j=1}^{2} pr\{X(1)=i,\ \ X(2)=j,\ \ X(3)=1\}=p^3+3pq^2$$

3回目に0が出る確率

$$=\sum_{i=1}^{2}\sum_{j=1}^{2} pr\{X(1)=i,\ X(2)=j,\ X(3)=0\}=3p^2q+q^3$$

これを別の形で求めよう．この例の推移行列は

次の状態＼はじめの状態	0	1
0	q	p
1	p	q
計	1	1

$$\boldsymbol{P}=\begin{bmatrix} q & p \\ p & q \end{bmatrix}$$

初期確率ベクトル

$$\boldsymbol{a}(0)=\begin{bmatrix} q \\ p \end{bmatrix}$$

2回目の試行の結果のおこる確率ベクトルは

$$\boldsymbol{a}(1)=\begin{bmatrix} q & p \\ p & q \end{bmatrix}\begin{bmatrix} q \\ p \end{bmatrix}=\begin{bmatrix} q^2+p^2 \\ 2pq \end{bmatrix}$$

3回目の試行の結果のおこる確率ベクトルは

$$\boldsymbol{a}(2)=\boldsymbol{P}\boldsymbol{a}(1)=\begin{bmatrix} q & p \\ p & q \end{bmatrix}\begin{bmatrix} q^2+p^2 \\ 2pq \end{bmatrix}=\begin{bmatrix} q^3+3p^2q \\ 3pq^2+p^3 \end{bmatrix}$$

定理　3.51　マルコフ連鎖の推移行列を

$$\boldsymbol{P}=\begin{pmatrix} p_{11} & p_{12} & \cdots\cdots & p_{1N} \\ p_{21} & p_{22} & \cdots\cdots & p_{2N} \\ & \cdots\cdots\cdots & & \\ p_{N1} & p_{N2} & \cdots\cdots & p_{NN} \end{pmatrix},$$

時刻 t において状態 i にある確率を $p_i(t)$，時刻 $t+1$ において状態 i にある確率を $p_i(t+1)$ とし，これを成分にもつ確率ベクトル（各成分は非負，成分の総和が1）をそれぞれ

$$\boldsymbol{a}(t)=\begin{pmatrix} p_1(t) \\ p_2(t) \\ \vdots \\ p_N(t) \end{pmatrix},\quad \boldsymbol{a}(t+1)=\begin{pmatrix} p_1(t+1) \\ p_2(t+1) \\ \vdots \\ p_N(t+1) \end{pmatrix}$$

とすると

$$\boldsymbol{a}(t+1)=\boldsymbol{P}\boldsymbol{a}(t)$$

(証明) $p_i(t)=pr[X(t)=i]$

$$p_{ji}=pr\{X(t+1)=j\,|\,X(t)=i\}$$

だから

$$\sum_{i=1}^{N}p_{ji}\,p_i(t)=\sum_{i=1}^{N}p_i(t)p_{ji}$$

$$=\sum_{i=1}^{N}pr\{X(t)=i\}\,pr\{X(t+1)=j\,|\,X(t)=i\}$$

$$=\quad pr\{X(t+1)=j\}=p_j(t+1)$$

(全確率の定理)

これは $j=1,\ 2,\ \cdots\cdots,\ N,$ について成立する．

系 Chapmanの定理

あるマルコフ連鎖の推移行列を $\boldsymbol{P}$，初期確率ベクトルを $\boldsymbol{a}(0)$ とするとき，時刻 n における確率ベクトル $\boldsymbol{a}(n)$ は

$$\boldsymbol{a}(n)=\boldsymbol{P}^n\,\boldsymbol{a}(0)$$

(証明) 定理3.51を用いて逐次代入法でやればよい．

$$\boldsymbol{a}(n)=\boldsymbol{P}\boldsymbol{a}(n-1)$$

$$=\boldsymbol{P}^2\,\boldsymbol{a}(n-2)$$

$$=\cdots\cdots=\boldsymbol{P}^n\,\boldsymbol{a}(0)$$

例 3.110 何回もくり返す試行において，ある回に事象 E が起こったとき，次の回にも E が起こる確率は α であり，ある回に E が起こらなかったとき，次の回にも E が起こらない確率は β である．ただし，$\alpha,\ \beta$ は1より小さい正の数である．このとき，次の問に答えよ．

(1) 第 n 回に E の起こる確率を p_n とかくとき，p_{n+1} を p_n で表わせ．

(2) $n\to\infty$ のとき，数列 $\{p_n\}$ の極限値を求めよ．

（解）

ある回の結果 ＼ 次の回の結果	E	E^c
E	α	$1-\beta$
E^c	$1-\alpha$	β
計	1	1

推移行列は $\boldsymbol{P}=\begin{bmatrix}\alpha & 1-\beta \\ 1-\alpha & \beta\end{bmatrix}$

(1)　第 n 回における結果の確率ベクトル　$\boldsymbol{a}(n)=\begin{bmatrix} p_n \\ 1-p_n \end{bmatrix}$

$$\boldsymbol{a}(n+1)=\boldsymbol{P}\boldsymbol{a}(n)$$

$$\begin{bmatrix} p_{n+1} \\ 1-p_{n+1} \end{bmatrix}=\begin{bmatrix}\alpha & 1-\beta \\ 1-\alpha & \beta\end{bmatrix}\begin{bmatrix} p_n \\ 1-p_n \end{bmatrix}$$

$$p_{n+1}=(\alpha+\beta-1)p_n+1-\beta$$

(2)　この差分方程式の解は

$$p_n=(\alpha+\beta-1)^{n-1}(1-\beta)\,\Delta^{-1}\frac{1}{(\alpha+\beta-1)^n}+c(\alpha+\beta-1)^n$$

$$=\frac{1-\beta}{2-\alpha-\beta}+c(\alpha+\beta-1)^n$$

$-1<\alpha+\beta-1<0$ だから，　$\lim_{n\to\infty}(\alpha+\beta-1)^n=0$

$$\therefore\quad \lim_{n\to\infty}p_n=\frac{1-\beta}{2-\alpha-\beta}$$

問 3.230　a 個の白玉と b 個の赤玉が入っている壺が n 個ある．第1の壺から1個の玉を取り出して第2の壺に入れ，次に第2の壺から1個の玉を取り出して第3の壺に入れる．この操作をつづけて最後に第 n の壺から取り出された玉が白玉である確率を求めよ．ただし，壺の中から各玉は等しい確率で取り出されるものとする．

（ヒント）　推移行列 $\begin{pmatrix}\dfrac{a+1}{a+b+1} & \dfrac{a}{a+b+1} \\ \dfrac{b}{a+b+1} & \dfrac{b+1}{a+b+1}\end{pmatrix}$，初期確率ベクトル $\begin{pmatrix}\dfrac{a}{a+b} \\ \dfrac{b}{a+b}\end{pmatrix}$

問 2.231　ある代議士が次の選挙に出馬するかしないかについての現在の心境をAという人に語った．Aはその話をBに，BはCに……というように噂を伝えていった．このときある人が次の人に伝達するとき，出馬説が不出馬説にかわる確率は a，不出馬説が出馬説にかわる確率は b とするとき，推移行列をかけ．ただし伝達する状態は出馬説の2つにかぎる．

問 2.232　前問で $a=0$，$b=\frac{1}{2}$ のとき，推移行列 P のベキ，P^2，P^3 はどんな行列か．また P^n はどんな行列か．$n\to\infty$ になったとき P^n はどうなるか．またこの結果は何を意味するか．

問 2.233　天候について，次の簡単な仮定をする．

天候は "晴れ"（これを記号 H で表わす），"曇り"（これを記号 K で表わす），"雨"（これを記号 A で表わす）の 3 つに分類され，その日の天候は前日の天候だけに関係して確率的にきまり，その確率は次の通りである．

今日が H のとき，明日が H である確率は 0.6
今日が H のとき，明日が K である確率は 0.4
今日が H のとき，明日が A である確率は 0
今日が K のとき，明日が H である確率は 0.3
今日が K のとき，明日が K である確率は 0.2
今日が K のとき，明日が A である確率は 0.5
今日が A のとき，明日が H である確率は 0.5
今日が A のとき，明日が K である確率は 0.2
今日が A のとき，明日が A である確率は 0.3

今日，1 月 1 日はHであったとして，次の問に答えよ．ただし(1)(2)(3)の確率の計算のときには 4 捨 5 入をしないで正確な答を出せ．

(1)　1 月 4 日がAである確率を求めよ．

(2)　1 月 3 日，1 月 4 日，1 月 5 日の 3 日間が同じ天候である確率を求めよ．

(3)　1 月 1 日以後はじめて天候が変わるまでの日数が x（日）である確率を求めよ．

ただし，日数の計算には，たとえば，1 月 2 日がHで 1 月 3 日がKであったとすると $x=2$ というようにする．

§4. 正則マルコフ連鎖

推移行列 $\boldsymbol{P}$ のあるベキ $\boldsymbol{P}^n$ が，すべて正の成分からのみなるようなマルコフ連鎖を**正則マルコフ** (regular markov chain) という．

$\boldsymbol{P}^n>\boldsymbol{O}$ だから，n 単位時間後にはすべての状態に達しうる可能性をもっていることが分る．

あるマルコフ連鎖が正則かどうかを簡単にチェックするには，次のようにやればよい．たとえば，推移行列が

$$P=\begin{pmatrix} 0 & 0 & \frac{1}{2} \\ 1 & 0 & \frac{1}{2} \\ 0 & 1 & 1 \end{pmatrix}$$

とするとき，0以外の文字を×で表わして

$$P=\begin{pmatrix} 0 & 0 & \times \\ \times & 0 & \times \\ 0 & \times & 0 \end{pmatrix},\quad P^2=\begin{pmatrix} 0 & \times & 0 \\ 0 & \times & \times \\ \times & 0 & \times \end{pmatrix},\quad P^4=\begin{pmatrix} 0 & \times & \times \\ \times & \times & \times \\ \times & \times & \times \end{pmatrix},\quad P^8=\begin{pmatrix} \times & \times & \times \\ \times & \times & \times \\ \times & \times & \times \end{pmatrix}$$

というようにして，正則かどうかをチェックするのがよい．

問 3.234　次の推移行列は正則かどうか．

(1) $\begin{pmatrix} 0 & \frac{1}{4} \\ 1 & \frac{3}{4} \end{pmatrix}$　(2) $\begin{pmatrix} 1 & \frac{1}{3} \\ 0 & \frac{2}{3} \end{pmatrix}$　(3) $\begin{pmatrix} \frac{1}{5} & 1 \\ \frac{4}{5} & 0 \end{pmatrix}$

(4) $\begin{pmatrix} \frac{1}{2} & 0 \\ \frac{1}{2} & 1 \end{pmatrix}$　(5) $\begin{pmatrix} \frac{1}{2} & 0 & \frac{1}{3} \\ \frac{1}{2} & \frac{1}{2} & \frac{1}{3} \\ 0 & \frac{1}{2} & \frac{1}{3} \end{pmatrix}$　(6) $\begin{pmatrix} \frac{1}{3} & 0 & 0 \\ 0 & 1 & \frac{1}{5} \\ \frac{2}{3} & 0 & \frac{4}{5} \end{pmatrix}$．

定理 3.52　$\boldsymbol{P}$ を0成分をもたない N—N 型推移行列とする．ε を $\boldsymbol{P}$ の最小成分とする．$\boldsymbol{x}$ を N 個の成分からなる行ベクトルで，最大成分 M_0，最小成分 m_0 をもつものとする．そしてベクトル $\boldsymbol{xP}$ の最大成分を M_1，最小成分を m_1 とする．そのとき

$$M_1 \leqq M_0, \quad m_1 \geqq m_0$$

かつ

$$M_1 - m_1 \leqq (1-2\varepsilon)(M_0 - m_0)$$

(証明) $\boldsymbol{x}'$ を m_0 成分をのぞいて，他の成分をすべて M_0 でおきかえたベクトルとする．だから， $\boldsymbol{x} \leqq \boldsymbol{x}'$

$\boldsymbol{x}'\boldsymbol{P}$ の各成分は，$\varepsilon \leqq a$ とおくと

$$am_0+(1-a)M_0=M_0-a(M_0-m_0)$$

の形のものである．したがって，$-a \leqq -\varepsilon$ だから

$$\boldsymbol{x}'\boldsymbol{P} \text{ の各成分} \leqq M_0-\varepsilon(M_0-m_0)$$

しかし，$\boldsymbol{x} \leqq \boldsymbol{x}'$ だから

$$M_1 \leqq M_0-\varepsilon(M_0-m_0) \tag{1}$$

上の結果をベクトル $-\boldsymbol{x}$ に適用すると，$-m_0$ は $-\boldsymbol{x}$ の最大成分，M_0 は $-\boldsymbol{x}$ の最小成分になるから

$$-m_1 \leqq -m_0-\varepsilon(-m_0+M_0) \tag{2}$$

(1)+(2)より

$$M_1-m_1 \leqq (1-2\varepsilon)(M_0-m_0) \qquad \text{(Q. E. D)}$$

定理 3.53 もし $\boldsymbol{P}$ が正則な推移行列ならば

(1) $\lim_{n\to\infty} \boldsymbol{P}^n=\boldsymbol{A}$

(2) $\boldsymbol{A}$ の各列は同じ確率ベクトル $\boldsymbol{w}=\begin{pmatrix} w_1 \\ w_2 \\ \vdots \\ w_N \end{pmatrix}$ である．

(3) $\boldsymbol{w}$ の各成分は正である．

(証明) i) $\boldsymbol{P}$ の各成分は0でないとし，ε をその最小成分とする．

$$\boldsymbol{\rho}_j=(0,\ 0,\ \cdots\cdots,\ \underset{\widehat{j}}{1},\ 0,\ \cdots\cdots,\ 0)$$

M_n，m_n をそれぞれベクトル $\boldsymbol{\rho}_j\boldsymbol{P}^n$ の最大成分，最小成分とする．

$$\boldsymbol{\rho}_j\boldsymbol{P}^n=(\boldsymbol{\rho}_j\boldsymbol{P}^{n-1})\boldsymbol{P}$$

だから，定理 3.52 によって

$$M_0 \geqq M_1 \geqq M_2 \geqq \cdots\cdots \qquad \text{かつ} \tag{3}$$

$$m_0 \leqq m_1 \leqq m_2 \leqq \cdots\cdots \tag{4}$$

$$M_n - m_n \leqq (1-2\varepsilon)(M_{n-1} - m_{n-1}) \tag{5}$$

$d_n = M_n - m_n$ とおくと，(5)より

$$d_n \leqq (1-2\varepsilon)^n d_0$$

$n \to \infty$ のとき

$$\lim_{n\to\infty} d_n = \lim_{n\to\infty}(1-2\varepsilon)^n d_0 = 0$$

$$\therefore \quad \lim_{n\to\infty} M_n = \lim_{n\to\infty} m_n = w_j$$

よって $\boldsymbol{\rho}_j \boldsymbol{P}^n$ はすべての成分が同じベクトル $(w_j, w_j, \cdots\cdots, w_j)$ に近づく．さて，$\boldsymbol{\rho}_j \boldsymbol{P}^n$ は $\boldsymbol{P}^n$ の第 j 行である．$j=1, 2, \cdots\cdots, N$ と動かすと，$\boldsymbol{P}^n$ のすべての行が出てくる．

$$\lim_{n\to\infty} \boldsymbol{P}^n = \begin{pmatrix} w_1 & w_1 & \cdots\cdots & w_1 \\ w_2 & w_2 & \cdots\cdots & w_2 \\ & \cdots\cdots\cdots\cdots & & \\ w_N & w_N & \cdots\cdots & w_N \end{pmatrix} = \boldsymbol{A}$$

また，

$$0 < m_0 \leqq m_n \leqq w_j \leqq M_n \leqq M_0 < 1$$

かつ

$\boldsymbol{P}^n$ の列の和$=1$　より　$\lim_{n\to\infty} \boldsymbol{P}^n$ の列の和$=1$

$$\therefore \quad \sum_{i=1}^{N} w_i = 1\ , \quad 0 < w_i < 1$$

ii） $\boldsymbol{P}$ が単に正則であると仮定すれば，適当な正整数 k があって $\boldsymbol{P}^k > \boldsymbol{O}$．$\boldsymbol{P}^k$ を i）の $\boldsymbol{P}$ と同じにみて，以下の証明は同様にすればよい．

(Q. E. D)

定理 3.54 $\boldsymbol{P}$ が正則な推移行列，$\boldsymbol{A}$ と $\boldsymbol{w}$ を（定理 3.53）で与えたものとする．そのとき

(1) 任意の確率ベクトル $\boldsymbol{a}$ に対して

$$\lim_{n\to\infty} \boldsymbol{P}^n \boldsymbol{a} = \boldsymbol{w}$$

(2) $\boldsymbol{PA} = \boldsymbol{AP} = \boldsymbol{A}$

(3) ベクトル $\boldsymbol{w}$ は $\boldsymbol{Pw} = \boldsymbol{w}$ となる唯一の確率ベクトルである．

（証明）　(1)

$$\boldsymbol{a}=\begin{pmatrix} a_1 \\ a_2 \\ \vdots \\ a_N \end{pmatrix}$$ とすると，$\boldsymbol{\xi}=(\underbrace{1,\ 1,\ \cdots\cdots,\ 1}_{N個})$ に対して

$$\boldsymbol{\xi}\cdot\boldsymbol{a}=\sum_{i=1}^{N} a_i=1$$

$$\boldsymbol{A}=\boldsymbol{w}\cdot\boldsymbol{\xi}$$

$$\therefore\quad \boldsymbol{A}\boldsymbol{a}=\boldsymbol{w}(\boldsymbol{\xi}\boldsymbol{a})=\boldsymbol{w}$$

$$\lim_{n\to\infty}\boldsymbol{P}^n\boldsymbol{a}=(\lim_{n\to\infty}\boldsymbol{P}^n)\boldsymbol{a}=\boldsymbol{A}\boldsymbol{a}=\boldsymbol{w}$$

(2)　$\lim_{n\to\infty}\boldsymbol{P}^{n+1}=(\lim_{n\to\infty}\boldsymbol{P}^n)=\boldsymbol{P}\boldsymbol{A}$

$$=(\lim_{n\to\infty}\boldsymbol{P}^n)\boldsymbol{P}=\boldsymbol{A}\boldsymbol{P}=\boldsymbol{A}$$

(3)　$\boldsymbol{P}\boldsymbol{A}=\boldsymbol{A}$ の任意の 1 列は $\boldsymbol{P}\boldsymbol{w}=\boldsymbol{w}$

いま $\boldsymbol{w}$ 以外に $\boldsymbol{w}'$ という確率ベクトルがあって $\boldsymbol{P}\boldsymbol{w}'=\boldsymbol{w}'$ とすると $\boldsymbol{P}^n\boldsymbol{w}'=\boldsymbol{w}'$.

(1)より　$\lim_{n\to\infty}\boldsymbol{P}^n\boldsymbol{w}'=\boldsymbol{w}$.

$\therefore\quad \boldsymbol{w}=\boldsymbol{w}'$　(Q. E. D)

定理 3.54 における

$$\boldsymbol{P}\boldsymbol{w}=\boldsymbol{w}$$

をみたす $\boldsymbol{w}$ を**不動ベクトル** (fixed vector) という．

例 3.111　例 3.110 の問題を不動ベクトルを用いて解いてみよう．

$\boldsymbol{P}=\begin{bmatrix} \alpha & 1-\beta \\ 1-\alpha & \beta \end{bmatrix}$,　$0<\alpha,\ \beta<1$ より $\boldsymbol{P}>\boldsymbol{O}$．よって $\boldsymbol{P}$ は正則な推移行列である．方程式 $\boldsymbol{P}\boldsymbol{w}=\boldsymbol{w}$ を解く．

$$\begin{bmatrix} \alpha & 1-\beta \\ 1-\alpha & \beta \end{bmatrix}\begin{bmatrix} w_1 \\ w_2 \end{bmatrix}=\begin{bmatrix} w_1 \\ w_2 \end{bmatrix}$$

これを計算すると

$$-(1-\alpha)w_1+(1-\beta)w_2=0 \qquad ①$$

$\boldsymbol{w}$ は確率ベクトルだから

$$w_1+w_2=1 \quad ②$$

①②を連立させて解くと

$$w_1=\frac{1-\beta}{2-\alpha-\beta}, \quad w_2=\frac{1-\alpha}{2-\alpha-\beta}$$

問 3.235 問3.232を不動ベクトルを用いて解け．

問 3.236 日本の現在の人口は1億人，東京都の人口は1400万人である．毎年東京から，その前年度の人口の2％が流出，東京以外の地方から，その前年度の人口の0.5％が流入してくる．長期にわたってみると東京都の人口はどうなるか．

問 3.237 ある先生は一度休講したつぎの時間は，気がひけるのか休講の割合が小さく，10％である．しかし休講しなかった次の時間には，先生は30％は休講するおそれがある．長い間には，この先生は何％休講するか．

［歴史的補注］ マルコフ連鎖

マルコフ連鎖はすでにLaplaceやPoincaré(1854—1912)によって研究されていた．たとえばLaplaceは

「白玉と黒玉がともにN個あり．これらを2つの壺A，BにN個ずつ入れてある．いま2つの壺から1玉ずつ取り出して入れかえる．そしておのおのの壺の中をよくかきまぜて再び同じこの操作をする．これを限りなく繰返すと，2つの壺中の白玉と黒玉の割合はどれくらいになるか」

という問題を取扱っているしPoincaréも

「m枚のカルタをとる．その並べ方は$m!$通りある．ある人が何度もくり返して無規則に切ってゆくと，最後には$m!$個の並べ方は同等に期待されるか」という問題を取扱っている．前者は，黒と白の割合は半々であるし，後者は同等に期待されうる．いずれも，この種の問題は確率事象の極限分布を問題にしているわけである．このことを組織的に行なったのはA. A. Markov(1856—1922)である．彼は弁護士の家に生れた．多くの天才と異なり，8年制中学での成績はよくなくて，屢々学校から父親は警告をうけている．唯一例外の得意な科目は数学であった．1874年ペテルスブルグ大学に入学，Tchebyschevの指導をうけ．1886年同大学教授，1905年より私講師として死ぬまで教育にたずさわった．研究者としては戦斗的であり，当時のロシア数学界の大御所Nekrasovをさんざんやっつけたといわれる．彼の講義は，明確にして簡潔で，しかも厳密性を失わず，理論と応用の関連を示すため数値例も与えたといわれる．しかしマルコフ連鎖については適当な数値例がみつからず，困ったと伝えられている．

問　題　解　答

＜第 I 部＞

1.1　命題は(2), (5)　［(7)は命題でない．もしこの文章が真とすると，(7)は偽であるし，またこの文章が偽とすると，(7)は真となり，直偽判定はできない．これは Russel の逆理の1つの表現でもある．］

1.2　(1)　物価があがらない．　　(2)　生活が苦しくない．

(3)　物価があがって生活が苦しい．　　(4)　物価はあがるが生活は苦しくない．

(5)　物価があがるか生活が苦しくなるかどっちかだ．

(6)　物価もあがらないし生活も苦しくない．

(7)　物価があがらないか生活が苦しくないかどちらかだ．

1.3　(1)　$p \wedge q$　　(2)　$\overline{q}$　　(3)　$p \vee \overline{q}$　　(4)　$\overline{p} \wedge \overline{q}$

1.4　I，IIは壺の番号，Bは黒玉，Wは白玉とする．

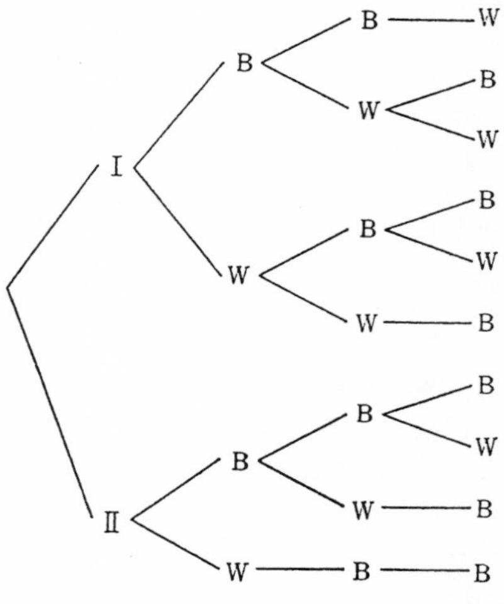

1.5　真は(3), (6), (7), (8), (10), (12)

偽は(1), (2), (4), (5), (9), (11)

1.6　いずれも真

$(ab=0)$ は $(a=0) \vee (b=0)$

と分解せよ．

1.8　(6)のみ真理表を作る．

(p	$\vee$	q)	$\wedge$	($\overline{p}$	$\vee$	$\overline{q}$)	命題(6)
1	1	1	0	0	0	0	1
1	1	0	1	0	1	1	0
0	1	1	1	1	1	0	0
0	0	0	0	1	1	1	1

（$\wedge$ の列 → 命題(6)：否定）

1.11　(1)　彼は頭がよくないか，ハムサムでないかどちらかである．

(2)　私は昼食をうどんやパンですまさない．

(3)　彼は彼女を映画にさそわないか，食事にさそわないかどちらである．

(4)　彼女は才能がないか美人でないかどちらである．

(5)　12は3の倍数でないか，5の倍数かどちらかである．

1.12 はじめから，$a \vee b$，$\bar{a} \wedge \bar{b}$，$\overline{\bar{a} \wedge \bar{b}} \equiv a \vee b$，ドモルガン．

1.13 (1) $q \wedge (p \vee r)$　(2) $p \vee (q \wedge r)$　(3) $\bar{p} \vee q$　(4) p

1.15 (1) $(p \wedge q) \vee (\bar{p} \wedge q) \vee (p \wedge \bar{q}) \vee (\bar{p} \wedge \bar{q})$

(2) $\bar{p} \vee \bar{q} \vee r \equiv (p \wedge q \wedge r) \vee (p \wedge \bar{q} \wedge r) \vee (p \wedge \bar{q} \wedge \bar{r}) \vee (\bar{p} \wedge q \wedge r) \vee (\bar{p} \wedge q \wedge \bar{r})$
$\vee (\bar{p} \wedge \bar{q} \wedge r) \vee (\bar{p} \wedge \bar{q} \wedge \bar{r})$

(3) $(\bar{p} \vee q) \wedge (\bar{q} \vee p) \equiv (p \wedge q) \vee (\bar{p} \wedge \bar{q})$

(4) $(\bar{p} \vee \bar{q} \vee r) \wedge (p \vee \bar{q} \vee r) \wedge (p \wedge q \wedge r) \equiv (p \wedge \bar{q} \wedge r) \vee (p \wedge \bar{q} \wedge \bar{r}) \vee (\bar{p} \wedge q \wedge r)$
$\vee (\bar{p} \wedge \bar{q} \wedge r)$

(5) $\bar{p} \vee q \vee r \equiv (p \wedge q \wedge r) \vee (p \wedge q \wedge \bar{r}) \wedge (p \wedge \bar{q} \wedge r) \vee (\bar{p} \wedge q \wedge r) \vee (\bar{p} \wedge q \wedge \bar{r})$
$\vee (\bar{p} \wedge \bar{q} \wedge r) \vee (\bar{p} \wedge \bar{q} \wedge \bar{r})$

1.16

f_3	f_4	f_5	f_6	f_7	f_8
$q \to p$	$p \to q$	$\overline{p \wedge q}$	p	q	$(q \to p) \wedge (p \to q)$

f_9	f_{10}	f_{11}	f_{12}	f_{13}	f_{14}	f_{15}	f_{16}
$p \veebar q$	$\bar{q}$	$\bar{p}$	$p \wedge q$	$\overline{p \to q}$	$\overline{q \to p}$	$\overline{p \vee q}$	O

28頁 数学的補注　問 1　(1) I　(2) O

29頁 数学的補注　問 3　(1) O　(2) I

1.17 逆　$(q \wedge r) \to p \equiv (q \to p) \vee (r \to p)$

裏　$\bar{p} \to \overline{(q \wedge r)} \equiv (\bar{p} \to \bar{q}) \vee (\bar{p} \to \bar{r})$

対偶　$\overline{(q \wedge r)} \to \bar{p} \equiv (\bar{q} \to \bar{p}) \wedge (\bar{r} \to \bar{p})$

1.18 真理表をかけ．

1.19 (1) 逆「私が数学の単位をとれるならば，私は数学の勉強を規則正しくやる」

裏「私が数学の勉強を規則正しくやらないならば，私は数学の単位がとれない」

対偶「私が数学の単位をとれないならば，数学の勉強を規則正しくやっていない」

(2) 逆「列車がおくれると，雪が降る」

裏「雪が降らないなら，列車はおくれない」

対偶「列車がおくれないなら，雪が降らない」

1.20 (1) 逆　$[(a=b) \wedge (c=b)] \to [a+c=b+d]$（真）

裏　$[a+c \fallingdotseq b+d] \to [(a \fallingdotseq c) \vee (b \fallingdotseq d)]$（真）

対偶　$[(a \fallingdotseq b) \vee (c \fallingdotseq d)] \to [a+c \fallingdotseq b+d]$（偽）

(2) 逆　$[(a \leqq 0) \vee (b \leqq 0)] \to [ab \leqq 0]$（偽）

裏　$[ab>0] \to [(a>0) \wedge (b>0)]$（偽）

対偶　$[(a>0) \wedge (b>0)] \to [ab>0]$（真）

1.21 (ア) 真である　(イ) 対偶　(ウ) ない　(エ) ない

(オ) ない　(カ) 真　(キ) 真である　(ク) 真である

(ケ) x, y が実数で, $x^2+y^2+1=0$　(コ) $(x=0)\vee(y=0)$

(サ) $(x\neq実数)\vee(y\neq実数)\vee(x^2+y^2+1\neq0)$　(シ) $xy\neq0$

(ス) $(x=0)\vee(y=0)$ ならば x, y が実数で $x^2+y^2+1=0$

(セ) $xy\neq0$ ならば $(x\neq実数)\vee(y\neq実数)\vee(x^2+y^2+1\neq0)$

(ソ) P　(タ) P, P の対偶

1.22 逆「△ABC において, MN∥BC → AM=BM ∧AN=CN」は偽, 裏と対偶は省略.

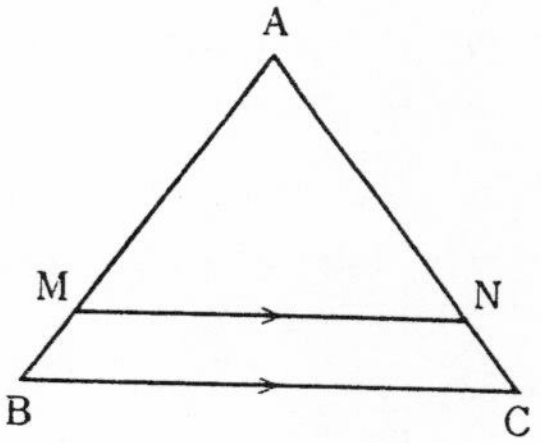

1.24 (3) ⇒ (5) ⇒ (1) ⇒ (4) ⇒ (2)

1.25 $p\Rightarrow q\Rightarrow s\Rightarrow r$

$q\Leftrightarrow r$

より (1) $p\Rightarrow r$, r は p の必要条件

(2) $q\Leftrightarrow s$, q は s の必要十分条件

1.26 (1) 十分条件

(2) a, b が実数ならば, 必要十分条件

(3) a, b, c が実数ならば, 必要条件

1.27 p: それはいたるところ微分可能な関数である.

q: それはいたるところ連続な関数である.

とすると, $(p\to q)\equiv I$ より $p\Rightarrow q$ とかける.

① $[q$ のときのみ $p]\equiv[\bar{q}$ ならば $\bar{p}]\equiv[p\to q]$ で真

② $q\to p$ (偽)　③ $q\Rightarrow p$ (偽)　④ $p\Rightarrow q$ (真)　⑤ $p\Leftrightarrow p$ (真)

1.28 $[(p\to q)\wedge\bar{q}]\to\bar{p}$ の真理表をかけ.

1.29 $[(p\to q)\wedge(q\to r)]\to(p\to r)$ の真理表をかけ.

1.30 $[(p\to q)\wedge q]\to p$, $[(p\to q)\wedge\bar{p}]\to\bar{q}$ の真理表をかけ.

1.31 (1) 有効(簡約の法則という)　(2) 有効(付加の法則という)

(3) 有効　(4) 有効　(5) 謬論　(6) 謬論　(7) 有効　(8) 謬論

(9) (10) ともに有効

1.32 (1) p: 彼は無神論者である.

q: 彼は神を信ずる.

r: 彼は幸福である.

とし, $\begin{array}{c} p\to\bar{q} \\ q\to r \\ \hline p\to\bar{r} \end{array}$ の有効性を論じよ. (謬論)

(2) p: 彼は教条主義者である.

q: 彼は事実を全面的に把握できぬ.

$\begin{array}{r} p\to q \\ \bar{q} \\ \hline \bar{p} \end{array}$ となって有効.

(3) p：マッカーシーが当選する.
q：マッカーシーはニューヨークで勝つ.
r：彼は黒人問題で強い態度をとる.

$$\begin{array}{l} p\to q \\ \bar{r}\to\bar{q} \\ \bar{r} \\ \hline \bar{p} \end{array}$$
の有効性を論じ有効.

(4) p：広告効果あり.
q：需要増加あり.
r：生産費減少せり.
s：販売価格減少.
t：供給量増加.

として
$$\begin{array}{l} p\to q \\ r\to s \\ t\to r \\ q\to t \\ \hline p\to s \end{array}$$
の有効性を判定し，有効.

1.33 (1) $(a^2+b^2)(c^2+d^2)=(ac+bd)^2+(ad-bc)^2$

(2) $(1^2+4^2)(2^2+3^2)=5^2+14^2$，$(4^2+5^2)(3^2+7^2)=13^2+47^2$

1.35 もし $0\leqq a+b\sqrt{2}<1$ をみたす整数が a_1, a_2 と2つあるとすると，$0\leqq a_1+b\sqrt{2}<1$, $-1<-a_2-b\sqrt{2}\leqq 0$. 辺々相加えて，$-1<a_1-a_2<1$. この条件をみたす整数は $a_1-a_2=0$.

1.36 $\dfrac{1}{a+b\sqrt{2}}=\dfrac{a-b\sqrt{2}}{a^2-2b^2}$，$a, b$ は a^2-2b^2 の倍数.

1.37 (1) k は任意の実数　(2) k は整数係数の2次方程式の根

1.38 (1) $f(n)=\begin{cases} n+1 & (n\text{ が偶数}) \\ -n & (n\text{ が奇数}) \end{cases}$

(2) $f(n)=n^2$，$n\in\boldsymbol{N}$　(3) $f(n)=n^3$，$n\in\boldsymbol{N}$

(4) $f(n)=\dfrac{1}{n+1}$，　$n\in\boldsymbol{N}$

1.39 (1) $\boldsymbol{B}\subset\boldsymbol{A}$　(2) $\boldsymbol{C}\subset\boldsymbol{A}\subset\boldsymbol{B}$　(3) $\boldsymbol{N}\subset\boldsymbol{Z}\subset\boldsymbol{Q}\subset\boldsymbol{R}$

1.40 (1) $\boldsymbol{\Phi}$，$\{a\}$，$\{b\}$，$\boldsymbol{A}$

(2) $\boldsymbol{\Phi}$，$\{a\}$，$\{b\}$，$\{c\}$，$\{a, b\}$，$\{b, c\}$，$\{a, c\}$，$\boldsymbol{A}$

1.41 $\boldsymbol{B}$ は空集合．$\boldsymbol{A}\neq\boldsymbol{B}$ という条件をつけると，$\boldsymbol{B}$ は単一要素の集合.

1.43 (1) $\{7\}$　(2) $\{2, 3, 5, 6, 8, 9\}$

1.44 $\boldsymbol{A}^c=\{b, c\}$，　$\boldsymbol{B}^c=\{a, c\}$，　$\boldsymbol{A}\cap\boldsymbol{B}=\boldsymbol{\Phi}$，　$\boldsymbol{A}\cup\boldsymbol{B}=\{a, b\}$，　$\boldsymbol{A}\cup\boldsymbol{B}^c=\{a, c\}$，
$\boldsymbol{A}^c\cup(\boldsymbol{A}\cap\boldsymbol{B})=\{b, c\}$

1.45 (1) $\boldsymbol{A}\times\boldsymbol{A}=\{(1, 1)(1, 2)(2, 1)(2, 2)\}$

(2) $\boldsymbol{A}\times\boldsymbol{B}=\{(1, 2)(1, 3)(2, 2)(2, 3)\}$

(3) $\boldsymbol{B}\times\boldsymbol{A}=\{(2, 1)(3, 1)(2, 2)(3, 2)\}$

(4) $(\boldsymbol{A}\times\boldsymbol{\Omega})\cap(\boldsymbol{\Omega}\times\boldsymbol{B})=\{(1, 2)(1, 3)(2, 2)(2, 3)\}$

(5) $(\boldsymbol{A}\times\boldsymbol{B})\cup(\boldsymbol{B}\times\boldsymbol{A})=\{(1, 2)(1, 3)(2, 1)(3, 1)(2, 2)(2, 3)(3, 2)\}$

1.47 $n(\boldsymbol{A}-\boldsymbol{B})=n(\boldsymbol{A})+n(\boldsymbol{B})-2n(\boldsymbol{A}\cap\boldsymbol{B})$

1.48 例1.23 から $\boldsymbol{M}_1\sim\boldsymbol{R}$.

$x \in \boldsymbol{M}_2$, $y=1-x$ なる関数で $y \in \boldsymbol{M}_3$, よって $\boldsymbol{M}_2 \sim \boldsymbol{M}_3$.

$$\left.\begin{array}{ll}\boldsymbol{M}_1 \subset \boldsymbol{M}_2, & \boldsymbol{M}_1 \sim \boldsymbol{R} \\ \boldsymbol{M}_3 \subset \boldsymbol{R}, & \boldsymbol{M}_3 \sim \boldsymbol{M}_2\end{array}\right\} \text{ より } \boldsymbol{R} \sim \boldsymbol{M}_2 \text{ (Berstein の定理)}$$

$\boldsymbol{M}_1 \sim \boldsymbol{R}$, $\boldsymbol{R} \sim \boldsymbol{M}_2$ より $\boldsymbol{M}_1 \sim \boldsymbol{M}_2$.

このことから

$$\overline{\overline{\boldsymbol{M}}}_2 = \overline{\overline{\boldsymbol{M}_1 + \{0\}}} = \overline{\overline{\boldsymbol{M}}}_1 + \overline{\overline{\{0\}}} = \overline{\overline{\boldsymbol{R}}} + 1 = \overline{\overline{\boldsymbol{R}}}$$

$$\therefore \quad \overline{\overline{\boldsymbol{M}}}_4 = \overline{\overline{\boldsymbol{M}_2 + \{1\}}} = \overline{\overline{\boldsymbol{M}}}_2 + \overline{\overline{\{1\}}} = \overline{\overline{\boldsymbol{R}}} + 1 = \overline{\overline{\boldsymbol{R}}}$$

$$\therefore \quad \boldsymbol{M}_2 \sim \boldsymbol{M}_4$$

1.49 $y=\log\dfrac{1}{x}$, $\quad y=\dfrac{x}{1-x}$, $\quad y=\dfrac{x}{1-x^2}$ など

1.50 長さ1の線分 AB 上の点 P の座標を

$0.a_1b_1a_2b_2a_3b_3\cdots\cdots$ として，正方形 OCDE 内の点 Q$(0.a_1a_2\cdots\cdots,\ 0.b_1b_2\cdots\cdots)$

と対応させる．

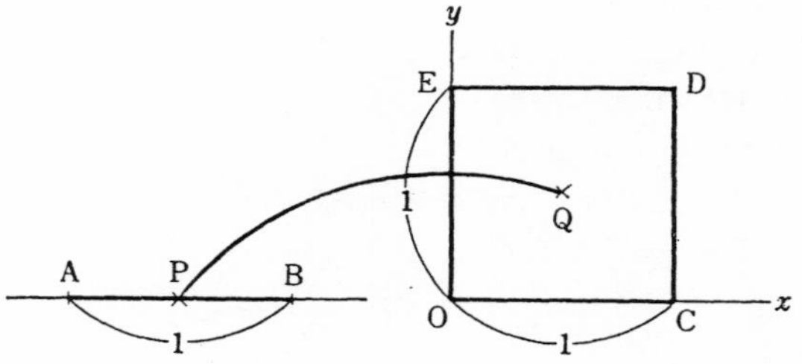

$x=0.a_1b_1a_2b_2a_3b_3\cdots\cdots$, $x'=0.a_1'b_1'a_2'b_2'a_3'b_3'\cdots\cdots$ とし，$x \neq x'$ とすると，当然

$(0.a_1a_2a_3\cdots\cdots \neq 0.a_1'a_2'a_3'\cdots\cdots) \vee (0.b_1b_2b_3\cdots\cdots \neq 0.b_1'b_2'b_3'\cdots\cdots)$

よって

Q$(0.a_1a_2a_3\cdots\cdots,\ 0.b_1b_2b_3\cdots\cdots) \neq$ Q$'(0.a_1'a_2'a_3'\cdots\cdots,\ 0.b_1'b_2'b_3'\cdots\cdots)$

よって，AB 上の点と，正方形 OCDE 内の点とは1対1対応する．

$$\therefore \quad \boldsymbol{R} \sim \boldsymbol{R} \times \boldsymbol{R}$$

$$\overline{\overline{\boldsymbol{R}}} = \overline{\overline{\boldsymbol{R}}} \times \overline{\overline{\boldsymbol{R}}}$$

1.51 $\overline{[\exists x, f(x)=0]} \equiv [\forall x, f(x) \neq 0]$

「すべての実数値 x に対して，どの関数も0の値をとらない．」

1.52 (6)以外真，(6)は偽．

1.53 (1) $q \wedge \forall x p(x)$

$= q \wedge [p(x_1) \wedge p(x_2) \wedge \cdots\cdots]$

$= [q \wedge q \wedge \cdots\cdots] \wedge [p(x_1) \wedge (x_2) \wedge \cdots\cdots]$

$=[q\wedge p(x_1)]\wedge[q\wedge p(x_2)]\wedge\cdots\cdots\equiv\forall x[q\wedge p(x)]$

他も同様.

1.54 (1) $p\wedge q\Rightarrow p\vee q$ と定理1.11 を用いて

$\forall xp(x)\wedge\forall xq(x)\equiv\forall x[p(x)\wedge q(x)]$

$\Rightarrow\forall x[p(x)\vee q(x)]$

1.55 $[\exists xp(x)\to\exists xq(x)]\equiv[\forall x\overline{p(x)}]\vee[\exists xq(x)]$

$\exists x[p(x)\to q(x)]\equiv\exists x[\overline{p(x)}\vee q(x)]$

$\equiv\exists x\overline{p(x)}\vee\exists xq(x)$

$\forall x\overline{p(x)}\Rightarrow\exists x\overline{p(x)}$ を利用すればよい.

1.57 (1) $\boldsymbol{\Phi}$ (2) $\boldsymbol{A}$ (3) $\boldsymbol{A}\cup\boldsymbol{B}^c$ (4) $\boldsymbol{B}^c$ (5) $\boldsymbol{\Omega}$

1.58 (3)のみ証明する.

$\boldsymbol{A}\cap(\boldsymbol{B}\triangle\boldsymbol{C})=\boldsymbol{A}\cap[(\boldsymbol{B}\cap\boldsymbol{C}^c)\cup(\boldsymbol{C}\cap\boldsymbol{B}^c)]$

$=(\boldsymbol{A}\cap\boldsymbol{B}\cap\boldsymbol{C}^c)\cup(\boldsymbol{A}\cap\boldsymbol{C}\cap\boldsymbol{B}^c)$

$(\boldsymbol{A}\cap\boldsymbol{B})\triangle(\boldsymbol{A}\cap\boldsymbol{C})=[\boldsymbol{A}\cap\boldsymbol{B}\cap(\boldsymbol{A}\cap\boldsymbol{C})^c]\cup[\boldsymbol{A}\cap\boldsymbol{C}\cap(\boldsymbol{A}\cap\boldsymbol{B})^c]$

$=[\boldsymbol{A}\cap\boldsymbol{B}\cap(\boldsymbol{A}^c\cup\boldsymbol{C}^c)]\cup[\boldsymbol{A}\cap\boldsymbol{C}\cap(\boldsymbol{A}^c\cup\boldsymbol{B}^c)]$

$=(\boldsymbol{A}\cap\boldsymbol{B}\cap\boldsymbol{C}^c)\cup(\boldsymbol{A}\cap\boldsymbol{C}\cap\boldsymbol{B}^c)$

$\therefore\ \boldsymbol{A}\cap(\boldsymbol{B}\triangle\boldsymbol{C})=(\boldsymbol{A}\cap\boldsymbol{B})\triangle(\boldsymbol{A}\cap\boldsymbol{C})$

1.59 (1) $\forall x(x\in\boldsymbol{A}\to x\in\boldsymbol{B})\equiv\forall x(x\notin\boldsymbol{B}\to x\notin\boldsymbol{A})$

$\equiv\forall x(x\in\boldsymbol{B}^c\to x\in\boldsymbol{A}^c)\equiv I$

$\therefore\ \boldsymbol{B}^c\subset\boldsymbol{A}^c$

(2) $(p\to q)\Rightarrow(p\vee r)\to(q\vee r)$ を用いる. $p(x):x\in\boldsymbol{A}$,

$q(x):x\in\boldsymbol{B}$, $r(x):x\in\boldsymbol{C}$ とおくと

$\forall x[x\in\boldsymbol{A}\to x\in\boldsymbol{B}]\Rightarrow\forall x[(x\in\boldsymbol{A}\cup\boldsymbol{C})\to(x\in\boldsymbol{B}\cup\boldsymbol{C})]$

1.60 みな同値である.

1.61

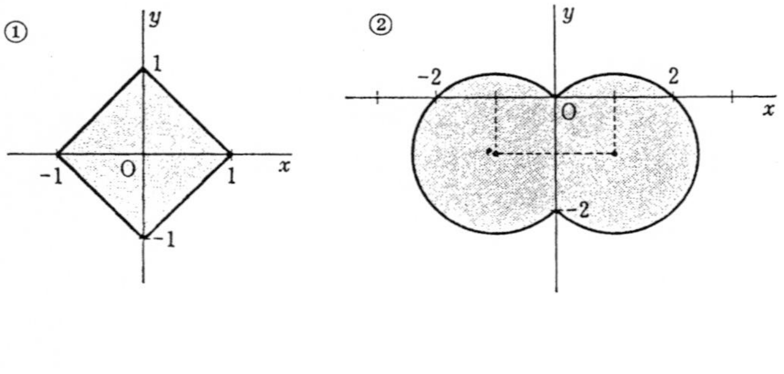

③

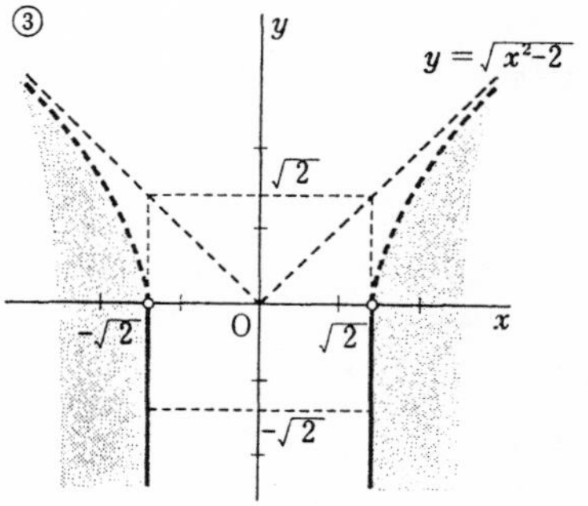

④

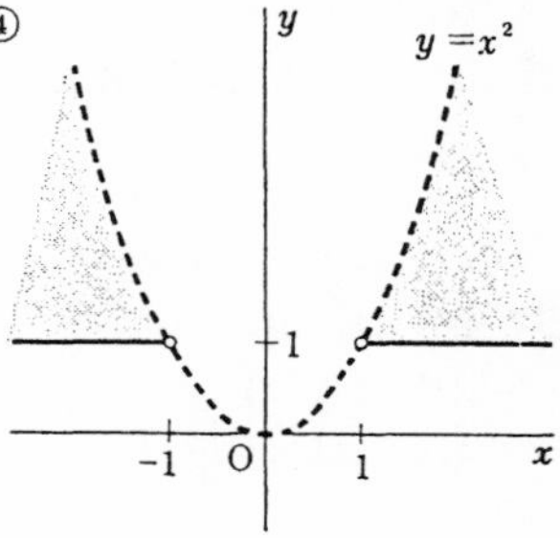

1.62

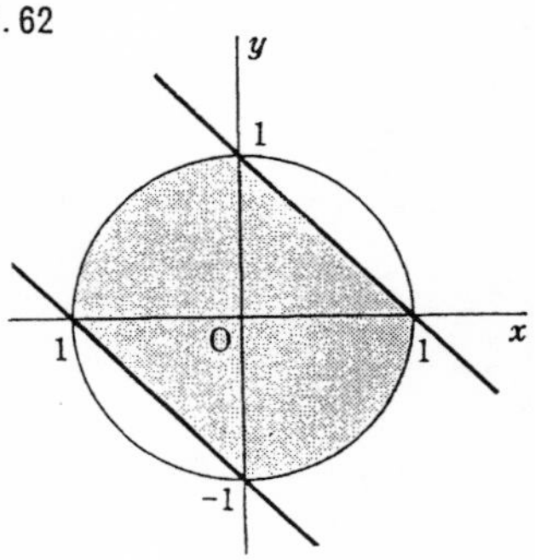

1.63 例1.30と同じようにやればよい．

1.64 (1)

$$\boldsymbol{X}=\begin{bmatrix} X \\ Y \end{bmatrix} \qquad \boldsymbol{X}_i=\begin{bmatrix} \dfrac{x_i}{a} \\ \dfrac{y_i}{b} \end{bmatrix},\ (i=1,\ 2)$$

$\boldsymbol{X}=\boldsymbol{X}_1(1-t)+\boldsymbol{X}_2 t,\ 0\leqq t\leqq 1$

とおくと

$X^2+Y^2=\|\boldsymbol{X}\|^2$

$=\|\boldsymbol{X}_1\|^2(1-t)^2+2(1-t)(\boldsymbol{X}_1\cdot\boldsymbol{X}_2)+\|\boldsymbol{X}_2\|^2 t^2$

$\leqq(1-t)^2+2(1-t)\cdot t\|\boldsymbol{X}_1\|\,\|\boldsymbol{X}_2\|+t^2=1$

(2) $y^2=\{y_1(1-t)+y_2 t\}^2$

$=y_1^2(1-t)^2+2y_1y_2(1-t)t+y_2^2t^2$

$\leqq y_1^2(1-t)^2+2|y_1||y_2|(1-t)t+y_2^2t^2$

$<4\{x_1(1-t)^2+2\sqrt{x_1x_2}(1-t)t+x_2t^2\}$

$=4\{\sqrt{x_1}(1-t)+\sqrt{x_2}t\}^2$

$\{x_1(1-t)+x_2t\}-\{\sqrt{x_1}(1-t)+\sqrt{x_2}t\}^2=(1-t)t(\sqrt{x_1}-\sqrt{x_2})^2\geqq 0$

よって　$\{y_1(1-t)+y_2t\}<4\{x_1(1-t)+x_2t\}$

ただし，$0\leqq t\leqq 1$，$x_1, x_2\geqq 0$ とする．

1.65 (2) $\lambda=1$，　$x(1)=y(1)=\dfrac{\sqrt{2}}{2}r$ のとき．

1.66 P を xg，Q を yg とると，条件

$$\begin{bmatrix} 2 & 5 \\ 3 & 4 \\ 4 & 3 \end{bmatrix}\begin{bmatrix} x \\ y \end{bmatrix}\geqq\begin{bmatrix} 10 \\ 12 \\ 12 \end{bmatrix}$$ のもとで $M=2.1x+3.5y$ を最小にする．

$x=\dfrac{20}{7}$g，　$y=\dfrac{6}{7}$g のとき，M は最小 9 円/日．

1.67 A＝42個，B＝21個のとき，最大利益 1,680万円

1.68 ① 最小値は $0<a<1$ のとき$3a$，$1\leqq a\leqq 6$ のとき $\dfrac{9a+6}{5}$，$a>6$ のとき 12

② $\dfrac{24}{5}$　　③ $a=2$

1.69 $\max(x, y)=x\cup y$，$\min(x, y)=x\cap y$ とすると，$\cap$，$\cup$ の記号は集合と同じように交換，結合，分配法則にしたがう．

$(2x\cap y)\cup(x\cap 2y)$

$=(2x\cup x)\cap(y\cup x)\cap(2x\cup 2y)\cap(y\cup 2y)$

$=2x\cap(x\cup y)\cap 2(x\cup y)\cap 2y=2(x\cap y)\cap(x\cup y)$

$x\cup y=x$(つまり $y\leqq x$) のとき $(x\cap 2y)\geqq 1$　①

$x\cup y=y$(つまり $x\leqq y$) のとき $(2x\cap y)\geqq 1$　②

①をみたす領域＝$\{(x, y)\,|\,2y\geqq 1,\ x\geqq 1,\ x\geqq y\}$

②をみたす領域＝$\{(x, y)\,|\,2x\geqq 1,\ y\geqq 1,\ y>x\}$

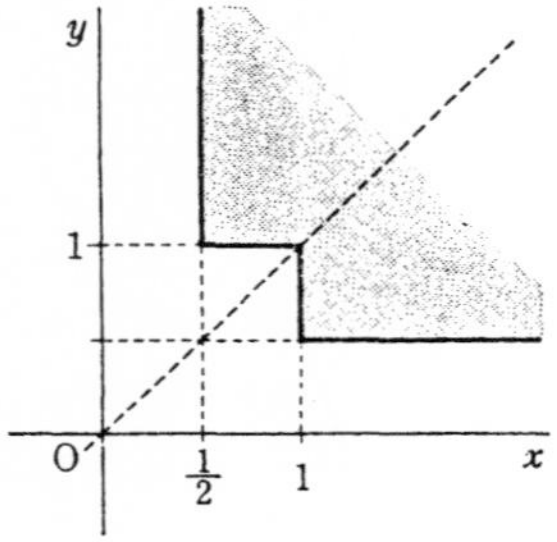

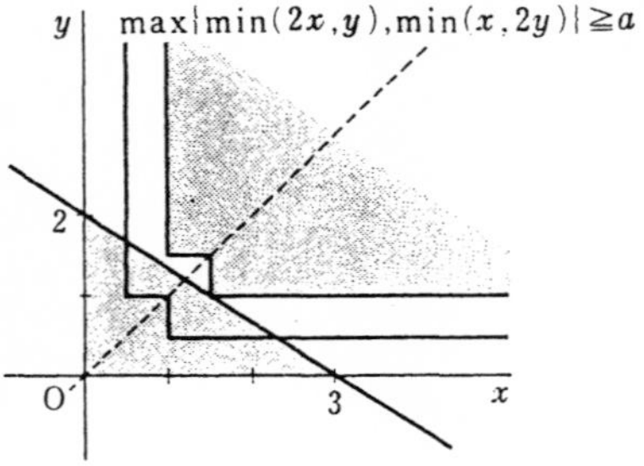

$x=a$，$y=\dfrac{a}{2}$ が $2x+3y=6$ 上にあるためには，$a=\dfrac{12}{7}$

$x=\dfrac{12}{7}$，　$y=\dfrac{6}{7}$

1.70 $y=-x$ と $y=x^2+k$ が接する条件を求めればよい．$k=\dfrac{1}{4}$

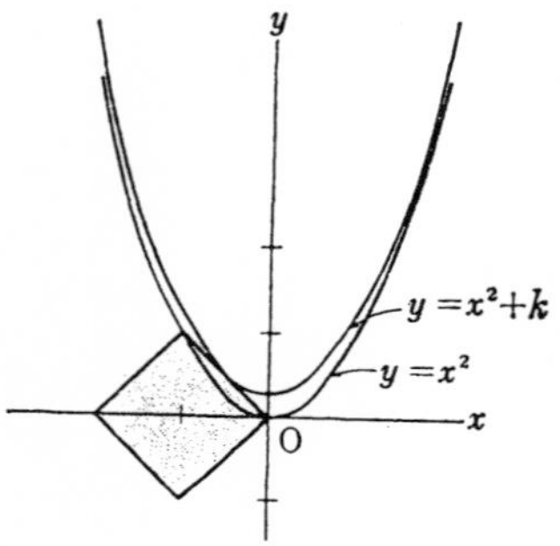

1.71

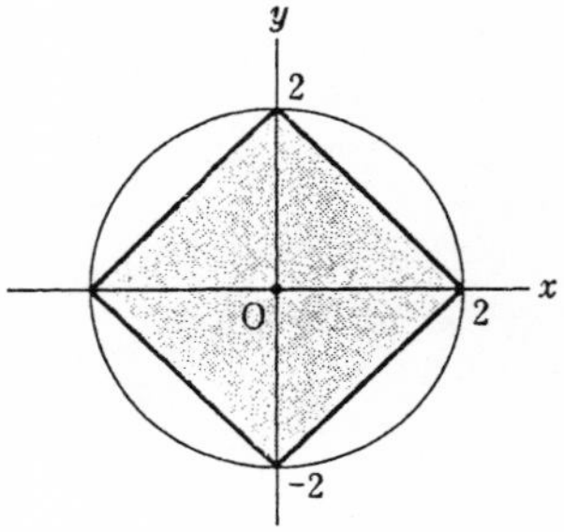

最大値 4

<第 II 部>

2.2 ① b_1 ② b_3 ③ a_3 または a_6 ④ b_2

2.3 ① 1 ② 3 ③ 3

2.4 ① $\tau(24)=8$ ② n は素数

2.5 $f(\boldsymbol{A})=\{0, 2, 17\}$

2.6 ① 中へ ② 上へ

2.7

問番号	値域	単射	全射	双射
①	$\boldsymbol{R}$	○	○	○
②	$\boldsymbol{R}^*$			
③	$\boldsymbol{R}$	○	○	○
④	区間 $[-1, 1]$			
⑤	$\boldsymbol{R}$	○	○	○
⑥	$\boldsymbol{R}$		○	
⑦	$\boldsymbol{R}^*$			
⑧	区間 $(0, 1]$			
⑨	区間 $(-1, 1)$	○		
⑩	$\boldsymbol{R}^*$	○	○	○

2.8 ①

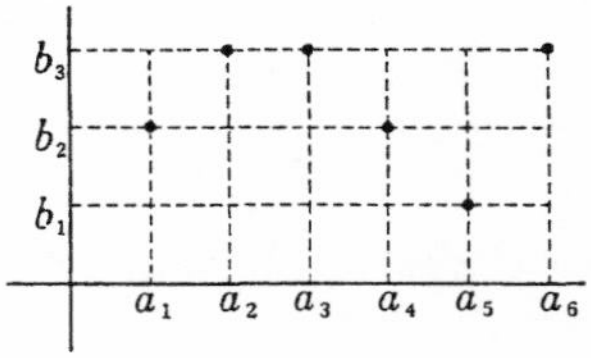

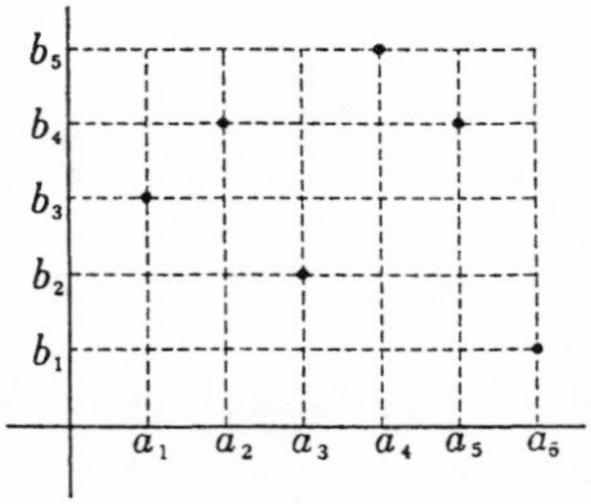

2.9

①

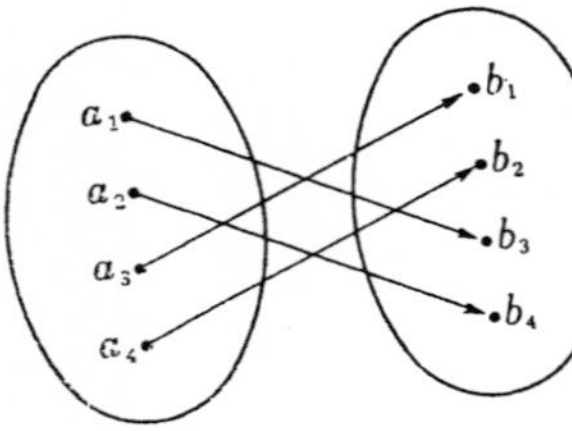

②

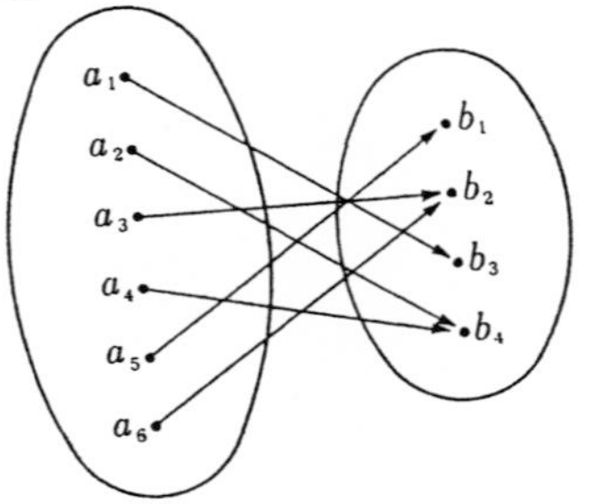

2.10

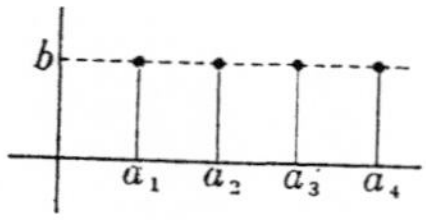

2.11

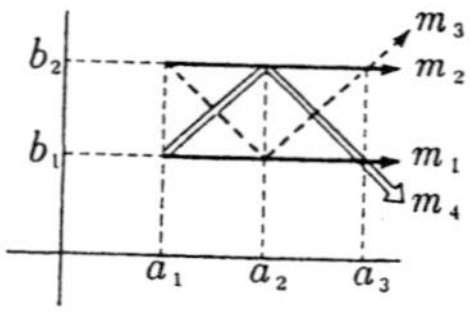

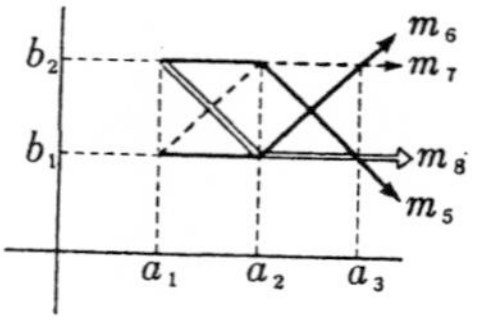

2.12 相等なのは①②

2.13 $\forall x \in \boldsymbol{A}$, $f(x)=x=g(x)$ $\quad\therefore\quad f=g$.

$\boldsymbol{A}=\Phi$ とおくと $f(\Phi)=\Phi=g(\Phi)$ $\quad\therefore\quad f=g$

2.14 $g(\boldsymbol{A})=\{a\}$, $f(\boldsymbol{A})=\boldsymbol{A}$, $f(\boldsymbol{A})=g(\boldsymbol{A})$ だから $\boldsymbol{A}=\{a\}$.

2.15 定義域 $\{1, 3\}$

2.16 ① c_2 ② a_3, a_4, a_5 のどれか ③ c_2 ④ a_2

2.17 ① $(g\circ f)(x)=cax+bc+d$

② $(g\circ f)(x)=(x-1)^2$

③ $(g\circ f)(x)=\dfrac{(aa'+b'c)x+(a'b+b'd)}{(c'a+cd')x+(bc'+d'd)}$

2.18

$f_i \backslash f_j$	f_1	f_2	f_3	f_4	f_5	f_6
f_1	f_1	f_2	f_3	f_4	f_5	f_6
f_2	f_2	f_1	f_6	f_5	f_4	f_3
f_3	f_3	f_4	f_5	f_6	f_1	f_2
f_4	f_4	f_3	f_2	f_1	f_6	f_5
f_5	f_5	f_6	f_1	f_2	f_3	f_4
f_6	f_6	f_5	f_4	f_3	f_2	f_1

2.19 f は単射だから，$a\neq a'$ のとき．

$f(a)\neq f(a')$

$f(a)=b$, $f(a')=b'$

とおくと $b\neq b'$

$\left.\begin{array}{l}(g\circ f)(a)=g(b)=c\\(g\circ f)(a')=g(b')=c'\end{array}\right\}$ とおくと

g は単射だから，$c\neq c'$

$\therefore\quad (g\circ f)(a)\neq(g\circ f)(a')$

2.20 定理2.6から $g\circ f$ は全射，問2.19から $g\circ f$ は単射．よって，$g\circ f$ は双射．

2.21 h は単射であるから，$h(b)=h(b')\to b=b'$.

$\forall a\in \boldsymbol{A}$，$(h\circ f)(a)=(h\circ g)(a)$ ならば

$h\{f(a)\}=h\{g(a)\}$ より　$f(a)=g(a)$

$\therefore\ f=g$

2.22　$f^{-1}(\boldsymbol{Y})=\{x\mid -2\leqq x\leqq 2\}$

2.23　$f^{-1}(\boldsymbol{Y})=\{x\mid -1\leqq x\leqq 3\}$

2.24　$f^{-1}(\boldsymbol{Y})=\{x\mid -4\leqq x\leqq 2\}$

$f^{-1}(\boldsymbol{Z})=\{x\mid -6\leqq x\leqq -3,\ 1\leqq x\leqq 4\}$

$\boldsymbol{Y}\cup \boldsymbol{Z}=\{y\mid -1\leqq y\leqq 24\}$，$\boldsymbol{Y}\cap \boldsymbol{Z}=\{y\mid 3\leqq y\leqq 8\}$ より

$f^{-1}(\boldsymbol{Y}\cup \boldsymbol{Z})=\{x\mid -6\leqq x\leqq 4\}$

$f^{-1}(\boldsymbol{Y}\cap \boldsymbol{Z})=\{x\mid -4\leqq x\leqq -3,\ 1\leqq x\leqq 2\}$

より明らかである．

2.26　$(f^{-1}\circ f)(\boldsymbol{X})=\{x\mid -1\leqq x\leqq 1\}$

2.27　$(f^{-1}\circ f)(\boldsymbol{X})=\{x\mid 2n\pi\leqq x\leqq (2n+1)\pi,\ n\in \boldsymbol{Z}\}$

2.28　$(f^{-1}\circ f)(\boldsymbol{X})=\{x\mid 0<x\leqq e^2\}$

2.29　① $f^{-1}(y)=\dfrac{y}{2}-\dfrac{1}{2}$　② $f^{-1}(y)=\sqrt[3]{y}$　③ $f^{-1}(y)=\dfrac{1}{2-y}$

④ $f^{-1}(y)=\log_2 y$　⑤ $f^{-1}(y)=y^2$

⑥ $y(cx+d)=ax+b$ を x について整理すると，$(a-cy)x=dy-b$．しかるに，

$a-cy=\dfrac{ad-bc}{cx+d}$，$ad-bc\neq 0$ だから，

$$f^{-1}(y)=\frac{dy-b}{a-cy}$$

106頁〈練習問題〉

1.　任意の $x\in \boldsymbol{A}_1$ をとると，$\boldsymbol{A}_1\subset \boldsymbol{A}_2$ より，$x\in \boldsymbol{A}_2$．

よって $f(x)\in f(\boldsymbol{A}_1)$ ならば $f(x)\in f(\boldsymbol{A}_2)$．　$\therefore\ f(\boldsymbol{A}_1)\subset f(\boldsymbol{A}_2)$

107頁　2. ①　$y\in f(\boldsymbol{A}_1)\cup f(\boldsymbol{A}_2)$ とすると，$y\in f(\boldsymbol{A}_1)\vee y\in f(\boldsymbol{A}_2)$．$y=f(x)$ となる x は，$(x\in \boldsymbol{A}_1)\vee(x\in \boldsymbol{A}_2)$．このことから，$f(x)\in f(\boldsymbol{A}_1\cup \boldsymbol{A}_2)$．すなわち $f(\boldsymbol{A}_1)\cup f(\boldsymbol{A}_2)\subset f(\boldsymbol{A}_1\cup \boldsymbol{A}_2)$．

逆に，$y\in f(\boldsymbol{A}_1\cup \boldsymbol{A}_2)$ とおくと，$y=f(x)$ となる x は，$x\in \boldsymbol{A}_1\cup \boldsymbol{A}_2$．
よって，$(x\in \boldsymbol{A}_1)\vee(x\in \boldsymbol{A}_2)$．このことから，$(f(x)\in f(\boldsymbol{A}_1))\vee(f(x)\in f(\boldsymbol{A}_2))$．
ゆえに，$f(x)=y\in f(\boldsymbol{A}_1)\cup f(\boldsymbol{A}_2)$．すなわち，$f(\boldsymbol{A}_1\cup \boldsymbol{A}_2)\subset f(\boldsymbol{A}_1)\cup f(\boldsymbol{A}_2)$．

②　証明は①と同様である．等号が成立しない反例は，$f(x)=x^2$ を考える．

$\boldsymbol{A}_1=\{x\mid 0\leqq x\leqq 1\}$，$\boldsymbol{A}_2=\left\{x\mid -1\leqq x\leqq \dfrac{1}{2}\right\}$とする．

$\boldsymbol{A}_1\cap \boldsymbol{A}_2=\left\{x\,\middle|\,0\leqq x\leqq \dfrac{1}{2}\right\}$．よって，$f(\boldsymbol{A}_1)=\{y\mid 0\leqq y\leqq 1\}$，$f(\boldsymbol{A}_2)=\{y\mid 0\leqq y\leqq 1\}$，

$f(A_1 \cap A_2)=\left\{y \,\middle|\, 0 \leqq y \leqq \frac{1}{4}\right\}$

$\therefore \quad f(A_1 \cap A_2) \subset f(A_1) \cap f(A_2).$

3. $x \in f^{-1}(B_1)$ とおくと，$x=f^{-1}(y)$ だから，$y \in B_1$. $B_1 \subset B_2$ より，$y \in B_2$.
ゆえに $f^{-1}(y) \in f^{-1}(B_2)$.　　　$\therefore \quad f^{-1}(B_1) \subset f^{-1}(B_2)$

4. ①　$f(a)=b$, $f(a')=b'$ とすると，$a \neq a'$ ならば $b \neq b'$.
$g(b)=c$, $g(b')=c'$ とすると，$b \neq b'$ ならば $c \neq c'$.
さて，$h(a)=(g \circ f)(a)=g\{f(a)\}=g(b)=c$.
$h(a')(g \circ f)(a')=g\{f(a')\}=g(b')=c'$.
上記のことより，$a \neq a'$ ならば，$c \neq c'$. ゆえに $h=g \circ f$ は単射.

5. f, g が全射でないとすると，$f(A) \subset B$. 写像の単調性から，
$(g \circ f)(A)=g\{f(A)\} \subset g(B) \subset C$. しかるに，$(g \circ f)(A)=C$ だから，$f(A)=B$, $g(B)=C$ でなければならない．(矛盾)．よって，f, g は全射である.
$c=(g \circ f)(a)=g\{f(a)\}$, $c'=(g \circ f)(a')=g\{f(a')\}$
とおくと，$g \circ f$ は双射であるから，$c=c'$ ならば $a=a'$ である.
そこで，$f(a)=f(a')$ と $f(a) \neq f(a')$ の２通りの場合が考えられる.
i）$f(a)=f(a')$ で，$a \neq a'$ ならば $g \circ f$ が双射であることに矛盾.
ii）$f(a) \neq f(a')$ で，$a \neq a'$ ならば $g \circ f$ が双射であることに矛盾.
また，$a=a'$ ならば，A の同じ要素に対して，像が２つあって写像の意味に反するから，このことは起こりえない．すると
$f(a)=f(a')$ ならば $a=a'$
の場合のみ残る．したがって
$(g \circ f)(a)=(g \circ f)(a') \rightarrow f(a)=f(a') \rightarrow a=a'$
よって，f, g は単射である.

6. ①　$h \circ g \circ f$, $g \circ f \circ h$ が全射だから，$f(A)=B$, $g(B)=C$, $h(C)=A$ となって，f, g, h は全射である．$f \circ h \circ g$ が単射であるとき，もし g が単射でなければ
$b \neq b'$ に対して，$g(b)=g(b')=c$ となる $c \in C$ が存在し，$h(c)=a$, $f(a)=b_0$ となり，$(f \circ h \circ g)(b)=(f \circ h \circ g)(b')=b_0$ だから，$f \circ h \circ g$ が単射であることに反する．g は単射．同様に h, f も単射である.

7. ①
$$\varphi_{A \cap B}(x)=\begin{cases} 1 & (x \in A \cap B) \\ 0 & (x \notin A \cap B) \end{cases}$$

$$\varphi_A(x) \cdot \varphi_B(x)=\begin{cases} 1 \cdot 1 & (x \in A \wedge x \in B) \\ 1 \cdot 0 & (x \in A \wedge x \notin B) \\ 0 \cdot 1 & (x \notin A \wedge x \in B) \\ 0 \cdot 0 & (x \notin A \wedge x \notin B) \end{cases}=\begin{cases} 1 & (x \in A \cap B) \\ 0 & (x \notin A \cap B) \end{cases}$$

$\therefore \quad \varphi_{A\cap B}=\varphi_A\cdot\varphi_B.$

2.30 ${}_5\Pi_2=5^2$. ${}_3\Pi_3=3^3$, ${}_2\Pi_6=2^6$

2.31 10^{10} は 11桁，50^{25} は 43桁の数．

2.32 $2^4=16$ **2.33** $3^5=243$

2.34 $2^1+2^2+2^3+2^4<50<2^1+2^2+2^3+2^4+2^5$．符号は5個まで．

2.35 3^5

2.36 5^{100}

2.37 2^n-2

2.38 ① 2^9 ② 2^{n-1}

2.39 0

2.40 120，336，90，11!

2.41 ① 6 ② 9

2.42 $6!\times9!>3!\times11!>4!\times10!$

2.43 $5^{(3)}=60$

2.44 $9^{(4)}$

2.45 5桁の整数は $5!-4!=96$個．うち偶数は $4!+(4!-3!)\times2=60$個，奇数は$(4!-3!)\times2=36$個ある．

2.47 ① 4536 ② 952 ③ 8701，116505

2.48 $\dfrac{5!-4!\times2}{2}=36$

2.49 $2\times7!$

2.50 $5^{(4)}=120$

2.51 $7^{(2)}=42$

2.52 A の色の塗り方は 1, 5, 7, 8 の 4 つの区画しかないから，$4\times6!=2880$通り．

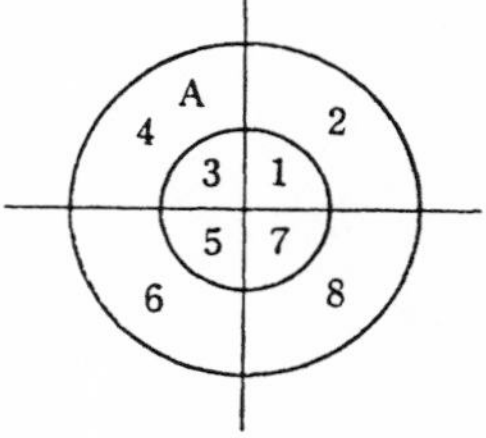

2.53 $n!\times n!\times2$

2.55 ① 220 ② 56 ③ 105
④ 1 ⑤ 1 ⑥ 5

2.56 ① $n=10$ ② $n=10$ ③ $n=7$
④ $n=62$, $m=27$

2.57 $\boldsymbol{A}=\{1, 2, 3, 4\}$ から $\boldsymbol{B}=\{b_1, b_2, \cdots\cdots, b_{10}\}$ への写像で，$f(1)<f(2)<f(3)<f(4)$ となる写像の総数に対応するから $\dbinom{10}{4}$.

2.58 $\dbinom{10}{2}=45$

2.59　$\binom{10}{7}=120,\quad \binom{7}{4}=35$

2.60　①　$\binom{6}{2}=15$　　②　問題の2つの講義を選択しなければ$\binom{4}{2}$，かさなっている講義をとれば$\binom{4}{1}\times 2=8$，計14通り．

2.61　①　$\binom{m}{k}\times\binom{n}{r-k}$　　②　r 枚のチップを抽出するとき，その中の赤いチップの枚数は，$k=0, 1, 2, \cdots\cdots, r$.

2.63　①　A から B へゆくには，縦の道を偶数回（もしくは0回）通らなければならないから，$\binom{7}{0}+\binom{7}{2}+\binom{7}{4}+\binom{7}{6}=1+21+35+7=64.$

②　n が偶数のとき$\binom{n}{0}+\binom{n}{2}+\binom{n}{4}+\cdots\cdots+\binom{n}{n}$，$n$ が奇数のとき$\binom{n}{0}+\binom{n}{2}+\binom{n}{4}+\cdots\cdots+\binom{n}{n-1}$

2.64　$\binom{n}{3}-\binom{m}{3}$

2.65　$\binom{n}{2}-n=\frac{n(n-3)}{2}$

2.66

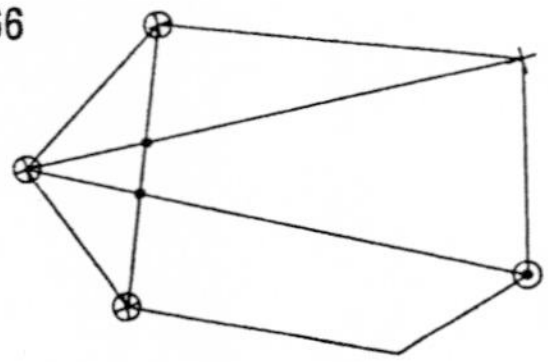

頂点を4つえらんでくると，図のように1つの対角線の交点がえられるから，

$$\binom{n}{4}=\frac{n(n-1)(n-2)(n-3)}{24}$$

2.67　$\binom{5}{2}\times\binom{4}{2},\quad \binom{m}{2}\times\binom{n}{2}$

2.68　①　1辺上の点は $(n+1)$ 個あり，そのなかから2個指定すれば，長方形の1辺がきまるから，$\binom{n+1}{2}\times\binom{n+1}{2}=\frac{n^2(n+1)^2}{4}$通り．

②　辺の長さ$\frac{1}{n}$の正方形は n^2 個，辺の長さ$\frac{2}{n}$のものは，$(n-1)^2$ 個，……，$1^2+2^2+\cdots\cdots+n^2=\frac{1}{6}n(n+1)(2n+1)$ 個.

2.69　${}_4H_3=20$

2.70　${}_3H_m=\frac{(m+2)(m+1)}{2}$

2.71　${}_3H_7=36$

2.72　${}_3H_{14-3\times 3}=21$

2.73 $a \wedge b \wedge c \wedge d$ の間3個所に区別のつかない4個のものを任意に分配すればよい．
${}_3H_4=15$ 通り．

2.74 $x_1-1=y_1$，$x_2-1=y_2, \cdots\cdots, x_n-1=y_n$ とおくと

$$y_1+y_2+\cdots\cdots+y_n=m-n$$

が非負整数解をもてばよい．それは $y_1, y_2, \cdots\cdots, y_n$ とラベルのはった箱に $m-n$ 個の区別のつかない玉を任意に分配することに相当するから，${}_nH_{m-n}$ 通りの解がある．

2.75 ${}_nH_{m-1}=\dfrac{(m+n-2)!}{(m-1)!(n-1)!}$

2.76 ① $\dfrac{13!}{7!6!}$　② $\dfrac{13!}{7!6!}-\dfrac{7!}{4!\times3!}\times\dfrac{5!}{3!\times2!}$　③ $\dfrac{7!}{4!\times3!}\times\dfrac{4!}{2!\times2!}$

2.77 ① 直接計算せよ．

② n 個の箱に m 個の区別のない玉を分配するとき

特定の箱に1個も玉が分配されない方法の数は　${}_{n-1}H_0$

特定の箱に1個玉が分配される方法の数は　${}_{n-1}H_1$

特定の箱に2個玉が分配される方法の数は　${}_{n-1}H_2$

………………

特定の箱に m 個玉が分配される方法の数は　${}_{n-1}H_m$

以上は同時に起こりえないから，求める等式をうる．

2.78 ① 30　② 15　③ 6

2.79 $\begin{pmatrix} 9 \\ 3,\ 3,\ 3 \end{pmatrix}$，$\begin{pmatrix} 7 \\ 2,\ 2,\ 3 \end{pmatrix}$

2.80 $\begin{pmatrix} 9 \\ 2,\ 3,\ 4 \end{pmatrix}$

2.81 $\begin{pmatrix} 7 \\ 2,\ 3,\ 2 \end{pmatrix}=210$

2.82 7桁の数は $\begin{pmatrix} 7 \\ 3,\ 2,\ 1,\ 1 \end{pmatrix}-\begin{pmatrix} 6 \\ 2,\ 2,\ 1,\ 1 \end{pmatrix}-\begin{pmatrix} 5 \\ 1,\ 2,\ 1,\ 1 \end{pmatrix}-\begin{pmatrix} 4 \\ 2,\ 1,\ 1 \end{pmatrix}=168$

偶数は末尾に0がくるもの108，末尾に2がくるもの15，計123．

2.83 □×□×□×□×□で，□へ1，1，3，3，5を入れる方法は$\begin{pmatrix} 5 \\ 2,\ 2,\ 1 \end{pmatrix}=30$通り．

×へ2, 4, 6, 6を入れる方法は$\begin{pmatrix} 4 \\ 1,\ 1,\ 2 \end{pmatrix}=12$通り．よって $30\times12=360$通り．

141頁　問1　① 5!　② 特定の人の席を固定すると普通の順列となって，5!

③ 4!

問2　1つの辺に並ぶ2人を1組とみると $(4-1)!\times2^4=96$.

問3　1をあてがう面を上に固定して考えると $5\times(4-1)!$

問5　$\begin{pmatrix} 2n \\ n \end{pmatrix}\times(n-1)!\times(n-1)!=\dfrac{(2n)!}{n^2}$

2.84 ① $(x+y)^7=x^7+7x^6y+21x^5y^2+35x^4y^3+35x^3y^4+21x^2y^5+7xy^6+y^7$

② $(a+6)^6=a^6+6^2a^5+15\times 6^2a^4+20\times 6^3a^3+15\times 6^4a^2+6^6a^5+6^6$

③ $(3a+4b)^5=3^5a^5+5\times 3^4\times 4a^4b+10\times 3^3\times 4^2a^3b^2+10\times 3^2\times 4^3a^2b^3$
$+5\times 3\times 4^4ab^4+4^5b^5$

2.85 ① 180　② 1120/243　③ 84　④ 2160

2.86 $f(t)=(1+t)^n$ とおいて

① $f(-1)=0$　② $f'(-1)=0$　③ $f''(1)$　④ $f(1)+f'(1)$

⑤ $\int_{-1}^{0} f(t)dt$ を計算せよ．

2.90 ① $x^4+y^4+z^4+4(x^3y+x^3z+xy^3+y^3z+xz^3+yz^3)$
$+6(x^2y^2+y^2z^2+z^2x^2)+12(x^2yz+xy^2z+xyz^2)$

② $(2x+y-z)^3=8x^3+y^3-z^3$
$+3(4x^2y-4x^2z+2xy^2-y^2z+2xz^2+yz^2)-12xyz$

2.91 -28

2.92 -15120

2.93 $f(x)=(1+x+x^2)^n$ とおいて　① $f(1)=3^n$　② $f(-1)=1$

2.94 $\binom{7}{3,\ 1,\ 1,\ 2}$, $\binom{7}{1,\ 5,\ 1,\ 0}$

2.95 $(x_1+x_2+\cdots\cdots+x_m)^n=\Sigma\binom{n}{p_1,\ p_2,\ \cdots\cdots,\ p_m}x_1{}^{p1}x_2{}^{p2}\cdots\cdots x_m{}^{pm}$

において $x_1=x_2=\cdots\cdots=x_m=1$ とおけ．

149頁　問1　① -10　② 10　③ 1

問2　① $\sum_{k=0}^{\infty}(-1)^k t^k$　② $\sum_{k=0}^{\infty}(-1)^k(k+1)t^k$

③ $\sum_{k=0}^{\infty}\frac{(k+2)(k+1)}{2}t^k$　④ $\sum_{k=0}^{\infty}\frac{(k+3)(k+2)(k+1)}{6}t^k$

問3

$$(-1)^m\binom{-\frac{1}{2}}{m}=\frac{(-1)^m}{m!}\left(-\frac{1}{2}\right)^{(m)}$$

$$=\left(\frac{(-1)^m}{m!}\right)\left(-\frac{1}{2}\right)\left(-\frac{3}{2}\right)\cdots\cdots\left(-\frac{2m-1}{2}\right)$$

$$=\frac{(-1)^{2m}}{m!}\ \frac{1\cdot 3\cdot\cdots\cdots(2m-1)}{2^m}\cdot\frac{2\cdot 4\cdot\cdots\cdots\cdot(2m)}{2\cdot 4\cdot\cdots\cdots\cdot(2m)}$$

$$=\frac{1}{m!}\ \frac{(2m)!}{2^m}\ \frac{1}{2^m\cdot m!}=\frac{1}{2^{2m}}\binom{2m}{m}$$

<第 III 部>

3.1　$S \cap H$ は「スペードの役札の集団」，S^c は「ダイヤ・ハート・クラブの札の集団」，$D \cap S$ は空集団，$D \cap S^c$ は「ダイヤの札の集団」，$D \cup S$ は「ダイヤとスペードの札の集団」，$(S \cup D) \cap H$ は「ダイヤとスペードの役札の集団」．

3.2　① i）$Y \cap C$　　ii）$(Y \cup N)^c$　　iii）$Y \cap (A \cup B)^c$

②　$n(Y \cap B)=54$，$n(Y \cup B)=266$，$n[(Y \cup N)^c \cap A]=3$，$n(N \cap C)^c=287$

3.3　①　47人　　②　214人

3.5　$(A \cap B^c)+(A \cap B)=A \cap (B^c+B)=A$ を用いよ．

3.6　$A \subset B$ のとき，$n(A) \leqq n(B)$．両辺を $n(\Omega)$ で割れ．

3.7　69%

3.9　①　35%　　②　11%

3.10　①　$(100-a-b-c+p+q+r)\%$　　②　$(b+c-p)\%$　　③　$(100-b-c+p)\%$

3.11　①　$\frac{8}{35}$　　②　$\frac{2}{13}$　　3.12　$\frac{7}{10}\times\frac{1}{10}=\frac{7}{100}$，7 %

3.13　$0.25\times0.05+0.35\times0.04+0.4\times0.02=0.0345$ (3.45%)

3.15　$\frac{0.25\times0.05}{0.0345}=\frac{25}{69}$

3.21

X	f
3	1
4	1
5	2
6	2
7	3
8	2
9	2
10	1
11	1
	15

3.22

X	f	X	f
3	1	15	18
4	0	16	9
5	3	17	6
6	3	18	9
7	3	19	9
8	6	20	3
9	7	21	1
10	6	22	3
11	9	23	3
12	13	24	1
13	9	計	125
14	3		

3.30　①　$\frac{(N+1)(2N+1)}{6}$

②　$\frac{(N+1)(N+2)}{3}$

③　$\frac{(N+1)(N+2)}{3}+2$　　④　$\frac{1}{N+1}$

3.31　262.508mm

3.32　$\frac{\bar{x}-a}{b}$

183頁 問1 $r=0.364$ **問2** 1字につき0.64秒かかる．1秒間に約1.57字（1分間に94.41字）

3.34 ① $\frac{1}{180}(N+1)(2N+1)(8N^2+3N-11)$

② $\frac{1}{180}(N+1)(16N^3-N^2-4-9N56)$ ③ ②に同じ

④ 自然数の逆数のベキ和は，N の有理式では表示できない．

3.36 $E(X^2)=116.23$

3.37 $E(Y)=0$，$V(Y)=1$．

3.38 平均$=0.1844$，分散$=0.000020085$

3.39 $V(X)=5x^2+5.6x+7.54$，x は点 X の座標とする．$x=-0.56$ のとき，$V(X)$ は最小．

3.42 $E(X)=62$，$\sigma(X)=4$，$k=2$ だから，$\boldsymbol{A}=\{\omega \mid |X(\omega)-62| \leqq 2\times 4\}$ のとき，

$P(\boldsymbol{A}) \geqq 1-\frac{1}{2^2}=\frac{3}{4}$．つまり，210人以上．

3.43 $\frac{1}{52}+\frac{1}{52}=\frac{1}{26}$

3.44 $\frac{1}{52}+\frac{1}{52}=\frac{1}{26}$

3.45 ① β が起こらなければ，β^c が起こるから，$\alpha-\beta=\alpha\cap\beta^c$．

② α が起こったとき，β が起こらないことと，β が起こることとは両立しない．

③ α が起こって β と γ の両方が起こらないことと，β が起こって γ が起こらないこととは両立しない．よって $\alpha-(\beta\cup\gamma)$ と $\beta-\gamma$ は排反．

3.47 m の倍数のチップが抽出されたら，$m=nq$ だから必らず n の倍数のチップが抽出されたことを意味するので，$\alpha_m \subset \alpha_n$．

3.48 ① $\alpha\cap\beta\cap\gamma^c$ ② $\alpha\cap\beta\cap\gamma$

③ $(\alpha\cap\beta)\cup(\beta\cap\gamma)\cup(\gamma\cap\alpha)$

④ $(\alpha\cap\beta^c\cap\gamma^c)\cup(\alpha^c\cap\beta\cap\gamma^c)\cup(\alpha^c\cap\beta^c\cap\gamma)$

⑤ $(\alpha\cap\beta\cap\gamma^c)\cup(\alpha\cap\beta^c\cap\gamma)\cup(\alpha^c\cap\beta\cap\gamma)$

⑥ $\alpha^c\cap\beta^c\cap\gamma^c$

3.49 ① 6の目がでる事象 ② 2または3または4の目の出る事象

③ 1，2，3，4，6 のどれかの目が出る事象 ④ 空事象

3.50 スペード，ハート，ダイヤ，クラブのエースをそれぞれ S1，H1，D1，C1 と略記する．1組のカードから抽出した13枚のカードのなかに，

① S1，H1 がともに含まれている事象

② S1 は含まれているが，H1 か D1 かいずれか少なくとも1つは含まれていない事象．

③ S1, H1, D1 が3つとも含まれているか, C1 が含まれているか, 少なくともどちらかが起こる事象

④ S1 が含まれているか, H1 と D1 の両方が含まれているか, どちらかが起こる事象

⑤ S1 か H1 かいずれか一方を含み, かつ D1 を含む事象

⑥ S1 と H1 のいずれも含まれない事象

⑦ S1 を含まず, しかも H1 と D1 の両方を含むことのない事象

⑧ S1 か H1 のどちらかを含むことがないか, D1 を含まず C1 を含む事象

3.51 $pr(\alpha^c)=\frac{3}{4}$

3.52 $\frac{4}{7}$

3.53 $pr(\alpha_0)=\dfrac{1}{1+\frac{1}{2}+\frac{1}{4}+\cdots\cdots+\frac{1}{32}}=\dfrac{32}{63}$

3.54 ① $\frac{1}{6}$ ② $pr(\alpha\cap\beta)=0$ ③ 0.3 ④ $\frac{1}{2}$

3.55 $pr(\alpha^c\cap\beta^c)=pr[(\alpha\cup\beta)^c]=1-pr(\alpha\cup\beta)$

3.57 $\alpha\cap(\beta^c+\beta)=(\alpha\cap\beta^c)+(\alpha\cap\beta)$ および

$\alpha\cap\beta\subset\alpha\subset\alpha\cup\beta$ を用いよ.

3.58 ① $q_0=1$, $q_1=p_1+p_2=s_1-s_2$, $q_2=p_2=s_2$

② $r_0=p_0=1-s_1+s_2$, $r_1=p_0+p_1=1-s_2$, $r_2=p_0+p_1+p_2=1$

3.59 ① $p_3=pr(\alpha\cap\beta\cap\gamma)=s_3$, $p_2=pr[(\alpha\cap\beta\cap\gamma^c)\cup(\alpha\cap\beta^c\cap\gamma)\cup(\alpha^c\cap\beta^c\cap\gamma)]$

$=pr(\alpha\cap\beta)+pr(\beta\cap\gamma)+pr(\gamma\cap\alpha)-3pr(\alpha\cap\beta\cap\gamma)=s_2-3s_3.$

$p_1=pr[(\alpha\cap\beta^c\cap\gamma^c)\cup(\alpha\cap^c\cap\beta\cap\gamma^c)\cup(\alpha^c\cap\beta^c\cap\gamma)]=pr(\beta^c\cap\gamma^c)+pr(\gamma^c\cap\alpha^c)$

$+pr(\alpha^c\cap\beta^c)-3pr(\alpha^c\cap\beta^c\cap\gamma^c)=3-[pr(\beta\cup\gamma)+pr(\gamma\cup\alpha)+pr(\alpha\cup\beta)]$

$-3pr(\alpha\cup\beta\cup\gamma)^c=3-(2s_1-s_2)-3[1-(s_1-s_2+s_3)]=s_1-2s_2+3s_3.$

$p_0=pr(\alpha^c\cap\beta^c\cap\gamma^c)=1-s_1+s_2-s_3.$

② $q_0=p_0+p_1+p_2+p_3=1$, $q_1=p_1+p_2+p_3=s_1-s_2+s_3.$

$q_2=p_2+p_3=s_2-2s_3.$ $q_3=s_3.$

③ $r_0=p_0=1-s_1+s_2-s_3.$ $r_1=p_0+p_1=1-s_2+2s_3.$

$r_2=p_0+p_1+p_2=1-s_3.$ $r_3=1$

3.60 $\frac{10}{36}=\frac{5}{18}$

3.61 $p_1=\frac{20}{36}$, $p_2=\frac{22}{36}$

3.62 ① $\frac{4}{8}$ ② $\frac{3}{8}$ ③ $\frac{2}{8}$

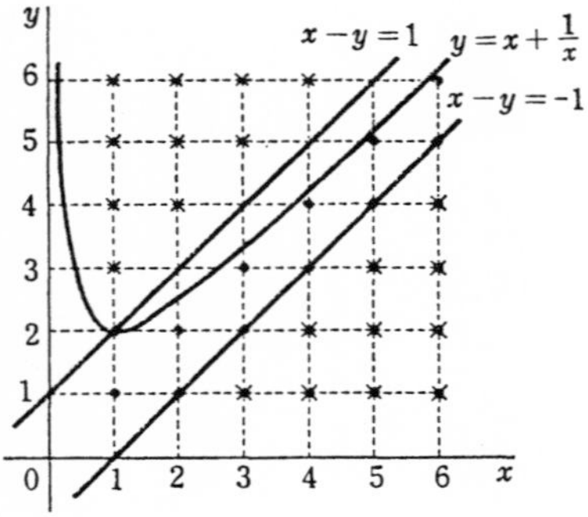

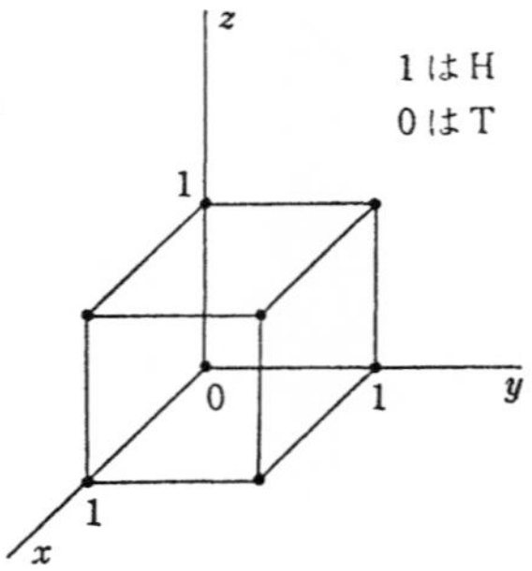

3.63 $\frac{17}{36}$

3.64 $f(x)=3x^4-4(a+2)x^3+12ax^2-b$, $f'(x)=12x(x-2)(x-a)$ から $f(x)$ の変化の状態をしらべる.

$a=1$ のとき，$b=1$, 2；$a=4$, 5, 6 のとき，b は1から6までの任意の整数値をとる．よって確率は $\frac{20}{36}$

3.65 $\frac{60}{200}=\frac{3}{10}$

3.66 ① $\left(\frac{9}{10}\right)^k$ ② $\left(\frac{9}{10}\right)^k$ ③ $\left(\frac{8}{10}\right)^k$ ④ $2\left(\frac{9}{10}\right)^k-\left(\frac{8}{10}\right)^k$

3.67 確率はそれぞれ $1-\left(\frac{5}{6}\right)^4=0.517747\cdots\cdots$, $1-\left(\frac{35}{36}\right)^{24}=0.491404\cdots\cdots$

3.68 $\frac{10^{(r)}}{10^r}$

3.69 1階におりる客はいないから，$\frac{10^{(7)}}{10^7}$

3.70 復元抽出のとき，$\left(\frac{1}{n}\right)$，非復元抽出のとき $\frac{1}{n^{(r)}}$；特定の要素が標本内にあるとき，

復元抽出ならば $1-\left(\frac{n-1}{n}\right)^r$，非復元抽出ならば $1-\frac{(n-1)^{(r)}}{n^{(r)}}=\frac{r}{n}$

3.71 $r=23$

3.72 $\frac{12!}{12^{12}}\fallingdotseq 0.000054$

3.73 $\frac{\binom{12}{2}(6^6-2)}{12^6}\fallingdotseq 0.00137$

3.74 $\frac{\binom{N-N_1}{n}}{\binom{N}{n}}$

3.75 $\frac{\binom{3}{2}+\binom{4}{2}+\binom{5}{2}}{\binom{12}{2}}=\frac{19}{66}$

3.76 $\dfrac{\binom{4}{4}2^4}{\binom{8}{4}}=\dfrac{8}{35}$　　3.77 $\dfrac{\binom{4}{2}\binom{48}{11}}{\binom{52}{13}}$　　3.78 $\dfrac{\binom{2N}{N}^2}{\binom{4N}{2N}}$

3.79 ① $\dfrac{2n}{\binom{2n+1}{2}}$　② 公差を n とすると，初項が 1 であっても，1，$n+1$，$2n+2$ となって不適．よって公差 $d\leqq n-1$．3 数を k，$k+d$，$k+2d$ とすると，$1\leqq k$，$k+2d\leqq 2n+1$ より $1\leqq k\leqq 2n+1-2d$．k のとりうる値は $2n+1-2d$ 通りで，$d=1$，2，……，$n-1$．よって求める場合の数は $\sum_{d=1}^{n-1}(2n+1-2d)$ $=(2n+1)(n-1)-(n-1)n=n^2-1$．したがって，確率は $\dfrac{n^2-1}{\binom{2n+1}{3}}$

3.80 $\dfrac{\binom{n+r-k-2}{r-k}}{\binom{n+r-1}{r}}$　　3.81 $\dfrac{\binom{m+k-1}{m-1}\binom{n-m+r-k-1}{r-k}}{\binom{n+r-1}{r}}$

3.82 0　　3.83 1

3.84 $\dfrac{3}{8}$　　3.85 $\dfrac{7}{40}$

3.86 ① $\dfrac{(N-M)(N-M-1)}{N(N-1)}$　② $\dfrac{2M(N-M)}{N(N-1)}$

3.87 $\dfrac{2}{3}\cdot\dfrac{2}{4}+\dfrac{1}{3}\cdot\dfrac{1}{4}=\dfrac{5}{12}$

3.88 $\dfrac{5\cdot4\cdot3+4\cdot3\cdot2+3\cdot2\cdot1}{12\cdot11\cdot10}=\dfrac{3}{44}$，$\dfrac{5\cdot4\cdot3\times3!}{12\cdot11\cdot10}=\dfrac{3}{22}$

3.89 赤玉の個数を x 個として $\dfrac{\binom{x}{3}+\binom{100-x}{3}}{\binom{100}{3}}$ を最小にする x の値は50.

3.90 $\dfrac{r}{b+r}\,\dfrac{b}{b+r+c}$

3.91 $pr(\beta_2)=pr(\beta_1\cap\beta_2)+pr(\rho_1\cap\beta_2)$

$$=\frac{b}{b+r}\,\frac{b+c}{b+r+c}+\frac{r}{b+r}\,\frac{b}{b+r+c}=\frac{b}{b+r}$$

$$pr(\beta_1|\beta_2)=\frac{pr(\beta_1\cap\beta_2)}{pr(\beta_2)}=\frac{b(b+c)}{(b+r)(b+c+r)}\,\frac{b+r}{b}=\frac{b+c}{b+r+c}$$

3.92 $\pi(k\,;\,n)=\binom{n}{k}\dfrac{b(b+c)(b+2c)\cdots\cdots(b+kc-c)r(r+c)\cdots\cdots(r+n-kc-c)}{(b+r)(b+r+c)(b+r+2c)\cdots\cdots(b+r+nc-c)}$

分母子を $(b+r)^n$ で割り，$\gamma=\dfrac{c}{b+r}$，$p=\dfrac{b}{b+r}$，$q=\dfrac{r}{b+r}$ とおけ．

3.93

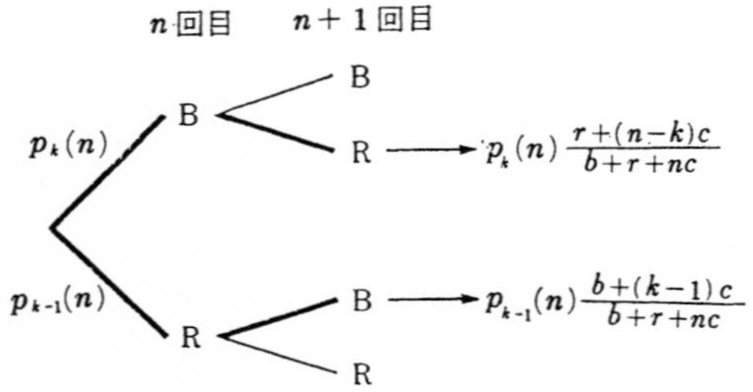

3.94 0.85

3.95 $\dfrac{m-1}{m+n-1}$

3.96 $\dfrac{1}{8}$

3.97 $\dfrac{2}{3}$

3.98 $\dfrac{0.001\times0.9}{0.001\times0.9+0.999\times0.01}\fallingdotseq0.083$

3.100 $\dfrac{\alpha p}{(2-p)(1-p)}$, $\dfrac{\alpha p^2}{(2-p)^2(1-p)}$

3.101 問題の実験結果が起こる事象を α，箱に i 個の不良品が含まれる事象を β_i とすると

$$pr(\beta_0|\alpha)=\frac{pr(\alpha\cap\beta_0)}{pr(\alpha)}=\frac{(1-p)^n}{\sum_{i=0}^{n}\binom{n}{i}p^i(1-p)^{n-i}\left(\frac{n-i}{n}\right)^m}$$

3.102 α と β は独立でない.

3.103 $\alpha\perp\!\!\!\perp\beta$

3.106 0.52

3.108 $1-0.5\times0.4\times0.2=0.96$

3.109 0.996

3.110 $1-(0.996)^{6000}=0.\underbrace{99\cdots\cdots}_{10個}9637$

3.111 (1) $p_1=p(2p-p^2)$

(2) $p_2=p^2+p-p^3$ (3) $p_1<p_2$

3.112 $(1-p_1)(1-p_2)\cdots\cdots(1-p_n)$

3.113 $1-p_i<e^{-p_i}$ を用いて $(1-p_1)\cdots\cdots(1-p_n)<e^{-(p_1+\cdots\cdots+p_n)}$

3.114 $pr(\alpha\beta\cup\beta\gamma\cup\gamma\alpha)=1-(1-pq)(1-qr)(1-rp)$

3.115

X	$f(x)$
0	6/36
1	10/36
2	8/36
3	6/36
4	4/36
5	2/36

3.116

X	$f(x)$
−3	1/8
−1	3/8
1	3/8
3	1/8

3.117

X	$f(x)$
0	15/70
1	40/70
2	15/70

上記の確率関数の表から，確率分布の表を作れ.

3.118 (1)

X	$f(x)$
0	27/125
1	54/125
2	36/125
3	8/125

(2)

X	$f(x)$
0	6/60
1	36/60
2	18/60
3	0/60

(3)

X	$f(x)$
0	$2/5$
1	$3\cdot 2/5^2$
2	$3^2\cdot 2/5^3$
3	$3^3\cdot 2/5^4$
⋮	⋮

(4)

X	$f(x)$
0	24/60
1	18/60
2	12/60
3	6/60

3.119 (1) $k=\frac{1}{10}$　(2) $\frac{3}{10},\ \frac{6}{10},\ \frac{2}{10}$　(3) $x=2$　(4) 略

3.120 (3.115) $E(X)=\frac{35}{18},\ V(X)=\frac{665}{324}$　(3.116) $E(X)=0,\ V(X)=3$

(3.117) $E(X)=1,\ V(X)=\frac{3}{7}$　(3.118) (1) $E(X)=\frac{6}{5}$

$V(X)=\frac{18}{25}$　(2) $E(X)=\frac{6}{5},\quad V(X)=\frac{9}{25}$

(3) $E(X)=\frac{2}{5}\sum_{k=1}^{\infty}k\left(\frac{3}{5}\right)^k=\frac{3}{2}$　$V(X)=\frac{2}{5}\sum_{k=1}^{\infty}k^2\left(\frac{3}{5}\right)^k-\frac{9}{4}=\frac{2}{5}\times 15-\frac{9}{4}=\frac{15}{4}$

(4) $E(X)=V(X)=1$

3.121 $E(X)=\frac{2(n+1)}{3},\quad V(X)=\frac{(n+1)(n-2)}{18}$

3.122 (1) $\frac{n-2}{n}\cdot\frac{n-3}{n-1}\cdot\frac{n-4}{n-2}\times\frac{1}{3!}=\frac{(n-3)(n-4)}{6n(n-1)}$

(2) $pr\{Y=y\}=F(y)-F(y-1)$

$=\frac{y-2}{n}\cdot\frac{y-3}{n-1}\cdot\frac{y-4}{n-2}-\frac{y-3}{n}\cdot\frac{y-4}{n-1}\cdot\frac{y-5}{n-2}=\frac{3(y-3)(y-4)}{n(n-1)(n-2)}$

(3) $E(Y)=\sum_{y=3}^{n}\frac{3y(y-3)(y-4)}{n(n-1)(n-2)}=\frac{3(n+1)}{4}$

3.123 (1) $pr\{X\leqq k\}=\left(\frac{k}{n}\right)^m$　(2) $pr\{X=k\}=\frac{k^m-(k-1)^m}{n^m}$

(3) $\lim_{n\to\infty}\frac{E(X)}{n}=\lim_{n\to\infty}\sum_{k=1}^{n}\frac{k}{n}\left\{\left(\frac{k}{n}\right)^m-\left(\frac{k-1}{n}\right)^m\right\}=1-\lim_{n\to\infty}\sum_{k=1}^{n}\left(\frac{1}{n}\right)\left(\frac{k-1}{n}\right)^m$

$=1-\int_0^1 x^m dx=\frac{m}{m+1}$

3.124 (1) $pr\{X\leqq k\}=\frac{k(k+1)(2k+1)}{n(n+1)(2n+1)},\quad pr\{X=k\}=\frac{6k^2}{n(n+1)(2n+1)}$

(2) $E(X)=\frac{3n(n+1)}{2(2n+1)}$

3.125 (1) $2\leqq k\leqq n+1$ のとき $\frac{k-1}{n^2}$, $n+2\leqq k\leqq 2n$ のとき $\frac{2n-k+1}{n^2}$　(2) $n+1$

3.126 (1) $\frac{2(n-k)}{n(n-1)}$　(2) $\frac{n+1}{3}$

3.127 (1) $p_k=\dfrac{2k}{n(n+1)}$　　(2) $\dfrac{2n+1}{3}$

3.128 (2) $f(x_i)\leqq f(m)+(x_i-m)f'(m)$

$$\sum_{i=1}^{n}p_i f(x_i)\leqq f(m)+f'(m)\{\sum_{i=1}^{n}p_i x_i-m\}=f(m)$$

3.129 $a=\dfrac{2}{n}$,　$b=-\dfrac{2}{n(n+1)}$

3.130 (1) $\left(\dfrac{1}{6}\right)^r\left\{5-4\left(\dfrac{5}{6}\right)^{n-r}\right\}$　　(2) $\dfrac{5}{6}n-4+4\left(\dfrac{5}{6}\right)^n$円

3.131 $-\dfrac{1300}{36}$円　　**3.132** $\dfrac{5}{16}$

3.133 $1-0.8^{10}-2\times 0.8^9\fallingdotseq 0.6242$　　**3.134** 11発以上

3.135 $\dfrac{1-0.8^{10}-2\times 0.8^9}{1-0.8^{10}}\fallingdotseq 0.6993$　　**3.136** $\sum_{x=3}^{5}b(x\,;5,\ 0.3)=0.16308$

3.137 $1-\sum_{x=0}^{2}b(x\,;10,\ 0.1)=0.07019$　　**3.138** 8席　　**3.139** 0.17188

3.140 $\sum_{x=4}^{6}b\left(x\,;6,\ \dfrac{1}{3}\right)=\dfrac{73}{729}$　　**3.141** $b\left(3\,;9,\ \dfrac{2}{3}\right)+b\left(7\,;9,\ \dfrac{2}{3}=\right)\dfrac{1760}{6561}$

3.142 16回

3.143 (1) $W=mp(1-p)^{m-1}$　　(2) $p=\dfrac{1}{m}$で最大値$\left(1-\dfrac{1}{m}\right)^{m-1}$

3.144 確率最大はあたりクジ1本，最小はあたりクジ5本

3.145 $B^*\left(3\,;20,\ \dfrac{1}{4}\right)=0.90874$

3.146 $B(5\,;10,\ 0.9)=0.00163$

3.147 $B^*(21\,;50,\ 0.7)=0.00004$，報告は信じてよい．

3.148 $B^*(15\,;100,\ 0.1)=0.07257$，$b(15\,;100,\ 0.1)=0.03268$．　**3.149～3.152** 略．

276頁　問2 (1) $\dbinom{x}{2}\dbinom{50-x}{1}\Big/\dbinom{50}{3}$　　(2) $x=33$, 34

問3 (1) $p_n=\dfrac{\dbinom{n}{1}\dbinom{9n}{9}}{\dbinom{10n}{10}}$,　　(2) $\left(\dfrac{9}{10}\right)^9$

280頁　問1 $B(3\,;10,\ 0.9)=0.00001$　　**問2** $B\left(0\,;5,\ \dfrac{3}{4}\right)=0.99902$

問3 $w(r)=\dbinom{2N-1-r}{N-1}2^{-2N+r+1}$

284頁　問1 $\dbinom{13}{5,\ 3,\ 5}\left(\dfrac{1}{4}\right)^5\left(\dfrac{1}{4}\right)^3\left(\dfrac{1}{2}\right)^5$

問2 $\dbinom{n}{x_1,\ x_2,\ \cdots\cdots,\ x_6}\left(\dfrac{1}{6}\right)^n$，ただし $x_1+x_2+\cdots\cdots+x_6=n$

3.153 $\lambda=0.9323$ として

X	F
0	226.74
1	211.39
2	98.54
3	30.62
4	7.14
5 ～	1.57

3.155 $P(5;5)=0.61596$

3.156 $1-P(4;1)=0.00366$

3.157 $P(0;0.5)=0.60653$

3.158 A が故障しない確率 $a=1-(1-e^{-\lambda t})^2$, B が故障しない確率 $b=1-\{(1-e^{-\lambda t})^4+4(1-e^{-\lambda t})^3e^{-\lambda t}\}$

$t \gtreqless \frac{1}{\lambda}\log\frac{3}{2}$ のとき $a \lesseqgtr b$

3.159 $p_n(t)=\binom{n-1}{n_0-1}e^{-\lambda n_0 t}(1-e^{-\lambda t})^{n-n_0}$

3.160 (1) $c=3$ (2) $c=\frac{3}{2}$ (3) $c=\frac{5}{2}$ (4) $c=1$ (5) $c=1$

3.161 (1) $E(X)=\frac{1}{2}$, $V(X)=\frac{1}{20}$ (2) $E(X)=0$, $V(X)=\frac{1}{6}$

(3) $E(X)=V(X)=+\infty$ (4) $E(X)=m+\sigma$, $V(X)=\sigma^2$

3.162 ① $c=\frac{1}{\pi}$ ② $E(X)$ なし，したがって $V(X)$ は求められない．

3.163 (1) $M=\frac{1}{N}\int_a^b xf(x)dx$

3.164 ① $E(X)=\frac{h}{2}$, $V(X)=\frac{h^2}{24}$ ② $E(X)=\frac{h}{3}$, $V(X)=\frac{h^2}{18}$

③ $E(X)=\frac{h}{2}$, $V(X)=\frac{3}{8}h^2$ ④ $E(X)=0$, $V(X)=\frac{1}{2\pi}$

3.165 $x=0$

302頁 問1 (1) $\triangle(X)=\frac{3}{16}$ (2) $\triangle(X)=\frac{1}{3}$ (3) $\triangle(X)$ なし

(4) $\triangle(X)=\frac{2}{e}\sigma$ **問2** a は $\int_{-\infty}^a f(x)dx=\frac{1}{2}$ をみたす．

3.167 0.91466, 0.66326

3.168 (1) 2.326 (2) 1.282 (3) -1.645 (4) -1.96

(5) 1.645 (6) 2.575

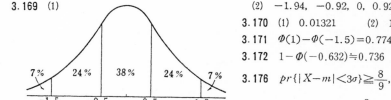

3.169 (1)

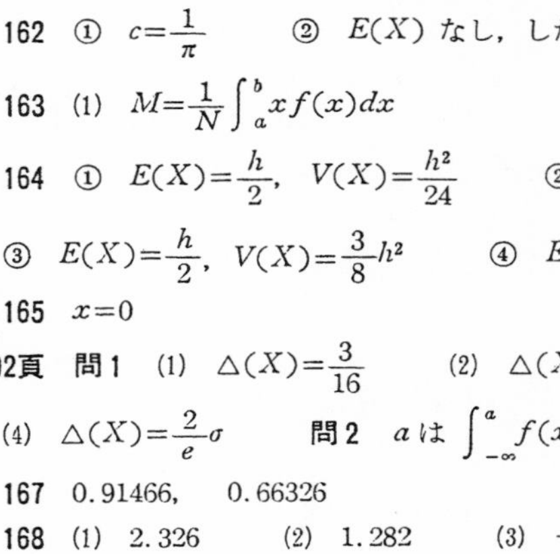

(2) -1.94, -0.92, 0, 0.92, 1.94

3.170 (1) 0.01321 (2) 140.8

3.171 $\Phi(1)-\Phi(-1.5)=0.77449$

3.172 $1-\Phi(-0.632)\fallingdotseq 0.736$

3.176 $pr\{|X-m|<3\sigma\}\geqq\frac{8}{9}$,

$pr\{|X-m|<2\sigma\}\geqq\frac{3}{4}$

3.177　$n \fallingdotseq 13889$　　3.178　$n=250$

3.179　H:「新しい工員は従来いる工員と同じ技倆である」とする.
$pr\{X \leqq 7\}=B(7;50,\ 0.3)=0.00726<0.01$. Hは否定される.

3.180　冷水の効果はある. $pr\{X \leqq 9\} \fallingdotseq 0.04>0.02$

3.181　優秀である. $pr\{X \geqq 8\}=0.054>0.05$

3.183　1.　H_0: $p=0.1$　で種は発芽しない.
　　H_1: $p \neq 0.1$　で種は発芽しない.
2. $\alpha=0.05$　3. 統計量 x=発芽しない種の数, $pr\{X=x\}$ は二項分布にしたがう. (理由は略)　4. $\boldsymbol{R}=\{x \mid x \geqq 10\}$　5. $x=8$　6. $8 \notin \boldsymbol{R}$. H_0 は採択される.

3.184　1. H: $p=0.25$ である種はある特性をもつ.　2. $\alpha=0.05$　3. 略
4. $\boldsymbol{R}=\{x \mid x \geqq 9\}$　5. $x=9$　6. $9 \in \boldsymbol{R}$. 結論は棄却される.

3.185　1. H_0: $p=\frac{1}{2}$ で表が出る.　2. $\alpha=0.05$　3. 略　4. $\boldsymbol{R}=\{x \mid x \leqq 39,\ x \geqq 61\}$　5. $x=43$　6. $43 \notin \boldsymbol{R}$

3.186　$L(p)=(1-p)^9(9p+1)$

3.187　(A)の検査法の合格確率を $L_1(p)$, (B)の検査法の合格確率を $L_2(p)$, $p=0.1$, $q=0.9$ とおく. $L_1(p)=q^3(1+3p)$, $L_2(p)=q^6(1+6p+21p^2)$, $L_2(0.1)<L_1(0.1)$

3.188　(1)　$L(p)=q^{10}+10pq^{19}+145p^2q^{18}+615p^3q^{17}$　ただし $q=1-p$
(2)　$L(0.03)=0.993$, $L(0.3)=0.104$, $L(0.4)=0.0980$,
(3)　$N(p)=10+100pq^9+450p^2q^8+1200p^3q^7$, $\max N(p) \fallingdotseq 18$.

3.189　(1)　0, 0　(2)　$f(p)=p(1-p)^5$　(3)　$p=\frac{1}{6}$

3.190　(1)　$p(n)=\frac{(10-n)(9-n)}{90}$　(2)　$f(n)=\frac{n(10-n)(9-n)}{90}$　(3)　$n=3$

3.191　下の表をもとにして $f(p)$ のグラフをかけ.

$f(p)=B(18;25,\ p)$

p	$f(p)$
0	1.00000
0.6	0.92643
0.7	0.65935
0.75	0.43890
0.8	0.21996
0.9	0.00948

$f(p)=B(84;100,\ p)$

p	$f(p)$
0.0	1.00000
0.6	0.99999
0.7	0.99960
0.75	0.98892
0.8	0.87149
0.9	0.03989

3.192 (1) $f(p)=1+B(2;10,p)-B(7;10,p)$ (2) $f(p)=1+B(3;10,p)-B(6;10,p)$

p	$f(p)$
0.0	1.00000
0.1	0.92981
0.2	0.67788
0.3	0.38437
0.4	0.17958
0.5	0.10938

p	$f(p)$
0.0	1.00000
0.1	0.98720
0.2	0.87999
0.3	0.66020
0.4	0.43704
0.5	0.34374

3.193 $\boldsymbol{R}=\left\{\bar{x}\,\middle|\,\left|\frac{\bar{x}-30}{0.8}\right|<-1.645\right\}$

$f(\mu)=pr\left\{\frac{\bar{x}-\mu}{0.8}+\frac{\mu-30}{0.8}<-1.645\right\}$

μ	$f(\mu)$
27	0.9823
28	0.8040
29	0.3465
30	0.0500

3.194

μ	$f(\mu)$
27	0.3264
28	0.1400
29	0.0446
30	0.0100

n が減少するにしたがい，検定力も減少する．

3.195

μ	$f(\mu)$
45.7	0.913
45.8	0.6347
45.9	0.2636
46.0	0.1000
46.1	0.2636
46.2	0.6347
46.3	0.9120

3.196 n が増加すると検定力は増す．

μ	$f(\mu)$
45.7	0.99999
45.8	0.97932
45.9	0.51600
46.0	0.05000
46.1	0.51600
46.2	0.97932
46.3	0.99999

3.197 $n=1425$

3.198 $\frac{27}{100}<p<\frac{47}{100}$

3.199 $\frac{137}{225}<p<\frac{163}{225}$

3.200 平均0.5，上部限界値2.55，下部限界値 0

3.201 標本番号14，修正された平均 1.01，上部限界値 3.71，下部限界値 0.11

3.206 **3.202** では $r=0.615$， **3.203** では $r=-0.881$，
3.204 では $r=0.508$， **3.205** では $r=0.776$

3.208 **3.202** の回帰直線 $Y=1.405X-46.444$
3.203 の回帰直線 $Y=-1.013X+64.247$
3.204 の回帰直線 $Y=1.047X+55.377$

3.205 の回帰直線 $Y=0.165X+21.45$

3.209 $r(X,\ Y)=1$ のとき，$\theta=0$ または π；$r(X,\ Y)=0$ のとき，$\theta=\dfrac{\pi}{2}$.

3.211 (1) -1 (2) 0.991 (3) $r=0.659$

3.212 -0.2415 **3.213** 3.211 の(1)の回帰直線 $Y=-X+8$

(2) の回帰直線 $Y=1.206X-0.820$ (3) の回帰直線 $Y=0.145X+0.789$

例3.9101 の回帰直線 $Y=-39.2X+84.82$

3.214 $(x_1,\ \cdots\cdots,\ x_n)$，$(y_1,\ \cdots\cdots,\ y_n)$ はいずれも 1 から n までの自然数のいずれかをとるから

(1) $E(X)=E(Y)=\dfrac{1+2+\cdots\cdots+n}{n}=\dfrac{n+1}{2}$

(2) $V(X)=V(Y)=\dfrac{1^2+2^2+\cdots\cdots+n^2}{n}-\left(\dfrac{n+1}{2}\right)^2=\dfrac{n^2-1}{2}$

(3) $\dfrac{1}{n}\sum_{i=1}^{n}(x_i-y_i)^2=\dfrac{1}{n}\sum_{i=1}^{n}\{(x_i-E(X))-y_i-E(Y))\}^2$

$$=V(X)+V(Y)-\frac{2}{n}\sum_{i=1}^{n}\{x_i-E(X)\}\{y_i-E(Y)\}$$

(4) $r=\dfrac{\mathrm{cov}(X,\ Y)}{\sqrt{V(X)V(Y)}}=\dfrac{V(X)-\dfrac{1}{2n}\sum_{i=1}^{n}(x_i-y_i)^2}{V(X)}=1-\dfrac{\sum_{i=1}^{n}(x_i-y_i)^2}{6n(n^2-1)}$

3.215

X＼Y	0	1	2	3	計
0	q	$3q$	$3q$	q	$8q$
1	$3q$	$6q$	$3q$	0	$12q$
2	$3q$	$3q$	0	0	$6q$
3	q	0	0	0	q
計	$8q$	$12q$	$6q$	q	$32q=1$

X＼Z	0	1	2	3	4	5	計
0	q	0	0	0	0	0	q
1	0	$5q$	0	0	0	0	$5q$
2	0	$6q$	$4q$	0	0	0	$10q$
3	0	q	$7q$	$2q$	0	0	$10q$
4	0	0	q	$2q$	$2q$	0	$5q$
5	0	0	0	0	0	q	q
計	q	$12q$	$12q$	$4q$	$2q$	q	$27q=1$

3.216

X＼Y	0	1	2	3	計
0	q	0	0	0	q
1	0	$5q$	0	0	$5q$
2	0	$4q$	$6q$	0	$10q$
3	0	$2q$	$7q$	q	$10q$
4	0	$2q$	$3q$	0	$5q$
5	0	q	0	0	q
	q	$14q$	$16q$	q	$27q=1$

Y＼Z	0	1	2	3	4	5	計
0	q	0	0	0	0	0	q
1	0	$5q$	$4q$	$2q$	$2q$	q	$14q$
2	0	$6q$	$8q$	$2q$	0	0	$16q$
3	0	q	0	0	0	0	q
計	q	$12q$	$12q$	$4q$	$2q$	q	$32q=1$

3.221 $3.099<\mu<3.835$

3.222 $X(1)=\mathrm{H}$ または T, $X(2)=\mathrm{H}$ または T, $X(3)=\mathrm{H}$ または T

3.223 $pr\{X(2)=i \mid X(1)=j\}=\frac{1}{6}\times\frac{1}{2}\Big/\frac{1}{2}=\frac{1}{6}$

3.224

次 ＼ はじめ	S	F
S	p	p
F	q	q

3.225 $\begin{pmatrix} 0 & q & 0 & 0 & 0 \\ 1 & 0 & q & 0 & 0 \\ 0 & p & 0 & q & 0 \\ 0 & 0 & p & 0 & 1 \\ 0 & 0 & 0 & p & 1 \end{pmatrix}$

3.226

$$\begin{pmatrix} 0 & q & 0 & 0 & 0 \\ 0 & 0 & q & 0 & 0 \\ 1 & p & 0 & q & 1 \\ 0 & 0 & p & 0 & 0 \\ 0 & 0 & 0 & p & 0 \end{pmatrix}$$

3.227

$$\begin{pmatrix} 1/2 & q & 0 & 0 & 1/2 \\ 0 & 0 & q & 0 & 0 \\ 0 & p & 0 & q & 0 \\ 0 & 0 & p & 0 & 0 \\ 1/2 & 0 & 0 & p & 1/2 \end{pmatrix}$$

3.228

$$\begin{pmatrix} 0 & 1/3 & 0 & 0 & 1/4 \\ 1/4 & 1/3 & 1/3 & 0 & 1/4 \\ 1/4 & 1/3 & 1/3 & 1/3 & 1/4 \\ 1/4 & 0 & 1/3 & 1/3 & 1/4 \\ 1/4 & 0 & 0 & 1/3 & 0 \end{pmatrix}$$

3.229

$$\begin{pmatrix} 1/2 & 1/2 & 1/2 \\ 1/4 & 0 & 1/4 \\ 1/4 & 1/2 & 1/4 \end{pmatrix}$$

3.230

$$\frac{a}{a+b}$$

3.231

	出　馬	不出馬
出　馬	$1-a$	b
不出馬	a	$1-b$

3.232

$$P^n=\begin{bmatrix} 1 & 1-\left(\frac{1}{2}\right)^n \\ 0 & \left(\frac{1}{2}\right)^n \end{bmatrix}\to\begin{bmatrix} 1 & 1 \\ 0 & 0 \end{bmatrix}$$

出馬説にかわる.

3.233 (1) 0.22　　(2) 0.2036　　(3) $0.4\times(0.6)^{x-1}$

3.234 (1) (3) (5) が正則

3.236 2000万人

3.237 長期にわたり25%の割合で休講

（附表１）累積二項分布の表

n	x	$p=.10$	$p=.20$	$p=.25$	$p=.30$	$p=.40$	$p=.50$
.5	0	.59049	.32768	.23730	.16807	.07776	.03125
	1	.91854	.73728	.63281	.52822	.33696	.18750
	2	.99144	.94208	.89648	.83692	.68256	.50000
	3	.99954	.99328	.98437	.96922	.91296	.81250
	4	.99999	.99968	.99902	.99757	.98976	.96875
	5	1.00000	1.00000	1.00000	1.00000	1.00000	1.00000
10	0	.34868	.10737	.05631	.02825	.00605	.00098
	1	.73610	.37581	.24403	.14931	.04636	.01074
	2	.92981	.67780	.52559	.38278	.16729	.05469
	3	.98720	.87913	.77588	.64961	.38228	.17187
	4	.99837	.96721	.92187	.84973	.63310	.37695
	5	.99985	.99363	.98027	.95265	.83376	.62305
	6	.99999	.99914	.99649	.98941	.94524	.82812
	7	1.00000	.99992	.99958	.99841	.98771	.94531
	8		1.00000	.99997	.99986	.99832	.98926
	9			1.00000	.99997	.99986	.99832
	10				1.00000	1.00000	1.00000
15	0	.20589	.03518	.01336	.00475	.00047	.00003
	1	.54904	.16713	.08018	.03527	.00517	.00049
	2	.81594	.39802	.23609	.12683	.02711	.00369
	3	.94444	.64816	.46129	.29687	.09050	.01758
	4	.98728	.83577	.68649	.51549	.21728	.05923
	5	.99775	.93895	.85163	.72162	.40322	.15088
	6	.99969	.98194	.94338	.86886	.60981	.30362
	7	.99997	.99576	.98270	.94999	.78690	.50000
	8	1.00000	.99921	.99581	.98476	.90495	.69638
	9		.99989	.99921	.99635	.96617	.84912
	10		.99999	.99988	.99933	.99065	.94077
	11		1.00000	.99999	.99991	.99807	.98242
	12			1.00000	.99999	.99972	.99631
	13				1.00000	.99997	.99951
	14					1.00000	.99997
	15						1.00000
20	0	.12158	.01153	.00317	.00080	.00004	.00000
	1	.39175	.06918	.02431	.00764	.00052	.00002
	2	.67693	.20608	.09126	.03548	.00361	.00020
	3	.86705	.41145	.22516	.10709	.01596	.00129
	4	.95683	.62965	.41484	.23751	.05095	.00591
	5	.98875	.80421	.61717	.41637	.12560	.02069
	6	.99761	.91331	.78578	.60801	.25001	.05766

n	x	$p=.10$	$p=.20$	$p=.25$	$p=.30$	$p=.40$	$p=.50$
20	7	.99958	.96786	.89819	.77227	.41589	.13159
	8	.99994	.99002	.95907	.88667	.59560	.25172
	9	.99999	.99741	.98614	.95204	.75534	.41190
	10	1.00000	.99944	.99606	.98286	.87248	.58810
	11		.99990	.99906	.99486	.94347	.74828
	12		.99998	.99982	.99872	.97897	.86841
	13		1.00000	.99997	.99974	.99353	.94234
	14			1.00000	.99996	.99839	.97931
	15				.99999	.99968	.99409
	16				1.00000	.99995	.99871
	17					.99999	.99980
	18					1.00000	.99998
	19						1.00000
25	0	.07179	.00378	.00075	.00013	.00000	.00000
	1	.27121	.02739	.00702	.00157	.00005	.00000
	2	.53709	.09823	.03211	.00896	.00043	.00001
	3	.76359	.23399	.09621	.03324	.00237	.00008
	4	.90201	.42067	.21374	.09047	.00947	.00046
	5	.96660	.61669	.37828	.19349	.02936	.00204
	6	.99052	.78004	.56110	.34065	.07357	.00732
	7	.99774	.89088	.72651	.51185	.15355	.02164
	8	.99954	.95323	.85056	.67693	.27353	.05388
	9	.99992	.98267	.92867	.81056	.42462	.11476
	10	.99999	.99445	.97033	.90220	.58577	.21218
	11	1.00000	.99846	.98027	.95575	.73228	.34502
	12		.99963	.99663	.98253	.84623	.50000
	13		.99992	.99908	.99401	.92220	.65498
	14		.99999	.99979	.99822	.96561	.78782
	15		1.00000	.99996	.99955	.98683	.88524
	16			.99999	.99990	.99567	.94612
	17			1.00000	.99998	.99879	.97836
	18				1.00000	.99972	.99268
	19					.99995	.99796
	20					.99999	.99954
	21					1.00000	.99992
	22						.99999
	23						1.00000
50	0	.00515	.00001	.00000	.00000		
	1	.03379	.00019	.00001	.00000		
	2	.11173	.00129	.00009	.00000		
	3	.25029	.00566	.00050	.00003		

n	x	$p=.10$	$p=.20$	$p=.25$	$p=.30$	$p=.40$	$p=.50$
50	4	.43120	.01850	.00211	.00017		
	5	.61612	.04803	.00705	.00072	.00000	
	6	.77023	.10340	.01939	.00249	.00001	
	7	.87785	.19041	.04526	.00726	.00006	
	8	.94213	.30733	.09160	.01825	.00023	
	9	.97546	.44374	.16368	.04023	.00076	.00000
	10	.99065	.58356	.26220	.07885	.00220	.00001
	11	.99678	.71067	.38162	.13904	.00569	.00005
	12	.99900	.81394	.51099	.22287	.01325	.00015
	13	.99971	.88941	.63704	.32788	.02799	.00047
	14	.99993	.93928	.74808	.44683	.05396	.00130
	15	.99998	.96920	.83692	.56918	.09550	.00330
	16	1.00000	.98556	.90169	.68388	.15609	.00767
	17		.99374	.94488	.78219	.23688	.01642
	18		.99749	.97127	.85944	.33561	.03245
	19		.99907	.98608	.91520	.44648	.05946
	20		.99968	.99374	.95224	.56103	.10132
	21		.99990	.99738	.97491	.67014	.16112
	22		.99997	.99898	.98772	.76602	.23994
	23		.99999	.99963	.99441	.84383	.33591
	24		1.00000	.99988	.99763	.90219	.44386
	25			.99996	.99907	.94266	.55614
	26			.99999	.99966	.96859	.66409
	27			1.00000	.99988	.98397	.76006
	28				.99996	.99238	.83888
	29				.99999	.99664	.89868
	30				1.00000	.99863	.94054
	31					.99948	.96755
	32					.99982	.98358
	33					.99994	.99233
	34					.99998	.99670
	35					1.00000	.99870
	36						.99953
	37						.99985
	38						.99995
	39						.99999
	40						1.00000
100	0	.00003					
	1	.00032					
	2	.00194					
	3	.00784					
	4	.02371	.00000				

n	x	$p=.10$	$p=.20$	$p=.25$	$p=.30$	$p=.40$	$p=.50$
100	5	.05758	.00002				
	6	.11716	.00008				
	7	.20605	.00028	.00000			
	8	.32087	.00086	.00001			
	9	.45129	.00233	.00004			
	10	.58316	.00570	.00014	.00000		
	11	.70303	.01257	.00039	.00001		
	12	.80182	.02533	.00103	.00002		
	13	.87612	.04691	.00246	.00006		
	14	.92743	.08044	.00542	.00016		
	15	.96011	.12851	.01108	.00040		
	16	.97940	.19234	.02111	.00097		
	17	.98999	.27119	.03763	.00216		
	18	.99542	.36209	.06301	.00452	.00000	
	19	.99802	.46016	.09953	.00889	.00001	
	20	.99919	.55946	.14883	.01646	.00002	
	21	.99969	.65403	.21144	.02883	.00004	
	22	.99989	.73893	.28637	.04787	.00011	
	23	.99996	.81091	.37018	.07553	.00025	
	24	.99999	.86865	.46167	.11357	.00025	
	25	1.00000	.91252	.55347	.16313	.00119	
	26		.94417	.64174	.22440	.00240	
	27		.96585	.72238	.29637	.00460	.00000
	28		.97998	.79246	.37678	.00843	.00001
	29		.98875	.85046	.46234	.01478	.00002
	30		.99394	.89621	.54912	.02478	.00004
	31		.99687	.93065	.63311	.03985	.00009
	32		.99845	.95540	.71072	.06150	.00020
	33		.99926	.97241	.77926	.09125	.00044
	34		.99966	.98357	.83714	.13034	.00089
	35		.99985	.99059	.88392	.17947	.00176
	36		.99994	.99482	.92012	.23861	.00332
	37		.99998	.99725	.94695	.30681	.00602
	38		.99999	.99860	.96602	.38219	.01049
	39		1.00000	.99931	.97901	.46208	.01760
	40			.99968	.98750	.54329	.02844
	41			.99985	.99283	.62253	.04431
	42			.99994	.99603	.69674	.06661
	43			.99997	.99789	.76347	.09667
	44			.99999	.99891	.82110	.13563
	45			1.00000	.99946	.86891	.18410
	46				.99974	.90702	.24206
	47				.99988	.93621	.30865

n	x	$p=.10$	$p=.20$	$p=.25$	$p=.30$	$p=.40$	$p=.50$
100	48				.99995	.95770	.38218
	49				.99998	.97290	.46021
	50				.99999	.98324	.53979
	51				1.00000	.98999	.61782
	52					.99424	.69135
	53					.99680	.75794
	54					.99829	.81590
	55					.99912	.86437
	56					.99956	.90333
	57					.99979	.93339
	58					.99990	.95569
	59					.99996	.97156
	60					.99998	.98240
	61					.99999	.98951
	62					1.00000	.99398
	63						.99668
	64						.99824
	65						.99911
	66						.99956
	67						.99980
	68						.99991
	69						.99996
	70						.99998
	71						.99999
	72						1.00000

（附表 2）累積ポアソン分布の表

x	$\lambda=.1$	$\lambda=.2$	$\lambda=.3$	$\lambda=.4$	$\lambda=.5$
0	.90484	.81873	.74082	.67302	.60653
1	.99532	.98248	.96306	.93845	.90980
2	.99985	.99885	.99640	.99207	.98561
3	1.00000	.99994	.99973	.99922	.99825
4		1.00000	.99998	.99994	.99983
5			1.00000	1.00000	.99999
6					1.00000

x	$\lambda=.6$	$\lambda=.7$	$\lambda=.8$	$\lambda=.9$	$\lambda=1.0$
0	.54881	.49658	.44933	.40657	.36788
1	.87810	.84419	.80879	.77248	.73576
2	.97688	.96586	.95258	.93714	.91970
3	.99664	.99425	.99092	.98654	.98101
4	.99961	.99921	.99859	.99766	.99634
5	.99996	.99991	.99982	.99966	.99941
6	1.00000	.99999	.99998	.99996	.99992
7		1.00000	1.00000	1.00000	.99999
8					1.00000

x	$\lambda=2$	$\lambda=3$	$\lambda=4$	$\lambda=5$	$\lambda=6$
0	.13534	.04979	.01832	.00674	.00248
1	.40601	.19915	.09158	.04043	.01735
2	.67998	.42319	.23810	.12465	.06197
3	.85712	.64723	.43347	.26503	.15120
4	.94735	.81526	.62884	.44049	.28506
5	.98344	.91608	.78513	.61596	.44568
6	.99547	.96649	.88933	.76218	.60630
7	.99890	.98810	.94887	.86663	.74398
8	.99976	.99620	.97864	.93191	.84724
9	.99995	.99890	.99187	.96817	.91608
10	.99999	.99971	.99716	.98630	.95738
11	1.00000	.99993	.99908	.99455	.97991
12		.99998	.99973	.99798	.99117
13		1.00000	.99992	.99930	.99637
14			.99998	.99977	.99860
15			1.00000	.99993	.99949
16				.99998	.99982
17				1.00000	.99994
18					.99998
19					1.00000

x	$\lambda=7$	$\lambda=8$	$\lambda=9$	$\lambda=10$
0	.00091	.00033	.00012	.00004
1	.00730	.00302	.00123	.00050
2	.02964	.01375	.00623	.00277
3	.08176	.04238	.02123	.01034
4	.17299	.09963	.05496	.02925
5	.30071	.19124	.11569	.06709
6	.44971	.31337	.20678	.13014
7	.59871	.45296	.32390	.22022
8	.72909	.59255	.45565	.33282
9	.83050	.71662	.58741	.45793
10	.90148	.81589	.70599	.58304
11	.94665	.88808	.80301	.69678
12	.97300	.93620	.87577	.79156
13	.98719	.96582	.92615	.86446
14	.99428	.98274	.95853	.91654
15	.99759	.99177	.97796	.95126
16	.99904	.99628	.98889	.97296
17	.99964	.99841	.99468	.98572
18	.99987	.99935	.99757	.99281
19	.99996	.99975	.99894	.99655
20	.99999	.99991	.99956	.99841
21	1.00000	.99997	.99982	.99930
22		.99999	.99993	.99970
23		1.00000	.99998	.99988
24			.99999	.99995
25			1.00000	.99998
26				.99999
27				1.00000

（附表 3） 累積標準正規分布関数値

$$\int_{-\infty}^{Z_p} \frac{1}{\sqrt{2\pi}} e^{-\frac{x^2}{2}} dx = \Phi(Z_p)$$

Z_p	.00	.01	.02	.03	.04	.05	.06	.07	.08	.09
−.0	.5000	.4960	.4920	.4880	.4840	.4801	.4761	.4721	.4681	.4641
−.1	.4602	.4562	.4522	.4483	.4443	.4404	.4364	.4325	.4286	.4247
−.2	.4207	.4168	.4129	.4090	.4052	.4013	.3974	.3936	.3897	.3859
−.3	.3821	.3783	.3745	.3707	.3669	.3632	.3594	.3557	.3520	.3483
−.4	.3446	.3409	.3372	.3336	.3300	.3264	.3228	.3192	.3156	.3121
−.5	.3085	.3050	.3015	.2981	.2946	.2912	.2877	.2843	.2810	.2776
−.6	.2743	.2709	.2676	.2643	.2611	.2578	.2546	.2514	.2483	.2451
−.7	.2420	.2389	.2358	.2327	.2297	.2266	.2236	.2206	.2177	.2148
−.8	.2119	.2090	.2061	.2033	.2005	.1977	.1949	.1922	.1894	.1867
−.9	.1841	.1814	.1788	.1762	.1736	.1711	.1685	.1660	.1635	.1611
−1.0	.1587	.1562	.1539	.1515	.1492	.1469	.1446	.1423	.1401	.1379
−1.1	.1357	.1335	.1314	.1292	.1271	.1251	.1230	.1210	.1190	.1170
−1.2	.1151	.1131	.1112	.1093	.1075	.1056	.1038	.1020	.1003	.09853
−1.3	.09680	.09510	.09342	.09176	.09012	.08851	.08691	.08534	.08379	.08226
−1.4	.08076	.07927	.07780	.07636	.07493	.07353	.07215	.07078	.06944	.06811
−1.5	.06681	.06552	.06426	.06301	.06178	.06057	.05938	.05821	.05705	.05592
−1.6	.05480	.05370	.05262	.05155	.05050	.04947	.04846	.04746	.04648	.04551
−1.7	.04457	.04363	.04272	.04182	.04093	.04009	.03920	.03836	.03754	.03673
−1.8	.03593	.03515	.03438	.03362	.03288	.03216	.03144	.03074	.03005	.02938
−1.9	.02872	.02807	.02743	.02680	.02619	.02559	.02500	.02442	.02385	.02330
−2.0	.02275	.02222	.02169	.02118	.02068	.02018	.01970	.01923	.01876	.01831
−2.1	.01786	.01743	.01700	.01659	.01616	.01578	.01539	.01500	.01463	.01426
−2.2	.01390	.01355	.01321	.01287	.01255	.01222	.01191	.01160	.01130	.01101
−2.3	.01072	.01044	.01017	$.0^{2}9903$	$.0^{2}9642$	$.0^{2}9387$	$.0^{2}99137$	$.0^{2}8894$	$.0^{2}8659$	$.0^{2}8424$
−2.4	$.0^{2}8198$	$.0^{2}7976$	$.0^{2}7760$	$.0^{2}7549$	$.0^{2}7344$	$.0^{2}7143$	$.0^{2}6947$	$.0^{2}6756$	$.0^{2}6569$	$.0^{2}6387$
−2.5	$.0^{2}6210$	$.0^{2}6037$	$.0^{2}5868$	$.0^{2}5703$	$.0^{2}5543$	$.0^{2}5386$	$.0^{2}5234$	$.0^{2}5085$	$.0^{2}4940$	$.0^{2}4799$
−2.6	$.0^{2}4661$	$.0^{2}4527$	$.0^{2}4396$	$.0^{2}4269$	$.0^{2}4145$	$.0^{2}4025$	$.0^{2}3907$	$.0^{2}3793$	$.0^{2}3681$	$.0^{2}3573$
−2.7	$.0^{2}3467$	$.0^{2}3364$	$.0^{2}3264$	$.0^{2}3167$	$.0^{2}3072$	$.0^{2}2980$	$.0^{2}2890$	$.0^{2}2803$	$.0^{2}2718$	$.0^{2}2635$
−2.8	$.0^{2}2555$	$.0^{2}2477$	$.0^{2}2401$	$.0^{2}2327$	$.0^{2}2256$	$.0^{2}2186$	$.0^{2}2118$	$.0^{2}2052$	$.0^{2}1988$	$.0^{2}1926$
−2.9	$.0^{2}1866$	$.0^{2}1807$	$.0^{2}1750$	$.0^{2}1695$	$.0^{2}1641$	$.0^{2}1589$	$.0^{2}1538$	$.0^{2}1489$	$.0^{2}1441$	$.0^{2}1395$
−3.0	$.0^{2}1350$	$.0^{2}1306$	$.0^{2}1264$	$.0^{2}1223$	$.0^{2}1183$	$.0^{2}1114$	$.0^{2}1107$	$.0^{2}1070$	$.0^{2}1035$	$.0^{2}1001$

.0	.5000	.5040	.5080	.5120	.5160	.5199	.5239	.5279	.5319	.5359
.1	.5398	.5438	.5478	.5517	.5557	.5596	.5636	.5675	.5714	.5753
.2	.5793	.5832	.5871	.5910	.5948	.5987	.6026	.6064	.6103	.6141
.3	.6179	.6217	.6255	.6293	.6331	.6368	.6406	.6443	.6480	.6517
.4	.6554	.6591	.6628	.6664	.6700	.6736	.6772	.6808	.6844	.6879
.5	.6915	.6950	.6985	.7019	.7054	.7088	.7123	.7157	.7190	.7224
.6	.7257	.7291	.7324	.7357	.7389	.7422	.7454	.7486	.7517	.7549
.7	.7580	.7611	.7642	.7673	.7703	.7734	.7764	.7794	.7823	.7852
.8	.7881	.7910	.7939	.7967	.7995	.8023	.8051	.8078	.8106	.8133
.9	.8159	.8186	.8212	.8238	.8264	.8289	.8315	.8340	.8365	.8389
1.0	.8413	.8438	.8461	.8485	.8508	.8531	.8554	.8577	.8599	.8661
1.1	.8643	.8665	.8686	.8708	.8729	.8749	.8770	.8790	.8810	.8830
1.2	.8849	.8869	.8888	.8907	.8925	.8944	.8962	.8980	.8997	.90147
1.3	.90320	.90490	.90658	.90824	.90988	.91149	.91309	.91466	.91621	.91774
1.4	.91924	.92073	.92220	.92364	.92507	.92647	.92785	.92922	.93056	.93189
1.5	.93319	.93448	.93574	.93669	.93822	.93943	.94062	.94179	.94295	.94408
1.6	.94520	.94630	.94738	.94845	.94950	.95053	.95154	.95254	.95352	.95449
1.7	.95543	.95637	.95728	.95818	.95907	.95994	.96080	.96164	.96246	.96327
1.8	.96407	.96485	.96562	.96638	.96712	.96784	.96856	.96926	.96995	.97062
1.9	.97128	.97193	.97257	.97320	.97381	.97441	.97500	.97558	.97615	.97670
2.0	.97725	.97778	.97831	.97882	.97932	.97982	.98030	.98077	.98124	.98169
2.1	.98214	.98257	.98300	.98341	.98382	.98422	.98461	.98500	.98537	.98574
2.2	.98610	.98645	.98679	.98713	.98745	.98778	.98809	.98840	.98870	.98899
2.3	.98928	.98956	.98983	$.9^{2}0097$	$.9^{2}0358$	$.9^{2}0613$	$.9^{2}0863$	$.9^{2}1106$	$.9^{2}1344$	$.9^{2}1576$
2.4	$.9^{2}1802$	$.9^{2}2024$	$.9^{2}2240$	$.9^{2}2451$	$.9^{2}2656$	$.9^{2}2857$	$.9^{2}3053$	$.9^{2}3244$	$.9^{2}3431$	$.9^{2}3613$
2.5	$.9^{2}3790$	$.9^{2}3963$	$.9^{2}4132$	$.9^{2}4297$	$.9^{2}4457$	$.9^{2}4614$	$.9^{2}4766$	$.9^{2}4915$	$.9^{2}5060$	$.9^{2}5201$
2.6	$.9^{2}5339$	$.9^{2}5473$	$.9^{2}5604$	$.9^{2}5731$	$.9^{2}5855$	$.9^{2}5975$	$.9^{2}6093$	$.9^{2}6207$	$.9^{2}6319$	$.9^{2}6427$
2.7	$.9^{2}6533$	$.9^{2}6636$	$.9^{2}6736$	$.9^{2}6833$	$.9^{2}6928$	$.9^{2}7020$	$.9^{2}7110$	$.9^{2}7197$	$.9^{2}7282$	$.9^{2}7365$
2.8	$.9^{2}7445$	$.9^{2}7523$	$.9^{2}7599$	$.9^{2}7673$	$.9^{2}7744$	$.9^{2}7814$	$.9^{2}7882$	$.9^{2}7948$	$.9^{2}8012$	$.9^{2}8074$
2.9	$.9^{2}8134$	$.9^{2}8193$	$.9^{2}8250$	$.9^{2}8305$	$.9^{2}8359$	$.9^{2}8411$	$.9^{2}8462$	$.9^{2}8511$	$.9^{2}8559$	$.9^{2}8605$
3.0	$.9^{2}8650$	$.9^{2}8694$	$.9^{2}8736$	$.9^{2}8777$	$.9^{2}8817$	$.9^{2}8856$	$.9^{2}8893$	$.9^{2}8930$	$.9^{2}8965$	$.9^{2}8999$

（附表 4）

平　方　根　表 (一)

数	0	1	2	3	4	5	6	7	8	9	123	456	789
1.0	1.000	1.005	1.010	1.015	1.020	1.025	1.030	1.034	1.039	1.044	0 1 1	2 2 3	3 4 4
1.1	1.049	1.054	1.058	1.063	1.068	1.072	1.077	1.082	1.086	1.091	0 1 1	2 2 3	3 4 4
1.2	1.095	1.100	1.105	1.109	1.114	1.118	1.122	1.127	1.131	1.136	0 1 1	2 2 3	3 4 4
1.3	1.140	1.145	1.149	1.153	1.158	1.162	1.166	1.170	1.175	1.179	0 1 1	2 2 3	3 3 4
1.4	1.183	1.187	1.192	1.196	1.200	1.204	1.208	1.212	1.217	1.221	0 1 1	2 2 2	3 3 4
1.5	1.225	1.229	1.233	1.237	1.241	1.245	1.249	1.253	1.257	1.261	0 1 1	2 2 2	3 3 4
1.6	1.265	1.269	1.273	1.277	1.281	1.285	1.288	1.292	1.296	1.300	0 1 1	2 2 2	3 3 4
1.7	1.304	1.308	1.311	1.315	1.319	1.323	1.327	1.330	1.334	1.338	0 1 1	2 2 2	3 3 3
1.8	1.342	1.345	1.349	1.353	1.356	1.360	1.364	1.367	1.371	1.375	0 1 1	1 2 2	3 3 3
1.9	1.378	1.382	1.386	1.389	1.393	1.396	1.400	1.404	1.407	1.411	0 1 1	1 2 2	3 3 3
2.0	1.414	1.418	1.421	1.425	1.428	1.432	1.435	1.439	1.442	1.446	0 1 1	1 2 2	2 3 3
2.1	1.449	1.453	1.456	1.459	1.463	1.466	1.470	1.473	1.476	1.480	0 1 1	1 2 2	2 3 3
2.2	1.483	1.487	1.490	1.493	1.497	1.500	1.503	1.507	1.510	1.513	0 1 1	1 2 2	2 3 3
2.3	1.517	1.520	1.523	1.526	1.530	1.533	1.536	1.539	1.543	1.546	0 1 1	1 2 2	2 3 3
2.4	1.549	1.552	1.556	1.559	1.562	1.565	1.568	1.572	1.575	1.578	0 1 1	1 2 2	2 3 3
2.5	1.581	1.584	1.587	1.591	1.594	1.597	1.600	1.603	1.606	1.609	0 1 1	1 2 2	2 3 3
2.6	1.612	1.616	1.619	1.622	1.625	1.628	1.631	1.634	1.637	1.640	0 1 1	1 2 2	2 2 3
2.7	1.643	1.646	1.649	1.652	1.655	1.658	1.661	1.664	1.667	1.670	0 1 1	1 2 2	2 2 3
2.8	1.673	1.676	1.679	1.682	1.685	1.688	1.691	1.694	1.697	1.700	0 1 1	1 1 2	2 2 3
2.9	1.703	1.706	1.709	1.712	1.715	1.718	1.720	1.723	1.726	1.729	0 1 1	1 1 2	2 2 3
3.0	1.732	1.735	1.738	1.741	1.744	1.746	1.749	1.752	1.755	1.758	0 1 1	1 1 2	2 2 3
3.1	1.761	1.764	1.766	1.769	1.772	1.775	1.778	1.780	1.783	1.786	0 1 1	1 1 2	2 2 3
3.2	1.789	1.792	1.794	1.797	1.800	1.803	1.806	1.808	1.811	1.814	0 1 1	1 1 2	2 2 2
3.3	1.817	1.819	1.822	1.825	1.828	1.830	1.833	1.836	1.838	1.841	0 1 1	1 1 2	2 2 2
3.4	1.844	1.847	1.849	1.852	1.855	1.857	1.860	1.863	1.865	1.868	0 1 1	1 1 2	2 2 2
3.5	1.871	1.873	1.876	1.879	1.881	1.884	1.887	1.889	1.892	1.895	0 1 1	1 1 2	2 2 2
3.6	1.897	1.900	1.903	1.905	1.908	1.910	1.913	1.916	1.918	1.921	0 1 1	1 1 2	2 2 2
3.7	1.924	1.926	1.929	1.931	1.934	1.936	1.939	1.942	1.944	1.947	0 1 1	1 1 2	2 2 2
3.8	1.949	1.952	1.954	1.957	1.960	1.962	1.965	1.967	1.970	1.972	0 1 1	1 1 2	2 2 2
3.9	1.975	1.977	1.980	1.982	1.985	1.987	1.990	1.992	1.995	1.997	0 1 1	1 1 2	2 2 2
4.0	2.000	2.002	2.005	2.007	2.010	2.012	2.015	2.017	2.020	2.022	0 0 1	1 1 1	2 2 2
4.1	2.025	2.027	2.030	2.032	2.035	2.037	2.040	2.042	2.045	2.047	0 0 1	1 1 1	2 2 2
4.2	2.049	2.052	2.054	2.057	2.059	2.062	2.064	2.066	2.069	2.071	0 0 1	1 1 1	2 2 2
4.3	2.074	2.076	2.078	2.081	2.083	2.086	2.088	2.090	2.093	2.095	0 0 1	1 1 1	2 2 2
4.4	2.098	2.100	2.102	2.105	2.107	2.110	2.112	2.114	2.117	2.119	0 0 1	1 1 1	2 2 2
4.5	2.121	2.124	2.126	2.128	2.131	2.133	2.135	2.138	2.140	2.142	0 0 1	1 1 1	2 2 2
4.6	2.145	2.147	2.149	2.152	2.154	2.156	2.159	2.161	2.163	2.166	0 0 1	1 1 1	2 2 2
4.7	2.168	2.170	2.173	2.175	2.177	2.179	2.182	2.184	2.186	2.189	0 0 1	1 1 1	2 2 2
4.8	2.191	2.193	2.195	2.198	2.200	2.202	2.205	2.207	2.209	2.211	0 0 1	1 1 1	2 2 2
4.9	2.214	2.216	2.218	2.220	2.223	2.225	2.227	2.229	2.232	2.234	0 0 1	1 1 1	2 2 2
5.0	2.236	2.238	2.241	2.243	2.245	2.247	2.249	2.252	2.254	2.256	0 0 1	1 1 1	2 2 2
5.1	2.258	2.261	2.263	2.265	2.267	2.269	2.272	2.274	2.276	2.278	0 0 1	1 1 1	2 2 2
5.2	2.280	2.283	2.285	2.287	2.289	2.291	2.293	2.296	2.298	2.300	0 0 1	1 1 1	2 2 2
5.3	2.302	2.304	2.307	2.309	2.311	2.313	2.315	2.317	2.319	2.322	0 0 1	1 1 1	2 2 2
5.4	2.324	2.326	2.328	2.330	2.332	2.335	2.337	2.339	2.341	2.343	0 0 1	1 1 1	1 2 2

平　方　根　表（二）

数	0	1	2	3	4	5	6	7	8	9	1 2 3	4 5 6	7 8 9
5.5	2.345	2.347	2.349	2.352	2.354	2.356	2.358	2.360	2.362	2.364	0 0 1	1 1 1	1 2 2
5.6	2.366	2.369	2.371	2.373	2.375	2.377	2.379	2.381	2.383	2.385	0 0 1	1 1 1	1 2 2
5.7	2.387	2.390	2.392	2.394	2.396	2.398	2.400	2.402	2.404	2.406	0 0 1	1 1 1	1 2 2
5.8	2.408	2.410	2.412	2.415	2.417	2.419	2.421	2.423	2.425	2.427	0 0 1	1 1 1	1 2 2
5.9	2.429	2.431	2.433	2.435	2.437	2.439	2.441	2.443	2.445	2.447	0 0 1	1 1 1	1 2 2
6.0	2.449	2.452	2.454	2.456	2.458	2.460	2.462	2.464	2.466	2.468	0 0 1	1 1 1	1 2 2
6.1	2.470	2.472	2.474	2.476	2.478	2.480	2.482	2.484	2.486	2.488	0 0 1	1 1 1	1 2 2
6.2	2.490	2.492	2.494	2.496	2.498	2.500	2.502	2.504	2.506	2.508	0 0 1	1 1 1	1 2 2
6.3	2.510	2.512	2.514	2.516	2.518	2.520	2.522	2.524	2.526	2.528	0 0 1	1 1 1	1 2 2
6.4	2.530	2.532	2.534	2.536	2.538	2.540	2.542	2.544	2.546	2.548	0 0 1	1 1 1	1 2 2
6.5	2.550	2.551	2.553	2.555	2.557	2.559	2.561	2.563	2.565	2.567	0 0 1	1 1 1	1 2 2
6.6	2.569	2.571	2.573	2.575	2.577	2.579	2.581	2.583	2.585	2.587	0 0 1	1 1 1	1 2 2
6.7	2.588	2.590	2.592	2.594	2.596	2.598	2.600	2.602	2.504	2.606	0 0 1	1 1 1	1 2 2
6.8	2.608	2.610	2.612	2.613	2.615	2.617	2.619	2.621	2.523	2.625	0 0 1	1 1 1	1 2 2
6.9	2.627	2.629	2.631	2.632	2.634	2.636	2.638	2.640	2.642	2.644	0 0 1	1 1 1	1 2 2
7.0	2.646	2.648	2.650	2.651	2.653	2.655	2.657	2.659	2.661	2.663	0 0 1	1 1 1	1 2 2
7.1	2.665	2.666	2.668	2.670	2.672	2.674	2.676	2.678	2.680	2.681	0 0 1	1 1 1	1 1 2
7.2	2.683	2.685	2.687	2.689	2.691	2.693	2.694	2.696	2.698	2.700	0 0 1	1 1 1	1 1 2
7.3	2.702	2.704	2.706	2.707	2.709	2.711	2.713	2.715	2.717	2.718	0 0 1	1 1 1	1 1 2
7.4	2.720	2.722	2.724	2.726	2.728	2.729	2.731	2.733	2.735	2.737	0 0 1	1 1 1	1 1 2
7.5	2.739	2.740	2.742	2.744	2.746	2.748	2.750	2.753	2.751	2.755	0 0 1	1 1 1	1 1 2
7.6	2.757	2.759	2.760	2.762	2.764	2.766	2.768	2.771	2.769	2.773	0 0 1	1 1 1	1 1 2
7.7	2.775	2.777	2.778	2.780	2.782	2.784	2.786	2.789	2.787	2.791	0 0 1	1 1 1	1 1 2
7.8	2.793	2.795	2.796	2.798	2.800	2.802	2.804	2.807	2.805	2.809	0 0 1	1 1 1	1 1 2
7.9	2.811	2.812	2.814	2.816	2.818	2.820	2.821	2.825	2.823	2.827	0 0 1	1 1 1	1 1 2
8.0	2.828	2.830	2.832	2.834	2.835	2.837	2.839	2.843	2.841	2.844	0 0 1	1 1 1	1 1 2
8.1	2.846	2.848	2.850	2.851	2.853	2.855	2.857	2.860	2.858	2.862	0 0 1	1 1 1	1 1 2
8.2	2.864	2.865	2.867	2.869	2.871	2.872	2.874	2.877	2.876	2.879	0 0 1	1 1 1	1 1 2
8.3	2.881	2.883	2.884	2.886	2.888	2.890	2.891	2.895	2.893	2.897	0 0 1	1 1 1	1 1 2
8.4	2.898	2.900	2.902	2.903	2.905	2.907	2.909	2.912	2.910	2.914	0 0 1	1 1 1	1 1 2
8.5	2.915	2.917	2.919	2.921	2.922	2.924	2.926	2.929	2.927	2.931	0 0 1	1 1 1	1 1 2
8.6	2.933	2.934	2.936	2.938	2.939	2.941	2.943	2.946	2.944	2.948	0 0 1	1 1 1	1 1 2
8.7	2.950	2.951	2.953	2.955	2.956	2.958	2.960	2.963	2.961	2.965	0 0 1	1 1 1	1 1 2
8.8	2.966	2.968	2.970	2.972	2.973	2.975	2.977	2.980	2.978	2.982	0 0 1	1 1 1	1 1 2
8.9	2.983	2.985	2.987	2.988	2.990	2.992	2.993	2.997	2.995	2.998	0 0 1	1 1 1	1 1 2
9.0	3.000	3.002	3.003	3.005	3.007	3.008	3.010	3.013	3.012	3.015	0 0 0	1 1 1	1 1 1
9.1	3.017	3.018	3.020	3.022	3.023	3.025	3.027	3.030	3.028	3.032	0 0 0	1 1 1	1 1 1
9.2	3.033	3.035	3.036	3.038	3.040	3.041	3.043	3.046	3.045	3.048	0 0 0	1 1 1	1 1 1
9.3	3.050	3.051	3.053	3.055	3.056	3.058	3.059	3.063	3.061	3.064	0 0 0	1 1 1	1 1 1
9.4	3.066	3.068	3.069	3.071	3.072	3.074	3.076	3.079	3.077	3.081	0 0 0	1 1 1	1 1 1
9.5	3.082	3.084	3.085	3.087	3.089	3.090	3.092	3.095	3.094	3.097	0 0 0	1 1 1	1 1 1
9.6	3.098	3.100	3.102	3.103	3.105	3.106	3.108	3.111	3.110	3.113	0 0 0	1 1 1	1 1 1
9.7	3.114	3.116	3.118	3.119	3.121	3.122	3.124	3.127	3.126	3.129	0 0 0	1 1 1	1 1 1
9.8	3.130	3.132	3.134	3.135	3.137	3.138	3.140	3.143	3.142	3.145	0 0 0	1 1 1	1 1 1
9.9	3.146	3.148	3.150	3.151	3.153	3.154	3.156	3.159	3.158	3.161	0 0 0	1 1 1	1 1 1

平 方 根 表（三）

数	0	1	2	3	4	5	6	7	8	9	1	2	3	4	5	6	7	8	9
10	3.162	3.178	3.194	3.209	3.225	3.240	3.256	3.271	3.286	3.302	2	3	5	6	8	9	11	12	14
11	3.317	3.332	3.347	3.362	3.376	3.391	3.406	3.421	3.435	3.450	1	3	4	6	7	9	10	12	13
12	3.464	3.479	3.493	3.507	3.521	3.536	3.550	3.564	3.578	3.592	1	3	4	6	7	8	10	11	13
13	3.606	3.619	3.633	3.647	3.661	3.674	3.688	3.701	3.715	3.728	1	3	4	5	7	8	10	11	12
14	3.742	3.755	3.768	3.782	3.795	3.808	3.821	3.834	3.847	3.860	1	3	4	5	7	8	9	11	12
15	3.873	3.886	3.899	3.912	3.924	3.937	3.950	3.962	3.975	3.987	1	3	4	5	6	8	9	10	11
16	4.000	4.012	4.025	4.037	4.050	4.062	4.074	4.087	4.099	4.111	1	2	4	5	6	7	9	10	11
17	4.123	4.135	4.147	4.159	4.171	4.183	4.195	4.207	4.219	4.231	1	2	4	5	6	7	8	10	11
18	4.243	4.254	4.266	4.278	4.290	4.301	4.313	4.324	4.336	4.347	1	2	3	5	6	7	8	9	10
19	4.359	4.370	4.382	4.393	4.405	4.416	4.427	4.438	4.450	4.461	1	2	3	5	6	7	8	9	10
20	4.472	4.483	4.494	4.506	4.517	4.528	4.539	4.550	4.561	4.572	1	2	3	4	6	7	8	9	10
21	4.583	4.593	4.604	4.615	4.626	4.637	4.648	4.658	4.669	4.680	1	2	3	4	5	6	8	9	10
22	4.690	4.701	4.712	4.722	4.733	4.743	4.754	4.764	4.775	4.785	1	2	3	4	5	6	7	8	9
23	4.796	4.806	4.817	4.827	4.837	4.848	4.858	4.868	4.879	4.889	1	2	3	4	5	6	7	8	9
24	4.899	4.909	4.919	4.930	4.940	4.950	4.960	4.970	4.980	4.990	1	2	3	4	5	6	7	8	9
25	5.000	5.010	5.020	5.030	5.040	5.050	5.060	5.070	5.079	5.089	1	2	3	4	5	6	7	8	9
26	5.099	5.109	5.119	5.128	5.138	5.148	5.158	5.167	5.177	5.187	1	2	3	4	5	6	7	8	9
27	5.196	5.206	5.215	5.225	5.235	5.244	5.254	5.263	5.273	5.282	1	2	3	4	5	6	7	8	9
28	5.292	5.301	5.310	5.320	5.329	5.339	5.348	5.357	5.367	5.376	1	2	3	4	5	6	7	7	8
29	5.385	5.394	5.404	5.413	5.422	5.431	5.441	5.450	5.459	5.468	1	2	3	4	5	5	6	7	8
30	5.477	5.486	5.495	5.505	5.514	5.523	5.532	5.541	5.550	5.559	1	2	3	4	4	5	6	7	8
31	5.568	5.577	5.586	5.595	5.604	5.612	5.621	5.630	5.639	5.648	1	2	3	3	4	5	6	7	8
32	5.657	5.666	5.675	5.683	5.692	5.701	5.710	5.718	5.727	5.736	1	2	3	3	4	5	6	7	8
33	5.745	5.753	5.762	5.771	5.779	5.788	5.797	5.805	5.814	5.822	1	2	3	3	4	5	6	7	8
34	5.831	5.840	5.848	5.857	5.865	5.874	5.882	5.891	5.899	5.908	1	2	3	3	4	5	6	7	8
35	5.916	5.925	5.933	5.941	5.950	5.958	5.967	5.975	5.983	5.992	1	2	2	3	4	5	6	7	8
36	6.000	6.008	6.017	6.025	6.033	6.042	6.050	6.058	6.066	6.075	1	2	2	3	4	5	6	7	7
37	6.083	6.091	6.099	6.107	6.116	6.124	6.132	6.140	6.148	6.156	1	2	2	3	4	5	6	7	7
38	6.164	6.173	6.181	6.189	6.197	6.205	6.213	6.221	6.229	6.237	1	2	2	3	4	5	6	6	7
39	6.245	6.253	6.261	6.269	6.277	6.285	6.293	6.301	6.309	6.317	1	2	2	3	4	5	6	6	7
40	6.325	6.332	6.340	6.348	6.356	6.364	6.372	6.380	6.387	6.395	1	2	2	3	4	5	6	6	7
41	6.403	6.411	6.419	6.427	6.434	6.442	6.450	6.458	6.465	6.473	1	2	2	3	4	5	5	6	7
42	6.481	6.488	6.496	6.504	6.512	6.519	6.527	6.535	6.542	6.550	1	2	2	3	4	5	5	6	7
43	6.557	6.565	6.573	6.580	6.588	6.595	6.603	6.611	6.618	6.626	1	2	2	3	4	5	5	6	7
44	6.633	6.641	6.648	6.656	6.663	6.671	6.678	6.686	6.693	6.701	1	2	2	3	4	5	5	6	7
45	6.708	6.716	6.723	6.731	6.738	6.745	6.753	6.760	6.768	6.775	1	1	2	3	4	4	5	6	7
46	6.782	6.790	6.797	6.804	6.812	6.819	6.826	6.834	6.841	6.848	1	1	2	3	4	4	5	6	7
47	6.856	6.863	6.870	6.877	6.885	6.892	6.899	6.907	6.914	6.921	1	1	2	3	4	4	5	6	7
48	6.928	6.935	6.943	6.950	6.957	6.964	6.971	6.979	6.986	6.993	1	1	2	3	4	4	5	6	6
49	7.000	7.007	7.014	7.021	7.029	7.036	7.043	7.050	7.057	7.064	1	1	2	3	4	4	5	6	6
50	7.071	7.078	7.085	7.092	7.099	7.106	7.113	7.120	7.127	7.134	1	1	2	3	4	4	5	6	6
51	7.141	7.148	7.155	7.162	7.169	7.176	7.183	7.190	7.197	7.204	1	1	2	3	4	4	5	6	6
52	7.211	7.218	7.225	7.232	7.239	7.246	7.253	7.259	7.266	7.273	1	1	2	3	3	4	5	6	6
53	7.280	7.287	7.294	7.301	7.308	7.314	7.321	7.328	7.335	7.342	1	1	2	3	3	4	5	5	6
54	7.348	7.355	7.362	7.369	7.376	7.382	7.389	7.396	7.403	7.409	1	1	2	3	3	4	5	5	6

平 方 根 表 (四)

数	0	1	2	3	4	5	6	7	8	9	1 2 3	4 5 6	7 8 9
55	7.416	7.423	7.430	7.436	7.443	7.450	7.457	7.463	7.470	7.477	1 1 2	3 3 4	5 5 6
56	7.483	7.490	7.497	7.503	7.510	7.517	7.523	7.530	7.537	7.543	1 1 2	3 3 4	5 5 6
57	7.550	7.556	7.563	7.570	7.576	7.583	7.589	7.596	7.603	7.609	1 1 2	3 3 4	5 5 6
58	7.616	7.622	7.629	7.635	7.642	7.649	7.655	7.662	7.668	7.675	1 1 2	3 3 4	5 5 6
59	7.681	7.688	7.694	7.701	7.707	7.714	7.720	7.727	7.733	7.740	1 1 2	3 3 4	4 5 6
60	7.746	7.752	7.759	7.765	7.772	7.778	7.785	7.791	7.797	7.804	1 1 2	3 3 4	4 5 6
61	7.810	7.817	7.823	7.829	7.836	7.842	7.849	7.855	7.861	7.868	1 1 2	3 3 4	4 5 6
62	7.874	7.880	7.887	7.893	7.899	7.906	7.912	7.918	7.925	7.931	1 1 2	3 3 4	4 5 6
63	7.937	7.944	7.950	7.956	7.962	7.969	7.975	7.981	7.987	7.994	1 1 2	3 3 4	4 5 6
64	8.000	8.006	8.012	8.019	8.025	8.031	8.037	8.044	8.050	8.056	1 1 2	2 3 4	4 5 6
65	8.062	8.068	8.075	8.081	8.087	8.093	8.099	8.106	8.112	8.118	1 1 2	2 3 4	4 5 5
66	8.124	8.130	8.136	8.142	8.149	8.155	8.161	8.167	8.173	8.179	1 1 2	2 3 4	4 5 5
67	8.185	8.191	8.198	8.204	8.210	8.216	8.222	8.228	8.234	8.240	1 1 2	2 3 4	4 5 5
68	8.246	8.252	8.258	8.264	8.270	8.276	8.283	8.289	8.295	8.301	1 1 2	2 3 4	4 5 5
69	8.307	8.313	8.319	8.325	8.331	8.337	8.343	8.349	8.355	8.361	1 1 2	2 3 4	4 5 5
70	8.367	8.373	8.379	8.385	8.390	8.396	8.402	8.408	8.414	8.420	1 1 2	2 3 4	4 5 5
71	8.426	8.432	8.438	8.444	8.450	8.456	8.462	8.468	8.473	8.479	1 1 2	2 3 4	4 5 5
72	8.485	8.491	8.497	8.503	8.509	8.515	8.521	8.526	8.532	8.538	1 1 2	2 3 3	4 5 5
73	8.544	8.550	8.556	8.562	8.567	8.573	8.579	8.585	8.591	8.597	1 1 2	2 3 3	4 5 5
74	8.602	8.608	8.614	8.620	8.626	8.631	8.637	8.643	8.649	8.654	1 1 2	2 3 3	4 5 5
75	8.660	8.666	8.672	8.678	8.683	8.689	8.695	8.701	8.706	8.712	1 1 2	2 3 3	4 5 5
76	8.718	8.724	8.729	8.735	8.741	8.746	8.752	8.758	8.764	8.769	1 1 2	2 3 3	4 5 5
77	8.775	8.781	8.786	8.792	8.798	8.803	8.809	8.815	8.820	8.826	1 1 2	2 3 3	4 4 5
78	8.832	8.837	8.843	8.849	8.854	8.860	8.866	8.871	8.877	8.883	1 1 2	2 3 3	4 4 5
79	8.888	8.894	8.899	8.905	8.911	8.916	8.922	8.927	8.933	8.939	1 1 2	2 3 3	4 4 5
80	8.944	8.950	8.955	8.961	8.967	8.972	8.978	8.983	8.989	8.994	1 1 2	2 3 3	4 4 5
81	9.000	9.006	9.011	9.017	9.022	9.028	9.033	9.039	9.044	9.050	1 1 2	2 3 3	4 4 5
82	9.055	9.061	9.066	9.072	9.077	9.083	9.088	9.094	9.099	9.105	1 1 2	2 3 3	4 4 5
83	9.110	9.116	9.121	9.127	9.132	9.138	9.143	9.149	9.154	9.160	1 1 2	2 3 3	4 4 5
84	9.165	9.171	9.176	9.182	9.187	9.192	9.198	9.203	9.209	9.214	1 1 2	2 3 3	4 4 5
85	9.220	9.225	9.230	9.236	9.241	9.247	9.252	9.257	9.263	9.268	1 1 2	2 3 3	4 4 5
86	9.274	9.279	9.284	9.290	9.295	9.301	9.306	9.311	9.317	9.322	1 1 2	2 3 3	4 4 5
87	9.327	9.333	9.338	9.343	9.349	9.354	9.359	9.365	9.370	9.375	1 1 2	2 3 3	4 4 5
88	9.381	9.386	9.391	9.397	9.402	9.407	9.413	9.418	9.423	9.429	1 1 2	2 3 3	4 4 5
89	9.434	9.439	9.445	9.450	9.455	9.460	9.466	9.471	9.476	9.482	1 1 2	2 3 3	4 4 5
90	9.487	9.492	9.497	9.503	9.508	9.513	9.518	9.524	9.529	9.534	1 1 2	2 3 3	4 4 5
91	9.539	9.545	9.550	9.555	9.560	9.566	9.571	9.576	9.581	9.586	1 1 2	2 3 3	4 4 5
92	9.592	9.597	9.602	9.607	9.612	9.618	9.623	9.628	9.633	9.638	1 1 2	2 3 3	4 4 5
93	9.644	9.649	9.654	9.659	9.664	9.670	9.675	9.680	9.685	9.690	1 1 2	2 3 3	4 4 5
94	9.695	9.701	9.706	9.711	9.716	9.721	9.726	9.731	9.737	9.742	1 1 2	2 3 3	4 4 5
95	9.747	9.752	9.757	9.762	9.767	9.772	9.778	9.783	9.788	9.793	1 1 2	2 3 3	4 4 5
96	9.798	9.803	9.808	9.813	9.818	9.823	9.829	9.834	9.839	9.844	1 1 2	2 3 3	4 4 5
97	9.849	9.854	9.859	9.864	9.869	9.874	9.879	9.884	9.889	9.894	1 1 2	2 3 3	4 4 5
98	9.899	9.905	9.910	9.915	9.920	9.925	9.930	9.935	9.940	9.945	0 1 1	2 2 3	3 4 4
99	9.950	9.955	9.960	9.965	9.970	9.975	9.980	9.985	9.990	9.995	0 1 1	2 2 3	3 4 4

索　　引

(マ　行)

(ヤ　行)

(ラ　行)

(ワ　行)

著者紹介：

安藤 洋美（あんどう・ひろみ）

1931 年兵庫県生れ．兵庫県立尼崎中学，広島高等師範学校数学科を経て，1953 年大阪大学理学部数学科を卒業．

桃山学院大学・経済学部教授・大学院経済研究科教授・学院常務理事などを歴任．現在，桃山学院大学名誉教授

（著書・訳書）

・『統計学けんか物語』，F.N. デヴィット『確率論の歴史：遊びから科学へ』（海鳴社）

・『確率論の生い立ち』，『最小二乗法の歴史』，『多変量解析の歴史』，『高校数学史演習』，『大道を行く数学（解析編）』，『確率論史』，『確率論の繁明』（現代数学社）

・『泉州における和算家』（桃山学院大学総合研究所）

・O. オア『カルダノの生涯』（東京図書）

など．

大道を行く数学（統計数学編）

2023 年 7 月 22 日　　初版第 1 刷発行

著　　者　　安藤洋美

発 行 者　　富田　淳

発 行 所　　株式会社　現代数学社

〒 606–8425
京都市左京区鹿ヶ谷西寺ノ前町 1
TEL 075 (751) 0727　FAX 075 (744) 0906
https://www.gensu.co.jp/

装　　幀　　中西真一（株式会社 CANVAS）

印刷・製本　　亜細亜印刷株式会社

ISBN978-4-7687-0612-1　　2023 Printed in Japan

● 落丁・乱丁は送料小社負担でお取替え致します．

● 本書のコピー、スキャン、デジタル化等の無断複製は著作権法上での例外を除き禁じられています。本書を代行業者等の第三者に依頼してスキャンやデジタル化することは、たとえ個人や家庭内での利用であっても一切認められておりません。

© Hiromi Ando, 2023